U0253318

黄 河 流 域
省界缓冲区水资源保护监督管理
理论研究与实践

司毅铭　　张曙光　　张学峰　　陈吕平
王丽伟　　李　群　　李祥龙　　　　　　著

黄河水利出版社

·郑州·

内 容 提 要

本书以黄河流域省界缓冲区水资源保护监督管理为研究对象,深入开展了监督管理措施和考核指标体系的理论及机制、政策与制度研究,由四部分内容组成。第一部分包括黄河流域省界缓冲区概况、现状调查与分析;第二部分是黄河流域省界缓冲区水资源保护监督管理与考核;第三部分是黄河流域省界缓冲区监督管理措施研究,分别是省界缓冲区水资源保护理论研究、政策与制度研究;第四部分是黄河流域省界缓冲区监督管理考核指标体系研究,分别是黄河流域省界缓冲区监督管理考核指标体系理论研究、考核指标体系设计和考核组织方式研究。

本书可供水利及环境保护部门管理者和科研人员,水利及资源环境类大专院校师生和相关专业技术人员,流域水资源保护相关利益者和公众参考使用。

图书在版编目(CIP)数据

黄河流域省界缓冲区水资源保护监督管理理论研究与实践/司毅铭等著. —郑州:黄河水利出版社,2011.12
ISBN 978 - 7 - 5509 - 0151 - 3

Ⅰ.①黄⋯　Ⅱ.①司⋯　Ⅲ.①黄河流域 - 水资源 - 资源保护 - 研究　Ⅳ.①TV213.4

中国版本图书馆 CIP 数据核字(2011)第 249079 号

出　版　社:黄河水利出版社
　　　　　　地址:河南省郑州市顺河路黄委会综合楼 14 层　　邮政编码:450003
发行单位:黄河水利出版社
　　　　　　发行部电话:0371 - 66026940、66020550、66028024、66022620(传真)
　　　　　　E-mail:hhslcbs@126.com
承印单位:河南省瑞光印务股份有限公司
开本:787 mm × 1 092 mm　1/16
印张:22
字数:390 千字　　　　　　　　　　　　印数:1—1 000
版次:2011 年 12 月第 1 版　　　　　　　印次:2011 年 12 月第 1 次印刷
定价:95.00 元

前　言

　　水是生命之源、生产之要、生态之基。兴水利、除水害,事关人类生存、经济发展、社会进步,历来是治国安邦的大事。

　　新中国成立以来,党和政府领导人民开展了大规模的水利建设,取得了举世瞩目的成就。特别是改革开放以来,针对我国经济社会快速发展与资源环境矛盾日益突出的严峻形势,党中央、国务院把解决水资源问题摆上了重要位置,与时俱进地提出"水资源是基础性的自然资源和战略性的经济资源",采取了一系列重大政策措施,取得了明显的成效。

　　自 2002 年《中华人民共和国水法》规定水功能区管理制度以来,以水功能区为单元的水资源管理模式逐步建立和完善。省界缓冲区是水功能一级功能区划中"缓冲区"的主要形式,主要是为了协调省(区)际间用水关系,控制上游对下游或相邻省(区)水污染,以省界为中心向附近省(区)级行政区域扩展而划分的缓冲水域。这是水功能区划中专门为跨省级行政区而设立的一类功能区,是流域管理的重要区域。

　　省界缓冲区是流域管理关系最复杂的部分之一,涉及不同利益主体。它不仅包括一般市场经济主体如排污企业,还包括不同省(区)级行政区之间的利益;水资源保护管理既包括水利部门,也包括环保部门和其他部门,其中省界的水质水量管理还需要省(区)级政府负责,因此管理难度很大。

　　随着我国社会经济的发展,省界缓冲区水资源保护已成为社会和各级政府关注的重大问题。加强省界缓冲区水资源保护和管理工作,对实现流域水资源的可持续利用起到至关重要的作用。

　　为进一步加强省界缓冲区的监督管理,2006 年 8 月初水利部印发了"关于加强省界缓冲区水资源保护和管理工作的通知",明确规定省界缓冲区水资源保护和管理工作由流域管理机构负责,并对相关工作提出了明确要求,从而使省界缓冲区明确成为流域管理的重要组成部分。

　　在省界缓冲区,流域不同省(区)行政区间对水资源的共同需求与地域性水污染防治矛盾在这一区域集中表现,需要通过省级以上层面(流域管理机构为主的水行政管理部门)的监督管理来解决,国家在水功能区划中设立省界缓冲区的主要目的即在于此。加强省界缓冲区水资源保护工作监督管理措施和考核工作,可以在分清跨省(区)污染责任的基础上,强化对各省(区)责任的监督、考核和问责,促进相关省(区)加强水污染防治和水资源保护力度,实现省(区)际间用水关系的协调,真正落实国家"节能减排政策"和"最严格的水资源管理制度",最终促进流域经济社会可持续发展。

黄河流域是中华民族的摇篮,经济开发历史悠久,文化源远流长,曾经长期是我国政治、经济和文化的中心。黄河是我国第二大河,是西北、华北地区重要的供水水源,在我国国民经济和社会发展中具有重要的战略地位,是流域经济、社会可持续发展和国家实施西部大开发及中部崛起战略的重要支撑和保障。由于黄河流域自然条件复杂,河情特殊,同时随着经济社会的发展,水资源供需矛盾日益突出,水污染日趋严重,与经济社会协调发展很不适应,与黄河在国民经济和社会发展中的地位很不相称。近年来,尽管各级管理机构花大力气进行水污染治理,使黄河水质有了一定的改善,但是黄河流域水污染恶化的趋势尚未得到根本遏制,控制流域跨界污染及省界缓冲区水资源保护管理已成为流域管理机构面向社会公共服务的重要职能和工作重点之一。但是,我国关于省界缓冲区管理的理论研究成果缺乏,实践活动尚处于初始阶段,经验不多,省界缓冲区内的水污染防治和水资源保护工作亟待加强。因此,系统开展黄河流域省界缓冲区水资源保护监督管理理论研究并积极践行管理实践,对于进一步加强省界缓冲区监督管理还具有极其重要的现实意义。

基于省界缓冲区在流域水资源保护中的重要意义及管理现状和要求,黄河流域水资源保护局联合清华大学公共管理学院开展了"黄河流域省界缓冲区监督管理措施研究"和"黄河流域省界缓冲区考核指标体系研究"。本书以两个研究项目成果为基础,针对黄河流域省界缓冲区水资源保护监督管理的特点,认真分析、总结了国内外跨界污染管理控制的实践经验,重点开展了黄河流域省界缓冲区水资源保护监督管理的理论研究,并开展了相关的研究试点工作。本书是研究与实践的归纳总结,包括四部分、八章内容。第一部分包括第一、二章,是研究工作的基础。第一章黄河流域省界缓冲区概况,包括流域概况和水功能区划概况。第二章黄河流域省界缓冲区现状调查与分析,是在现场勘察和调查研究的基础上,系统梳理了黄河流域省界缓冲区的基本情况。第二部分是第三章黄河流域省界缓冲区水资源保护监督管理与考核,在明确黄河流域省界缓冲区监督管理目标、任务和原则的前提下,研究了黄河流域省界缓冲区监督管理措施现状和考核现状。第三部分包括第四、五章,主要研究黄河流域省界缓冲区监督管理措施,分别是黄河流域省界缓冲区水资源保护理论研究、政策与制度研究。第四部分包括第六至八章,主要研究了黄河流域省界缓冲区监督管理考核指标体系,分别是黄河流域省界缓冲区监督管理考核指标体系理论研究、考核指标体系设计和考核组织方式研究。

本书虽然针对黄河流域省界缓冲区水资源保护监督管理理论和实践开展了大量的研究工作,对省界缓冲区管理措施和考核指标体系进行了初步设计,但由于水平有限,研究成果对于基础理论和具体的制度设计的探讨仍显粗浅,更深入的理论研究和制度设计需要在今后的研究与实践中进一步深化和提高。

在本书的写作过程中得到了水利部水资源司、水文局、黄河水利委员会(简称黄委)的领导及黄河流域水资源保护局领导和同志们的大力支持与帮助,在此一并感谢。

作 者

2011 年 6 月

目　录

第一章 黄河流域省界缓冲区概况

第一节 流域概况

一、自然概况

（一）自然地理

黄河发源于青藏高原巴颜喀拉山北麓的约古宗列盆地,自西向东,流经青海、四川、甘肃、宁夏、内蒙古、陕西、山西、河南、山东等九省(区),在山东省垦利县注入渤海,干流河道全长 5 464 km,流域面积 79.5 万 km²(包括内流区 4.2 万 km²)。与其他江河不同,黄河流域上中游地区的面积占总面积的 97%;长达数百千米的黄河下游河床高于两岸地面之上,流域面积只占 3%。

黄河流域幅员辽阔,西部属青藏高原,北邻沙漠戈壁,南靠长江流域,东部穿越黄淮海平原。全流域多年平均降水量 447 mm,总的趋势是由东南向西北递减,降水最多的是流域东南部湿润、半湿润地区,如秦岭、伏牛山及泰山一带年降水量达 800～1 000 mm;降水量最少的是流域北部的干旱地区,如宁蒙河套平原年降水量只有 200 mm 左右。流域内大部分地区旱灾频繁,历史上曾经多次发生遍及数省、连续多年的严重旱灾,危害极大。流域内黄土高原地区水土流失面积 43.4 万 km²,其中年平均侵蚀模数大于 5 000 t/km² 的面积约 15.6 万 km²。流域北部长城内外的风沙区风蚀强烈。严重的水土流失和风沙危害,使脆弱的生态环境继续恶化,阻碍当地社会经济的发展,而且大量的泥沙输入黄河,淤高下游河床,也是黄河下游水患严重而又难于治理的症结所在。

黄河的突出特点是"水少沙多",全河多年平均天然径流量 535 亿 m³,仅占全国河川径流总量的 2%,人均年径流量 489 m³,仅占全国人均年径流量的 23%。再加上邻近地区的供水需求,水资源更加紧张。黄河三门峡站多年平均输沙量约 16 亿 t,平均含沙量 35 kg/m³,在大江大河中名列第一。最大年输沙量达 39.1 亿 t,最高含沙量 920 kg/m³。黄河水、沙的来源地区不同,水量主要来自兰州以上、秦岭北麓及洛河、沁河地区,泥沙主要来自河口镇至龙门区间、泾河、北洛河及渭河上游地区。

内蒙古托克托县河口镇以上为黄河上游,干流河道长3 472 km,流域面积42.8万 km²,汇入的较大支流(指流域面积1 000 km²以上的,下同)有43条。青海省玛多以上属河源段,河段内的扎陵湖、鄂陵湖,海拔都在4 260 m以上,蓄水量分别为47亿 m³和108亿 m³,是我国最大的高原淡水湖。玛多至玛曲区间,黄河流经巴颜喀拉山与积石山之间的古盆地和低山丘陵,大部分河段河谷宽阔,间有几段峡谷。玛曲至龙羊峡区间,黄河流经高山峡谷,水流湍急,水力资源较为丰富。龙羊峡至宁夏境内的下河沿,川峡相间,水量丰沛,落差集中,是黄河水力资源的"富矿"区,也是全国重点开发建设的水电基地之一。黄河上游水面落差主要集中在玛多至下河沿河段,该河段干流长度占全河的40.5%,而水面落差占全河的66.6%。龙羊峡以上属高寒地区,人烟稀少,交通不便,经济不发达,开发条件较差。下河沿至河口镇,黄河流经宁蒙平原,河道展宽,必降平缓,两岸分布着大面积的引黄灌区和待开发的干旱高地。本河段流经干旱地区,降水少,蒸发大,加上灌溉引水和河道渗漏损失,致使黄河水量沿程减少。

兰州至河口镇区间的河谷盆地及河套平原,是甘肃、宁夏、内蒙古等省(区)经济开发的重点地区。沿河平原不同程度地存在洪水和凌汛灾害,特别是内蒙古三盛公以下河段,地处黄河自南向北流的顶端,凌汛期间冰塞、冰坝壅水,往往造成堤防决溢,危害较大。兰州以上地区暴雨强度较小,洪水洪峰流量不大,历时较长。兰州至河口镇河段洪峰流量沿程减小。黄河上游的大洪水和中游的大洪水不遭遇,对黄河下游威胁不大。

河口镇至河南郑州桃花峪为黄河中游,干流河道长1 206 km,流域面积34.4万 km²,汇入的较大支流有30条。河口镇至禹门口是黄河干流上最长的一段连续峡谷,水力资源也很丰富,并且距电力负荷中心近,将成为黄河上第二个水电基地。禹门口至潼关简称小北干流,河长132.5 km,河道宽、浅、散、乱,冲淤变化剧烈。河段内有汾河、渭河两大支流相继汇入。该河段两岸的渭北及晋南黄土台塬,塬面高出河床数十至数百米,共有耕地2 000多万亩❶,是陕、晋两省的重要农业区,但干旱缺水制约着经济的稳定发展。三门峡至桃花峪区间,在小浪底以上,河道穿行于中条山和崤山之间,是黄河最后一段峡谷;小浪底以下河谷逐渐展宽,是黄河由山区进入平原的过渡地段。

黄河中游的黄土高原,水土流失极为严重,是黄河泥沙的主要来源地区,

---

❶　1亩 = 1/15 hm²,全书同。

在全河 16 亿 t 泥沙中,有 9 亿 t 左右来自河口镇至龙门区间,占全河来沙量的 56%;有 5.5 亿 t 来自龙门至三门峡区间,占全河来沙量的 34%。黄河中游的泥沙,年内分配十分集中,80% 以上的泥沙集中在汛期;年际变化悬殊,最大年输沙量是最小年输沙量的 13 倍。

桃花峪以下为黄河下游,干流河道长 786 km,流域面积 2.2 万 km²,汇入的较大支流只有 3 条。下游河道是在长期排洪输沙的过程中淤积塑造形成的,河床普遍高出两岸地面。沿黄平原受黄河频繁泛滥的影响,形成以黄河为分水岭脊的特殊地形。目前,黄河下游河床已高出大堤背河地面 3~5 m,比两岸平原高出更多,严重威胁着广大平原地区的安全。

利津以下为黄河河口段,随着黄河入海口的淤积—延伸—摆动,入海流路相应改道变迁。

(二)河流水系

根据基础资料统计,黄河流域有一级支流 111 条,集水面积合计 61.72 万 km²,总河长 17 358 km。其中集水面积大于 1 万 km² 的一级支流有 10 条,集水面积为 0.1 万~1 万 km² 的一级支流有 84 条,集水面积在 0.1 万 km² 以下的一级支流有 17 条。黄河流域集水面积大于 1 万 km² 的一级支流基本特征值详见表 1-1。

(三)土地矿产资源

黄河流域总土地面积 11.9 亿亩,占全国国土面积的 8.3%,其中大部分为山区和丘陵,分别占流域面积的 40% 和 35%,平原区仅占 17%。由于地貌、气候和土壤的差异,土地利用情况差异很大。流域内共有耕地 2.44 亿亩,农村人均耕地 3.2 亩,约为全国人均耕地的 1.3 倍。大部分地区光热资源充足,生产发展潜力很大。黄河流域矿产资源丰富,在全国已探明的 45 种主要矿产中,黄河流域有 37 种。具有全国性优势的有稀土、石膏、玻璃用石英岩、铌、煤、铝土矿、钼、耐火黏土等 8 种;具有地区性优势的有石油、天然气和芒硝 3 种;具有相对优势的有天然碱、硫铁矿、水泥用灰岩、钨、铜、岩金等 6 种。

黄河流域上中游地区的水能资源、中游地区的煤炭资源、中下游地区的石油和天然气资源,都十分丰富,在全国占有极其重要的地位,被誉为我国的"能源流域",中游地区被列为我国西部地区十大矿产资源集中区之一。黄河流域可开发的水能资源总装机容量 3 344 万 kW,年发电量约 1 136 亿 kW·h,在我国七大江河中居第二位。已探明煤产地(或井田)685 处,保有储量 4 492 亿 t,占全国煤炭储量的 46.5%,预测煤炭资源总储量 1.5 万亿 t 左右。黄河流域的煤炭资源主要分布在内蒙古、山西、陕西、宁夏四省(区),具有资源雄厚、分布集中、品种齐全、煤质优良、埋藏浅、易开发等特点。在全国已探明超过 100 亿 t 储量的 26 个煤田中,黄河流域有 10 个。流域内已探明的石油、天然气主要分布在胜利、中原、长庆和延长 4 个油区,其中胜利油田是我国的第二大油田。

表 1-1　黄河流域集水面积大于 1 万 km² 的一级支流基本特征值

河流名称	集水面积（km²）	起点	终点	干流长度（km）	平均比降（‰）	多年平均径流量（亿 m³）
渭河	134 766	甘肃定西马衔山	陕西潼关县港口村入黄河	818.0	1.27	97.44
汾河	39 471	山西宁武县东寨镇	山西河津县黄村乡柏底村	693.8	1.11	22.11
湟水	32 863	青海海晏县洪呼日尼哈	甘肃永靖县上车村入黄河	373.9	4.16	49.48
无定河	30 261	陕西横山县庙畔	陕西清涧县解家沟镇河口村	491.2	1.79	12.82
洮河	25 227	甘肃省西倾山	甘肃省	673.1	2.80	48.25
伊洛河	18 881	陕西雒南县终南山	河南巩义市巴家门入黄河	446.9	1.75	31.45
大黑河	17 673	内蒙古卓资县十八台乡	内蒙古托克托县入黄河	235.9	1.42	3.31
清水河	14 481	宁夏固原县开城乡黑刺沟脑	宁夏中宁县泉眼山	320.2	1.49	2.02
沁河	13 532	山西沁源县霍山南麓	河南武陟县南贾汇村入黄河口	485.1	2.16	14.50
祖厉河	10 653	甘肃省华家岭	甘肃靖远方家滩入黄河	224.1	1.92	1.53

二、经济社会概况

　　截至 2004 年年底,黄河流域总人口为 11 189.66 万人,其中城镇人口 4 134.97 万人;国内生产总值(GDP)为 10 481.52 亿元,占全国的 7%,人均 GDP 9 367 元;第一、二、三产业增加值分别为 1 075.33 亿元、5 169.53 亿元、4 236.66亿元。

(一)人口及分布

截至 2004 年年底,黄河流域总人口为 11 189.66 万人,其中城镇人口为 4 134.97万人,城镇化率为 37%。目前,兰州、包头、西安、太原、洛阳等 5 个城市人口已超百万,这些城市均是各省(区)的工业龙头。全流域人口密度为 141 人/km²,高于全国平均水平。流域内各地区人口分布不均,人口分布主要与当地的气候、地形、水资源和人口密集的城镇等条件密切相关,全流域 70% 左右的人口集中在龙门以下河段,而龙门以下河段的流域面积仅占全流域面积的 32% 左右。黄河流域 2004 年人口分布情况详见表 1-2。

表 1-2 黄河流域 2004 年人口分布情况

区域	人口(万人)			城镇化率 (%)	人口密度 (人/km²)
	总人口	城镇人口	农村人口		
河源至龙羊峡	60.47	12.24	48.23	20.2	5
龙羊峡至兰州	916.95	320.78	596.17	35.0	101
兰州至河口镇	1 569.14	783.57	785.57	49.9	96
河口镇至龙门	847.36	229.49	617.87	27.1	76
龙门至三门峡	5 054.59	1 866.40	3 188.19	36.9	264
三门峡至花园口	1 331.77	477.63	854.14	35.9	319
花园口以下	1 353.88	422.43	931.45	31.2	599
内流区	55.50	22.43	33.07	40.4	13
青海	453.92	170.53	283.39	37.6	30
四川	9.28	1.90	7.38	20.5	5
甘肃	1 832.76	505.87	1 326.89	27.6	128
宁夏	581.00	214.42	366.58	36.9	113
内蒙古	851.31	454.43	396.88	53.4	56
陕西	2 806.24	1 157.36	1 648.88	41.2	211
山西	2 174.41	782.99	1 391.42	36.0	224
河南	1 698.47	481.60	1 216.87	28.4	469
山东	782.27	365.87	416.40	46.8	575
黄河流域	11 189.66	4 134.97	7 054.69	37.0	141

(二)经济发展情况

1. 国内生产总值(GDP)

黄河流域已初步形成了产业结构齐全的工业生产格局,形成了以包头、太原等城市为中心的全国著名的钢铁生产基地和铝生产基地;形成了以山西、内蒙古、宁夏、陕西、河南等省(区)为中心的煤炭生产基地;建成了我国著名的中原油田。除此以外,西安、太原、兰州等城市机械制造、冶金工业等也有很大发展。随着改革开放的进一步深入,黄河流域工业生产有了很大的发展。截至 2004 年年底,黄河流域国内生产总值(GDP)达到 10 481.52 亿元,占全国的 7%左右,人均 GDP 为 9 367 元,比全国人均 GDP 低 14%左右,经济发展相对落后。黄河流域 2004 年经济情况详见表 1-3。

表 1-3　黄河流域 2004 年经济情况

区域	GDP (亿元)	人均 GDP (元)	第一产业	第二产业	第三产业	工业增加值 (亿元)	火电装机容量 (万 kW)
龙羊峡以上	31.90	5 275	12.07	8.53	11.30	4.55	0
龙羊峡至兰州	640.84	6 989	67.68	313.65	259.51	243.02	132
兰州至河口镇	2 010.48	12 813	196.55	893.25	920.68	733.91	630
河口镇至龙门	491.41	5 799	61.40	241.02	188.99	207.99	124
龙门至三门峡	4 280.97	8 469	398.75	2 164.74	1 717.48	1 844.33	1 143
三门峡至花园口	1 482.09	11 129	120.52	832.86	528.71	752.10	343
花园口以下	1 468.21	10 844	207.17	672.93	588.11	612.34	255
内流区	75.63	13 627	11.19	42.56	21.88	37.96	0
青海	293.58	6 468	35.42	118.62	139.54	72.53	61
四川	4.55	4 903	2.35	0.98	1.22	0.47	0
甘肃	1 104.74	6 028	133.33	464.91	506.50	366.86	298
宁夏	448.56	7 720	55.23	207.48	185.85	168.32	185
内蒙古	1 422.07	16 704	146.98	688.97	586.12	595.07	307
陕西	2 447.88	8 723	239.66	1 209.44	998.78	1 002.15	515
山西	1 949.90	8 967	143.52	1 041.20	765.18	931.13	611
河南	1 591.24	9 369	202.19	848.17	540.88	757.21	397
山东	1 219.00	15 583	116.65	589.76	512.59	542.46	252
黄河流域	10 481.52	9 367	1 075.33	5 169.53	4 236.66	4 436.20	2 626

注:表中火电装机容量为 2000 年数据。

2.工业生产

黄河流域已建成了一批工业基地和新兴城市,为进一步发展流域经济奠定了基础。煤炭、电力、石油和天然气等能源工业,具有显著优势,其中原煤产量占全国的半数以上,石油产量约占全国的 1/4,已成为区内最大的工业部门。铅、锌、铝、铜、钼、钨、金等有色金属冶炼工业,以及稀土工业具有较大优势。流域内主要矿产资源与能源资源在空间分布上具有较好的匹配关系,为流域经济发展创造了良好的条件。内蒙古的呼、包、鄂"金三角"经济圈,乌海市及乌斯太工业能源基地,陕西的陕北榆林能源工业基地,山西的离柳煤电基地、临汾新型能源化工基地和运城新型能源化工基地等工业基地的大规模开发建设,有力地推进了流域经济的快速发展。截至 2004 年,黄河流域工业增加值为4 436.20亿元,工业总产值占全国的7%左右。由于流域内工业布局与分布不均,地区之间的工业产值和人均产值差别较大。2000年黄河流域火电总装机容量为2 626.16万 kW。

3. 农业生产

黄河流域的农业生产具有悠久的历史,是我国农业经济开发最早的地区,河套平原、汾渭盆地和下游平原是我国重要的农业基地。截至2004年年底,黄河流域总耕地面积为24 361.54万亩,耕垦率为20.42%,农村人均耕地为3.2亩,约为全国农村人均耕地面积的1.3倍。2004年黄河流域农田有效灌溉面积为7 627.51万亩,平均灌溉率为31.3%,低于全国耕地灌溉率(35%左右),农村人均灌溉面积为1.1亩,基本接近全国平均水平。

黄河流域主要作物有小麦、玉米、谷子、棉花、油料、烟叶等,尤其是小麦、棉花等农产品在全国占有重要地位。主要农业基地多集中在平原及河谷盆地,广大山丘区的坡耕地粮食单产很低,生产也比较落后,人均粮食产量低于全国平均水平。据统计,2000年黄河流域粮食总产量为3 530.87万 t,人均占有粮食323 kg,比2000年全国人均水平400 kg低77 kg。黄河流域2004年土地利用情况见表1-4。

表1-4　黄河流域2004年土地利用情况

区域	流域面积 (万 km²)	耕地面积 (万亩)	农田有效灌溉面积 (万亩)	农村人均灌溉面积 (亩)
龙羊峡以上	13.13	113.56	23.94	0.5
龙羊峡至兰州	9.11	1 744.31	476.64	0.8
兰州至河口镇	16.36	5 097.81	2 227.99	2.8
河口镇至龙门	11.13	3 468.74	295.47	0.5
龙门至三门峡	19.11	10 089.76	2 860.22	0.9
三门峡至花园口	4.17	1 678.25	562.12	0.7
花园口以下	2.26	1 703.64	1 094.58	1.2
内流区	4.23	465.42	86.55	2.6
青海	15.23	836.69	268.37	0.9
四川	1.70	9.28	0.41	0.1
甘肃	14.32	5 222.18	692.76	0.5
宁夏	5.14	1 939.70	626.87	1.7
内蒙古	15.10	3 266.60	1 553.46	3.9
陕西	13.33	5 840.88	1 645.13	1.0
山西	9.71	4 269.79	1 235.21	0.9
河南	3.62	2 140.12	1 104.63	0.9
山东	1.36	836.30	500.67	1.2
黄河流域	79.50	24 361.54	7 627.51	1.1

三、水资源及开发利用现状

(一)2006 年黄河流域水资源现状

1. 地表水资源量

地表水资源量是指河流、湖泊、冰川等地表水体中由当地降水形成的、可以逐年更新的动态水量,用天然河川径流量表示。

2006 年黄河花园口站以上地区降水总量 3 010.88 亿 m^3,花园口站实测径流量 281.10 亿 m^3,花园口站以上地区还原水量 119.31 亿 m^3(还原水量中地表水耗水量 200.89 亿 m^3、水库蓄水量减少 81.58 亿 m^3)。花园口站天然河川径流量 400.41 亿 m^3,比上年减小 27.9%,比 1987～2000 年均值偏小 13.6%,比 1956～2000 年均值偏小 24.8%。

2006 年黄河利津站以上地区降水总量 3 147.27 亿 m^3,利津站实测径流量 191.70 亿 m^3,利津站以上地区还原水量 216.38 亿 m^3(还原水量中地表水耗水量 298.72 亿 m^3、水库蓄水量减少 82.34 亿 m^3)。利津站天然河川径流量 408.08 亿 m^3,比上年减小 29.7%,比 1987～2000 年均值偏小 12.5%,比 1956～2000 年均值偏小 23.7%。

2. 地下水资源量

地下水资源量是指与降水、地表水有直接补排关系的动态地下水量,根据地形地貌特征,将计算范围划分为山丘区和平原区两大类型,分别采用不同的方法进行计算。分析山丘区与平原区地下水之间的转化关系,确定其间的重复计算量;分析地表水与地下水之间的转化关系,确定其间的重复计算量。分区地下水资源量为山丘区与平原区地下水资源量之和扣除其间的重复计算量。

2006 年黄河花园口站以上地区地下水资源量 339.45 亿 m^3(已扣除山丘区与平原区地下水资源量间的重复计算量 29.45 亿 m^3),其中与天然河川地表水资源量间的重复计算量 261.96 亿 m^3。

2006 年黄河利津站以上地区地下水资源量 369.86 亿 m^3(已扣除山丘区与平原区地下水资源量间的重复计算量 31.69 亿 m^3),其中与天然河川地表水资源量间的重复计算量 273.37 亿 m^3。

3. 水资源总量

水资源总量是指当地降水形成的地表水资源量、地下水资源量之和扣除其间的重复计算量,即当地降水形成的地表水同与地表水不重复的地下水资源量之和,不包括入境水量。

2006 年黄河花园口站水资源总量 477.90 亿 m^3（其中天然河川径流量 400.41 亿 m^3，与天然河川径流量不重复的地下水资源量 77.49 亿 m^3），比上年减小 24.5%，比 1987 ~ 2000 年均值偏小 13.7%，比 1956 ~ 2000 年均值偏小 23.0%。

2006 年黄河利津站水资源总量 504.57 亿 m^3（其中天然河川径流量 408.08 亿 m^3，与天然河川径流量不重复的地下水资源量 96.49 亿 m^3），比上年减小 25.5%，比 1987 ~ 2000 年均值偏小 11.7%，比 1956 ~ 2000 年均值偏小 21.0%。

（二）2006 年黄河流域水资源开发利用现状

2006 年黄河总取水量 512.10 亿 m^3（含跨流域调出的地表水量），其中地表水取水量 374.92 亿 m^3，占总取水量的 73.2%；地下水取水量 137.18 亿 m^3，占 26.8%。黄河总耗水量 401.73 亿 m^3，其中地表水耗水量 304.74 亿 m^3，占总耗水量的 75.9%；地下水耗水量 96.99 亿 m^3，占总耗水量的 24.1%。

各行政分区，取水量以内蒙古的 98.47 亿 m^3 为最多，占全河总取水量的 19.2%；耗水量以山东的 88.22 亿 m^3 为最多，占全河总耗水量的 22.0%。各流域分区，取水量和耗水量均以兰州至头道拐为最多，分别为 185.29 亿 m^3 和 124.74 亿 m^3，分别占全河总取水量和耗水量的 36.2% 和 31.1%。

1. 地表水利用情况

地表水取水量是指直接从黄河干、支流引（提）的水量。地表水耗水量是指地表水取水量扣除其回归到黄河干、支流河道水量后的水量。

生态环境用水包括城镇环境用水（含河湖补水和绿化、清洁用水）和农村生态补水（指对湖泊、洼淀、沼泽的补水），但不包括降水、径流自然满足的水量。

2006 年黄河地表水取水量 374.92 亿 m^3，其中农田灌溉取水量 289.80 亿 m^3，占地表水取水量的 77.3%；林牧渔畜 24.04 亿 m^3，占 6.4%；工业 34.93 亿 m^3，占 9.3%；城镇公共设施 5.67 亿 m^3，占 1.5%；城乡居民生活 13.60 亿 m^3，占 3.6%；其余为生态环境用水。黄河地表水耗水量 304.74 亿 m^3，其中农田灌溉耗水量 233.56 亿 m^3，占地表水耗水量的 76.6%；林牧渔畜 21.07 亿 m^3，占 6.9%；工业 26.59 亿 m^3，占 8.7%；城镇公共设施 5.34 亿 m^3，占 1.8%；城乡居民生活 11.39 亿 m^3，占 3.7%；其余为生态环境耗水。

各行政分区，地表水取水量和耗水量均以山东的 81.32 亿 m^3 和 80.46 亿 m^3 为最多，分别占黄河地表水取水量和耗水量的 21.7% 和 26.4%。

2.地下水利用情况

地下水取水量是指在黄河流域内直接抽取地下含水层的水量（包括深层地下水）。地下水耗水量指地下水取水量扣除其入渗地下含水层和回归河道水量后的水量，其数据采用经验耗水率估算。

2006 年黄河流域地下水取水量为 137.18 亿 m^3，其中农田灌溉取水量 68.89 亿 m^3，占地下水取水量的 50.2%；林牧渔畜 10.58 亿 m^3，占 7.7%；工业 34.24 亿 m^3，占 25.0%；城镇公共设施 4.32 亿 m^3，占 3.1%；城乡居民生活 17.53 亿 m^3，占 12.8%；其余为生态环境用水。全流域地下水耗水量 96.99 亿 m^3，其中农田灌溉耗水量 57.95 亿 m^3，占地下水耗水量的 59.7%；林牧渔畜 8.91 亿 m^3，占 9.2%；工业 15.42 亿 m^3，占 15.9%；城镇公共设施 2.04 亿 m^3，占 2.1%；城乡居民生活 11.37 亿 m^3，占 11.7%；其余为生态环境耗水。

各行政分区，地下水取水量和耗水量均以陕西的 31.22 亿 m^3 和 20.99 亿 m^3 为最多，分别占全流域地下水取水量和耗水量的 22.8% 和 21.6%。

四、水资源质量状况

黄河流域 2007 年黄河流域水质评价，选择黄河干流和重要支流共 91 个断面，评价结果表明：全年Ⅰ～Ⅲ类水质断面 35 个，占 38.5%；Ⅳ～Ⅴ类水质断面 26 个，占 28.6%；劣Ⅴ类水质断面 30 个，占 33.0%。

黄河干流评价断面 36 个，其中全年Ⅰ～Ⅲ类水质断面占 66.6%，Ⅳ类水质断面占 33.4%，无Ⅴ类、劣Ⅴ类水质断面出现。黄河干流劣于Ⅲ类水质主要分布于石嘴山至喇嘛湾、潼关至三门峡等河段。主要污染物为氨氮、化学需氧量（COD）、高锰酸盐指数等。主要支流评价断面 55 个，其中全年Ⅰ～Ⅲ类水质断面占 20.0%，Ⅳ～Ⅴ类水质断面占 25.5%，劣Ⅴ类水质断面占 54.5%。支流污染以祖厉河、清水河、三川河、清涧河、昕水河、延河、汾河、涑水河、渭河、双桥河、宏农涧河、新蟒河、沁河、大汶河等尤为突出，其水质全年基本为劣Ⅴ类，主要污染物为氨氮、化学需氧量（COD）、高锰酸盐指数、五日生化需氧量、挥发酚等。

第二节 水功能区划概况

一、黄河流域区划情况

2000 年初，根据水利部《关于在全国开展水资源保护规划编制工作的通知》(水资源[2000]58 号)精神,黄委组织新疆、青海、甘肃、宁夏、内蒙古、山西、陕西、河南、山东 9 个省(区)水利部门开展水功能区划工作。2000 年 10 月,黄河流域水资源保护局编制完成了《黄河流域及西北内陆河水功能区划》报告。2001 年 2 月,参加了水利部水利水电规划设计总院组织的全国汇总,《黄河流域及西北内陆河水功能区划》成果汇入《中国水功能区划》。

《黄河流域水功能区划》,涉及黄河流域 9 个省(区),12 个水系,271 条河流和 3 个湖泊。共划分一级水功能区 485 个;对 197 个开发利用区进行了二级区划,共划分二级功能区 465 个。

(一)水功能一级区划

黄河流域共划分一级水功能区 485 个,区划总河长 3.54 万 km。其中黄河干流 5 464 km,占区划总河长的 15.4%;支流共 271 条,合计长 3.0 万 km,占区划总河长的 84.6%;区划湖泊 3 个,总面积 456 km²。

黄河流域一级区划河流、湖泊分布情况详见表 1-5、表 1-6。

表 1-5　黄河流域河流水功能一级区划统计

水系	河流		一级水功能区		河长	
	个数	%	个数	%	km	%
黄河干流水系	130	48.4	215	44.3	18 674.6	52.7
洮河水系	10	3.6	13	2.7	1 348.6	3.8
湟水水系	14	5.1	24	4.9	1 644.7	4.6
窟野河水系	5	1.8	12	2.5	442.2	1.2
无定河水系	7	2.6	18	3.7	1 270.5	3.6
汾河水系	11	4.0	23	4.7	1 566.4	4.4
渭河水系	42	15.4	81	16.7	4 107.3	11.6
泾河水系	12	4.4	32	6.6	2 046.6	5.8
北洛河水系	7	2.6	14	2.9	1 352.5	3.8
洛河水系	20	7.3	24	4.9	1 490.6	4.2
沁河水系	6	2.2	15	3.1	918.7	2.6
大汶河水系	7	2.6	14	3.0	569.1	1.6
合计	271		485		35 431.8	

表 1-6　黄河流域湖泊水功能一级区划成果统计

水系	湖泊个数	湖泊名称	湖泊面积(km²)	行政区域
黄河干流水系	2	沙湖	8.2	宁夏回族自治区
		乌梁素海	293	内蒙古自治区
大汶河水系	1	东平湖	155	山东省
合计	3		456.2	

黄河流域河流共划分一级水功能区 485 个,其中保护区 146 个,占一级水功能区总数的 30.1%,河长 0.90 万 km,占区划河流总长的 25.4%;保留区 82 个,占 16.9%,河长 0.70 万 km,占 19.8%;开发利用区 196 个,占 40.4%,河长 1.75 万 km,占 49.4%;缓冲区 61 个,占 12.6%,河长 0.19 万 km,占 5.4%。黄河流域河流一级功能区数量统计详见表 1-7。

湖泊共划分一级区 3 个,其中保护区 2 个,面积 448 km^2;开发利用区 1 个,面积 8.2 km^2。

表 1-7　黄河流域河流一级功能区数量统计

水系		保护区		保留区		开发利用区		缓冲区		合计	
		个数	河长(km)	个数	河长(km)	个数	河长(km)	个数	河长(km)	个数	河长(km)
黄河干流水系	干流	2	343	2	1 458.2	10	3 398.3	4	264.1	18	5 463.6
	支流	54	4 529.7	31	2 284.2	81	5 696.3	31	700.8	197	13 211
洮河水系		8	604.7	2	436.1	3	307.8			13	1 348.6
湟水水系		6	465.8	5	253.1	10	793.5	3	132.3	24	1 644.7
窟野河水系		3	110.5	1	41.9	5	243.5	3	46.3	12	442.2
无定河水系		4	230.2	4	423.6	6	427.3	4	189.4	18	1 270.5
汾河水系		11	486.3	2	84.1	9	957.7	1	38.3	23	1 566.4
渭河水系		26	826.3	15	698.4	35	2 375	5	207.6	81	4 107.3
泾河水系		7	312	8	646.2	11	895	6	193.4	32	2 046.6
北洛河水系		5	350.2	3	348.7	6	653.6			14	1 352.5
洛河水系		10	315.2	5	248.1	8	860.3	1	67	24	1 490.6
沁河水系		5	230	1	83.7	7	550.3	2	54.7	15	918.7
大汶河水系		5	115.8	3	34.1	5	405.2	1	14	14	569.1
合计		146	8 919.7	82	7 040.4	196	17 563.8	61	1 907.9	485	35 431.8

(二)水功能二级区划

在一级区划成果的基础上,黄河流域各省(区)结合本省(区)的实际,根据取水用途、工业布局、排污状况、风景名胜及主要城市河段等情况,对 196 个开发利用区进行了二级区划,共划分了 465 个二级功能区。

在区划的 465 个二级功能区中,按二级区第一主导功能分类,共划分饮用水水源区 68 个,工业用水区 40 个,农业用水区 183 个,渔业用水区 8 个,景观娱乐用水区 18 个,过渡区 63 个,排污控制区 85 个。黄河流域二级功能区分类统计详见表 1-8。

表 1-8　黄河流域二级功能区分类统计

水系	饮用水水源区	工业用水区	农业用水区	渔业用水区	景观娱乐用水区	过渡区	排污控制区	合计	
								个数	%
黄河	25	9	79	7	7	25	39	191	41.1
洮河		3						3	0.7
湟水	4	5	10		2	2	1	24	5.2
窟野河	3	3	1				1	8	1.7
无定河	2	4	4			2	4	16	3.4
汾河	4	2	12		1	7	8	34	7.3
渭河	13	11	32		3	6	11	76	16.3
泾河	3	5	8			3	3	22	4.7
北洛河	3		7		1	1	1	13	2.8
洛河	5	1	14	1	4	10	11	46	9.9
沁河	4		6			7	6	23	5.0
大汶河	2		7					9	1.9
小计　个数	68	40	183	8	18	63	85	465	100.0
小计　%	14.6	8.6	39.4	1.7	3.9	13.8	18.0	100.0	

（三）中国水功能区划黄河区情况

1. 水功能一级区划

黄河区纳入全国区划的河流 130 条,湖泊水库 3 个,划分水功能区 290 个,区划河长 26 486.4 km,区划湖库水面 456 km^2。详见表 1-9。黄河区水功能区分布呈现以下明显特点:自上游向下游,保护区和保留区逐渐减少,开发利用区逐渐增加。

表 1-9　黄河区水功能一级区划成果统计

分区	区划个数	区划河长（km）	保护区个数	河长（km）	缓冲区个数	河长（km）	开发利用区个数	河长（km）	保留区个数	河长（km）
龙羊峡以上	24	5 016.6	18	3 130.5	0		1	71	5	1 815.1
龙羊峡至兰州	27	3 296.9	11	939.2	4	173.8	10	1 717.8	2	466.1
兰州至河口镇	30	3 367.3	6	148.5	4	275.1	13	2 076.1	7	867.6
河口镇至龙门	58	3 690	15	845.7	16	444.7	17	1 704.4	10	695.2
龙门至三门峡	16	1 520.7	7	336.7	1	38.3	6	1 061.6	2	84.1
三门峡至花园口	32	2 403.7	12	471.7	6	159.5	13	1 688.8	1	83.7
花园口以下	26	1 724.8	8	200	3	121	11	1 328.7	4	75.1
渭河	77	5 466.4	24	1 101.6	8	287.8	31	3 006.2	14	1 070.8
合计	290	26 486.4	101	7 173.9	42	1 500.2	102	12 654.6	45	5 157.7

黄河流域内共划分保护区 7 173.9 km,以源头水保护区和自然保护区为主(7 102.0 km),大型跨省调水水源地保护区 1 个(即万家寨调水水源保护区,114.0 km)。保护区以龙羊峡以上比例最高,河长为 3 130.5 km,占全区保护区总河长的 43.6%,主要为国家级三江源自然保护区中的水域。

黄河流域划分缓冲区 42 个,河长 1 500.2 km。缓冲区有两种类型:省界(际)河段缓冲区 36 个,上下功能衔接缓冲区 6 个,如内蒙古境内的黄河托克托缓冲区,上接内蒙古开发利用区,下连黄河万家寨调水水源保护区。缓冲区主要分布在河口镇至龙门,该区段缓冲区个数占全流域的近一半。

黄河流域共划分开发利用区 12 654.6 km,大体分三种类型:取水、排污型的占 64%,单一取水型的占 32%,景观型等占 4%。如黄河青海开发利用区属取水排污型,隆务河同仁开发利用区主要是取水,青海沙湖平罗开发利用区是省级风景名胜兼有取水排污功能。开发利用区河长和个数在流域内最多的是泾洛渭区,计有 3 006.2 km。开发利用区比例最高的是花园口以下区,占该区河长的 77%。

黄河流域共划分保留区 5 157.7 km,保留区现状水质多为Ⅱ、Ⅲ类。如黄河青甘川保留区,达日河达日保留区等。保留区以龙羊峡以上最长,为 1 815.1 km,占全区保留区总河长的 35.2%;其次是泾洛渭区,占 20.8%。

2. 水功能二级区划

黄河区共划分二级区 321 个,区划总河长 12 595.2 km。二级区划成果统计见表 1-10。

表 1-10　黄河区水功能二级区划成果统计

河系分区	二级区划个数	饮用水源区	工业用水区	农业用水区	渔业用水区	景观娱乐用水区	过渡区	排污控制区
龙羊峡以上	1	0	0	1	0	0	0	0
龙羊峡至兰州	22	2	3	12	0	2	2	1
兰州至河口镇	50	7	1	15	5	1	10	11
河口镇至龙门	45	7	7	13	0	2	6	10
泾洛渭	74	9	14	31	0	3	8	9
汾河	27	4	0	10	0	1	5	7
龙门至花园口	74	10	2	20	3	4	17	18
花园口以下	28	7	2	12	0	0	3	4
合计	321	46	29	114	8	13	51	60

按长度从大到小为:农业用水区、饮用水源区、工业用水区、过渡区、排污控制区、渔业用水区、景观娱乐用水区。

二级区划长度比例以泾洛渭为最高(23.9%),其次为兰州至河口镇段(19.4%)。

饮用水源区主要分布在龙门至花园口段。工业用水区、农业用水区、景观娱乐用水区主要分布在泾洛渭河。渔业用水区仅分布在兰州至河口镇段和龙门至花园口段。

二、黄河流域省界缓冲区区划和水质目标

根据《黄河流域水功能区划》,黄河流域共划分缓冲区 61 个,其中省界(际)缓冲区 56 个,功能缓冲区 5 个。在 56 个省界缓冲区中黄河干流区划 4 个,支流 52 个,其中边界缓冲区 26 个,省际缓冲区 29 个,功能缓冲区 1 个,由于该缓冲区位于内蒙古、陕西和山西结合部,既具有功能缓冲区作用,也实际上起着省界缓冲区作用,所以将此功能缓冲区计入省界缓冲区中。

在进行省界缓冲区划分的同时,根据当时的水资源和水质状况,考虑发展的需要,对省界缓冲区水质目标也进行了确定。需要说明的是,按照《中华人民共和国水污染防治法》第十二条规定"国务院环境保护主管部门会同国务院水行政主管部门和有关省、自治区、直辖市人民政府,可以根据国家确定的重要江河、湖泊流域水体的使用功能以及有关地区的经济、技术条件,确定该重要江河、湖泊流域的省界水体适用的水环境质量标准,报国务院批准后施行",省界水质标准应由环保、水利两部会同制定,报国务院批准,水功能区划时确定的水质目标可能与今后依法确定的省界水质标准不一致。

黄河流域省界缓冲区起止断面信息见表 1-11。

表1-11 黄河流域省界缓冲区起止断面信息

序号	河流名称	缓冲区名称	起始断面 名称	起始断面 行政位置	经纬度 东经	经纬度 北纬	终止断面 名称	终止断面 行政位置	经纬度 东经	经纬度 北纬	河长(km)	水质目标	涉及省(区)	备注
1	黄河	黄河青甘缓冲区	清水河入口	青海省循化县青水乡	102°33'19.6"	35°50'50.2"	朱家大湾	甘肃省积石山县关家川乡卢家庄村	103°00'05"	35°48'23.1"	41.5	II	青、甘	
2	黄河	黄河甘宁缓冲区	五佛寺	甘肃省景泰县五佛乡四源村	104°17'35"	37°10'8"	下河沿	宁夏回族自治区中卫市常乐乡下河沿村	105°02'21.5"	37°26'52.8"	100.6	III	甘、宁	
3	黄河	黄河宁蒙缓冲区	五堆子	宁夏回族自治区平罗县五堆子乡	106°47'25.8"	38°55'45.9"	三道坎黄河铁路桥	内蒙古自治区乌海市乌达区三道坎村	106°44'45.1"	39°29'53.6"	81	III	宁、蒙	
4	黄河	黄河托克托缓冲区	头道拐水文站	内蒙古自治区托克托县十二连城东城村	111°03'2.3"	40°15'47"	喇嘛湾	内蒙古自治区清水河县喇嘛湾镇	111°24'16.5"	40°02'6.5"	41	IV	蒙	
5	湟水	湟水青甘缓冲区	民和站	青海省民和县	102°48'10.2"	36°20'21.9"	入黄口	甘肃省永靖县盐锅峡镇焦家村	103°20'44.7"	36°07'21.4"	74.3	IV	青、甘	
6	大通河	大通河青甘缓冲区	甘禅沟入口	青海省互助县巴扎乡甘禅口村	102°24'9.2"	37°01'32.4"	金沙沟入口	甘肃省天祝县金沙峡口	102°37'29.1"	36°51'21.1"	43.4	III	青、甘	
7	大通河	大通河甘青缓冲区	大砂村	甘肃省兰州市红古区窑街镇大砂村	102°52'14.12"	36°25'48.7"	入湟口	青海省民和县川口镇享堂村	102°50'18.1"	36°20'21.5"	14.6	III	甘、青	
8	都思兔河	都思兔蒙宁缓冲区	淘斯图	内蒙古自治区鄂托克旗乌兰镇	107°20'4.7"	39°00'24.1"	入黄口	宁夏回族自治区平罗县红崖子乡王家沟村	106°52'44.6"	39°05'9.7"	52.5	III	蒙、宁	

续表 1-11

序号	河流名称	缓冲区名称	起始断面				终止断面				河长(km)	水质目标	涉及省(区)	备注
			名称	行政位置	东经	北纬	名称	行政位置	东经	北纬				
9	浑河	浑河晋蒙缓冲区	右卫镇	山西省右玉县右卫镇	112°19′28.6″	40°09′40.7″	石门沟入口	内蒙古自治区和林格尔县新店子乡前石门村	112°14′00″	40°18′50.8″	34	IV	晋、蒙	右卫镇原名右玉镇
10	龙王沟	龙王沟准格尔缓冲区	陈家沟门	内蒙古自治区准格尔旗薛家湾镇陈家沟门村	111°17′51.9″	39°49′43″	入黄口	内蒙古自治区准格尔旗薛家湾镇小沙湾村	111°23′19.4″	39°48′43.8″	28.7	IV	蒙	
11	黑岱沟	黑岱沟准格尔缓冲区	李家圪堵	内蒙古自治区准格尔旗哈岱高勒乡李家圪堵村	111°15′59.2″	39°43′27.68″	入黄口	内蒙古自治区准格尔旗薛家湾镇城坡村	111°22′1.8″	39°42′44.3″	30	IV	蒙	
12	偏关河	偏关河偏关缓冲区	磨石滩	山西省偏关县新关镇磨石滩村	111°27′34.2″	39°28′21.2″	入黄口	山西省偏关县天峰坪镇	111°24′12.6″	39°29′51.9″	6.8	V	晋	
13	黄甫川	黄甫川蒙陕缓冲区	郭家坪	内蒙古自治区准格尔旗沙圪堵镇郭家坪村	110°55′15.2″	39°35′24.8″	前坪	陕西省府谷县古城乡前坪村	110°59′49.3″	39°30′32.4″	16	III	蒙、陕	
14	黄甫川	黄甫川府谷缓冲区	贾家寨	陕西省府谷县黄甫镇贾家寨村	111°09′32″	39°14′28.5″	入黄口	陕西省府谷县黄甫镇下川口村	111°11′44″	39°13′31.8″	6	IV	陕	
15	孤山川	孤山川府谷缓冲区	高石崖	陕西省府谷县高石崖镇高石崖村	111°01′44.9″	39°03′31.2″	入黄口	陕西省府谷县城	111°02′57.6″	39°01′24″	4.3	IV	陕	
16	岚漪河	岚漪河兴县缓冲区	魏家滩	山西省兴县魏家滩镇	111°07′3.8″	38°40′42.2″	入黄口	山西省兴县瓦塘镇裴家川口村	110°53′18.6″	38°35′56.7″	26.9	IV	晋	

续表 1-11

序号	河流名称	缓冲区名称	起始断面				终止断面				河长(km)	水质目标	涉及省(区)	备注
			名称	行政位置	东经	北纬	名称	行政位置	东经	北纬				
17	蔚汾河	蔚汾河兴县缓冲区	高家村	山西省兴县高家村镇高家村	110°57'59.5"	38°29'01"	入黄口	山西省兴县高家村镇张家畔村	110°52'46.4"	38°30'48.3"	13.8	IV	晋	
18	窟野河	窟野河神木缓冲区	贺家川	陕西省神木县贺家川镇刘家峁村	110°44'56.2"	38°28'46.5"	入黄口	陕西省神木县贺家川镇沙峁头村	110°44'24.9"	38°23'0.1"	13	III	蒙、陕	
19	窟野河	窟野河蒙陕缓冲区	霍洛湾	内蒙古自治区伊金霍洛旗霍洛湾	110°06'53.4"	39°24'26.4"	大柳塔	陕西省神木县大柳塔镇	110°13'2.8"	39°16'13.4"	18	III	蒙、陕	霍洛湾原名张家畔
20	牸牛川	牸牛川蒙陕缓冲区	新庙	内蒙古自治区伊金霍洛旗新庙镇	110°23'26.7"	39°22'44.4"	杨旺塔	陕西省神木县大柳塔镇杨旺塔村	110°23'8.7"	39°15'58.7"	15.3	III	蒙、陕	
21	湫水河	湫水河临县缓冲区	三交镇	山西省临县三交镇	110°58'00"	37°47'00"	入黄口	山西省临县碛口镇	110°46'55.7"	37°38'39.6"	25	IV	晋	三交镇原名刘家会
22	三川河	三川河离石缓冲区	薛村	山西省柳林县薛村镇	110°47'35.3"	37°24'39.4"	入黄口	山西省柳林县石西乡前大岭村	110°37'36.4"	37°23'21.5"	33.3	IV	晋	
23	无定河	无定河蒙陕缓冲区	金鸡沙	陕西省靖边县东坑镇	108°28'44.2"	37°37'37.9"	大沟湾	内蒙古自治区鄂托克前旗城川镇大沟湾村	108°29'5.7"	37°42'5.4"	48.4	IV	陕、蒙	
24	无定河	无定河陕蒙缓冲区	巴图湾坝址	内蒙古自治区乌审旗乌审南乡巴图湾村	108°46'52.8"	37°58'39.1"	蘑菇苔	内蒙古自治区乌审旗纳林河镇蘑菇苔村	108°53'47.8"	37°59'51.2"	15.8	III	蒙、陕	

续表 1-11

序号	河流名称	缓冲区名称	起始断面				终止断面				河长(km)	水质目标	涉及省(区)	备注
			名称	行政位置	经纬度 东经	经纬度 北纬	名称	行政位置	经纬度 东经	经纬度 北纬				
25	无定河	无定河蒙陕缓冲区	张冯畔	内蒙古自治区乌审旗纳林河镇张冯畔村	108°55'48.3"	37°59'44.6"	雷龙湾	陕西省靖边县雷龙湾乡雷龙湾村	109°05'46"	38°02'30.7"	10	III	蒙、陕	张冯畔原名河南畔
26	无定河	无定河绥德缓冲区	淮宁河入黄口	陕西省绥德县辛店乡	110°17'30.3"	37°27'48.6"	入黄口	陕西省清涧县高杰村镇河口村	110°25'46"	37°02'44.9"	115.2	IV	陕	
27	清涧河	清涧河延川缓冲区	郭家河	陕西省延川县马家河乡郭家河村	110°13'15.6"	36°50'13.1"	入黄口	陕西省延川县张家河乡苏亚河村	110°24'45.5"	36°44'13"	20	IV	陕	郭家河原名石畔村
28	昕水河	昕水河大宁缓冲区	曲峨镇	山西省大宁县曲峨镇曲峨村	110°37'10.1"	36°26'46.9"	入黄口	山西省大宁县徐家垛乡古镇村	110°28'47.8"	36°28'02"	25.5	IV	晋	
29	延河	延河延长缓冲区	呼家川	陕西省延长县七里村乡呼家川村	110°03'0.4"	36°33'43.2"	入黄口	陕西省延长县南河沟乡凉水岸	110°28'45.1"	36°23'56.5"	64	IV	陕	
30	云岩河	云岩河宜川缓冲区	新市河	陕西省宜川县新市河乡新市河村	110°16'25.6"	36°13'50"	入黄口	陕西省宜川县高柏乡骠骑村	110°27'4.4"	36°12'1.9"	23.4	III	陕	
31	仕望川	仕望川宜川缓冲区	管家山	陕西省宜川县壶口乡管家山村	110°25'49.6"	36°04'11.1"	入黄口	陕西省宜川县壶口乡川口村	110°27'45.7"	36°04'14.2"	5	IV	陕	管家山原名皆家山
32	鄂河	鄂河乡宁缓冲区	张马	山西省乡宁县昌宁镇张马村	110°45'36.1"	35°56'18.4"	入黄口	山西省吉县柏山寺乡河头村	110°30'37.7"	35°53'32.1"	33.5	IV	晋	

续表 1-11

序号	河流名称	缓冲区名称	起始断面				终止断面				河长 (km)	水质目标	涉及省(区)	备注
			名称	行政位置	东经	北纬	名称	行政位置	东经	北纬				
33	汾河	汾河河津缓冲区	杨村	山西省稷山县蔡村乡杨村	110°53'25.6"	35°34'38.4"	入黄口	山西省万荣县荣河镇庙前村	110°29'58.6"	35°22'4.4"	38.3	IV	晋	杨村原名新店
34	徐水河	徐水河合阳缓冲区	百良镇	陕西省合阳县百良镇上党村	110°18'35.5"	35°14'47.5"	入黄口	陕西省合阳县百良镇岔峪村	110°21'32.2"	35°14'33.2"	5	IV	陕	百良镇原名伏六
35	金水沟	金水沟合阳缓冲区	范家镇	陕西省大荔县范家镇金水村	110°12'18.3"	34°59'3.3"	入黄口	陕西省大荔县范家镇	110°12'50"	34°55'53.7"	7	IV	陕	范家镇原名全兴寨
36	涑水河	涑水河永济缓冲区	张华	山西省永济市任阳乡张华村	110°24'22.6"	34°52'43.3"	入黄口	山西省永济市韩阳镇辛店村	110°15'30.5"	34°42'49.7"	11.5	V	晋	
37	渭河	渭河甘陕缓冲区	太碛	甘肃省天水市北道区吴砦乡太碛村	106°20'26"	34°31'5.9"	颜家河	陕西省宝鸡市陈仓区颜家河乡	106°47'18.8"	34°22'37.2"	29.8	III	甘、陕	
38	渭河	渭河华阴缓冲区	罗夫河入黄口	陕西省华阴市华西镇五合乡	110°00'51.9"	34°37'50.1"	入黄口	陕西省潼关县高桥乡高桥村	110°15'50.1"	34°36'41.1"	29.8	IV	陕	罗夫河入黄口原名王家成子
39	葫芦河	葫芦河宁甘缓冲区	玉桥	宁夏回族自治区西吉县玉桥下堡村	105°48'34.9"	35°38'43.1"	静宁水文站	甘肃省静宁县城	105°43'26.2"	35°32'11.7"	11.7	III	宁、甘	
40	渝河	渝河宁甘缓冲区	联财	宁夏回族自治区隆德县联财乡	105°51'40.1"	35°32'58.8"	峡门	甘肃省静宁县城关镇峡门村	105°45'44"	35°31'30"	11	III	宁、甘	峡门原名南坡

续表 1-11

序号	河流名称	缓冲区名称	起始断面				终止断面				河长（km）	水质目标	涉及省（区）	备注
			名称	行政位置	东经	北纬	行政位置	名称	东经	北纬				
41	通关河	通关河甘陕缓冲区	马鹿乡	甘肃省张家川县马鹿乡后峡里村	106°26′46.2″	34°56′7.2″	陕西省宝鸡县凤阁岭乡通关河村	入渭口	106°26′10.1″	34°31′40.4″	60	Ⅲ	甘、陕	马鹿乡原名源头
42	泾河	泾河宁甘缓冲区	白面镇	宁夏回族自治区泾源县白面镇	106°23′46.2″	35°24′46.5″	甘肃省平凉市峡嘴镇镇边坡村	峡嘴峡	106°37′36.3″	35°33′46.9″	22.5	Ⅲ	宁、甘	
43	泾河	泾河甘陕缓冲区	长庆桥	甘肃省宁县长庆桥镇	107°44′9.6″	35°20′7.5″	陕西省长武县相公镇胡家河村	胡家河村	107°56′12.6″	35°10′44.2″	43.1	Ⅳ	甘、陕	
44	洪河	洪河宁甘缓冲区	红河乡	宁夏回族自治区彭阳县红河乡	106°40′53.6″	35°45′55.6″	甘肃省镇原县新城乡惠沟门村	惠沟	106°51′1.9″	35°43′0.9″	38.2	Ⅲ	宁、甘	
45	茹河	茹河宁甘缓冲区	城阳	宁夏回族自治区彭阳县城阳乡	106°46′18.9″	35°48′54.4″	甘肃省镇原县武沟乡王凤沟村	王凤沟坝址	107°03′4.3″	35°47′18.4″	29.6	Ⅳ	宁、甘	
46	四郎河	四郎河甘陕缓冲区	罗川	甘肃省正宁县永和镇罗川村	108°12′43.9″	35°19′6.9″	陕西省彬县北极乡雅店村	入泾河口	107°57′26.2″	35°13′48.9″	30	Ⅲ	甘、陕	
47	黑河	黑河甘陕缓冲区	梁河	甘肃省泾川县高平镇梁河	107°36′50″	35°11′46.4″	陕西省长武县枣元乡河川口村	达溪河	107°50′2.1″	35°09′1.8″	30	Ⅲ	甘、陕	
48	潼河	潼河潼关缓冲区	安乐	陕西省潼关县安乐乡西潼峪村	110°12′36″	34°26′57.2″	陕西省潼关县秦东镇	入黄口	110°16′45″	34°36′35.4″	23	Ⅴ	陕	安乐原名源头

续表 1-11

序号	河流名称	缓冲区名称	起始断面				终止断面				河长 (km)	水质目标	涉及省 (区)	备注
			名称	东经	北纬	行政位置	名称	行政位置	东经	北纬				
49	双桥河	双桥河陕豫缓冲区	太峪	110°17'14"	34°26'10.6"	陕西省潼关县大要镇大峪村	入黄口	河南省灵宝市豫灵镇文底村	110°24'24.1"	34°34'56.6"	24	V	陕、豫	大峪原名源头
50	宏农涧河	宏农涧河灵宝缓冲区	东涧河入口	110°53'9.8"	34°32'53"	河南省灵宝市城关镇北田村	入黄口	河南省灵宝市函谷关镇	110°54'54.3"	34°41'14.4"	17.3	V	豫	
51	好阳河	好阳河灵宝缓冲区	西王村	110°58'38.8"	34°29'41"	河南省灵宝市大王镇西王村	入黄口	河南省灵宝市大王镇北村	110°59'32"	34°42'59.5"	6.5	IV	豫	西王村原名西王村公路桥
52	曹河	曹河平陆缓冲区	曹川镇	111°31'18.4"	34°54'49.6"	山西省平陆县曹川镇	入黄口	山西省平陆县曹川镇南沟村	111°36'43.1"	34°54'18"	8	IV	晋	
53	板涧河	板涧河垣曲缓冲区	槐平	111°44'13.3"	35°05'59.1"	山西省垣曲县解峪乡槐平村	入黄口	山西省垣曲县解峪乡板家河村	111°48'26.7"	35°04'9.1"	9	III	晋	
54	亳清河	亳清河垣曲缓冲区	王茅镇	111°47'19.9"	35°09'13.7"	山西省垣曲县王茅镇	曲里电站	山西省垣曲县古城镇	111°52'43.7"	35°05'16.3"	16.8	III	晋	
55	洛河	洛河陕豫缓冲区	灵口	110°29'7.2"	34°05'13.7"	陕西省洛南县灵口镇	入黄口	河南省卢氏县磴沟乡曲里村	110°52'35.2"	33°58'27.7"	67	III	陕、豫	
56	金堤河	金堤河鲁豫缓冲区	张青营	115°31'30"	35°53'25.1"	河南省范县城关镇张青营村	入黄口	河南省台前县吴坝乡张庄	116°05'21.5"	36°06'23"	61	V	鲁、豫	

第二章　黄河流域省界缓冲区
现状调查与分析

通过现状调查掌握省界缓冲区基本情况,是做各项监督管理工作和进行决策的基本前提。本章以黄河流域水资源保护局 2007 ~ 2010 年开展的现状调查为例,说明省界缓冲区现状调查如何组织,调查结果如何分析。

第一节　调查研究的目的和范围

一、目的

省界缓冲区大多位于两省交界处,交通不便,缺乏监管,是最容易疏忽的地带。随着经济的快速发展和城镇人口的迅速增加,大多数缓冲区水体受到不同程度的污染。掌握省界缓冲区基本情况是开展省界缓冲区水资源保护和管理的基础工作,但由于种种原因,有些功能区区界不清,水质监站点设置位置没有确定,区内排污口设置和经济社会情况等不完全掌握,严重影响监督管理工作的开展。

开展省界缓冲区基本情况调查分析旨在基本查清省界缓冲区情况,初步掌握缓冲区水质和入河排污口现状,勘察省界缓冲区界及省界水质站点并在重点地区进行标示定位,为客观分析省界缓冲区水污染形势、省界缓冲区规划与管理及依法行政等提供基础资料,为黄河流域省界缓冲区水资源保护工作的顺利开展提供科学依据。

二、范围

(一)省界缓冲区查勘与水质监测范围

根据《黄河流域及西北内陆河水功能区划》,省界缓冲区现场查勘的范围为黄河流域的 56 个省界缓冲区。其中干流 4 个,跨省(区)支流 23 个,入黄支流 29 个。

对现已实施水质监测的 18 个省界缓冲区,校核其省界水质站点设置的合理性;对未开展水质监测的 38 个省界缓冲区,查勘、确定省界水质站点设置的位置。

对未开展水质监测的 38 个省界缓冲区,根据省界水质站点查勘确定的位置进行水质监测。

省界缓冲区及省界水质站点设置查勘范围见表 2-1。

表 2-1   黄河流域省界缓冲区

分类	河名	功能区名称	范围		长度(km)	水质目标	涉及省(区)	备注
			起	止				
黄河干流省界缓冲区	黄河	黄河青甘缓冲区	清水河入口	朱家大湾	41.5	II	青、甘	省界缓冲区
		黄河甘宁缓冲区	五佛寺	下河沿	100.6	III	甘、宁	省界缓冲区
		黄河宁蒙缓冲区	五堆子	三道坎铁路桥	81	III	宁、蒙	省界缓冲区
支流省界缓冲区	金堤河	金堤河豫鲁缓冲区	范县张青营桥	入黄口	61	V	豫、鲁	省界缓冲区
	湟水	湟水青甘缓冲区	民和站	入黄口	74.3	IV	青、甘	省界缓冲区
	大通河	大通河青甘缓冲区	甘禅沟入口	金沙沟入口	43.4	III	青、甘	省界缓冲区省界水质站点设置
		大通河甘青缓冲区	大砂村	入湟口	14.6	III	甘、青	省界缓冲区
	都思兔河	都思兔河蒙宁缓冲区	淘斯图	入黄口	52.5	III	宁、蒙	省界缓冲区省界水质站点设置
	浑河	浑河晋蒙缓冲区	右玉城镇	石门沟入口	34	IV	晋、蒙	省界缓冲区省界水质站点设置
	黄甫川	黄甫川蒙陕缓冲区	郭家坪	前坪	16	IV	蒙、陕	省界缓冲区省界水质站点设置
	窟野河	窟野河蒙陕缓冲区	张家畔	大柳塔	18	III	蒙、陕	省界缓冲区省界水质站点设置
	特牛川	特牛川蒙陕缓冲区	新庙	杨旺塔	15.3	III	蒙、陕	省界缓冲区省界水质站点设置
	无定河	无定河陕蒙缓冲区	金鸡沙	大沟湾	48.4	IV	陕、蒙	省界缓冲区省界水质站点设置
		无定河蒙陕缓冲区	巴图湾坝址	蘑菇苔	15.8	III	蒙、陕	省界缓冲区省界水质站点设置
		无定河蒙陕缓冲区	河南畔	雷龙湾	10	III	蒙、陕	省界缓冲区省界水质站点设置
	渭河	渭河甘陕缓冲区	太碌	颜家河	83	III	甘、陕	省界缓冲区
	葫芦河	葫芦河宁甘缓冲区	玉桥	静宁水文站	11.7	III	宁、甘	省界缓冲区省界水质站点设置
	渝(南)河	渝河宁甘缓冲区	联财	南坡	11	III	宁、甘	省界缓冲区省界水质站点设置
	通关河	通关河甘陕缓冲区	源头	入渭口	72.2	III	甘、陕	省界缓冲区省界水质站点设置

续表 2-1

分类	河名	功能区名称	范围		长度（km）	水质目标	涉及省（区）	备注
			起	止				
支流省界缓冲区	泾河	泾河宁甘缓冲区	白面镇	崆峒峡	22.5	Ⅲ	宁、甘	省界缓冲区省界水质站点设置
		泾河甘陕缓冲区	长庆桥	胡家河村	43.1	Ⅳ	甘、陕	省界缓冲区省界水质站点设置
	洪河	洪河宁甘缓冲区	红河	惠沟	38.2	Ⅲ	宁、甘	省界缓冲区省界水质站点设置
	茹河	茹河宁甘缓冲区	城阳	王风沟坝址	29.6	Ⅳ	宁、甘	省界缓冲区省界水质站点设置
	四郎河	四郎河甘陕缓冲区	罗川	入泾河口	30	Ⅲ	甘、陕	省界缓冲区省界水质站点设置
	黑河	黑河甘陕缓冲区	梁河	达溪河入口	30	Ⅲ	甘、陕	省界缓冲区省界水质站点设置
	洛河	洛河陕豫缓冲区	灵口	曲里电站	67	Ⅲ	陕、豫	省界缓冲区省界水质站点设置
省际附近水域缓冲区	龙王沟	龙王沟准格尔旗缓冲区	陈家沟门	入黄口	28.7	Ⅳ	蒙	省界缓冲区省界水质站点设置
	黑岱沟	黑岱沟准格尔旗缓冲区	李家圪堵	入黄口	30	Ⅳ	蒙	省界缓冲区省界水质站点设置
	偏关河	偏关河偏关缓冲区	磨石滩	入黄口	6.8	Ⅴ	晋	省界缓冲区省界水质站点设置
	黄甫川	黄甫川府谷缓冲区	贾家寨	入黄口	6	Ⅳ	陕	省界缓冲区省界水质站点设置
	孤山川	孤山川府谷缓冲区	高石崖	入黄口	4.3	Ⅳ	陕	省界缓冲区省界水质站点设置
	岚漪河	岚漪河兴县缓冲区	魏家滩	入黄口	26.9	Ⅳ	晋	省界缓冲区省界水质站点设置
	蔚汾河	蔚汾河兴县缓冲区	高家村	入黄口	13.8	Ⅳ	晋	省界缓冲区省界水质站点设置
	窟野河	窟野河神木缓冲区	贺家川	入黄口	13	Ⅴ	陕	省界缓冲区
	湫水河	湫水河临县缓冲区	刘家会	入黄口	22.5	Ⅳ	晋	省界缓冲区省界水质站点设置
	三川河	三川河离石缓冲区	薛村	入黄口	33.3	Ⅳ	晋	省界缓冲区
	无定河	无定河绥德缓冲区	淮宁河入口	入黄口	115.2	Ⅳ	陕	省界缓冲区
	云岩河	云岩河宜川缓冲区	新市河	入黄口	23.4	Ⅲ	陕	省界缓冲区省界水质站点设置

续表 2-1

分类	河名	功能区名称	范围		长度(km)	水质目标	涉及省(区)	备注
			起	止				
省际附近水域缓冲区	清涧河	清涧河延川缓冲区	石畔村	入清涧河口	10	Ⅳ	陕	省界缓冲区省界水质站点设置
	昕水河	昕水河大宁缓冲区	曲蛾镇	入黄口	25.5	Ⅳ	晋	省界缓冲区省界水质站点设置
	延河	延河延长缓冲区	呼家川	入黄口	64	Ⅳ	陕	省界缓冲区
	仕望川	仕望川宜川缓冲区	咎家由	入黄口	5	Ⅳ	陕	省界缓冲区省界水质站点设置
	鄂河	鄂河乡宁缓冲区	张马	入黄口	33.5	Ⅳ	晋	省界缓冲区省界水质站点设置
	徐水河	徐水河合阳缓冲区	伏六	入黄口	5	Ⅳ	陕	省界缓冲区省界水质站点设置
	金水沟	金水沟合阳缓冲区	全兴寨	入黄口	7	Ⅳ	陕	省界缓冲区省界水质站点设置
	潼河	潼河潼关缓冲区	源头	入黄口	27.5	Ⅴ	陕	省界缓冲区省界水质站点设置
	双桥河	双桥河陕豫缓冲区	源头	入黄口	28.4	Ⅴ	陕、豫	省界缓冲区省界水质站点设置
	涑水河	涑水河永济缓冲区	张华	入黄口	11.5	Ⅴ	晋	省界缓冲区
	宏农涧河	宏农涧河灵宝缓冲区	东涧河入口	入黄口	17.3	Ⅴ	豫	省界缓冲区
	好阳河	好阳河灵宝缓冲区	西王村公路桥	入黄口	6.5	Ⅳ	豫	省界缓冲区省界水质站点设置
	曹河	曹河平陆缓冲区	曹川镇	入黄口	8	Ⅳ	豫	省界缓冲区省界水质站点设置
	汾河	汾河河津缓冲区	新店	入黄口	38.3	Ⅳ	晋	省界缓冲区
	渭河	渭河华阴缓冲区	王家城子	入黄口	29.7	Ⅳ	陕	省界缓冲区
	板涧河	板涧河垣曲缓冲区	槐平	入黄口	9	Ⅲ	晋	省界缓冲区
	亳清河	亳清河垣曲缓冲区	王茅镇	入黄口	16.8	Ⅲ	晋	省界缓冲区省界水质站点设置
功能缓冲区	黄河	黄河托克托缓冲区	头道拐水文站	喇嘛湾	41.0	Ⅳ	蒙	省界缓冲区

（二）省界缓冲区支流及排污口调查范围

对纳入《中国水功能区划（试行）》的36个省界缓冲区入河排污口进行调查。由于2005年黄河干流入河排污口调查工作中已对干流3个省界缓冲区进行了调查，本工作仅对其他33个支流省界缓冲区的排污口进行调查，并将2005年的干流3个省界缓冲区调查结果纳入本书。本次入河排污口调查的黄河流域省界缓冲区（含干流）详见表2-2。

表2-2　本次入河排污口调查的黄河流域省界缓冲区（含干流）

序号	水功能区名称	起	止	长度（km）	水质目标	区划依据	备注
1	黄河青甘缓冲区	清水河入口	朱家大湾	41.5	II	省界	青、甘
2	黄河甘宁缓冲区	五佛寺	下河沿	100.6	III	省界	甘、宁
3	黄河宁蒙缓冲区	五堆子	三道坎黄河铁路桥	81.0	III	省界	宁、蒙
4	湟水青甘缓冲区	民和站	入黄口	74.3	IV	省界	青、甘
5	大通河青甘缓冲区	甘禅沟入口	金沙沟入口	43.4	III	省界	青、甘
6	三川河离石缓冲区	薛村	入黄口	33.3	IV	省际附近水域	晋
7	昕水河大宁缓冲区	曲蛾镇	入黄口	25.5	IV	省际附近水域	晋
8	延河延长缓冲区	呼家川	入黄口	64	IV	省际附近水域	陕
9	窟野河神木缓冲区	贺家川	入黄口	13	V	省界附近水域	陕
10	无定河绥德缓冲区	淮宁河入口	入黄口	115.2	IV	省界附近水域	陕
11	汾河河津缓冲区	新店	入黄口	38.3	IV	边界缓冲	晋
12	渭河甘陕缓冲区	太碌	颜家河	83	III	省界	甘、陕
13	渭河华阴缓冲区	王家城子	入黄口	29.7	IV	省际附近水域	陕
14	涑水河永济缓冲区	张华	入黄口	11.5	V	省际附近水域	晋
15	宏农涧河灵宝缓冲区	东涧河入口	入黄口	17.3	V	省际附近水域	豫
16	板涧河垣曲缓冲区	槐平	入黄口	9	III	省际附近水域	晋
17	金堤河豫鲁缓冲区	范县张青营桥	入黄口	61	V	省界	豫、鲁
18	大通河甘青缓冲区	大砂村	入湟口	14.6	III	省界	甘、青
19	都思兔河蒙宁缓冲区	淘斯图	入黄口	52.5	III	省界	宁、蒙
20	浑河晋蒙缓冲区	右玉城镇	石门沟入口	34	IV	省界	晋、蒙
21	偏关河偏关缓冲区	磨石滩	入黄口	6.8	V	省际附近水域	晋
22	黄甫川蒙陕缓冲区	郭家坪	前坪	16	IV	省界	蒙、陕

续表2-2

序号	水功能区名称	起	止	长度(km)	水质目标	区划依据	备注
23	黄甫川府谷缓冲区	贾家寨	入黄口	6	IV	省际附近水域	陕
24	孤山川府谷缓冲区	高石崖	入黄口	4.3	IV	省际附近水域	陕
25	蔚汾河兴县缓冲区	高家村	入黄口	13.8	IV	省际附近水域	晋
26	窟野河蒙陕缓冲区	张家畔	大柳塔	18	III	省界	蒙、陕
27	无定河陕蒙缓冲区	金鸡沙	大沟湾	48.4	IV	省界	陕、蒙
28	无定河蒙陕蒙缓冲区	巴图湾坝址	蘑菇苔	15.8	III	省界	蒙、陕
29	无定河蒙陕缓冲区	河南畔	雷龙湾	10	III	省界	蒙、陕
30	葫芦河宁甘缓冲区	玉桥	静宁水文站	11.7	III	省界	宁、甘
31	泾河宁甘缓冲区	白面镇	崆峒峡	22.5	III	省界	宁、甘
32	泾河甘陕缓冲区	长庆桥	胡家河村	43.1	IV	省界	甘、陕
33	洪河宁甘缓冲区	红河	惠沟	38.2	III	省界	宁、甘
34	茹河宁甘缓冲区	城阳	王凤沟坝址	29.6	IV	省界	宁、甘
35	黑河甘陕缓冲区	梁河	达溪河入口	30	III	省界	甘、陕
36	洛河陕豫缓冲区	灵口	曲里电站	67	III	省界	陕、豫

第二节　省界缓冲区现状调查与评价分析

一、省界缓冲区调查内容

首先调查收集省界缓冲区自然环境与社会经济、水资源及其开发利用等相关资料,为其后的调查分析奠定基础。

其次对省界缓冲区起止断面河段进行实地查勘,明确省界缓冲区起始断面、终止断面的名称,行政区位置及地理坐标位置。本次黄河流域省界缓冲省界缓冲区查勘区调查共实地查勘56个缓冲区,其中省界缓冲区26个,省际附近水域缓冲区29个,功能缓冲区1个,涉及黄河干流及湟水、大通河、黄甫川、窟野河、三川河、无定河、清涧河、昕水河、汾河、涑水河、渭河、泾河、洛河、金堤河等44条支流,期间对各缓冲区的起止断面河段进行了实地查勘,明确了各省界缓冲区、功能缓冲区起始断面、终止断面的名称、行政区位置,并对省界缓冲区、功能缓冲区起始断面、终止断面进行了GPS定位。同时对重点省界缓冲区标示定位地点的行政区位置及地理坐标位置进行勘察,确定重点省界缓冲区标示碑埋设地点的行政区位置及地理坐标位置。

根据实地考察结果,此次查勘的 56 个缓冲区中存在部分区划起止点地名不实、没有公路不能到达、起止点设置不合理等问题,结合考察结果及多方面求证,需对部分缓冲区的区划位置提出变更建议。

二、省界水质站点设置的查勘分析

按照水利部《省界水体水质站设置导则(试行)》的规定,结合已规划省界水质站点,对已开展监测的省界缓冲区,校核其省界水质站点的行政区位置及地理坐标位置;对未开展监测的省界缓冲区,确定省界水质站点的行政区位置及地理坐标位置。

(一)省界水质站点规划情况

本次调查的 56 个缓冲区在《黄河流域(片)水质监测规划》中均已规划了省界水质站点,规划的各站点具体情况见表 2-3。

表 2-3　黄河流域省界缓冲区站点规划情况

河名	站名	经纬度		断面地点	水功能区名称
		东经	北纬		
黄河	大河家	102°44′	35°47′	甘肃省临夏市积石山县大河家镇	黄河青甘缓冲区
黄河	下河沿	105°03′	37°27′	宁夏区中卫县常乐乡下河沿村	黄河甘宁缓冲区
黄河	乌苏图	106°46′	39°25′	内蒙古阿左旗乌苏图镇	黄河宁蒙缓冲区
黄河	喇嘛湾	111°27′	40°04′	内蒙古清水河县喇嘛湾镇	黄河托克托缓冲区
湟水	湟水桥	103°21′	36°07′	甘肃省永靖县上车村	湟水青甘缓冲区
大通河	天堂寺	102°30′	36°57′	甘肃省天祝县天堂寺水文站	大通河青甘缓冲区
大通河	享堂	102°50′	36°21′	青海省民和县山城乡享堂村	大通河甘青缓冲区
都思兔河	陶乌桥	106°55′	39°05′	内蒙古巴青陶乌公路桥	都思兔河蒙宁缓冲区
沧头河(浑河)	杀虎口	112°20′	40°14′	山西省右玉县杀虎口乡杀虎口村	浑河晋蒙缓冲区
龙王沟	入黄口	111°23′	39°49′	内蒙古伊盟准格尔旗	龙王沟准格尔旗缓冲区
黑岱沟	黑岱沟下	111°22′	39°43′	内蒙古准格尔旗红水沟	黑岱沟准格尔旗缓冲区
偏关河	关河口	111°25′	39°30′	山西省偏关县天峰坪乡关河口村	偏关河偏关缓冲区
黄甫川	古城	110°59′	39°32′	陕西省府谷县古城乡古城村	黄甫川蒙陕缓冲区
黄甫川	贾家寨			陕西省府谷县黄甫乡贾家寨村	黄甫川府谷缓冲区
孤山川	高石崖	111°03′	39°03′	陕西省府谷县高石崖水文站	孤山川府谷缓冲区

续表 2-3

河名	站名	经纬度		断面地点	水功能区名称
		东经	北纬		
岚漪河	裴家川	110°54′	38°37′	山西省兴县裴家川乡裴家川水文站	岚漪河兴县缓冲区
蔚汾河	蔡家崖	111°02′	38°28′	山西省兴县蔡家崖乡胡家沟桥	蔚汾河兴县缓冲区
窟野河	温家川	110°45′	38°26′	陕西省神木县贺家川乡刘家坡村	窟野河神木缓冲区
窟野河	石圪台	111°07′	39°26′	内蒙古伊金霍洛旗布尔台乡石圪台村公路桥	窟野河蒙陕缓冲区
特牛川	新庙	110°22′	39°49′	内蒙古伊盟伊金霍洛旗新庙乡	特牛川蒙陕缓冲区
湫水河	林家坪	110°52′	37°42′	山西省临县林家坪乡林家坪村	湫水河临县缓冲区
三川河	后大成	110°45′	37°25′	山西省刘林县薛村乡后大成村	三川河离石缓冲区
无定河	大沟湾			内蒙古伊盟乌审旗河南乡大沟湾	无定河陕蒙缓冲区
无定河	巴图湾			内蒙古伊盟乌审旗巴图湾村	无定河蒙陕缓冲区
无定河	雷龙湾			陕西省横山县雷龙湾村	无定河蒙陕缓冲区
无定河	辛店	110°17′	37°32′	陕西省绥德县辛店乡辛店村	无定河绥德缓冲区
清涧河	延川	110°10′	36°52′	陕西省延川县城关镇	清涧河延川缓冲区
昕水河	大宁	110°37′	36°27′	山西省大宁县昕水镇葛口村	昕水河大宁缓冲区
延河	呼家川	110°03′	36°34′	陕西省延长县七里村乡呼家川	延河延长缓冲区
云岩河	新市河	110°16′	36°14′	陕西省宜川县新市河村	云岩河宜川缓冲区
仕望川	仕望川河口			陕西省宜川县川口村	仕望川宜川缓冲区
鄂河	乡宁	110°50′	35°58′	山西省乡宁县城关乡	鄂河乡宁缓冲区
汾河	河津	110°40′	35°34′	山西省河津县黄村乡柏底村	汾河河津缓冲区
徐水河	伏六			陕西省合阳县伏六乡	徐水河合阳缓冲区
金水沟	全兴寨			陕西省合阳县马家庄乡全兴寨村	金水沟合阳缓冲区
涑水河	蒲州	110°19′	34°50′	山西省永济市蒲州乡张留庄	涑水河永济缓冲区
渭河	拓什	106°26′	34°32′	陕西省宝鸡市陈仓区拓什镇	渭河甘陕缓冲区
渭河	吊桥	110°09′	34°38′	陕西省潼关县高桥乡吊桥村	渭河华阴缓冲区
葫芦河	玉桥	105°47′	35°37′	宁夏区西吉县玉桥乡韩庄	葫芦河宁甘缓冲区
渝(南)河	联财			甘肃省静宁县联财村	渝河宁甘缓冲区
通关河	风阁岭	106°26′	34°32′	陕西省宝鸡市风阁岭	通关河甘陕缓冲区
泾河	崆峒峡	106°31′	35°33′	甘肃省平凉市崆峒峡水库	泾河宁甘缓冲区
泾河	杨家坪	107°44′	35°20′	甘肃省宁县长庆桥镇	泾河甘陕缓冲区

续表 2-3

河名	站名	经纬度		断面地点	水功能区名称
		东经	北纬		
洪河	姚川	107°06′	35°41′	甘肃省镇原县新集乡	洪河宁甘缓冲区
茹河	开边			甘肃省镇原县开边乡	茹河宁甘缓冲区
四郎河	罗川	108°12′	35°19′	甘肃省宁县罗川乡	四郎河甘陕缓冲区
黑河	张河桥	107°43′	35°11′	陕西省长武县丁家乡张河村	黑河甘陕缓冲区
潼河	苏家村	110°17′	34°36′	陕西省潼关县苏家村	潼河潼关缓冲区
双桥河	双桥	110°27′	34°32′	河南省灵宝市双桥	双桥河陕豫缓冲区
宏农涧河	坡头	110°56′	34°39′	河南省灵宝市坡头乡北坡头村	宏农涧河灵宝缓冲区
好阳河	西王村公路桥			河南省灵宝市大王乡西王村	好阳河灵宝缓冲区
曹河	瑶坪	110°36′	34°54′	山西省垣曲县曹家川乡瑶坪村	曹河平陆缓冲区
板涧河	解村	111°51′	35°07′	山西省垣曲县解峪乡解村	板涧河垣曲缓冲区
亳清河	上亳城	111°54′	35°08′	山西省垣曲县王茅乡上亳城村	亳清河垣曲缓冲区
洛河	灵口	110°28′	34°09′	陕西省洛南县灵口镇焦村	洛河陕豫缓冲区
金堤河	台前桥			河南省台前县城南关金堤河桥	金堤河豫鲁缓冲区

(二)省界水质站点实施情况

在规划的 56 个省界水质站点中,已开展监测水质站点共 21 个,其中,在省界缓冲区的水质站点 18 个,不在省界缓冲区的水质站点 3 个。黄河流域省界缓冲区水质站点实施情况详见表 2-4。

表 2-4　黄河流域省界缓冲区水质站点实施情况

序号	河流名称	缓冲区名称	河长(km)	水质目标	涉及省区	已实施省界水质站点	备注
1	黄河	黄河青甘缓冲区	41.5	Ⅱ	青、甘	大河家	
2	黄河	黄河甘宁缓冲区	100.6	Ⅲ	甘、宁	下河沿	
3	黄河	黄河宁蒙缓冲区	81.0	Ⅲ	宁、蒙	乌苏图	
4	黄河	黄河托克托缓冲区	41.0	Ⅳ	蒙	喇嘛湾	
5	湟水	湟水青甘缓冲区	74.3	Ⅳ	青、甘	湟水桥	
6	大通河	大通河甘青缓冲区	14.6	Ⅲ	甘、青	享堂	
7	窟野河	窟野河神木缓冲区	13.0	Ⅲ	蒙、陕	温家川	
8	三川河	三川河离石缓冲区	33.3	Ⅳ	晋	后大成	
9	无定河	无定河绥德缓冲区	115.2	Ⅳ	陕	辛店	站点不在缓冲区

续表 2-4

序号	河流名称	缓冲区名称	河长(km)	水质目标	涉及省区	已实施省界水质站点	备注
10	清涧河	清涧河延川缓冲区	20.0	IV	陕	延川	站点不在缓冲区
11	昕水河	昕水河大宁缓冲区	25.5	IV	晋	大宁	站点不在缓冲区
12	延河	延河延长缓冲区	64.0	IV	陕	呼家川	
13	汾河	汾河河津缓冲区	38.3	IV	晋	河津	
14	涑水河	涑水河永济缓冲区	11.5	V	晋	蒲州	
15	渭河	渭河甘陕缓冲区	29.8	III	甘、陕	拓石	
16	渭河	渭河华阴缓冲区	29.8	IV	陕	吊桥	
17	双桥河	双桥河陕豫缓冲区	24	V	陕、豫	双桥	
18	宏农涧河	宏农涧河灵宝缓冲区	17.3	V	豫	坡头	
19	板涧河	板涧河垣曲缓冲区	9.0	III	晋	解村	
20	亳清河	亳清河垣曲缓冲区	16.8	III	晋	上亳城	
21	金堤河	金堤河豫鲁缓冲区	61.0	V	豫、鲁	台前桥	

(三)省界水质站点查勘情况

省界缓冲区水质站位置查勘与省界缓冲起始位置查勘同步进行。首先确定省界缓冲区的起始位置,再沿河而下,依照中华人民共和国水利部办公厅(办资源函[2006]406 号)"关于发布《省界水体水质站设置导则(试行)》的通知"要求,在缓冲内寻找符合省界缓冲区水质站设置要求且交通方便并具有采样条件的地点作为省界水质站点,然后进行 GPS 定位、采样和拍摄。由于调查时间为非汛期,部分缓冲区水量较小或河干。

本次省界站点查勘对 38 个省界缓冲区进行了水质站点设置、GPS 定位,走访了当地的村民,询问了水质站点的具体行政区域,在新设的水质站点采集了水样。

(四)省界缓冲区水质站点设置分析

在已开展监测的 21 个省界水质监测站点中,除无定河绥德缓冲区、清涧河延川缓冲区、昕水河大宁缓冲区外,其余 18 个省界水质站点位置符合水利部《省界水体水质站设置导则(试行)》的规定。

对不符合要求的 3 个缓冲区和其余 35 个未开展监测的省界缓冲区站点地理位置、水文情况、排污状况、拟设站点代表性、采样条件、交通状况等进行综合分析,确定黄河流域各省界缓冲区水质站点信息(见表 2-5)。

表2-5 黄河流域各省界缓冲区水质站点信息

序号	河流名称	缓冲区名称	站点名称	行政位置	地理位置		备注
					东经	北纬	
1	黄河	黄河青甘缓冲区	大河家	甘肃省积石山县大河家镇	102°45′11.1″	35°50′23.5″	
2	黄河	黄河甘宁缓冲区	下河沿	宁夏回族自治区中卫市常乐乡下河沿村	105°02′21.5″	37°26′52.8″	下河沿水文站
3	黄河	黄河宁蒙缓冲区	乌苏图	内蒙古自治区阿左旗乌苏图镇	106°44′6.5″	39°25′3.3″	
4	黄河	黄河托克托缓冲区	喇嘛湾	内蒙古自治区清水河县喇嘛湾镇	111°24′16.5″	40°02′6.5″	
5	湟水	湟水青甘缓冲区	湟水桥	青海省民和县	102°48′10.2″	36°20′21.9″	
6	大通河	大通河青甘缓冲区	天堂寺	甘肃省天祝县天堂乡	102°30′23.8″	36°56′38.4″	天堂寺水文站
7	大通河	大通河甘青缓冲区	享堂	青海省民和县享堂村	102°49′54.6″	36°21′04″	享堂水文站
8	都思兔河	都思兔河蒙宁缓冲区	陶乌桥	内蒙古自治区乌海市巴音陶亥乡新渠村	106°54′19.7″	39°04′45″	
9	浑河	浑河晋蒙缓冲区	二道边	内蒙古自治区和林格尔县新店子乡二道边村	112°17′47.6″	40°16′12″	二道边水文站
10	龙王沟	龙王沟准格尔缓冲区	龙王沟	内蒙古自治区准格尔旗薛家湾镇小沙湾村	111°23′15.3″	39°48′44″	
11	黑岱沟	黑岱沟准格尔缓冲区	黑岱沟	内蒙古自治区准格尔旗薛家湾镇城坡村	111°21′59.1″	39°42′43.7″	
12	偏关河	偏关河偏关缓冲区	磨石滩	山西省偏关县新关镇磨石滩村	111°27′34.2″	39°28′21.2″	
13	黄甫川	黄甫川蒙陕缓冲区	古城	陕西省府谷县古城乡古城村	110°59′0.9″	39°30′55.9″	
14	黄甫川	黄甫川府谷缓冲区	黄甫川口	陕西省府谷县黄甫镇下川口村	111°11′31.3″	39°13′40.2″	

续表 2-5

序号	河流名称	缓冲区名称	站点名称	行政位置	地理位置		备注
					东经	北纬	
15	孤山川	孤山川府谷缓冲区	高石崖	陕西省府谷县高石崖镇大沙沟村	111°02′37.6″	39°02′53.6″	高石崖水文站
16	岚漪河	岚漪河兴县缓冲区	瓦塘	山西省兴县瓦塘镇大桥	110°59′50.1″	38°38′38.8″	
17	蔚汾河	蔚汾河兴县缓冲区	高家村	山西省兴县高家村镇高家村	110°57′59.5″	38°29′01″	
18	窟野河	窟野河神木缓冲区	温家川	陕西省神木县贺家川镇温家川村	110°45′3.8″	38°25′14.3″	温家川水文站
19	窟野河	窟野河蒙陕缓冲区	石圪台	陕西省神木县大柳塔镇石圪台村	110°07′25″	39°24′23.2″	
20	特牛川	特牛川蒙陕缓冲区	新庙	内蒙古自治区伊金霍洛旗新庙镇	110°23′26.7″	39°22′44.4″	
21	湫水河	湫水河临县缓冲区	林家坪	山西省临县林家坪镇林家坪村	110°52′28.8″	37°41′48.5″	林家坪水文站
22	三川河	三川河离石缓冲区	后大成	山西省刘林县薛村乡后大成村	110°44′59.9″	37°25′2.6″	后大成水文站
23	无定河	无定河陕蒙缓冲区	大沟湾	内蒙古自治区鄂托克前旗城川镇大沟湾村水库	108°29′5.7″	37°42′5.4″	
24	无定河	无定河蒙陕缓冲区	蘑菇苔	内蒙古自治区乌审旗纳林河镇蘑菇苔村	108°53′47.8″	37°59′51.2″	
25	无定河	无定河蒙陕缓冲区	庙畔	陕西省横山县雷龙湾乡庙畔村	109°03′57.7″	38°01′18.5″	
26	无定河	无定河绥德缓冲区	白家川	陕西省清涧县解家沟镇白家川村	110°25′4.6″	37°13′50.4″	白家川水文站
27	清涧河	清涧河延川缓冲区	郭家河	陕西省延川县马家河乡郭家河村	110°13′15.6″	36°50′13.1″	
28	昕水河	昕水河大宁缓冲区	曲峨	山西省大宁县曲峨镇曲峨村	110°37′10.1″	36°26′46.9″	
29	延河	延河延长缓冲区	呼家川	陕西省延长县七里村乡呼家川	110°03′0.4″	36°33′43.2″	
30	云岩河	云岩河宜川缓冲区	新市河	陕西省宜川县新市河乡	110°16′25.6″	36°13′50″	新市河水文站

续表 2-5

序号	河流名称	缓冲区名称	站点名称	行政位置	地理位置		备注
					东经	北纬	
31	仕望川	仕望川宜川缓冲区	昝家山	陕西省宜川县壶口乡昝家山村	110°25′49.6″	36°04′11.1″	
32	鄂河	鄂河乡宁缓冲区	张马	山西省乡宁县长宁镇张马村	110°45′36.1″	35°56′18.4″	
33	汾河	汾河河津缓冲区	河津	山西省河津市黄村乡百底村	110°48′7.8″	35°34′5.7″	河津水文站
34	徐水河	徐水河合阳缓冲区	小曹河	陕西省合阳县百良镇小曹河村	110°20′05″	35°14′28.8″	
35	金水沟	金水沟合阳缓冲区	裕西	陕西省大荔县范家镇裕西村	110°12′26.9″	34°58′56.2″	
36	涑水河	涑水河永济缓冲区	蒲州	山西省永济市蒲州乡张留庄	110°19′45.8″	34°49′55.2″	
37	渭河	渭河甘陕缓冲区	拓石	陕西省宝鸡市陈仓区拓石镇	106°31′39.2″	34°29′41.7″	
38	渭河	渭河华阴缓冲区	吊桥	陕西省潼关县高桥乡吊桥村	110°09′1.9″	34°38′27.1″	拓石水文站
39	葫芦河	葫芦河宁甘缓冲区	玉桥	宁夏回族自治区西吉县玉桥乡黄岔村	105°47′21″	35°36′32.1″	
40	渝河	渝河宁甘缓冲区	恒光	宁夏回族自治区隆德县联财乡恒光村	105°49′33.2″	35°33′15.2″	
41	通关河	通关河甘陕缓冲区	花园头	甘肃省张家川县马鹿乡花园村	106°30′7.7″	34°48′20.6″	
42	泾河	泾河宁甘缓冲区	沙南	宁夏回族自治区泾源县泾河源镇沙南村	106°25′54.2″	35°26′48.3″	
43	泾河	泾河甘陕缓冲区	文家沟	甘肃省宁县新庄乡文家沟村	107°53′53.1″	35°15′44.9″	
44	洪河	洪河宁甘缓冲区	庞沟	甘肃省镇原县新城乡庞沟村	106°49′44.6″	35°43′39.6″	
45	茹河	茹河宁甘缓冲区	麻子沟圈	宁夏回族自治区彭阳县城阳乡麻子沟圈	106°54′10.8″	35°47′24.5″	
46	四郎河	四郎河甘陕缓冲区	卧牛湾	甘肃省正宁县周家乡周家村卧牛湾	108°03′47″	35°15′47.8″	
47	黑河	黑河甘陕缓冲区	西河	陕西省长武县枣园乡西河村	107°45′36.5″	35°10′7.5″	
48	潼河	潼河潼关缓冲区	周家	陕西省潼关县秦东镇周家村	110°16′13″	34°35′7.7″	
49	双桥河	双桥河陕豫缓冲区	双桥	河南省灵宝市豫灵镇文底村	110°23′55.3″	34°34′34.8″	

续表 2-5

序号	河流名称	缓冲区名称	站点名称	行政位置	地理位置		备注
					东经	北纬	
50	宏农涧河	宏农涧河灵宝缓冲区	坡头	河南省灵宝市坡头乡北坡头村	110°55′53.9″	34°39′0.4″	
51	好阳河	好阳河灵宝缓冲区	西王	河南省灵宝市大王镇西王村	110°58′38.8″	34°39′41″	
52	曹河	曹河平陆缓冲区	下坪	山西省平陆县曹川镇下坪村	111°35′30.1″	34°54′24″	
53	板涧河	板涧河垣曲缓冲区	解村	山西省垣曲县解峪乡解村	111°46′4.9″	35°05′52″	
54	亳清河	亳清河垣曲缓冲区	上亳城	山西省垣曲县王矛镇上亳城村	111°48′45.9″	35°08′25.6″	
55	洛河	洛河陕豫缓冲区	黄家湾	河南省卢氏县徐家湾乡黄家湾村	110°40′2.4″	34°00′43″	
56	金堤河	金堤河豫鲁缓冲区	台前桥	河南省台前县城南关	115°51′10.6″	35°59′13.5″	

三、省界缓冲区水质现状监测与评价

(一)省界水体水质监测现状

1. 监测时间及频次

黄河流域省界水体水质监测开始于 1998 年,监测频次为每月 1 次。

2. 监测断面

目前,黄河流域已开展监测的省界水体断面有 30 个,其中在调查的 56 个省界缓冲区中已开展监测的有 18 个缓冲区。

3. 监测因子及分析方法

黄河流域省界水体监测因子为:流量、悬浮物、水温、pH 值、电导率、溶解氧、高锰酸盐指数、化学需氧量(COD)、五日生化需氧量(BOD$_5$)、氨氮、总磷、挥发酚、氰化物、砷、汞、六价铬、氟化物、铜、铅、锌、镉、石油类。

监测分析方法按照国家《地表水环境质量标准》(GB 3838—2002)中规定的方法进行。

(二)水质现状调查监测

由于目前开展监测的省界缓冲区较少,为全面了解黄河流域省界缓冲区的水质现状,对未开展监测的缓冲区进行补充调查监测。

1. 监测断面

在调查的 56 个省界缓冲区中,除已开始监测的 18 个缓冲区外,其余的 38 个缓冲区在本次调查中进行了取样监测。

2. 监测时间及频次

本次调查监测时间为 2008 年 5 月。监测频次为 1 次。

3. 监测因子

本次调查监测,统一监测因子为:水温、pH 值、溶解氧、高锰酸盐指数、化学需氧量(COD)、五日生化需氧量(BOD$_5$)、氨氮、氰化物、砷、挥发酚、六价铬、氟化物、汞、镉、铅、铜、锌和石油类 18 项。

4. 监测分析方法

监测方法按照国家《地表水环境质量标准》(GB 3838—2002)中选配的方法进行。

(三)水质现状评价

1. 评价资料的选取

(1)对已开展监测的省界缓冲区采用 2010 年逐月监测数据。

(2)对 2005 年进行过排污口调查的支流使用 2005 年排污口调查监测资料和查勘时补充监测资料(共 17 个)。

(3)洛河陕豫缓冲区黄家湾断面采用 2006 年 5 月、9 月、12 月省界断面查勘时水质监测结果。

(4)泾河宁甘缓冲区、洪河宁甘缓冲区、黑河甘陕缓冲区、好阳河灵宝缓冲区、渭河甘陕缓冲区、宏农涧河灵宝缓冲区、漕河平陆缓冲区采用 2006 ~ 2008 年缓冲区调查水质监测结果。

(5)其余缓冲区采用 2006 年省界缓冲区调查监测资料。

2. 评价因子选取

评价因子选取 pH 值、溶解氧、高锰酸盐指数、COD、BOD$_5$、氨氮、氰化物、砷、挥发酚、六价铬、氟化物、汞、镉、铅、铜、锌和石油类 17 项。

3. 评价标准

评价采用《地表水环境质量标准》(GB 3838—2002)。

4. 评价方法

为了真实反映不同时段省界缓冲区的水质状况,水质现状按丰水期(7 ~ 10 月)、平水期(3 ~ 6 月)、枯水期(1 ~ 2 月、11 ~ 12 月)和全年 4 个时段分别进行评价。

水质评价采用单因子评价法。即将每个断面各评价因子不同水期监测值的算术平均值与评价标准比较,确定各因子的水质类别,其中的最高类别即为该断面不同水期综合水质类别。

5. 评价结果及分析

1) 不同水期缓冲区水质状况

评价结果统计表明,黄河流域省界缓冲区不同水期水质状况差异不大,满足Ⅲ类水质的缓冲区个数占监测缓冲区数的30.0%左右,Ⅴ类、劣Ⅴ类水质的缓冲区个数占监测缓冲区个数的40%~60%。在枯水期监测的53个缓冲区中,符合Ⅱ类、Ⅳ类水质的均占20.8%,符合Ⅲ类水质的占7.6%,符合Ⅴ类水质的占9.4%,符合劣Ⅴ类水质的占41.5%。

黄河流域省界缓冲区不同水期水质状况见表2-6。

表2-6　黄河流域省界缓冲区不同水期水质状况

水质类别	丰水期		平水期		枯水期		年均	
	个数	百分比	个数	百分比	个数	百分比	个数	百分比
Ⅱ类	6	16.7%	7	18.4%	11	20.8%	5	12.8%
Ⅲ类	6	16.7%	5	13.2%	4	7.6%	3	7.7%
Ⅳ类	6	16.7%	10	26.3%	11	20.8%	12	30.8%
Ⅴ类	0	0	1	2.6%	5	9.4%	2	5.1%
劣Ⅴ类	18	50.0%	15	39.5%	22	41.5%	17	43.6%

2) 缓冲区水质达标状况

通过缓冲区现状水质与水质目标对比,监测的缓冲区中,达到水质目标的缓冲区仅占40.0%左右,有60.0%左右的缓冲区未达到水质目标的要求。在枯水期监测的53个缓冲区中,达标的仅占32.1%。

黄河流域省界缓冲区不同水期水质达标状况见表2-7。

表2-7　黄河流域省界缓冲区不同水期水质达标状况

水期	监测缓冲区个数	达标		未达标	
		个数	百分比	个数	百分比
丰水期	36	16	44.4%	20	55.6%
平水期	38	17	44.7%	21	55.3%
枯水期	53	17	32.1%	36	67.9%
年平均	39	15	38.5%	24	61.5%

3) 缓冲区水质状况

黄河流域各省界缓冲区水质现状评价结果见表2-8。

表2-8　黄河流域各省界缓冲区水质现状评价结果

分类	缓冲区名称	水质目标	丰水期 水质类别	丰水期 是否达标	丰水期 超标项目	平水期 水质类别	平水期 是否达标	平水期 超标项目	枯水期 水质类别	枯水期 是否达标	枯水期 超标项目	年平均 水质类别	年平均 是否达标	年平均 超标项目	备注
黄河干流省界缓冲区	黄河青甘缓冲区	II	II	是		II	是		II	是		II	是		上下游
	黄河甘宁缓冲区	III	III	是		II	是		II	是		III	是		上下游
	黄河宁蒙缓冲区	III	IV	否	COD	IV	否	氨氮、COD、砷	IV	否	COD	IV	否	COD	上下游
	湟水青甘缓冲区	IV	IV	是		IV	是		IV	是		IV	是		上下游
	大通河青甘缓冲区	III	II	是		II	是		II	是		II	是		上下游
	大通河甘青缓冲区	III	II	是		II	是		II	是		II	是		上下游
	都思兔河蒙宁缓冲区	III	劣V	否	COD、铅	劣V	否	COD、铅	劣V	否	COD、铅	劣V	否	COD、铅	上下游
	浑河晋蒙缓冲区	IV							劣V	否	BOD$_5$、COD、氨氮				上下游
支流省界缓冲区	黄甫川蒙陕缓冲区	IV							II	是					上下游
	窟野河蒙陕缓冲区	III							劣V	否	COD、氟化物				上下游
	特牛川蒙陕缓冲区	III							IV	否	COD				上下游
	无定河陕蒙缓冲区	IV							II	是					上下游
	无定河蒙陕缓冲区	III							III	否					上下游
	无定河甘陕缓冲区	III							IV	否	石油类				上下游
	渭河甘陕缓冲区	III	IV	否	COD	IV	否	COD	V	否	氨氮、COD	IV	否	氨氮、COD	上下游

续表 2-8

分类	缓冲区名称	水质目标	丰水期			平水期			枯水期			年平均			备注
			水质类别	是否达标	超标项目	水质类别	是否达标	超标项目	水质类别	是否达标	超标项目	水质类别	是否达标	超标项目	
支流省界缓冲区	葫芦河宁甘缓冲区	Ⅲ							劣Ⅴ	否	BOD$_5$,COD,石油类,高锰酸盐指数,挥发酚,氨氮,铅,汞				上下游
	渝河甘缓冲区	Ⅲ							劣Ⅴ	否	COD,汞				上下游
	通关河甘缓冲区	Ⅲ							Ⅳ	否	石油类				上下游
	金堤河豫鲁缓冲区	Ⅴ	Ⅳ	是		河干			河干			Ⅳ	是		上下游
	泾河宁甘缓冲区	Ⅲ				Ⅳ	否	石油类	Ⅳ	否	石油类	Ⅳ	否	石油类	上下游
	泾河甘陕缓冲区	Ⅳ							劣Ⅴ	否	高锰酸盐指数,COD,BOD$_5$,氨氮				上下游
	洪河宁甘缓冲区	Ⅲ				Ⅳ	否	COD	Ⅴ	否	COD	Ⅳ	否	COD	上下游
	茹河甘宁缓冲区	Ⅳ							劣Ⅴ	否	BOD$_5$,COD				上下游
	四郎河甘陕缓冲区	Ⅲ							Ⅳ	否	汞				上下游
	黑河甘陕缓冲区	Ⅲ				Ⅳ	否	溶解氧,COD	Ⅳ	否	汞	Ⅲ	是		上下游
	洛河陕豫缓冲区	Ⅲ	Ⅱ	是		Ⅱ	是		Ⅱ	是		Ⅱ	是		上下游

续表 2-8

分类	缓冲区名称	水质目标	丰水期 水质类别	丰水期 是否达标	丰水期 超标项目	平水期 水质类别	平水期 是否达标	平水期 超标项目	枯水期 水质类别	枯水期 是否达标	枯水期 超标项目	年平均 水质类别	年平均 是否达标	年平均 超标项目	备注
	龙王沟准格尔缓冲区	IV	劣V	否	氨氮,COD	劣V	否	氨氮,COD	劣V	否	氨氮,COD	劣V	否	氨氮,COD	内蒙古入黄
	黑岱沟准格尔缓冲区	IV	河干			河干			河干						内蒙古入黄
	偏关河偏关缓冲区	V	劣V	否	氨氮,COD	劣V	否	氨氮,COD	劣V	否	氨氮,COD	劣V	否	氨氮,COD	山西入黄
	黄甫川府谷缓冲区	IV	劣V	否	COD	河干			河干						陕西入黄
	孤山川府谷缓冲区	IV	劣V	否	COD,氨氮	V	否	COD	III	是		V	否	COD	陕西入黄
	岚漪河兴县缓冲区	IV	劣V	否	COD	IV	是		III	是		劣V	否	COD	山西入黄
	蔚汾河兴县缓冲区	IV	劣V	否	COD,氨氮	劣V	否	氨氮,COD	劣V	否	氨氮,COD	劣V	否	COD,氨氮	山西入黄
省际附近水域缓冲区	富野河神木缓冲区	V	III	是		III	是		IV	是		IV	是		山西入黄
	湫水河临县缓冲区	IV	劣V	否	COD	IV	是		V	否	COD	V	否	COD	山西入黄
	三川河离石缓冲区	IV	劣V	否	氨氮,BOD_5	劣V	否	氨氮,COD,BOD_5	劣V	否	氨氮,高锰酸盐指数,COD,BOD_5	劣V	否	氨氮,高锰酸盐指数,COD,BOD_5	山西入黄
	无定河绥德缓冲区	IV	III	是		III	是		IV	是		IV	是		陕西入黄
	云岩河宜川缓冲区	III	劣V	否	氨氮	劣V	否	氨氮	II	是		劣V	否	氨氮	陕西入黄
	清涧河延川缓冲区	IV	劣V	否	氨氮	劣V	否	氨氮	劣V	否	氨氮	劣V	否	氨氮	陕西入黄
	昕水河大宁缓冲区	IV	III	是		IV	是		V	否	氨氮	IV	是		山西入黄
	延河延长缓冲区	IV	IV	是		劣V	否	氨氮,BOD	劣V	否	氨氮,BOD_5	劣V	否	氨氮,BOD_5	陕西入黄

续表2-8

分类	缓冲区名称	水质目标	丰水期			平水期			枯水期			年平均			备注
			水质类别	是否达标	超标项目	水质类别	是否达标	超标项目	水质类别	是否达标	超标项目	水质类别	是否达标	超标项目	
省际附近水域缓冲区	仕望川宜川缓冲区	IV	IV	是		IV	是		II	是		IV	是		陕西入黄
	鄂乡乡宁缓冲区	IV	劣V	否	COD、氨氮、石油类	劣V	否	COD、氨氮、石油类	劣V	否	COD、氨氮、石油类	劣V	否	COD、氨氮、石油类	山西入黄
	徐水河合阳缓冲区	IV	III	是		III	是		III	是		III	是		陕西入黄
	金水沟合阳缓冲区	IV	劣V	否	COD、氨氮	劣V	否	COD、氨氮	劣V	否	BOD_5、石油类、COD、氨氮	劣V	否	BOD_5、石油类、COD、氨氮	陕西入黄
	潼河潼关缓冲区	V	劣V	否	汞	劣V	否	汞	劣V	否	汞	劣V	否	汞	陕西入黄
	双桥河陕豫缓冲区	V	劣V	否	氨氮、高锰酸盐指数、COD、氟化物、汞、镉、铅、铜	劣V	否	氨氮、高锰酸盐指数、COD、氟化物、汞、铅、铜	劣V	否	氨氮、高锰酸盐指数、COD、BOD_5、氟化物、汞、铅、铜	劣V	否	氨氮、高锰酸盐指数、COD、氟化物、汞、镉、铜	河南入黄
	涑水河永济缓冲区	V	劣V	否	氨氮、高锰酸盐指数、COD、BOD_5、氟化物	劣V	否	氨氮、高锰酸盐指数、COD、BOD_5、氟化物、溶解氧	劣V	否	氨氮、高锰酸盐指数、COD、BOD_5、氟化物	劣V	否	氨氮、高锰酸盐指数、COD、BOD_5、氟化物	山西入黄

续表 2-8

分类	缓冲区名称	水质目标	丰水期			平水期			枯水期			年平均			备注
			水质类别	是否达标	超标项目	水质类别	是否达标	超标项目	水质类别	是否达标	超标项目	水质类别	是否达标	超标项目	
省际附近水域缓冲区	宏农涧河灵宝缓冲区	V	劣V	否	铝	劣V	否	汞	劣V	否	氨氮	劣V	否	氨氮	河南入黄
	好阳河灵宝缓冲区	IV	II	是		II	是		V	否	石油类、汞	IV	是		河南入黄
	曹河平陆缓冲区	IV				III	是		劣V	否	高锰酸盐指数、COD、BOD$_5$、砷、氟化物、DO、pH值	劣V	否	高锰酸盐指数、COD、BOD$_5$、砷、氟化物	河南入黄
	汾河河津缓冲区	IV	劣V	否	氨氮、高锰酸盐指数、COD、BOD$_5$、挥发酚	劣V	否	氨氮、高锰酸盐指数、COD、BOD$_5$	劣V	否	COD、BOD$_5$、挥发酚、氟化物	劣V	否	氨氮、高锰酸盐指数、COD、BOD$_5$、挥发酚	山西入黄
	渭河华阴缓冲区	IV	劣V	否	氨氮	劣V	否	氨氮、COD	劣V	否	氨氮、高锰酸盐指数、COD、BOD$_5$	劣V	否	氨氮、COD	陕西入黄
	板涧河垣曲缓冲区	III	II	是		II	是		II	是		II	是		山西入黄
	亳清河垣曲缓冲区	III	II	是		II	是		II	是		II	是		山西入黄
功能缓冲区	黄河托克托缓冲区	III	III	是		III	是		IV	否	氨氮、COD	IV	否	COD	上下游

四、省界缓冲区入河排污口调查与评价

(一)排污口调查与监测

1. 调查内容

调查各省界缓冲区入河排污口数量、经纬度、地理位置、排污特性——排污类型、排放方式、排放规律、废污水入河量、主要污染物入河量、入河浓度,排污企业污水处理基本情况。

2. 调查时间及频率

本次省界缓冲区入河排污口调查的时间为 2006 年 11 月中旬至 12 月上旬、2008 年 4 ~ 5 月。监测频次为两次,间隔时间为至少 8 h。

3. 监测因子及分析方法

监测因子为流量、化学需氧量(COD)、pH 值、氨氮等 4 项,同时每个排污口、支流口根据实际需加测 3 ~ 4 项特征污染因子,其因子从挥发酚、石油类、五日生化需氧量、总氮、总磷、氰化物、总砷、总汞、六价铬、总铜、总铅、总镉中选取。

监测因子的分析测试方法、质量控制措施及数据处理等按水利部《水环境监测规范》(SL 219—98)、国家《污水综合排放标准》(GB 8978—1996)等国家或行业标准有关要求进行。

4. 排污量调查方法

入河排污口废污水流量的测定,按水利部颁发的《水文测验规范》和《水文测验手册》规定执行。废污水及污染物入黄量计算公式如下

$$W_d = \frac{1}{n} \sum_{i=1}^{n} Q_i \times 8.64$$

$$W_a = W_d \times d$$

$$G_d = \frac{1}{m} \sum_{i=1}^{m} Q_i \times C_i \times 86.4$$

$$G_a = G_d \times d \times 10^{-3}$$

式中　　W_d——排污口废污水日入黄量,万 m^3/d;

n——排污口废污水监测次数;

Q_i——排污口第 i 次实测流量,m^3/s;

W_a——废污水年入黄量,万 m^3/a;

d——全年排污天数,d/a;

G_d——污染物日入黄量,kg/d;

m——污染物浓度实测次数；

C_i——第 i 次实测污染物浓度，mg/L；

G_a——污染物年入黄量，t/a；

8.64、86.4、10^{-3}——换算系数。

(二)排污口分布及排放方式

本次省界缓冲区入河排污口调查共调查到入河排污口32个，分布在7个省界缓冲区。其中只有1个为间断排污口，其他均为常年排污口。从排放方式上看，以暗管排放的有20个，占62.5%；以明渠排放的有10个，占31.2%；以泵站排放的有2个，占6.3%。从污水性质上看，工业废水排污口18个，占56.2%；生活污水排污口9个，占28.1%；工业废水为主混合排污口1个，占3.1%；生活污水为主混合排污口4个，占12.5%。各省界缓冲区入河排污口状况统计见表2-9。

在调查的入河排污口中，废污水年入河量在500万 m³ 以上的有1个，占3.1%；500万~100万 m³ 的有18个，占56.2%；在100万~50万 m³ 的有7个，占21.9%；在50万~10万 m³ 的有4个，占12.5%；在10万 m³ 以下的有2个，占6.3%。各省界缓冲区入河排污口废污水量量级分布见表2-10。

在不同性质污水的入河排污口中，废污水年入河量在100万 m³ 以上的排污口集中在工业废水排污口，占工业废水排污口总数的66.7%；生活污水排污口废污水年入河量在500万~100万 m³ 的占该类排污口总数的44.4%。不同性质入河排污口废污水量量级分布见表2-11。

(三)排污口废污水入河量

1. 排污口废污水入河量

对黄河流域省界缓冲区32个入河排污口的实测、调查统计，各类废污水年入河量为1.62亿 m³。

在调查的入河废污水中，工业废水为14 089.6万 m³/a，占总量的86.9%；生活污水为1 263.4万 m³/a，占总量的7.8%；工业废水为主混合污水为94.6万 m³/a，占总量的0.58%；生活污水为主混合污水为764.8万 m³/a，占总量的4.7%。

2. 入河废污水量区域分布

从各个省界缓冲区废污水入河量看，黄河宁蒙缓冲区最大，废污水年入河量为11 683.3万 m³，占废污水年入河总量的72.1%；其次是湟水青甘缓冲区，废污水年入河量为1 701.4万 m³，占废污水年入河总量的10.5%；再次是大通河甘青缓冲区，废污水年入河量为1 333.1万 m³，占废污水年入河总量的

表2-9　各省界缓冲区入河排污口状况统计

省界缓冲区	排污口总数	排污类型				排放方式						污水性质							
		常年		间断		暗管		明渠		泵站		工业		生活		工业为主混合		生活为主混合	
		个数	占(%)	个数	占(%)	个数	占(%)	个数	占(%)	个数	占(%)	个数	占(%)	个数	占(%)	个数	占(%)	个数	占(%)
黄河宁蒙缓冲区	8	7	87.5	1	12.5			8	100			7	87.5	1	12.5				
湟水青甘缓冲区	8	8	100			8	100					5	62.5	3	37.5				
大通河甘青缓冲区	6	6	100			6	100					2	33.3	3	50			1	16.7
窟野河蒙陕缓冲区	6	6	100			5	83.3	1	16.7			4	66.7	2	33.3				
汾河津缓冲区	1	1	100					1	100									1	100
泾河甘陕缓冲区	1	1	100			1	100											1	100
金堤河豫鲁缓冲区	2	2	100							2	100					1	50	1	50
合计	32	31	96.9	1	3.1	20	62.5	10	31.2	2	6.3	18	56.2	9	28.1	1	3.1	4	12.5

8.2%;泾河甘陕缓冲区废污水年入河量最小,为 9.5 万 m³,占废污水年入河总量的0.06%。各省界缓冲区排污口废污水入河量统计见表 2-12。

表 2-10　各省界缓冲区入河排污口废污水量量级分布

缓冲区名称	>500 万 m³/a		500 万～ 100 万 m³/a		100 万～ 50 万 m³/a		50 万～ 10 万 m³/a		<10 万 m³/a		合计
	个数	占(%)	个数	占(%)	个数	占(%)	个数	占(%)	个数	占(%)	
黄河宁蒙缓冲区	1	12.5	3	37.5	1	12.5	2	25.0	1	12.5	8
湟水青甘缓冲区			5	62.5	2	25.0	1	12.5			8
大通河甘青缓冲区			4	66.7	1	16.7	1	16.7			6
窟野河蒙陕缓冲区			4	66.7	2	33.3					6
汾河河津缓冲区			1	100							1
泾河甘陕缓冲区									1	100	1
金堤河豫鲁缓冲区			1	50	1	50					2
合计	1	3.1	18	56.2	7	21.9	4	12.5	2	6.3	32

表 2-11　不同性质入河排污口废污水量量级分布

排污口性质	>500 万 m³/a		500 万～ 100 万 m³/a		100 万～ 50 万 m³/a		50 万～ 10 万 m³/a		<10 万 m³/a		合计
	个数	占(%)	个数	占(%)	个数	占(%)	个数	占(%)	个数	占(%)	
工业	1	5.6	11	61.1	3	16.7	2	11.1	1	5.6	18
生活			4	44.4	3	33.3	2	22.2			9
工业为主混合					1	100					1
生活为主混合			3	75.0					1	25.0	4
合计	1	3.1	18	56.2	7	21.9	4	12.5	2	6.3	32

表 2-12　各省界缓冲区排污口废污水入河量统计（单位:万 m³/a）

省界缓冲区名称	工业废水	占(%)	生活污水	占(%)	工业为主混合	占(%)	生活为主混合	占(%)	总计	占全部(%)
黄河宁蒙缓冲区	11 656.7	99.8	26.6	0.2					11 683.3	72.1
湟水青甘缓冲区	1 143	67.2	558.2	32.8					1 701.4	10.5
大通河甘青缓冲区	706.4	53	486.4	36.5			140.3	10.5	1 333.1	8.2
窟野河蒙陕缓冲区	583.3	75.2	192.2	24.8					775.5	4.8
汾河河津缓冲区							220.8	100	220.8	1.4
泾河甘陕缓冲区							9.5	100	9.5	0.06
金堤河豫鲁缓冲区					94.6	19.4	394.2	80.6	488.8	3
合计	14 089.6	86.9	1 263.4	7.8	94.6	0.58	764.8	4.7	16 212.4	100

3. 不同量级排污口废污水入河量

入河废污水主要集中在一些大中排污口,废污水年入河量在 100 万 m³ 以上的排污口占排污口总数的 59.3%,其废污水入河量占 95.6%;也就是说 59.3% 的排污口的废污水入河量占了废污水入河总量的 95.6%。废污水年入河量小于 50 万 m³ 的排污口虽占排污口数的 18.7%,但其废污水入河量却仅占废污水入河总量的 0.7%。

不同性质不同量级排污口废污水入河量见表 2-13。

表 2-13　不同性质不同量级排污口废污水入河量（单位:万 m³/a）

排污口性质	项目	>500	500~100	100~50	50~10	<10	合计
工业	水量	10 578	3 204.8	253.3	45.3	8.1	14 089.5
	占(%)	75.1	22.7	1.8	0.3	0.1	100
生活	水量		969.6	241.2	52.6		1 263.4
	占(%)		76.7	19.1	4.2		100
工业为主混合	水量			94.6			94.6
	占(%)			100			100
生活为主混合	水量		755.3			9.5	764.8
	占(%)		98.8			1.2	100
全部	水量	10 578	4 929.7	589.1	97.9	17.6	16 212.3
	占(%)	65.2	30.4	3.7	0.6	0.1	100

(四)排污口污染物浓度评价

1. 评价标准

评价标准采用《污水综合排放标准》(GB 8978—1996)中的一级标准值。

2. 评价因子

选取化学需氧量(COD)、氨氮为评价因子。

3. 评价方法

统计、计算入河排污口废污水各评价因子的平均浓度,与评价标准值对照,看其是否符合评价标准。若排污口废污水有一项因子超过评价标准,该排污口即为超标。

4. 评价结果

调查的 32 个排污口中超标排污口有 10 个,占监测排污口总数的 31.2%。从各主要污染物的超标状况看,10 个排污口主要是 COD 超标。

从各省界缓冲区入河排污口超标状况看,超标排污口数占各省界缓冲区排污口总数的 12.5% ~ 100%。各省界缓冲区入河排污口水质超标状况见表 2-14。

表 2-14　各省界缓冲区入河排污口水质超标状况

省界缓冲区名称	综合超标(%)	主要污染物超标状况(%)	
		COD	氨氮
黄河宁蒙缓冲区	25.0	25.0	12.5
湟水青甘缓冲区	12.5	12.5	0
大通河甘青缓冲区	33.3	33.3	0
窟野河蒙陕缓冲区	33.3	33.3	0
汾河河津缓冲区	100	100	0
泾河甘陕缓冲区	0	0	0
金堤河豫鲁缓冲区	100	100	50
合计	31.2	31.2	6.2

(五)排污口污染物入河量

本次调查的黄河流域省界缓冲区入河排污口主要污染物(指 COD、氨氮,下同)年入河总量约为 11 822 t。其中 COD 为 10 743 t,氨氮为 1 078.8 t。

1. 各省界缓冲区排污口污染物入河量

从各省界缓冲区入河排污口污染物入河量统计结果看,黄河宁蒙缓冲区最大,主要污染物年入河量 6 501.0 t,占排污口污染物入河总量的 55.0%;其次是金堤河豫鲁缓冲区,主要污染物年入河量 1 432.5 t,占排污口污染物入河总量的 12.1%。

COD 入河量最大的是黄河宁蒙缓冲区,年入河量 5 862.0 t,占排污口COD 入河总量的 54.6%;其次是金堤河豫鲁缓冲区,COD 年入河量 1 112.1 t,占排污口 COD 入河总量的 10.4%。氨氮入河量最大的也是黄河宁蒙缓冲区,年入河量 639.0 t,占排污口氨氮入河总量的 59.2%;其次是金堤河豫鲁缓冲区,年入河量 320.4 t,占排污口氨氮总量的 29.7%。各省界缓冲区排污口污染物入河量见表 2-15。

2. 不同性质排污口污染物入河量

从不同性质入河排污口污染物入河量统计结果看,工业废水排污口最大,主要污染物年入河量 8 177.8 t;工业废水为主混合排污口最小,主要污染物年入河量 255.4 t。不同性质排污口污染物入河量见表 2-16。

表 2-15　　各省界缓冲区排污口污染物入河量　　　（单位：t/a）

省界缓冲区名称	COD	氨氮	合计
黄河宁蒙缓冲区	5 862.0	639.0	6 501.0
湟水青甘缓冲区	927.1	46.7	973.8
大通河甘青缓冲区	998.2	44.7	1 042.9
窟野河蒙陕缓冲区	1 092.7	24.9	1 117.6
汾河河津缓冲区	749.4	3.1	752.5
泾河甘陕缓冲区	1.29	0.02	1.31
金堤河豫鲁缓冲区	1 112.1	320.4	1 432.5
合计	10 742.8	1 078.8	11 821.6

表 2-16　　不同性质排污口污染物入河量　　　（单位：t/a）

污水质污染物	工业	生活	工业废水为主混合	生活污水为主混合	合计
COD	7 545.7	1 090.6	248.8	1 857.7	10 742.8
氨氮	632.1	112.0	6.58	328.1	1 078.8
合计	8 177.8	1 202.6	255.4	2 185.8	11 821.6

COD 主要来自工业废水排污口，年入河量为 7 545.7 t，占排污口 COD 入河总量的 70.2%；氨氮主要来自工业废水排污口和生活污水为主混合排污口，年入河量 960.2 t，占氨氮入河总量的 89.0%。

（六）排污口现状评价

1. 评价标准及因子选取

1）评价标准

评价标准采用《污水综合排放标准》（GB 8978—1996）中的一级标准值。

2）评价因子

选取化学需氧量（COD）、氨氮为评价因子。

2. 评价方法

现状评价采用等标污染负荷法。

某污染物 i 的等标污染负荷 P_i 为

$$P_i = \frac{C_i}{|C_{0i}|} \times Q_i \times 10^{-2}$$

式中　C_i——污染物 i 的浓度，mg/L；

C_{0i}——污染物 i 的评价标准绝对值；

Q_i——废污水量，万 m^3/a；

10^{-2}——换算系数。

某排污口的等标污染负荷 P_n 为

$$P_n = \sum_{i=1}^{n} P_i$$

某省界缓冲区的等标污染负荷 P_m 为

$$P_m = \sum_{n=1}^{m} P_n$$

黄河流域省界缓冲区的等标污染负荷 P_s 为

$$P_s = \sum_{m=1}^{s} P_m$$

某排污口在本省界缓冲区的污染负荷比 K_n 为

$$K_n = \frac{P_n}{P_m} \times 100\%$$

省界缓冲区内某污染物 i 的污染负荷比 K_i 为

$$K_i = \frac{\sum P_i}{P_m} \times 100\%$$

3. 评价结果及分析

1) 省界缓冲区入河排污口现状评价

以省界缓冲区为单位对入河排污口进行评价，评价结果见表2-17。

表2-17　各省界缓冲区入河排污口评价结果

省界缓冲区名称	等标污染负荷	污染负荷比（%）	名次
黄河宁蒙缓冲区	101.1	60.3	1
湟水青甘缓冲区	12.4	7.4	4
大通河甘青缓冲区	13.0	7.7	3
窟野河蒙陕缓冲区	1.1	0.6	6
汾河河津缓冲区	7.7	4.6	5
泾河甘陕缓冲区	0.01	0.007	7
金堤河豫鲁缓冲区	32.5	19.4	2
合计	167.81	100	

从表2-17可以看出，黄河宁蒙缓冲区的等标污染负荷最大，污染负荷比为60.3%；其次是金堤河豫鲁缓冲区，污染负荷比为19.4%。

对各省界缓冲区入河排污口污染物进行评价,评价结果见表2-18。

表2-18　各省界缓冲区入河排污口污染物评价结果

省界缓冲区名称	项目	COD	氨氮
黄河宁蒙缓冲区	等标污染负荷	58.6	42.5
	污染负荷比(%)	58.0	42.0
	名次	1	2
湟水青甘缓冲区	等标污染负荷	9.28	3.12
	污染负荷比(%)	74.8	25.2
	名次	1	2
大通河甘青缓冲区	等标污染负荷	9.97	2.98
	污染负荷比(%)	77.0	23.0
	名次	1	2
窟野河蒙陕缓冲区	等标污染负荷	9.1	1.7
	污染负荷比(%)	84.3	15.7
	名次	1	2
汾河河津缓冲区	等标污染负荷	7.5	0.20
	污染负荷比(%)	97.4	2.6
	名次	1	2
泾河甘陕缓冲区	等标污染负荷	0.01	0.001
	污染负荷比(%)	90.9	9.1
	名次	1	2
金堤河豫鲁缓冲区	等标污染负荷	11.1	21.4
	污染负荷比(%)	34.2	65.8
	名次	2	1

从表2-18可以看出,除金堤河豫鲁缓冲区的氨氮等标污染负荷大于COD等标污染负荷外,其他缓冲区均是COD等标污染负荷大于氨氮等标污染负荷。

2)入河排污口主要污染物评价结果

对入河排污口主要污染物进行评价,评价结果见表2-19。从评价结果可以看出,入河排污口主要污染物中,COD的等标污染负荷最大,污染负荷比为59.5%;其次是氨氮,污染负荷比为40.5%。

表2-19　入河排污口主要污染物评价结果

评价因子	等标污染负荷	污染负荷比(%)	名次
COD	105.6	59.5	1
氨氮	71.9	40.5	2

五、省界缓冲区支流口调查与评价

(一)支流口水质调查与监测

1.调查内容

调查各省界缓冲区支流数量、地理位置、水质现状及污染物输入量等。本次36个缓冲区共调查支流16条,分布在9个省界缓冲区。其中黄河宁蒙缓冲区1条、湟水青甘缓冲区1条、窟野河蒙陕缓冲区1条、渭河甘陕缓冲区3条、渭河华阴缓冲区3条、宏农涧河灵宝缓冲区1条、泾河宁甘缓冲区2条、泾河甘陕缓冲区2条、黑河甘陕缓冲区2条。

2.调查方法

支流口水质调查方法,监测因子、频率及时间与入河排污口调查相同。有常规水质监测断面的支流口,与常规监测结合进行;尚未开展水质监测或监测断面位置不合适的支流口与入河排污口水质调查同步进行。

(二)支流口水质现状评价

1.评价标准

支流口水质评价标准采用《地表水环境质量标准》(GB 3838—2002)。

2.评价因子

选取pH值、化学需氧量(COD)、氨氮、六价铬、五日生化需氧量(BOD$_5$)、氰化物、石油类、总砷、总铅、总铜、总汞、总镉、挥发酚为支流口评价因子。

3.评价方法

支流口水质评价采用单因子法,即计算各评价因子的平均浓度,并确定其水质类别,各评价因子的最高水质类别即为该支流口的综合水质类别。

4.评价结果

在调查的支流口中,综合水质类别达到Ⅰ、Ⅱ类的支流数为1条,仅占支流总数的6.2%;Ⅲ类水质的支流口3个,占支流总数的18.8%;Ⅳ类水质的支流口7个,占支流总数的43.8%;劣Ⅴ类水质的支流口5个,占支流总数的31.2%。其中有12.5%的支流口水质劣于《污水综合排放标准》(GB 8978—1996)。

从各省界缓冲区支流口水质类别统计结果看,支流口水质类别劣Ⅴ类的占0~100%。各省界缓冲区支流口水质类别统计见表2-20。

(三)支流污染物输入量

1.支流污染物输入量计算方法

支流污染物输入量计算公式如下

$$Z_{di} = \frac{1}{m} \sum_{j=1}^{m} Q_j \times C_{ij} \times 86.4$$

$$Z_{ai} = Z_{di} \times T_a \times 10^{-3}$$

式中　　Z_{di}——支流污染物 i 日输入量,kg/d;

　　　　m——支流口监测次数;

　　　　Q_j——支流口第 j 次实测流量,m³/s;

　　　　C_{ij}——支流口污染物 i 第 j 次实测浓度,mg/L;

　　　　Z_{ai}——支流污染物 i 年输入量,t/a;

　　　　T_a——支流年汇入省界缓冲区的天数,d/a;

　　　　86.4——换算系数。

表 2-20　各省界缓冲区支流口水质类别统计

省界缓冲区名称	监测支流口数	各类水质支流口数(%)					劣于污水排放标准(%)
		I、II类	III类	IV类	V类	劣V类	
黄河宁蒙缓冲区	1					100	100
湟水青甘缓冲区	1	100	0	0	0	0	
窟野河蒙陕缓冲区	1	0	0	100	0	0	
渭河甘陕缓冲区	3	0	66.7	33.3	0	0	
渭河华阴缓冲区	3	0	0	0	0	100	33.3
宏农涧河灵宝缓冲区	1	0	0	0	0	100	
泾河宁甘缓冲区	2	0	50	50	0	0	
泾河甘陕缓冲区	2	0	0	100	0	0	
黑河甘陕缓冲区	2	0	0	100	0	0	
合计	16	6.2	18.8	43.8	0	31.2	12.5

2. 支流污染物输入量

据计算,支流向省界缓冲区输入的主要污染物量为 48 338.9 t。其中 COD 为 47 480.7 t,氨氮为 858.2 t。从各省界缓冲区主要污染物支流输入量来看,渭河华阴缓冲区最大,主要污染物年输入量为 38 162.0 t;其次是湟水青甘缓冲区,主要污染物年输入量为 6 750.4 t。各省界缓冲区污染物支流输入量见表 2-21。

表 2-21　各省界缓冲区污染物支流输入量　　（单位：t/a）

省界缓冲区名称	COD	氨氮	合计
黄河宁蒙缓冲区	263.9	282.0	545.9
湟水青甘缓冲区	6 609.9	140.5	6 750.4
窟野河蒙陕缓冲区	72.9	2.5	75.4
渭河甘陕缓冲区	246.7	1.9	248.6
渭河华阴缓冲区	37 744.0	418.0	38 162.0
泾河宁甘缓冲区	382.1	0.5	382.6
泾河甘陕缓冲区	2 117.0	12.3	2 129.3
黑河甘陕缓冲区	14.3	0.1	14.4
宏农涧河灵宝缓冲区	29.9	0.4	30.3
合计	47 480.7	858.2	48 338.9

六、省界缓冲区纳污量

（一）纳污量计算方法

省界缓冲区接纳的污染物主要来自两部分,第一部分通过排污口直接排入省界缓冲区,另一部分通过支流间接进入省界缓冲区。省界缓冲区纳污总量计算公式如下

$$N_i = \sum_{j=1}^{m} G_{ij} + \sum_{l=1}^{n} Z_{il}$$

式中　N_i——省界缓冲区年接纳污染物 i 的量,t/a；

　　　　m——直接入河的排污口个数；

　　　　G_{ij}——排污口 j 污染物 i 的年入黄量,t/a；

　　　　n——省界缓冲区调查的支流数；

　　　　Z_{il}——支流 l 污染物 i 的年输入量,t/a。

（二）纳污量计算结果

本次入河排污口调查的黄河流域省界缓冲区年纳污量为 60 160.4 t,其中:COD 为58 223.5 t,氨氮为 1 936.9 t。

从各省界缓冲区污染物接纳量来看,渭河华阴缓冲区接纳量最大,污染物接纳量为 38 162.0 t/a；其次为湟水青甘缓冲区,污染物接纳量为 7 724.2 t/a；黑河甘陕缓冲区接纳量最小,污染物接纳量为 14.4 t/a。各省界缓冲区污染

物接纳量见表 2-22。

表 2-22 各省界缓冲区污染物接纳量 （单位：t/a）

省界缓冲区名称	COD	氨氮	合计
黄河宁蒙缓冲区	6 125.9	921	7 046.9
湟水青甘缓冲区	7 537.0	187.2	7 724.2
大通河甘青缓冲区	998.2	44.7	1 042.9
窟野河蒙陕缓冲区	1 165.6	27.4	1 193.0
汾河河津缓冲区	749.4	3.0	752.4
渭河甘陕缓冲区	246.7	1.9	248.6
渭河华阴缓冲区	37 744.0	418	38 162.0
泾河宁甘缓冲区	382.1	0.5	382.6
泾河甘陕缓冲区	2 118.3	12.3	2 130.6
黑河甘陕缓冲区	14.3	0.1	14.4
宏农涧河灵宝缓冲区	29.9	0.4	30.3
金堤河豫鲁缓冲区	1 112.1	320.4	1 432.5
合计	58 223.5	1 936.9	60 160.4

七、水污染事件调查

水污染事件主要调查 1998 年以来所发生的较大的水污染事件，包括事件发生的时间、地点、肇事单位（个人）、原因、损失及处理结果等。

本次入河排污口调查的黄河流域省界缓冲区除涑水河永济缓冲区调查到一起水污染事件外，其他缓冲区都未调查到水污染事件。涑水河永济缓冲区的水污染事件发生在 1998 年 3 月 10 日，涑水河上游造纸厂等企业废污水大量外排，致使永济市黄营乡城子垆村污水泛滥，27 户家门被堵，5 户人家被淹，8 家房屋和小学学校的大部分围墙倒塌，500 多亩庄稼被毁，直接经济损失 10 余万元。

第三节 调查分析结论

一、省界缓冲区起止点位置确定

根据实地考察结果，此次查勘的 56 个缓冲区中存在部分区划起止点地名不实、没有公路能到达、起止点设置不合理等问题，结合考察结果及多方面求证，部分缓冲区需对区划位置进行变更，具体有以下两种情况。

（一）区划地名与实际考察地名不符

存在这种情况的缓冲区共 12 个，浑河晋蒙缓冲区起始点右玉城镇改为右卫镇；湫水河临县缓冲区起始点刘家会改为三交镇；窟野河蒙陕缓冲区起始点张家畔改为霍洛湾；无定河蒙陕缓冲区起始点河南畔改为张冯畔；清涧河延川缓冲区起始点石畔村改为郭家河；仕望川宜川缓冲区起始点旮家山改为旮家山；金水沟合阳缓冲区起始点全兴寨改为范家镇；徐水河合阳缓冲区起始点由伏六改为百良镇；汾河河津缓冲区起始点新店改为杨村；好阳河灵宝缓冲区的起始位置由西王村公路桥更名为西王村；渝河宁甘缓冲区的终止位置由南坡改为峡门；渭河华阴缓冲区起始点王家成子改为罗夫河入口，区划河长由 29.7 km 调整为 29.8 km。

（二）缓冲区起始点在源头，由于道路原因无法到达

存在此种情况的缓冲区共有 3 个，通关河甘陕缓冲区起始点由源头改为马鹿乡，区划河长由 72.2 km 调整为 60 km；潼河潼关缓冲区起始点由源头改为安乐，区划河长由 27.5 km 调整为 23 km；双桥河陕豫缓冲区起始点由源头改为太峪，区划河长由 28.4 km 调整为 24 km。

二、省界缓冲区水质站点位置确定

此次共查勘省界缓冲区水质站点 38 个，其中有 12 个缓冲区使用《黄河流域（片）水质监测规划》中规划站点。其余 26 个缓冲区经查勘，选择了能较好反映缓冲区水质且采样条件便利的地点作为缓冲区水质站点。此外，黄甫川府谷缓冲区确定的贾家寨、无定河上游无定河陕蒙缓冲区的大沟湾、无定河蒙陕蒙缓冲区的蘑菇苔、无定河蒙陕缓冲区的庙畔、仕望川的旮家山 5 个水质站采样条件差，通过查勘该区域受人类影响少，水环境状况良好，建议作为省界水质监测分步实施的后期监站点。

三、省界缓冲区水质现状

本次查勘 56 个省界缓冲区，经过调查监测、收集资料和科学分析，基本掌握了缓冲区的水质情况。总的来说，上游缓冲区内污染较少，水质较好，中、下游较差。部分缓冲区河流由于周围工矿企业排放废水，水质污染严重，尤其是偏关河、蔚汾河、三川河、涑水河、渭河、汾河、葫芦河、金水沟、泾河、双桥河、宏农涧河、曹河等主要分布在山西、陕西、河南等省（区）河流的省界缓冲区，水质为劣 V 类。

四、入河排污口数量、分布及排放方式

本次省界缓冲区入河排污口调查共调查入河排污口 32 个,其中只有 1 个为间断排污口,其他均为常年排污口。从排放方式上看,以暗管排放的有 20 个,占 62.5%;以明渠排放的有 10 个,占 31.2%;以泵站排放的有 2 个,占 6.3%。从污水性质上看,工业废水排污口 18 个,占 56.2%;生活污水排污口 9 个,占 28.1%;工业废水为主混合排污口 1 个,占 3.1%;生活污水为主混合排污口 4 个,占 12.5%。

从入河排污口区域分布看,黄河宁蒙缓冲区共调查入河排污口 8 个,占调查排污口总数的 25.0%;湟水青甘缓冲区 8 个,占 25.0%;大通河甘青缓冲区 6 个,占 18.8%;窟野河蒙陕缓冲区 6 个,占 18.8%;汾河河津缓冲区 1 个,占 3.1%;泾河甘陕缓冲区 1 个,占 3.1%;豫鲁缓冲区 2 个,占 6.2%。

从入河排污口废污水量级分布看,废污水年入河量在 500 万 m³ 以上的有 1 个,占 3.1%;500 万~100 万 m³ 的有 18 个,占 56.2%;在 100 万~50 万 m³ 的有 7 个,占 21.9%;在 50 万~10 万 m³ 的有 4 个,占 12.5%;在 10 万 m³ 以下的有 2 个,占 6.3%。

五、排污口废污水入河量

据对 32 个入河排污口的实测、调查统计,各类废污水的年入河量为 1.62 亿 m³。

(1)在调查的入河废污水中,工业废水为 1.41 亿 m³/a,占总量的 87.0%;生活污水为 1 263.4 万 m³/a,占总量的 7.8%;工业废水为主混合污水为 94.6 万 m³/a,占总量的 0.58%;生活污水为主混合污水为 764.8 万 m³/a,占总量的 4.7%。

(2)从各个省界缓冲区废污水入河量看,黄河宁蒙缓冲区最大,废污水年入河量为 11 683.6 万 m³,占废污水年入河量的 72.1%;其次是湟水青甘缓冲区,废污水年入河量为 1 701 万 m³,占废污水年入河量的 10.5%;再次是大通河甘青缓冲区,废污水年入河量为 1 332.4 万 m³,占废污水年入河量的 8.2%;泾河甘陕缓冲区废污水年入河量最小,为 9.5 万 m³,占废污水年入河量的 0.06%。

(3)入河废污水主要集中在一些大中排污口,废污水年入河量在 100 万 m³ 以上的排污口占排污口总数的 59.3%,其废污水入河量占 95.6%;也就是说 59.3% 的排污口的废污水入河量占了废污水入河总量的 95.6%。废污水

年入河量小于 50 万 m³ 的排污口虽占排污口数的 18.7% ,但其废污水入河量却仅占废污水入河总量的 0.7% 。

六、入河排污口超标状况

调查的 32 个排污口中超标排污口有 10 个,占监测排污口总数的 31.2% 。

(1)从各省界缓冲区入河排污口超标状况看,超标排污口数占各省界缓冲区排污口总数的 12.5% ~100% 。

(2)从各主要污染物的超标状况看,10 个排污口主要是 COD 超标。

七、排污口污染物入河量

本次调查的黄河流域省界缓冲区入河排污口主要污染物(指 COD、氨氮,下同)年入河总量约为 11 822 t。其中 COD 为 10 743 t,氨氮为 1 078.8 t。

从各省界缓冲区入河排污口污染物入河量统计结果看,黄河宁蒙缓冲区最大,主要污染物年入河量 6 501.0 t,占排污口污染物入河总量的 55.0% ;其次是金堤河豫鲁缓冲区,主要污染物年入河量 1 432.5 t,占排污口污染物入河总量的 12.1% 。

从不同性质入河排污口污染物入河量统计结果看,工业废水排污口最大,主要污染物年入河量 8 177.8 t;工业废水为主混合排污口最小,主要污染物年入河量 255.4 t。

八、入河排污口现状评价

以省界缓冲区为单位对入河排污口进行评价,黄河宁蒙缓冲区的等标污染负荷最大,污染负荷比为 60.3% ;其次是金堤河豫鲁缓冲区,污染负荷比为 19.4% 。

对各省界缓冲区入河排污口污染物进行评价,除金堤河豫鲁缓冲区的氨氮等标污染负荷大于 COD 等标污染负荷外,其他缓冲区均是 COD 等标污染负荷大于氨氮等标污染负荷。

九、支流口水质现状与污染物输入量

在调查的支流口中,综合水质类别达到Ⅰ、Ⅱ类的支流数为 1 条,仅占支流总数的 6.2% ;Ⅲ类水质的支流口 3 个,占 18.8% ;Ⅳ类水质的支流口 7 个,占 43.8% ;劣Ⅴ类水质的支流口 5 个,占 31.2% 。其中有 12.5% 的支流口水质劣于《污水综合排放标准》(GB 8978—1996)。

支流向省界缓冲区输入的主要污染物量为 48 338.9 t。其中 COD 为 47 480.7 t,氨氮为 858.2 t。

从各省界缓冲区主要污染物支流输入量来看,渭河华阴缓冲区最大,主要污染物年输入量为 38 162.0 t;其次是湟水青甘缓冲区,主要污染物年输入量为 6 750.4 t。

十、省界缓冲区纳污量

本次入河排污口调查的黄河流域省界缓冲区年纳污量为 60 160.4 t,其中:COD 为 58 223.6 t,氨氮为 1 936.9 t。

从各省界缓冲区污染物接纳量来看,渭河华阴缓冲区接纳量最大,污染物接纳量为 38 162.0 t/a;其次为湟水青甘缓冲区,污染物接纳量为 7 724.2 t/a;黑河甘陕缓冲区接纳量最小,污染物接纳量为 14.4 t/a。

十一、水污染事故调查

涑水河永济缓冲区的水污染事故发生在 1998 年 3 月 10 日,涑水河上游造纸厂等企业废污水大量外排,致使永济市黄营乡城子埒村污水泛滥,27 户家门被堵,5 户人家被淹,8 家房屋和小学学校的大部分围墙倒塌,500 多亩庄稼被毁,直接经济损失 10 余万元。

其他缓冲区都未调查到水污染事件。

十二、入河排污口调查问题分析

由于排污口废污水排放的不规律性及企业排污口登记可能存在瞒报等原因,使得排污口废污水和污染物入黄量的登记值与估算值有差异。

由于调查频次较少,水量的季节变化及废污水排放的不规律,会对调查结果的准确性造成一定影响,另外流量监测手段落后与监测水平较低也是影响入河排污口调查结果准确性的重要因素之一。

第三章　黄河流域省界缓冲区水资源
保护监督管理与考核

第一节　黄河流域省界缓冲区监督管理目标、任务和原则

　　由于省界缓冲区水资源保护涉及跨省、自治区、直辖市行政区域界河水行政管理,在处理上下游、左右岸水事纠纷问题上关系复杂,如果流域管理机构内部对省界缓冲区水资源保护目标、任务和原则等认识和实践不一,则会影响省界缓冲区工作全面、深入地开展。

　　多年来,在水利部领导下,黄河水利委员会在流域省界缓冲区监督管理方面开展了一系列工作,取得了一定成效。但由于省界缓冲区水资源保护涉及跨省、自治区、直辖市行政区域界河水行政管理,上下游、左右岸水事关系复杂,就省界缓冲区水资源保护目标、内容、原则和方式方法等而言,由于工作开展时间很短,经验和能力都不足,故而现行的目标较单一,内容较少,方式方法也相对简单,还不能满足最严格水资源管理制度体制下水功能区限制纳污红线管理的需要。

一、监督管理的目标

　　早在 1997 年 6 月,国家计划委员会、水利部在北京组织召开了《黄河治理开发规划纲要》(以下简称《规划纲要》)审查会,会议审议通过了《规划纲要》制定的黄河治理开发方针、目标和主要工程措施。依据《规划纲要》,黄河水资源保护工作的主要目标是:2010 年,黄河干流大中城市集中供水水源河段(或水库)一级保护区的水质达到 II 类水质标准,其他河段达到 III 类水质标准。黄河各主要支流的最低水质目标达到 IV 类水质标准;大中城市供水水源河段及目前水质尚好且为规划调出水源的洮河、大通河等河流达到 II、III 类水质标准;渭河宝鸡以下等河流的傍河地下水水源地河段达到 III 类水质标准;有观光、游览功能要求的城区河流,达到 IV 类或 V 类水质标准。考虑到水资源保护工作的连续性和渐进性,上述目标仍然可供未来制定省界缓冲区水质监管

考核目标参考。

目前,省界缓冲区监管项目大多还在筹备阶段,真正开展甚或只是探索开展的项目还不多。即便这些已开展的项目,许多仍与其他水功能区管理同时进行,完全独立的省界缓冲区监管项目尚少,时间也很短。在此情况下,省界缓冲区监管总体目标尚不完全清晰。但从实际工作来看,主要监管项目的监管目标已初步确定,黄河流域 2015 年省界缓冲区达标率为 60%,总体上表现为水质在现状基础上有所好转,入河污染物总量逐步与纳污能力相适应,入河排污口在水质浓度符合要求的基础上排污总量符合总量控制要求。主要管理项目目标为:

(1)水质。水质目标确定的原则为:水质较好的省界缓冲区水质不降低,污染较重的功能区水质应有所改善。目前水质较好的水功能区水质应保持不低于目前类别;根据目前污染情况,对污染严重的省界缓冲区水质制定高于目前水质类别的水质标准。

(2)入河排污口。入河排污口设置符合便于监测的基本要求,排放污水浓度满足国家水污染物排放标准,排放污染物总量不超过受纳水体能力限制。

(3)总量控制。纳污总量(干支流 + 入河排污口)不超过省界缓冲区纳污能力,一般情况下应留有余地。

二、监督管理的主要任务

随着监督管理工作的逐步开展,省界缓冲区监管任务不断增加。就实际工作开展的情况来看,目前的主要任务如下。

(一)基础工作

(1)省界缓冲区划分与调整。目前省界缓冲区划分工作已基本结束,随着经济社会的发展需要,对某些省界缓冲区进行了适度的调整。

(2)省界缓冲区标示建设。重点省界缓冲区标示建设已经完成,并将省界缓冲区范围、标示牌位置和省界水质站点位置通告了沿黄省(区)人民政府办公厅。

(3)省界缓冲区纳污能力核定。依法核定了干流省界缓冲区的纳污能力。

(4)规划。根据国家有关要求进行省界缓冲区水资源保护专项规划或参与水资源综合规划。

(5)配套法规建设。目前,水利部尚未颁布省界缓冲区监督管理的专门规范,黄委已拟订《黄河水利委员会省界缓冲区监督管理办法》待颁布试行。

（6）水质监测与评价。对黄河干流和支流重点省界缓冲区已开展监测。

（二）专项监督管理工作

（1）入河排污口监督管理。支流省界缓冲区入河排污口的调查统计已初步完成，日常监督管理工作尚待开展；干流省界缓冲区入河排污口的设置审批、登记、普查、统计、监测资料报送、监督、通报等工作均已开展。

（2）突发性水污染事件应急处置。对发生于或影响到省界缓冲区的数起突发性水污染事件及时采取了处置措施。

（3）信息发布及通报。对已开展监测或实施监督检查的省界缓冲区，根据监测或检查结果发布了相关信息并向有关管理机关进行了通报。

三、基本原则

根据省界缓冲区水资源保护的基本需要和黄河流域整体经济社会发展管理要求，省界缓冲区监督管理坚持以下基本原则：

（1）依据法律原则。以法律法规授权和政府政策确定的流域水资源保护权限为依据，设定工作范围、工作职责、工作程序。

（2）全面系统原则。根据水资源保护工作实际和发展需要，在具有前瞻性的战略思想指导下，将需要在省界缓冲区开展的水资源保护工作进行全面系统整理，并纳入规范和考核体系之中。

（3）可操作原则。考虑能力建设现状和实现的可能，确定工作范围、工作内容和工作深度及可考核内容，使规范和考核体系具备足够的可操作性。

（4）系统性和特殊性相结合的原则。一方面，省界缓冲区是流域大系统的一部分，不能就省界缓冲区谈省界缓冲区，需要从流域的大视野思考。另一方面，省界缓冲区水资源保护和管理又有一定的特殊性，需要在工作中充分考虑。

第二节　黄河流域省界缓冲区监督管理现状

目前，黄河流域省界缓冲区水资源保护监督管理工作主要在水质监测、污染物浓度与总量控制、入河排污口管理和水污染事件应急管理等四个方面，另外在跨行政区水污染经济处罚与补偿管理等方面进行了一些探索。本节将针对以上工作，从法律依据、工作现状和存在问题等方面进行分析。

一、省界缓冲区的水质监测

水质监测是对影响人类和其他生物生存与发展的水环境质量状况进行监视性测定的活动。它通过对水环境质量某些代表值进行长时间监视、测定，以掌握水污染状况和判明水体质量的好坏。因此，水质监测是掌握水资源质量状况和发展趋势的重要手段，是科学管理水资源的基础。同时，入河排污口监督管理中也需要水质监测，水质监测是水功能区入河排污口管理和总量控制管理的重要手段。因此，省界缓冲区水质监测将包括水功能区水资源质量监测和入河排污口水污染物排放监测两部分，是省界缓冲区水资源保护工作中重要的监控手段和基本的技术支持。

(一)省界缓冲区水质监测的法律依据

目前，我国现行的法律法规如《中华人民共和国水法》、《中华人民共和国水污染防治法》及其规范性文件如《水功能区管理办法》及水利部"关于加强省界缓冲区水资源保护和管理工作的通知"等，对省界缓冲区水质监测的权限和职责进行了比较明确的规定。

2002 年重新修订的《中华人民共和国水法》第十六条第二款规定，县级以上人民政府水行政主管部门和流域管理机构应当加强对水资源的动态监测；县级以上地方人民政府水行政主管部门和流域管理机构应当对水功能区的水质状况进行监测，发现重点污染物排放总量超过控制指标的，或者水功能区的水质未达到水域使用功能对水质的要求的，应当及时报告有关人民政府采取治理措施，并向环境保护行政主管部门通报。

2008 年新修订的《中华人民共和国水污染防治法》第二十五条规定，国家建立水环境质量监测和水污染物排放监测制度。国务院环境保护主管部门负责制定水环境监测规范，统一发布国家水环境状况信息，会同国务院水行政等部门组织监测网络。第二十六条规定，国家确定的重要江河、湖泊流域的水资源保护工作机构负责监测其所在流域的省界水体的水环境质量状况，并将监测结果及时报国务院环境保护主管部门和国务院水行政主管部门；有经国务院批准成立的流域水资源保护领导机构的，应当将监测结果及时报告流域水资源保护领导机构。这也是对 1996 年《中华人民共和国水污染防治法》中对省界水体的水环境质量状况监测职责的重新肯定。

2003 年水利部《水功能区管理办法》(水资源〔2003〕233 号)在《中华人民共和国水法》基础上，进一步细化了包括省界缓冲区在内的各类水功能区的监督管理职责和要求，但对权限没有明确划分。

随着全国水污染形势的日益严峻,为进一步加强省界缓冲区监督管理,2006年8月初,水利部印发了"关于加强省界缓冲区水资源保护和管理工作的通知"(办资源[2006]131号),明确规定流域管理机构负责省界缓冲区水资源保护和管理工作,并对相关工作提出了明确要求。

另外,水利部办秘[1994]33号文"黄河水利委员会'三定'方案",也规定了黄委的水质监测职责。

以上规定均为省界缓冲区水质监测提供了法律保障。因此,开展流域省界缓冲区水质监测是法律赋予流域水资源保护机构的职责,也是贯彻落实《中华人民共和国水法》《中华人民共和国水污染防治法》的具体实践,将为流域进一步实施水资源保护监督管理奠定基础。

(二)省界缓冲区水质监测工作现状

按照水利部"关于请速报送流域省界水体水环境监站点网建设规划报告的通知"(水环[1997]33号)要求,黄河流域水环境监测中心结合流域内水污染现状和省(区)分布情况,于1997年5月编制了"黄河流域省界水体水环境监站点建设规划方案(初稿)"。在此基础上,2000年,依据调查资料修改编制了"黄河流域省界水体水环境监站点网建设规划"。修改后的规划不仅核定了监站点,还进一步研究制定了省界设站原则,明确了站网建设目标和任务,制定了省界站网站点设置方案和省界站网建设方案,共规划省界监测断面55个,对省界站网站点的实施进行了全面安排。2000年初,根据水利部《关于在全国开展水资源保护规划编制工作的通知》(水资源[2000]58号)精神,黄委组织开展了黄河流域(片)水功能区划工作。在《黄河流域及西北内陆河水功能区划》中规划56个省界缓冲区。2000年4月,在开展黄河流域(片)水质监站点网建设规划时,依据《黄河流域水功能区划》和《黄河流域水资源保护规划》,重点加强了水功能区控制断面的设置,在2002年编制完成的《黄河流域(片)水质监测规划》中对省界监测断面又进行了补充规划。两次共规划省界监测断面77个,其中黄河干流14个,支流58个,还有5个规划布设在对省界水质影响较大的排污口上。56个省界缓冲区均规划了水质站点。

省界水体监测从1998年5月开始,根据当时省界河段水污染的实际情况确定了21个水质断面开展监测,至2002年增至30个水质断面,其中黄河干流14个水质断面,支流16个水质断面。56个省界缓冲区水质站点中,已开展监测的水质站点共21个,监测频次为每月1次,年监测12次。监测项目为《地表水环境质量标准》(GB 3838—2002)中的基本项目。水质监测评价结果通过每月发布的《黄河流域省界水体及重点河段水资源质量状况通报》、每季度发布的《黄河流域重点水功能区水资源质量公报》和每年发布的《黄河流域地表水资源质量公报》及以简报、政务信息等形式提供给上级主管部门、流域各省（区）水行政部门及环保部门。

多年来，在黄河流域水污染特别是跨省水污染不断加重的情况下，通过水质监测获取的大量黄河流域省界河段水质信息，为及时掌握省界河段的水质状况、分清跨省（区）污染责任、促进上游省（区）加强水污染防治和水资源保护，加强监督管理提供了公正、权威的科学数据，在流域水资源保护管理和决策方面发挥了重要作用。

（三）水质监测制度存在的主要问题

1. 水质监测网络缺乏统一的规划、建设和管理

水质监测网络是水质监测工作的基础。为保障监测工作正常开展，提高监测效率和可靠性，避免资源浪费，就必须对监测网络进行科学地规划、建设和管理。根据《中华人民共和国水法》和《中华人民共和国水污染防治法》的规定，流域水资源保护机构负责流域省界缓冲区水质监测，相应地，省界缓冲区水质监测网络的规划、建设和管理也应该由流域水资源保护机构负责。

但是，由于法律规定间的冲突和授权的模糊性，加之行政管理体制的分属性，使得水质监测权属不明确，导致水利、环保部门间权力冲突、职能交叉，规划、建设重复，流域的水资源保护管理机构在具体工作时难于统一组织和实施，监测方法难以统一和数据缺乏可比性等，影响到数据的使用。

2. 标准制定权与监测权不统一

《中华人民共和国水法》第三十二条第三款规定，水行政部门或者流域管理机构按水功能区对水质的要求和水体的自然净化能力，"核定该水域的纳污能力"，然后向环保部门提出意见。"核定水域的纳污能力"应该是制定环境质量标准重要的前提性工作，它与水质标准的制定应该是紧密相连不可分割的工作程序。按照新《中华人民共和国水法》，省界缓冲区水质标准制定权应该属于水利部门，而《中华人民共和国水污染防治法》第十一条规定"国务院环境保护主管部门制定国家水环境质量标准"，这显然与《中华人民共和国水法》的规定不一致，违背了统一监管的原则。在纳污能力的核定权由水行政主管部门及其流域管理机构行使这样一个前提下，它所作出的结论和意见就应该具有法律效力，可是《中华人民共和国水法》第三十二条第三款只是规定水行政主管部门及其流域管理机构就此向环保部门"提出意见"，可见该核定结论并没有法律效力，它不作为环保部门监测水质的标准。环保部门完全可能置水行政主管部门的"意见"于不顾而另行核定，因为它这样做并不违法。但这样一来明显不符合行政效率的要求，重复核定必然带来行政资源的浪费。

3.水质监测数据缺乏共享,信息发布渠道不统一

目前,水利、环保部门都在开展省界水体水质监测,它们之间没有协调与合作。各监测单位监测资料多是垂直管理,在本系统内使用,部门之间相互不交流、不共享。对水环境的重复监测不仅造成了有限人力、财力、物力的浪费,而且由于监测断面、项目、频次、时间、前处理方法与监测技术不完全一致,导致水利与环保部门在发布相同区域的水质状况时常出现不同的结果,容易产生信息混乱。信息渠道的不统一、不共享,不仅使水质信息不一致,也使信息资源使用范围有限,不能发挥应有的作用,不利于流域水资源的管理和水环境保护工作。

二、污染物浓度与入河总量控制

(一)关于水污染物浓度与入河总量控制的法律规定

从理论上讲,水污染物浓度标准是根据污染物对特定对象(人或其他生物等)不产生不良或有害影响的最大浓度来确定的。但在实践中,水污染物浓度标准往往是根据保护目标的可承受能力和经济社会发展水平等因素确定的,也就是根据监督管理需要来确定的。总量控制是将某一控制水域作为一个完整的系统,采取措施将排入这一水域内的污染物总量控制在一定数量之内,以满足该水域的水质目标要求。目前,我国现有的法律条文对水污染物浓度与总量控制工作做出的规定有:

《中华人民共和国水法》第三十二条第三款,县级以上人民政府水行政主管部门或者流域管理机构应当按照水功能区对水质的要求和水体的自然净化能力,核定该水域的纳污能力,向环境保护行政主管部门提出该水域的限制排污总量意见。第三十二条第四款,县级以上地方人民政府水行政主管部门和流域管理机构应当对水功能区的水质状况进行监测,发现重点污染物排放总量超过控制指标的,或者水功能区的水质未达到水域使用功能对水质的要求的,应当及时报告有关人民政府采取治理措施,并向环境保护行政主管部门通报。

《中华人民共和国水污染防治法》第九条规定,排放水污染物不得超过国家或者地方规定的水污染物排放标准和重点水污染物排放总量控制指标;第十八条第一款规定,国家对重点水污染物排放实施总量控制制度。

此外,在部门制度规章方面对总量控制工作也做了一些规定。水利部2003年印发实施的《水功能区管理办法》(水资源[2003]233号)第十一条中,除引述《中华人民共和国水法》中关于"限制排污总量意见"相关规定外,又对"限制排污总量意见"的作用予以明确,即"经审定的水域纳污能力和限制排

污总量意见是县级以上地方人民政府水行政主管部门和流域管理机构对水资源保护实施监督管理以及协同环境保护行政主管部门对水污染防治实施监督管理的基本依据"。在纳污能力计算方面,水利部 2005 年颁布实施了《水域纳污能力计算规程》,统一了水域纳污能力计算的程序、方法与要求。规程的实施为提高水域纳污能力计算成果的质量提供了技术保障,也为制定水功能区的限制排污总量意见提供了科学依据。

（二）已开展工作及取得的成效

我国制定并发布实施了多个水污染物的排放标准,流域管理机构在制定水污染物排放标准方面没有权力,在黄河流域管理实践中均以国家标准为基础开展工作。在入河污染物总量控制方面,黄委主要工作是进行水功能区纳污能力核定和向环保部门提出限制排污总量意见。

1. 2003 年旱情紧急情况下黄河干流龙门以下河段入河污染物总量限排意见

（1）限排意见的提出。2002 年入冬后,黄河龙门以下河段水质持续恶化,严重威胁中下游取用水安全。为遏制龙门以下河段水质恶化趋势,保证沿黄人民群众饮用水安全,黄河流域水资源保护局在审定纳污能力的基础上,制定了《2003 年旱情紧急情况下黄河干流龙门以下河段入河污染物总量限排预案》(简称《限排预案》)。黄委根据《中华人民共和国水法》第三十二条规定,于 2003 年 4 月 29 日向山西、陕西、河南、山东 4 省政府发出《关于 2003 年旱情紧急情况下黄河干流龙门以下河段入河污染物总量限排意见的函》(黄水源[2003]7 号文)。

（2）实施效果。通过山西、陕西、河南、山东 4 省水利、环保部门和黄委对限排的贯彻实施,区域内大部分重点排污口入黄 COD、氨氮浓度及总量均有所下降,支流污染有所控制,干流水质明显好转。

（3）取得成效与经验。通过此项工作,流域水资源保护工作得到了地方政府更多的认同和支持,流域与区域、水利与环保的联合治污机制得到了初步尝试,黄河干流水质得到了一定程度改善。

9 月 12 日,水利部副部长索丽生在黄委提交的"关于 2003 年旱情紧急情况下黄河龙门以下河段入河污染物总量限排工作总结的报告"上批示,祝贺黄委在流域水资源保护和水污染防治上迈出新的一步。望继续积极探索、实践,认真总结经验,逐步建立健全法规,完善"联合治污"机制。

2. 提出《黄河纳污能力及限制排污总量意见》

根据《中华人民共和国水法》的规定,黄委 2004 年 10 月提出了《黄河纳污能力及限制排污总量意见》。经水利部组织专家审查后,于 2004 年 12 月函送国家环境保护总局,并于 2007 年纳入到了水利部向社会公布的《重要江河湖泊限制排污总量意见》。

《黄河纳污能力及限制排污总量意见》的提出,为黄河水污染防治工作提供了重要依据,是维持黄河健康生命的一项重要举措。

1)纳污能力核算

河流水域纳污能力,是指在确定水功能区的计算和管理单元内,考虑水域水量等设计条件,保证实现水功能目标要求前提下的水域污染物最大承纳量。

根据黄河水功能区划分和管理的要求,以黄河水功能二级区为基本核算单元,采用 1970~2000 年实测水文系列 90% 或 95% 保证率的最枯月平均流量作为设计流量,利用水质模型进行分析计算。

核算结果,黄河在设计条件下主要污染物化学需氧量和氨氮的纳污能力分别为 72 316 t/月和 3 295 t/月。

2)限制排污总量意见制定原则

黄河限制排污总量是在水功能区管理基础上,依据水域纳污能力核定结果及黄河实际纳污状况,结合流域经济社会发展规划和水资源保护与水污染控制要求提出的。在制定黄河限制排污总量意见时,主要遵循了以下原则:

(1)严格贯彻执行《中华人民共和国水法》、《中华人民共和国水污染防治法》等法律法规,黄河及各主要入黄支流的水质控制应满足相关水功能区的管理要求,确保实现黄河水资源利用、管理和保护的总体目标。

(2)入黄污染源满足国家达标排放的基本要求,是利用黄河水域纳污能力的前提条件和制定入黄限制排污总量的基础。

(3)在实现入黄污染源达标排放的前提下,污染物入黄量及核定的水域纳污能力是制定黄河水功能区限制排污总量的依据。当水功能区入黄污染物量大于纳污能力时,以纳污能力限制主要污染物的入黄排放总量;当水功能区入黄污染物量小于纳污能力时,以污染物入黄量限制主要污染物的入黄排放总量。

3)限制排污总量意见的提出

2004 年 12 月 14 日,水利部向国家环境保护总局发出了"关于黄河限制排污总量的意见"(水函[2004]289 号),将《黄河纳污能力及限制排污总量意见》函送国家环境保护总局,作为黄河干流水污染防治工作的基础依据,并于 2007 年纳入到了水利部向社会公布的《重要江河湖泊限制排污总量意见》。

4)工作成效

在实施入河排污口设置同意行政许可过程中,一方面,黄委严格黄河纳污能力及限制排污总量意见的要求,对新建、改建、扩大排污量进行核定,对保护黄河水资源起到了积极的推动作用。另一方面,黄河纳污能力及限制排污总量意见的提出,对整个流域水污染控制和水功能保护工作也起到了积极推动和示范作用。

(三)存在的主要问题

1.总量控制制度不健全

水污染物排放总量控制制度是控制污染物排放的有效手段,它的提出反映了污染管理思想的深刻变革,也是对有关法律制度的重大突破。新的《中华人民共和国水污染防治法》中首次以法律的形式将总量控制制度写了进来,体现了该项工作的重要意义,将成为我国今后一个时期水污染防治工作的一项重要工作制度。新的《中华人民共和国水污染防治法》只是提出了总量控制工作的制度,但迄今为止,仍缺少关于总量控制制度的完整的法律法规规范,致使总量控制工作得不到有效规范地开展。

2.总量控制制度与浓度控制制度实施不协调

浓度控制制度是我国较早实施的一种水污染防治制度。在推行总量控制制度后,一方面可能出现某个排污口符合总量控制的要求,却达不到浓度控制要求;新建项目符合浓度控制要求,却达不到总量控制的要求。另一方面,由于污染源数量和排水量的增加,即使都做到达标排放,而排污总量也在不断增加,水质势必日趋恶化。在监督管理实践中,既存在重视浓度控制忽视总量控制的情况,也存在重视总量控制忽视浓度控制的情况,"双控制"的管理存在协调不够的问题,影响管理成效。

3.水利部门提出的污染物总量限制排污意见难以落实

在2007年3月水利部公布的《重要江河湖泊限制排污总量意见》中,涵盖了黄河流域、辽河流域、松花江流域、海河流域、淮河流域、太湖流域、三峡库区等七个流域(区域)。水利部门的限排意见主要依据水域纳污能力制定,对实现水资源保护最终无疑是正确的,但由于资料等方面限制,考虑污染源的情况很少,更难以将控制总量分配到具体污染源,因此落实起来比较困难。

4.环境保护部门实施的总量控制无法做到有效保护水资源

目前,我国环保部门实施总量控制是以区域污染物排放总量为基础的,即提出一个行政区域污染物削减的比例,并分配到污染源,落实起来可行性较大,但其在制定削减总量时并没有充分考虑水域的纳污能力,虽与污染源联系较强,却与水资源保护的实际需要脱节,表面上虽然完成了污染控制指标,事实上很多水功能区污染物排放总量仍然超出河流的纳污能力,在污染较重地区很难保证水域水功能要求,也就无法实现水资源的有效保护。

5.流域与区域总量控制工作衔接不充分

流域污染物总量控制工作是站在流域的角度,统筹考虑各个区域的水资源质量状况等多种因素;区域污染物总量控制工作往往是从本区域内出发,考虑更多的是本区域经济发展因素。这就造成,虽然区域污染物总量控制工作制定的目标和措施在这个区域内是较为科学和合理的,但将它放在整个流域层面来分析,就无法达到整个流域水资源保护的目标。尤其是在省界缓冲区,大多处在行政区之间的结合部,流域与区域总量控制工作不尽相符,甚至有些完全脱节。

6.黄河流域支流省界缓冲区未进行纳污能力核定

目前,包括黄河流域、辽河流域、松花江流域、海河流域、淮河流域、太湖流域、三峡库区等七个流域(区域)均进行了纳污能力核定工作,并提出了限制排污总量意见。然而,就黄河流域而言,只针对黄河干流开展了纳污能力核定,由于管辖权限不明确、没有充分掌握水功能区水质水量情况等原因,此项工作在黄河流域支流省界缓冲区仍是空白。

三、省界缓冲区入河排污口管理

(一)省界缓冲区入河排污口现行管理制度

黄河入河排污口监督管理的法律法规依据主要有两个,分别是《中华人民共和国水法》和《中华人民共和国水污染防治法》,另外水利部《入河排污口监督管理办法》、《水功能区管理办法》和黄委《黄河水利委员会实施〈入河排污口监督管理办法〉细则》对入河排污口监督管理也有比较详细的规定。

1.法律规定

1)《中华人民共和国水法》

(1)关于排污口设置许可。第三十四条规定:"禁止在饮用水水源保护区内设置排污口。在江河、湖泊新建、改建或者扩大排污口,应当经过有管辖权的水行政主管部门或者流域管理机构同意,由环境保护行政主管部门负责对该建设项目的环境影响报告书进行审批。"

(2)关于监督检查。第六十条规定:"县级以上人民政府水行政主管部门、流域管理机构及其水政监督检查人员履行本法规定的监督检查职责时,有权采取下列措施:(一)要求被检查单位提供有关文件、证照、资料;(二)要求被检查单位就执行本法的有关问题作出说明;(三)进入被检查单位的生产场所进行调查;(四)责令被检查单位停止违反本法的行为,履行法定义务。"

（3）关于违法处罚。第六十七条规定："在饮用水水源保护区内设置排污口的，由县级以上地方人民政府责令限期拆除、恢复原状；逾期不拆除、不恢复原状的，强行拆除、恢复原状，并处五万元以上十万元以下的罚款。未经水行政主管部门或者流域管理机构审查同意，擅自在江河、湖泊新建、改建或者扩大排污口的，由县级以上人民政府水行政主管部门或者流域管理机构依据职权，责令停止违法行为，限期恢复原状，处五万元以上十万元以下的罚款。"

2）《中华人民共和国水污染防治法》

（1）关于排污口设置许可。第十七条第二款规定："建设单位在江河、湖泊新建、改建、扩建排污口的，应当取得水行政主管部门或者流域管理机构同意；涉及通航、渔业水域的，环境保护主管部门在审批环境影响评价文件时，应当征求交通、渔业主管部门的意见。"第二十二条规定："向水体排放污染物的企业事业单位和个体工商户，应当按照法律、行政法规和国务院环境保护主管部门的规定设置排污口；在江河、湖泊设置排污口的，还应当遵守国务院水行政主管部门的规定。"

（2）关于排污口监督监测。第二十五条规定："国家建立水环境质量监测和水污染物排放监测制度。国务院环境保护主管部门负责制定水环境监测规范，统一发布国家水环境状况信息，会同国务院水行政等部门组织监测网络。"

（3）关于排污口监督检查。第二十七条规定："环境保护主管部门和其他依照本法规定行使监督管理权的部门，有权对管辖范围内的排污单位进行现场检查，被检查的单位应当如实反映情况，提供必要的资料。检查机关有义务为被检查的单位保守在检查中获取的商业秘密。"

（4）关于违法处罚。第七十条规定："拒绝环境保护主管部门或者其他依照本法规定行使监督管理权的部门的监督检查，或者在接受监督检查时弄虚作假的，由县级以上人民政府环境保护主管部门或者其他依照本法规定行使监督管理权的部门责令改正，处一万元以上十万元以下的罚款。"第七十五条第二款规定："除前款规定外，违反法律、行政法规和国务院环境保护主管部门的规定设置排污口或者私设暗管的，由县级以上地方人民政府环境保护主管部门责令限期拆除，处二万元以上十万元以下的罚款；逾期不拆除的，强制拆除，所需费用由违法者承担，处十万元以上五十万元以下的罚款；私设暗管或者有其他严重情节的，县级以上地方人民政府环境保护主管部门可以提请县级以上地方人民政府责令停产整顿。"第七十五条第三款规定："未经水行政主管部门或者流域管理机构同意，在江河、湖泊新建、改建、扩建排污口的，由县级以上人民政府水行政主管部门或者流域管理机构依据职权,依照前款规定采取措施、给予处罚。"

2. 水利部规章和其他有关管理文件

(1)水利部 2004 年 11 月 30 日发布的《入河排污口监督管理办法》(水利部令第 22 号)。该办法是一部针对入河排污口的专项规章,其中对新建、改建或者扩大排污口的设置许可条件、管理机关及其管理范围划分、设置许可程序和入河排污口的日常监督管理等做了具体规定,是水利部门对入河排污口监督管理的基本规范,内容较全面、完整。

(2)水利部 2003 年 5 月 30 日发布的《水功能区管理办法》(水利部水资源[2003]233 号)。该办法是关于水功能区管理的基本文件,其中第十四条对入河排污口管理进行了规定,县级以上地方人民政府水行政主管部门或流域管理机构应对水功能区内已经设置的入河排污口情况进行调查。入河排污口设置单位,应向有管辖权的水行政主管部门或流域管理机构登记。水行政主管部门或流域管理机构应按照水功能区保护目标和水资源保护规划要求,编制入河排污口整治规划,并组织实施。新建、改建或者扩大入河排污口的,排污口设置单位应征得有管辖权的水行政主管部门或流域管理机构同意。

(3)水利部 2005 年 3 月 9 日发布的《关于加强入河排污口监督管理工作的通知》(水利部水资源[2005]79 号)。文件要求,各级水行政主管部门要在加强内部协调的基础上,明确水资源管理机构的主要职责,建立与相关职能单位协调配合的制度。使《入河排污口监督管理办法》的执行达到准、高效、便民。入河排污口的监督管理是水资源保护的一项重要制度,应与水功能区的监督管理、水域纳污能力和限制排污总量意见的提出、取水许可(建设项目水资源论证)、河道管理范围内建设项目的审批等管理制度密切配合。流域管理机构和地方水行政主管部门要按照《入河排污口监督管理办法》的规定,依法对管辖范围内入河排污口实施监督管理,并应建立相互沟通、相互配合的管理制度。各级水行政主管部门应依法加强入河排污口的日常监督管理工作,对新建、改建和扩大排污口的审批要建立档案,并建立日常监督检查制度。

(4)黄委 2006 年 12 月发布的《黄河水利委员会实施〈入河排污口监督管理办法〉细则》。该细则是黄委根据水利部《入河排污口监督管理办法》,结合黄河管理的实际情况,制定的一部入河排污口管理的专项规范性文件。其规定更具体和便于操作。该细则管理对象是黄委直接管理的黄河入河排污口,按照水利部[2003]79 号文的规定,适用于包括全部省界缓冲区在内的入河排污口。但是,由于黄委在进行水功能区划时,将省界附近的一些水功能区划分为省界缓冲区,该类水功能区实际上全部处于同一省级行政区管辖范围之内,并不是真正意义的跨省界水功能区。所以,对其中的入河排污口如何实施监督管理似应与一般意义的省界缓冲区有所区别。

(二)黄河流域省界缓冲区入河排污口管理现状

黄河流域省界缓冲区入河排污口监督管理工作主要包括设置审批、登记、普查,对重点危险污染源的调查和专项执法检查等。不过既往的入河排污口监督管理工作主要涉及黄河干流和黄委直管支流内的省界缓冲区,但这部分省界缓冲区较少,目前非黄委直管支流上的省界缓冲区的入河排污口监督管理工作还基本上处于空白状态。

1. 依法行政,严格入河排污口设置审批

"入河排污口设置同意"是水利部门一项行政许可事项,对控制入河污染物量具有重要意义。水资源保护局依据《中华人民共和国水法》、《入河排污口监督管理办法》及《黄河水利委员会实施〈入河排污口监督管理办法〉细则》,对入河排污口设置审批程序和监督检查行为逐步进行规范,建立了较为完善的入河排污口审批许可制度;严格控制新建、改建、扩建入河排污口设置申请,从污染物浓度、污染物排放量等方面提高入河排污口设置审批门槛,严控高耗能、重污染企业入河排污口设置,从源头上控制新的入黄污染源。在进行审批过程中,认真组织人员进行实地查勘,对纳污水体和污染源情况进行认真调查,保证了审查工作的可靠性、科学性和合理性。

2. 开展入河排污口登记工作

入河排污口登记工作是入河排污口监督管理工作的一项基础工作,是对现有入河排污口的全面、准确记录,一方面是开展新建、改建和扩大入河排污口的审批的前提,另一方面也为日常监督管理和普查工作提供参照和对比。

2003 年,黄河流域水资源保护局依据《黄河入河排污口管理办法(试行)》,在全国水利系统内,首次开展入河排污口登记工作,选取干流的 68 个直接入黄的重点排污口进行登记,其中包括 3 个省界缓冲区入河排污口。通过对入河排污口进行登记,掌握入河排污口的基本情况,如入河排污口的数量、位置、排污量、入河排污口的水质、排污单位等。在 2003 年工作的基础上,2005~2006 年的登记、核查工作包括了除第一次登记的 68 个排污口外的黄河干流重点入河排污口,在登记方式上要求排污企业限期主动登记,并采用了书面登记与网络登记相结合的登记形式,为今后入河登记工作的长期顺利开展提供了便利条件。

3. 开展入河排污口普查工作

入河排污口普查工作是入河排污口监督管理的基础工作之一。要全面、准确地掌握入河排污口各项资料,正确行使水资源保护行政管理职能,开展入河排污口普查工作尤为重要。水利部"关于加强入河排污口监督管理工作的通知"(水资源[2005]79号)已经将入河排污口普查工作列为每年的日常性工作,要求各级水行政主管部门应确定每年统一的普查时间和频次。2011年,黄河流域水资源保护局组织流域内8省(区)水行政主管部门,开展了第一次全流域入河排污口普查。目前,普查工作已基本结束。

4. 开展危险污染源调查工作

近年来,水资源保护局针对黄河干流,特别是供水水源地河段的危险污染源开展了多次调查工作。针对宁蒙交界河段工业园区等危险污染源前后开展了数次专项调查工作,并根据危险污染源调查结果,及时通报地方人民政府,引起地方政府的高度重视。

5. 专项执法检查

为贯彻落实国家节能减排政策,依据《中华人民共和国水法》、《中华人民共和国水污染防治法》及国务院"三定"方案赋予水行政主管部门的职能,2007年7月向沿黄八省(区)水利部门印发了"关于贯彻节能减排政策加强黄河流域水资源保护工作的通知"(黄水源[2007]6号)。为贯彻落实黄水源[2007]6号精神,督促沿黄有关企业积极贯彻落实国家节能减排政策,加强对入河排污口的管理,有效保护黄河水资源,水资源保护局于2007年8月依法开展了包括黄河干流省界缓冲区入河排污口在内的入河排污口专项执法检查工作。通过专项执法检查工作,使企业认识到了节能减排、保护黄河水资源的重要性,并对排污企业入河排污口水质监测资料、水污染事件应急预案、污水处理设施等提出了管理要求,对黄河水资源保护工作起到了积极的推动作用。

(三)省界缓冲区入河排污口管理主要问题分析

现有的黄河入河排污口管理制度对于入河排污口从设置审批、登记、普查等,都设置了一套较严格的制度,从而可在一定程度上保证省界缓冲区入河排污口管理工作的进行,但在实施管理时还存在一些较大的问题。

1. 省界缓冲区的管理范围尚未完全划定

黄委和省级水行政主管部门就省界缓冲区入河排污口的管理范围未完全划定,不利于入河排污口管理制度的深入实施。

省界缓冲区入河排污口除黄河干流的4个省界缓冲区和支流直管河段金堤河豫鲁缓冲区外,还有24个支流省界缓冲区和27个支流省际缓冲区。这

51个省界缓冲区情况不完全清楚,其区域界限尚不完全确定,因而对其中的入河排污口确定存在障碍,这成为省界缓冲区监督管理急需解决的一个问题。

2.省界缓冲区的管理方式尚未完全确定

按照有关规定,黄河流域省界缓冲区入河排污口监督管理由黄委负责,但由于管理事项较多,特别是省界缓冲区大多处于深山峡谷、交通不便地区,监督管理的实施存在许多具体困难,将可能影响监督管理的效果。目前,黄河干流入河排污口的监督管理包括设置许可、具体调查和监测等由黄委负责,而对于其他51个省界缓冲区的管理还暂无能力很好地实施。对于这部分入河排污口的管理方式,还有待根据监督管理需要、机构条件等进一步研究,以做出分析、评判和最终选择。

3.省界缓冲区管理体制有待完善

省界缓冲区涉及跨省级行政区问题,如何在入河排污口监督管理问题上实现流域和区域相结合,建立有效的监督管理机制,提高入河排污口管理的效果,无论在理论上或者是实践上都还没有明确的结论。

4.基础条件较差

由于省界缓冲区入河排污口的调查工作不足,使区内入河排污口没有完整、系统的统计资料,更难进行全面的分析,涉及入河排污口的污染源和经济社会等资料严重缺乏等,严重影响到入河排污口监督管理工作的开展。

四、跨行政区水污染经济处罚与补偿

(一)关于跨行政区水污染经济处罚与补偿的法律规定

目前,我国现有的法律法规还没有明确的法律条文规定跨区域河流污染造成损失的补偿办法,但从现有的有关法律中,也能找出密切相关的法律条文。

《中华人民共和国宪法》第九条:国家保障自然资源的合理利用。禁止任何组织或者个人用任何手段侵占或者破坏自然资源。

《中华人民共和国民法通则》第一百二十四条:违反国家保护环境防止污染的规定,污染环境造成他人损害的,应当依法承担民事责任。第八十三条:不动产的相邻各方,应当按照有利生产、方便生活、团结互助、公平合理的精神,正确处理截水、排水、通行、通风、采光等方面的相邻关系。给相邻方造成妨碍或者损失的,应当停止侵害,排除妨碍,赔偿损失。

《中华人民共和国水法》第九条:国家保护水资源,采取有效措施,保护植被,植树种草,涵养水源,防治水土流失和水体污染,改善生态环境。

新修订的《中华人民共和国水污染防治法》第七条:国家通过财政转移支

付等方式,建立健全对位于饮用水水源保护区区域和江河、湖泊、水库上游地区的水环境生态保护补偿机制。第二十八条:跨行政区域的水污染纠纷,由有关地方人民政府协商解决,或者由其共同的上级人民政府协调解决。第八十五条第一款:因水污染受到损害的当事人,有权要求排污方排除危害和赔偿损失。

《中华人民共和国环境保护法》第十六条:地方各级人民政府,应当对本辖区的环境质量负责,采取措施改善环境质量。第十九条:开发利用自然资源,必须采取措施保护生态环境。第四十一条:造成环境污染危害的,有责任排除危害,并对直接受到损害的单位或者个人赔偿损失。

从以上有关法律条文不难看出,造成水污染,就必须承担相应的赔偿责任。另外,由于跨界河流的上游行政区造成水污染,而致使下游行政区对水资源的使用权受到侵害,上游行政区对下游行政区进行补偿,也符合上述法律条文的精神。

(二)已开展的工作情况

目前,黄河流域水资源保护局在"跨行政区水污染经济处罚与补偿机制"和河流纳污能力使用权制度方面仅做了一些基础性的研究工作。

2004年黄河流域水资源保护局开展了《水资源污染补偿制度研究》专项工作,主要对水资源污染补偿费的征收管理主体、对象、范围、程序、补偿费额与费率、使用管理等方面进行了初步研究。水资源污染补偿制度的核心为水资源污染补偿费的征收和管理。研究成果认为,水资源污染补偿费是国家依法向排污者征收的用于补偿其造成水资源污染危害的费用,包括水环境资源有偿使用费和非法污染水资源造成水资源功能破坏的补偿费,不包括污染人和受害人法律关系直接明确,受害人可通过《中华人民共和国水污染防治法》获得的赔偿。因水污染受到损害的当事人,有权要求排污方排除危害和赔偿损失。即水资源污染补偿费是对向共用水体排入污染物,水污染人和受害人权利义务关系不易明确界定的污染人收取的,用于偿付污染者造成水资源危害的费用。水资源污染补偿费目前应主要用于水资源保护管理、研究、水质监测、水工程建设等方面,并在收费总量允许的情况下对受害人予以适当补偿。这项研究的目的主要用于解决对个体而言污染责任不明或不易确定,而受害人又需要得到补偿的问题,但其成果对跨境污染造成损害的补偿问题具有明显的借鉴意义。

2007年水利部和黄委有关部门组织黄河流域水资源保护局开展了黄河流域河流纳污能力使用权制度研究。河流纳污能力使用权的界定是纳污能力使用权制度的基础,是纳污能力使用权流转市场形成和运行的前提条件,如果没有纳污能力使用权的确立,则纳污能力使用权的转让或者交易是不可能的。该研究成果提出了较系统的河流纳污能力及其使用权理论,对河流纳污能力使用权的管理和交易进行了深入分析,提出了较完善的黄河纳污能力使用权制度框架建议,对建立和实施跨行政区水污染经济处罚和补偿制度具有重要的参考价值。结论认为,河流纳污能力使用权的确立和使用权制度的建立实施,将会对防范跨行政区水污染,减少行政区间污染纠纷具有重要作用。

(三)存在的问题

1.统一制度不健全

新的《中华人民共和国水污染防治法》和《中华人民共和国环境保护法》着重解决民事行为主体之间的环境侵权及经济补偿问题,对行政区之间赔偿并未明确规定,即行政区界河流上游污染对下游进行赔偿并未得到法律制度的明确认可,国家更没有具体的制度规范。虽然某些省对省内跨行政区界水污染经济处罚做出了规定,但对上下游的损害补偿规定不明,更缺少细化的解决跨行政区水污染经济纠纷的法律程序。

2.缺少专门的水污染损害鉴定评估机构

当水污染发生在上下游河段之间时,行政区之间由于对污染物种类、污染范围、污染对象、直接损失等技术方面的认识很难达成一致,往往出现上游行政区与下游行政区扯皮、推诿责任的现象,缺少一个中立的水污染损害鉴定评估机构。如2004年"6·26"黄河内蒙古河段水污染事件,由于对水污染的评估与责罚无法达成一致而最终对簿公堂。

3.流域管理机构协调省界水污染纠纷作用没有得到充分发挥

按照水利部授权,流域管理机构有调处跨省级行政区水事纠纷的责任。2002年4月黄委印发的《关于黄河流域水资源保护局职能配置、机构设置和人员编制方案的批复》要求,黄河流域水资源保护局负责协调流域内省际水污染纠纷。近年来,黄河流域水资源保护局按照职责在水污染水质监测、突发性水污染事件应急处置等方面开展了一些工作,但由于跨行政区的水污染往往涉及环保、国土、水利、渔业、农业、林业、公安等多个部门,协调难度大,相应的法律法规制度缺失,没有充分发挥在处置跨行政区水污染纠纷中的协调组织功能。

五、省界缓冲区水污染事件应急机制

(一)省界缓冲区水污染事件应急管理制度

1.国家应急管理制度

黄河突发水污染事件应急管理的法律法规依据主要有4部,分别是《中华人民共和国水法》、《中华人民共和国突发事件应对法》、《国家突发公共事件总体应急预案》和《国家突发环境应急预案》。水利部对重大水污染事件报告也有专门规定。

2002 年修订的《中华人民共和国水法》是针对水的部门法。在《中华人民共和国水法》中,没有对水污染事件应急机制的直接规定,但是在第三十二条中指明:"县级以上地方人民政府水行政主管部门和流域管理机构应当对水功能区的水质状况进行监测,发现重点污染物排放总量超过控制指标的,或者水功能区的水质未达到水域使用功能对水质的要求的,应当及时报告有关人民政府采取治理措施,并向环境保护行政主管部门通报。"这说明流域管理机构在处置水污染事件时,有及时通报有关人民政府和环境保护行政主管部门的权利和义务。

《突发事件应对法》是在 2007 年颁布的针对突发事件的基本法。在《突发事件应对法》中,也没有对水污染事件应急机制的直接规定,但是在第三十二条中规定:"突发事件的预防与应急准备、监测与预警、应急处置与救援、事后恢复与重建等应对活动,适用本法。"因此,流域管理机构已出台的一些应对突发性水污染事件的规范性文件,应该按照该法做相应修改。

《国家突发公共事件总体应急预案》(简称总体预案)是在 2006 年国务院出台的针对突发公共事件的预案。总体预案是全国应急预案体系的总纲,是指导和处置各类突发公共事件的规范性文件。其中"分类分级"部分明确指出,包括水污染事件的污染事件属于事故灾害。但对具体污染事件的处置,主要是宏观方面的规定,未作具体介绍。

《国家突发环境应急预案》(简称环境预案)是国家为应对突发环境事故而制定的专项应急预案。环境预案是目前针对水污染事件最为具体的法规。其中"应急响应"部分对污染事件处置的方式和方法给予了详细描述,并做出了科学界定。但是该预案主要从环保部门的视角出发,不能直接被水资源保护部门应用。

水利部为应对水污染事件,于 2000 年发布《重大水污染事件报告暂行办法》(水资源〔2000〕251 号),对重大水污染事件情形、报告责任人、报告方式、报告事项等报告问题进行了较全面的规定。目前,水利部对该办法进行了修订,已发布《重大水污染事件报告办法》,对报告时限和责任制度等做了进一步明确。

此外,水利部还在水利系统实施月报告制度,要求所属各单位每月报告一次本单位管辖范围内突发水污染事件发生与处置情况。

2. 黄委突发水污染事件应急机制建设

为明确应急期间各单位和个人的职责,建立顺畅的应急程序,提高应急效率,确保突发水污染事件应急工作有序高效开展,保障流域内及沿黄地区公众生命健康和用水安全,促进社会全面、协调、可持续发展,黄委从 2002 年起,开始探索建立黄河重大水污染事件应急机制。应急机制于 2003 年 6 月初步建成。

(1)应急机制建立过程。黄河重大水污染事件应急机制的建立历经前期准备阶段、初步形成阶段和逐步完善阶段。

2002 年黄河干流来水减少,水污染形势十分严峻,发生重大水污染事件的可能性增大。为此,黄委积极贯彻水利部《重大水污染事件报告暂行办法》,并紧急制定出台《黄河重大水污染事件报告办法(试行)》,为建立黄河重大水污染事件应急反应机制做好前期准备工作。

2003 年 4 月 19 日,黄河干流兰州河段发生了社会反响强烈的严重油污染事件,这次水污染事件引发了黄委领导关于流域管理机构如何对突发性污染事件做出应急反应的思考。4 月下旬,责成黄河流域水资源保护局决定紧急拟订《黄河重大水污染事件应急调查处理规定》,与年初出台的《黄河重大水污染事件报告办法(试行)》一起,初步形成了黄河重大水污染事件调查处理应急机制。

此后的几个月内,黄河干流又发生了多起重大水污染事件,黄委借助应急机制,及时进行了应急调查处理,及时通报、上报水质演进动态和事故调查处理结果,有效地保障了下游供水安全。在此期间,黄河流域水资源保护局对黄河重大水污染事件应急机制进行了初步完善,制定了《黄河流域水资源保护局重大水污染事件应急调查处理预案》,黄委水文局、各基层水资源保护局等有关单位也制定了相应的应急预案和岗位责任制。

(2)反应机制的构成。应急机制分为两个层次。第一层次,由《黄河重大水污染事件报告办法(试行)》与《黄河重大水污染事件应急调查处理规定》两个黄委关于突发水污染事件应急的规范性文件和《关于成立黄河水利委员会应对突发性水污染事件工作领导小组的通知》等构成核心框架体系。这两个黄委规范性文件和一个通知明确了黄委及其所属单位、部门的应急职责,例如黄河流域水资源保护局负责黄河重大水污染事件的应急调查处置工作的组织实施,黄委水文局负责管辖范围内的应急水质监测和调查,有关河务、河道、枢纽管理等单位负责协助管辖范围内的应急水质监测和调查,并强调了水文、河务、河道、水利枢纽、水质监测等基层单位有发现和报告管辖河段、工作现场或驻守地附近重大水污染事件的义务。同时还规定了各单位(部门)履行职责的程序和时限等要求。第二层次,是委属各单位和部门对自身职责的进一步细化,黄委所属水资源保护、水文、河务等单位(部门)及其下属各级应急单位均根据要求建立了水污染事件的应急预案,使各项任务和职责落实到位。

(3)反应机制工作流程。从具体操作上,快速反应机制可分为发现和报告、受理与核实、应急预案、预警分析、上报和通报、监督检查和最后的总结7部分。在这7个组成部分中,各环节的责任主体和工作时限较为明确。

(二)省界缓冲区水污染事件应急管理现状

黄河流域省界缓冲区曾发生多起突发水污染事件,对省界缓冲区水质产生明显影响。黄委作为流域管理机构,积极参与地方政府组织的应对处置,协助地方政府开展事件调查、监测等工作,取得了较好的效果,比较典型的是2004年内蒙古河段"6·26"污染事件和2006年黄河支流洛河"1·05"污染事件。

(1)2004年内蒙古河段"6·26"污染事件。2004年6月25日,内蒙古河套灌区总排干沟管理局将乌拉特前旗化工和造纸企业集积存于乌梁素海下游总排干沟23.5 km渠道内的约100万 m^3 的造纸等污水随乌梁素海退水集中下泄排入黄河,造成"6·26"黄河水污染事件。此次事件前后历时11天,对沿岸城镇居民生活、工农业生产用水和生态环境造成重大影响。其中,托克托缓冲区的喇嘛湾(省界断面)COD和氨氮严重超标。

(2)2006年黄河支流洛河"1·05"污染事件。2006年1月5日黄河支流洛河发生柴油污染事件。这次由油造成的水污染,进入黄河后一直波及山东,影响到河南、山东交界区水功能区水质,高村(省界断面)及其以下山东河段水质类别有一定的提高,对沿黄用水和社会安定造成一定影响。

这两次水污染事件处置过程中,黄委积极参与了调查、监测,并将结果及时通报地方政府或其应急机构,在"1·05"污染事件中黄委还参与了河南省应急指挥部工作,对及时合理处置水污染事件,减轻下游地区污染、协调省际纠纷起到了重要作用,得到有关省(区)的高度评价。

(三)省界缓冲区水污染事件应急管理存在的主要问题

黄委在应对突发性水污染事件时坚持积极应对,快速上报,力求最大限度地减少水污染事件造成的损失。黄河流域水资源保护局自2003年以来,在多次处置突发性水污染事件中落实应急机制,加快了应对突发性水污染事件的速度,减少了水污染事件造成的损失。但是,由于种种原因,该工作还存在较大不足,使用现有的应急机制难以处置省界缓冲区的水污染事件,难于满足形势发展的要求。

存在的主要问题：

（1）事件信息不能及时得到。省界缓冲区特别是大多数支流缓冲区零散分布于各地，其上游和下游水功能区一般由地方政府管理，一旦发生水污染事件，流域管理机构往往不能及时得到信息，参与处置工作比较困难。

（2）应急机制基础工作薄弱，难以保证应急预案高效实施。现有省界缓冲区多地处偏僻，交通不便，并且没有在线水质监测，而黄委基层的水质监测单位到现场进行取样检测往往需要较长的时间，所以很难在第一时间了解省界缓冲区水污染事件的具体污染情况。当干流发生重大水污染事件影响到省界缓冲区时，基层水质监测单位往往需要在相隔较远的多个断面开展监测，但实际监测力量跟不上，需要其他基层单位或地方单位支援。所以，在省界缓冲区水污染事件应急机制中要解决如何充分利用各方有效力量，有效处置省界缓冲区水污染事件。

（3）应急机制在黄委与省级行政区政府的协作关系上需要更加明确。由于黄河流域的省界缓冲区多涉及两个省（区）或多个省（区），而根据形势的需要，黄河需要建立省界断面责任制，因此在处置省界缓冲区水污染事件时需要相关省级行政区政府的协作，并有效区分污染责任。另外，黄河流域的省界缓冲区数量众多，在处置省界缓冲区水污染事件时需要相关省级行政区政府的配合。因此，在省界缓冲区水污染事件应急机制中要明确黄委与省级行政区政府如何协作。通过多年不懈努力和充分协商，2011年黄委与流域内青海、甘肃、宁夏、内蒙古、陕西、山西、河南、山东8省（区）环境保护厅、水利厅共同讨论通过了《黄河流域突发水污染信息通报与沟通协作机制框架意见》，初步建立了应急协作机制。

第三节　省界缓冲区监管考核现状

一、省界缓冲区监管考核及其指标设定现状

如前所述，黄河流域省界缓冲区水资源保护监督管理工作主要在水质监测监督、入河污染物总量控制、入河排污口管理、水污染事件应急管理等方面进行了一些探索。在管理过程中采取了一些评定手段，并依此对有关地方政府或排污企业提出了整改的要求。很难确切地把这些评定手段称为考核，其评定标准也难说是考核指标与标准，但由于其实际上所起的作用，故权且将其

称为考核和考核设定的指标。其中水质指标在进行水功能区划时已确定,并在监管工作中应用;入河排污口管理指标中工程指标和排放浓度指标已经通过水利部《水功能区监督管理办法》、《黄河水利委员会实施〈入河排污口监督管理办法〉细则》确定,并应用于入河排污口设置许可和日常监管;总量控制指标由于纳污能力尚未完全核定等原因,尚不完全确定。

二、省界缓冲区监管考核存在的主要问题

(一)管理目标、任务需更明确

管理目标、任务是省界缓冲区考核的重要前提。总体来说,黄河流域省界缓冲区监督管理需要对目标、任务进一步梳理,并在此基础上更为明确。要对近三年内的目标、任务有更明确的认识,明确选择可采取的主要管理措施。

近年来,黄委及其所属的黄河流域水资源保护局在黄河流域省界缓冲区管理中开展了大量工作,包括基础资料调查、水质监测、总量控制、突发事件处置和入河排污口监督管理等。这些工作多数是与其他水功能区管理一起进行的,也有些是单独为省界缓冲区管理而开展的。例如,2007年开展的黄河流域省界缓冲区现状调查评价,就是一次全面包括黄河流域所有省界缓冲区的工作,范围为黄河流域的56个省界缓冲区,其中干流4个,跨省(区)支流23个,入黄支流29个;内容涉及省界缓冲区社会经济基础资料调查、区划位置勘定、水质监测站点勘定、入河排污口调查评价、支流情况调查评价、突发水污染事件情况调查等。虽然该次调查不甚全面,尤其显得粗浅,但仍为此后的省界缓冲区管理开了个好头。

但是,从目前国家要求和实际需要来看,黄河流域省界缓冲区管理的任务范围在不断拓展,目标也在不断变化,与此相适应的管理措施不断更改。更重要的是,这些目标、任务和措施还没有完整、系统地进行梳理,显得有些杂乱,影响管理工作的开展,更难以开展相应的考核。

针对省界缓冲区管理,法律既没有规定由流域管理机构下达任务的事项,也没有规定管理目标由流域管理机构确定或上级确定管理目标后由流域管理机构负责考核。因此,流域管理机构目前采取的管理手段与措施多是主动探索、积极实践的结果,并且缺乏强制性,更缺少对考核结果的奖励与惩处手段。在此情况下,尤其需要对省界缓冲区考核的目标、任务进行分析梳理,确定适当的措施和手段。

(二)省界缓冲区管理缺乏监管考核指标体系理论支持

考核是监督管理的重要手段,而建立监管指标体系没有相应的理论支持

是盲目的。尽管黄河流域省界缓冲区监管已经开展了一些工作,但这些工作都往往处于初始探索阶段,经验不足,也往往是针对具体情况做出的具体应对,缺乏理论指导。在建立省界缓冲区监管指标体系时,其所应知的下列理论问题并不清晰:

(1)为什么要建立该体系?

(2)建立该体系的科学依据是什么?

(3)在我国法制框架下该体系建立的法理学基础是否具备?

(4)建立该体系可选用的理论手段有哪些?何种手段更适合?

(5)建立的该体系基本框架如何确定,等等。

在没有理论基础的情况下,就目前而言,建立黄河流域省界缓冲区监管指标体系已经非常困难,更难言在初步体系基础之上的发展。

(三)省界缓冲区管理缺乏监管考核指标体系

如果在某种意义上说黄河流域省界缓冲区监管已经实施考核的话,它也只是分散的和临时的,还远没有形成一个系统、完整和固定的考核指标体系。其表现为:

(1)没有基本原则和基本规程做指导;

(2)针对的管理项目很少,目前仅在省界水质和入河排污口等少数项目有所体现;

(3)没有履盖所有省界缓冲区;

(4)缺乏一般性和特殊性的差异,一些省界缓冲区的特殊性没有体现出来;

(5)没有自己的相对独立性,无法系统地服务于监督管理整体工作;

(6)缺乏奖励与惩处指标,等等。

2011 年中央一号文件即《中共中央、国务院关于加快水利改革发展的决定》提出:建立水功能区水质达标评价体系,完善监测预警监督管理制度。水利部拟定的《水功能区限制纳污红线实施方案》提出:水功能区纳污红线控制指标分为监督考核指标和监测评估指标,采取重点考核与系统评估相结合的办法。纳污红线监督考核指标确定为:水功能区达标考核指标。到 2015 年,国家重要江河湖泊水功能区水质达标率提高到 60% 以上。主要水质指标为高锰酸盐指数(或 COD)、氨氮达标率。纳污红线评估指标确定为:国家重要江河湖泊水功能区达标评估指标、国家重要饮用水水源地安全保障评估指标和国家重要江河湖泊生态水量调控评估指标等三类。其中国家重要江河湖泊水功能区达标评估指标、国家重要饮用水水源地安全保障评估指标为日常监管类评估指标,通过评估,推进水功能区达标目标的完成和饮用水水源地的优先保护。江河湖泊生态水量调控评估指标为导向性指标,通过评估引导和促进水生态系统保护与修复工作的开展。《水功能区限制纳污红线实施方案》为解决省界缓冲区管理缺乏监管考核指标体系问题提供了指引。

(四)省界缓冲区监管考核标准和方法难以满足要求

监管考核必须具备明确的标准和与之相适应的方式方法,反之,该考核即往往丧失其权威性,更难以得到落实。目前,在黄河流域水资源保护局的探索实践中,该问题已引起高度重视,但由于种种原因,离完全解决这个问题还有很大差距。这个问题在目前管理活动开展较多的水质监测、入河排污口管理和入河污染物总量控制等方面均有体现,并有急需。在不同省界缓冲区考核标准和方法的选用方面,在不同指标的标准和方法选用方面等,都存在较大的问题和急迫的需求。

第四章 黄河流域省界缓冲区水资源保护理论研究

第一节 黄河流域省界缓冲区水资源保护基本理论

一、省界缓冲区的定义

在省界缓冲区水资源保护和管理领域,实践工作已经超前于理论研究。目前,在理论界,还没有关于省界缓冲区的明确的权威定义。

省界缓冲区是在我国水利部门自工程水利向资源水利过渡中产生的,并与其他水功能区相伴而生。为了解决水资源管理的问题,水利部门将水域按利用功能进行了划分,其中就产生了省界缓冲区。但省界缓冲区在水功能区划有关文件和成果中是与功能缓冲区一起定义的,并没有自己独立的定义。从目前情况看,省界缓冲区的定义并不清晰。并且由于这种不清晰或者模糊的定义,对省界缓冲区的划分和管理造成了较大困惑,特别突出地表现在黄河北干流内蒙古、山西、陕西交界地区。

从省界缓冲区产生过程和近年管理实践来看,目前一般认为省界缓冲区有以下几个特点:

(1)省界缓冲区是一种特殊的水功能区,是水域的一个组成部分,因而具有确定的保护目标。省界缓冲区不是客观事物,是根据行政管理需要而人为划定的。因此,需要经过有权机关(一般为中央机关)的划分。

省界缓冲区在水功能区体系中的位置如下:

水功能区一级区划——保护区、保留区、缓冲区和开发利用区四种。

缓冲区——省界缓冲区和功能缓冲区两种。

(2)省界缓冲区位于省级行政区之间。由于局部利益和整体利益的冲突,下游和流域整体的利益易被忽视,跨境水污染容易产生,由此产生的水事矛盾突出,是水行政或水环境行政管理的重点。

(3)划分省界缓冲区的目的是协调省(区)之间用水关系,控制上游对下游或相邻省(区)水污染,以满足下游功能区水质目标,满足流域水资源整体的可持续利用要求。

(4)省界缓冲区是一个单独划出的"跨界"水域,且主要是跨省级边界的水域,有明确的起始界面和终止界面。省界断面是省界缓冲区的核心,缓冲区根据需要向有关省级行政区域扩展以确定其范围界面。

由此,我们认为省界缓冲区应定义如下:省界缓冲区是指为协调省(区)之间用水关系,控制上游对下游或相邻省(区)水污染,以省界为中心向附近省级行政区域扩展而划分的特定水域。

分析省界缓冲区的定义,其将包括以下区域(外延):

(1)所有省界附近水域。这包括三方面,一是指不论水域污染的轻重;二是不论是否存在矛盾或存在矛盾的严重程度;三是不论河流的大小,只要是按规定程序确定、划分并公布的河流。

(2)河流的省界缓冲区可大致分为两类,第一类为省界缓冲区,即跨两省陆地边界河流的一定河长区域,其中两省的关系为上下游关系,缓冲区一般包括两个省级行政区域,特殊情况下可包括多个省级行政区域,如黄河青甘缓冲区。第二类省界(际)附近水域缓冲区,此类缓冲区一般为支流的下游河段,其下游紧邻省界河流,其中两省关系为以河为界的相邻关系,缓冲区仅在一个省级行政区域内,如黄甫川府谷缓冲区、蔚汾河兴县缓冲区。

省界缓冲区的定义还包括以下意义:

(1)省界缓冲区在一定时间段内,要求保持相对稳定。但并不是一成不变的,如不能达到区划水质目标要求的,应根据水功能区划的有关规定,视矛盾突出程度延长缓冲区管理的范围,保证省界缓冲区的缓冲效果,缓解省际对水体功能要求的矛盾。

(2)按照省界缓冲区划分的目的和实践中的指导思想,实际上是将原由地方政府管理的部分水域提出,将其部分管理权限由中央政府行使,即这部分权限由地方收归中央。至于这部分权限有哪些,要由中央政府或其有关部门决定,其中水资源保护事项按惯例应由国务院水行政部门即水利部决定,但目前水利部并未规定省界缓冲区管理事项清单,其事项随着省界缓冲区工作的不断开展也在持续增加。按照水利部的授权,省界缓冲区由流域管理机构负责管理。因此,流域管理机构负责的省界缓冲区监督管理是水行政管理的重要组成部分,是国家实现流域管理的主要形式之一。

二、省界缓冲区极易产生"公地的悲剧"

1968 年,美国学者哈丁在《科学》杂志上发表了一篇题为《公地的悲剧》的文章,设置了这样一个场景:英国曾经有这样一种土地制度——封建主在自己的领地中划出一片尚未耕种的土地作为牧场(称为"公地"),无偿向牧民开放,一群牧民一同在这块公共草场放牧。一个牧民想多养一些牛羊增加个人收益,虽然他明知草场上牛羊的数量已经太多了,再增加牛羊的数目,将使草场的质量下降。牧民将如何取舍? 如果每人都从自己私利出发,肯定会选择多养牛羊获取收益,因为草场退化的代价由大家负担。每一位牧民都如此思考时,"公地悲剧"就上演了——草场持续退化,随着牛羊数量无节制地增加,公地牧场最终因"超载"而成为不毛之地,这本来是一件造福于民的事,但由于是无偿放牧,每个牧民都养尽可能多的牛羊,牧民的牛羊最终全部饿死。

研究发现,有两个原因导致省界缓冲区极易产生"公地的悲剧":

(1)水资源的产权属性决定了容易产生"公地的悲剧"。根据法律经济学,公共物品与私人物品是对财产的一项基本分类。这种分类的意义在于确定何种财产由私人拥有最有效率,何种财产由公共所有最有效率。其结论是由私人所有的应该是具有对抗性和排他性的私人产品,而由公共所有的应该是具有非对抗性和非排他性的公共产品,如空气、公害和安全等。

水是一种兼具私人物品与公共物品特性的物质。水资源的自然属性决定了水权不能完全等同于一般物权,水资源的社会属性决定了水资源在不同的用途上会表现出不同的性质,在某些用途上表现出私人产品的特点,而在另一些用途上又表现出纯公共产品的特点。

我国宪法规定,国家是水资源所有权的权利主体,由政府代表国家行使水资源所有权。在《罗马法》中,水资源即属于共有物,无法成为私有权的客体。《法国民法典》第 714 条规定,水资源是不属于任何人的物,其使用权属于大众。《英国水资源法》规定水属于国家所有;日本《河川法》规定河流属于公共财产。上述规定体现了各国法律将水作为一种公共物品的主流观点。水资源的这种国家所有权不具有可转让性,容易产生外部性问题。以黄河流域为例,黄河上游省(区)引黄灌溉带来的收益全部归自己所得,但过度引用黄河水导致的黄河下游断流所带来的经济和生态损失却由下游承担。在黄河现有的水量条件下,上游几乎不承担过度引用黄河水带来的成本,却可以拥有全部的收益,于是上游省(区)存在无限引用黄河水的激励,而且比哈丁所说的"公地的悲剧"中的激励还要强。如果我们对水的需求超过水资源量,假定工程引水的成本又很小,最终的结果必然是水资源的枯竭。

从水资源保护和管理情况看,我国目前还没有建立流域资源环境产权确认制度,同时也没有把流域资源环境产权制度与区域发展结合起来,所以地区之间的环境外部性比比皆是。流域的上下游之间,出现了任何环境问题,只能是流域管理机构充当"救火队员",忙于应急处置。

(2)省界缓冲区固有的跨界特点加剧了产生"公地的悲剧"的可能性。省界缓冲区水资源保护是跨界的水资源保护,而且是跨越省级行政区——最高一级地方行政区的边界,其水资源保护工作的难度远远大于同一省级行政区内部的跨界水资源保护。对于同一省级行政区内部的跨界水资源保护,因为各省级行政区为了自己的发展需要,可以在自己管辖范围内采用比国家实施的措施更强有力的措施加强内部跨界水资源保护。但跨省级行政区边界的水资源保护则困难得多,省级行政区的上级人民政府是国务院,水利部作为国务院的一个部门,与各省级行政区的级别是相同的,协调各省级人民政府的难度是不言而喻的。到了流域管理机构这个层级,作为水利部的派出机构,流域管理机构协调省级人民政府的跨界水资源保护的难度则更大。由于缺乏有力的跨省级行政区水资源保护的监督管理措施,导致省界缓冲区更容易产生"公地的悲剧"。

三、省界缓冲区水资源保护思路

从国内外跨界水资源保护和管理的既有实践看,要解决"公地的悲剧"问题,省界缓冲区水资源保护需要中央政府采取强有力的措施直接干预,并需采用包括法制方法、经济方法和公众参与方法等在内的综合方法,同时提倡和鼓励有关地方政府采取联合措施。本节主要研究中央政府(包括行使其权力的中央政府水行政主管部门和流域管理机构)采取的措施。

(一)法制方法的思路

从法制方法看,需要在我国法律体系内,建立健全省界缓冲区水资源保护和管理的法制系统。

(1)我国的法律体系。法是由国家制定或认可并由国家强制力保障实施的,反映由特定物质生活条件决定的统治阶级意志,以权利和义务为内容,以确认、保护和发展统治阶级期望的社会关系和社会秩序为目的的行为规范体系。我国的法律体系是指以宪法为统帅,以基本法律为主干,由法律、行政性法规、地方性法规、特别行政区法律、民族自治条例和单行条例等所构成的部门齐全、结构严谨、体系和谐的体系。同时也包括中央政府有关部门和地方政府发布的行政规章。

第九届全国人大五次会议新闻发言人在 2002 年 3 月 4 日的新闻发布会上使用了"法律体系"的概念。该发言人说,按照中共十五大提出的"依法治国"要求,九届全国人大在成立之初提出了要在本届任期内建立有中国特色的社会主义法律体系的目标。他介绍说,创建这一法律体系的基本目标有三:一是衔接各个方面的宪法及相关法律,如民法、商法、行政法、经济法、社会法、刑法、诉讼与非诉讼程序等七个法律部门的健全;二是七个法律部门中的主要法律应制定出来;三是以法律为主干,相应的行政法规、地方性法规、自治条例、单行条例等要制定出来与之配套。这就是所谓的"七个方面,三个层次"的法律体系。七个方面指的是划分为七个门类(部门),三个层次指的是这些部门的法律规范是体现在法律(主干)和与之配套的国务院的行政法规、地方性法规、自治条例和单行条例等三个层次的规范性法律文件。这实际讲的是立法体系,法律渊源体系。

党的十七大明确提出:"全面落实依法治国基本方略,加快建设社会主义法治国家",并对加强社会主义法制建设作出了全面部署。2007 年 11 月 27日,十七届中共中央政治局以完善中国特色社会主义法律体系和全面落实依法治国基本方略为题进行了第一次集体学习,中共中央总书记胡锦涛在讲话中就全面落实依法治国基本方略提出四点要求:一是要加强和改进立法工作,进一步提高立法质量;二是要加强宪法和法律实施,维护社会主义法制的统一、尊严、权威;三是要加强对执法活动的监督,确保法律正确实施;四是要深入开展法制宣传教育,弘扬法治精神。

(2)建立健全省界缓冲区水资源保护和管理的法制系统。法制系统是指法制运转机制和运转环节的全系统,包括立法体系、执法体系、司法体系、守法体系、法律监督体系等,由这些体系组合而成的一个呈纵向的法制运转系统。这一理论同样适用于省界缓冲区水资源保护和管理的法制系统建设。

(二)经济方法的思路

从经济学理论看,省界缓冲区水资源保护应争取尽快摆脱环境库兹涅茨曲线(Environmental Kuznets Curve,EKC)的宿命,通过解决好省界缓冲区水资源保护的外部性问题,实现省界缓冲区水资源保护的帕累托最优(Pareto Optimality),进而走出跨界管理的囚徒困境(Prison Dilemma)。

1. 省界缓冲区水资源保护应争取尽快摆脱环境库兹涅茨曲线的宿命

库兹涅茨曲线最早是用来形容收入分配和 GDP 发展水平的相关情形的,前者随后者的变化而变化,大抵呈倒 U 形曲线,即经济发展水平低的时候,收入分配差距也不是很大,随着经济水平的提高,这个差距会越来越大,在某个水平达到顶峰,然后,随着经济水平的进一步提高,收入分配差距就呈缩小趋势,整个过程为倒 U 形。

后来,研究环境问题的经济学家发现:环境质量的变化与 GDP 的发展大致也是这样一个关系,称为环境库兹涅茨曲线,见图 4-1。

环境库兹涅茨曲线是通过人均收入与环境污染指标之间的演变模拟,说明经济发展对环境污染程度的影响,也就是说,在经济发展过程中,环境状况先是恶化而后得到逐步改善。对这种关系的理论解释主要是围绕三个方面展开的:经济规模效应(Scale effect)与结构效应(Structure effect)、环境服务的需求与收入的关系、政府对环境污染的政策与规制。

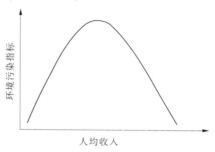

图 4-1　环境库兹涅茨曲线

1)经济规模效应与结构效应

随着人均收入的增长,经济规模变得越来越大。正如 Grossman(1995)所说的,对于一个发展中的经济,需要更多的资源投入。而产出的提高意味着废弃物的增加和经济活动副产品——废水、废气等排放量的增长,从而使得环境的质量水平下降。这就是所谓的规模效应。不难发现,规模效应是收入的单调递增函数。同时,经济的发展也使其经济结构产生了变化。Panayotou(1993)指出,当一国经济从以农耕为主向以工业为主转变时,环境污染的程度将加深,因为伴随着工业化的加快,越来越多的资源被开发利用,资源消耗速率开始超过资源的再生速率,产生的废弃物数量大幅增加,从而使环境的质量水平下降;而当经济发展到更高的水平,产业结构进一步升级,从能源密集型为主的重工业向服务业和技术密集型产业转移时,环境污染减少,这就是结构变化对环境所产生的效应。实际上,结构效应暗含着技术效应。产业结构的升级需要有技术的支持,而技术进步使得原先那些污染严重的技术为较清洁技术所替代,从而改善了环境的质量。正是因为规模效应与技术效应二者之间的权衡,才使得在第一次产业结构升级时,环境污染加深,而在第二次产业结构升级时,环境污染减轻,从而使环境与经济发展的关系呈倒 U 形曲线。

2)环境服务的需求与收入的关系

在经济发展初期,对于那些正处于脱贫阶段或者说是经济起飞阶段的国家,人均收入水平较低,其关注的焦点是如何摆脱贫困和获得快速的经济增长,再加上初期的环境污染程度较轻,人们对环境服务的需求较低,从而忽视了对环境的保护,导致环境状况开始恶化。可以说,此时环境服务对他们来说是奢侈品。随着国民收入的提高,产业结构发生了变化,人们的消费结构也随之产生变化。此时,环境服务成为正常品,人们对环境质量的需求增加了,于是人们开始关注对环境的保护问题,环境恶化的现象逐步减缓乃至消失(Panayotou,2003)。

3)政府对环境污染的政策与规制

在经济发展初期,由于国民收入低,政府的财政收入有限,而且整个社会的环境意识还很薄弱,因此政府对环境污染的控制力较差,环境受污染的状况随着经济的增长而恶化(由于上述规模效应与结构效应)。但是,当国民经济发展到一定水平后,随着政府财力的增强和管理能力的加强,一系列环境法规的出台与执行,环境污染的程度逐渐降低。若单就政府对环境污染的治理能力而言,环境污染与收入水平的关系是单调递减关系(有人称为消除效应,Abatement effect)。

环境库兹涅茨曲线基本上反映了黄河流域省界缓冲区水资源保护的历史实际情况。如何在未来的流域社会经济发展中逃脱这一宿命,切实解决“先污染,后治理”的发展模式? 是流域省界缓冲区水资源保护面临的一个重大课题。当前,发展中国家将比已发展国家过去更早到达 EKC 上的转折点,或者说,发展中国家的 EKC 将左移。原因是,这些国家将较之过去更快地采用“清洁”的技术和管制手段。这是基于科技和发展经验的正外部效应。

2. 解决好省界缓冲区水资源保护的外部性问题

市场配置资源有效性的一个假定是经济主体承担自身行为带来的所有成本并享有其创造的所有收益,当这一条件不能满足时就会发生外部性问题。外部性指个人或企业不必完全承担其决策成本或不能充分享有其决策成效(Benefit),即成本或收益不能完全内生化的情形,指的是个人或企业的行动和决策对另外的个人或企业强加了成本或赋予利益的情况。外部性分为正外部性和负外部性。

正外部性是某个经济行为个体的活动使他人或社会受益,而受益者无须花费代价,例如流域环境保护人员或机构保护流域水资源的努力和投资,能给社会带来巨大利益。负外部性是某个经济行为个体的活动使他人或社会受损,而造成外部不经济的人却没有为此承担成本,例如把污水排放到河流中的造纸厂。

造成省界缓冲区水质恶化的一个重要原因是负外部性。为此,要实现省界缓冲区水资源的可持续利用,需要解决好外部性主要是负外部性问题。

　　3.实现省界缓冲区水资源保护的帕累托最优目标

　　从环境与自然资源经济学的主流观点看,省界缓冲区水资源保护监督管理涉及帕累托最优和帕累托改进两个概念。

　　帕累托最优是指资源分配的一种状态,在不使任何人境况变坏的情况下,不可能再使某些人的处境变好。如果一个经济体不是帕累托最优,则存在一些人可以在不使其他人的境况变坏的情况下使自己的境况变好的情形。普遍认为这样低效的产出的情况是需要避免的,因此帕累托最优是评价一个经济体和政治方针的非常重要的标准。

　　帕累托改进是指一种变化,在没有使任何人境况变坏的情况下,使得至少一个人变得更好。从市场的角度来看,一家生产企业,如果能够做到不损害对手利益的情况下又为自己争取到利益,就可以进行帕累托改进;换而言之,如果是双方交易,这就意味着双赢的局面。

　　一方面,帕累托最优是指没有进行帕累托改进余地的状态;另一方面,帕累托改进是达到帕累托最优的路径和方法。帕累托最优是公平与效率的"理想王国"。

　　4.走出省界缓冲区跨界水资源保护的囚徒困境

　　囚徒困境是博弈论的非零和博弈中最具代表性的例子,反映个人最佳选择并非团体最佳选择。虽然囚徒困境本身只属模型性质,但现实中的价格竞争、环境保护等方面,也会频繁出现类似情况。

　　如果各行政区只考虑自己的利益而不考虑流域的整体利益,则跨界水资源保护会面临典型的囚徒困境。当然,由于有上级政府和流域管理机构的作用,跨界水资源保护是一个重复的囚徒困境,博弈被反复地进行,每个参与者都有机会去"惩罚"另一个参与者前一回合的不合作行为。这时,合作可能会作为均衡的结果出现。欺骗的动机这时可能被受到惩罚的威胁所克服,从而可能导向一个较好的、合作的结果。作为反复接近无限的数量,纳什均衡趋向于帕累托最优。

　　(三)公众参与的思路

　　公众参与环境保护的程度直接决定着国家的环境意识。推动公众积极参与环保是贯彻落实科学发展观的基本举措,是增进全民环境保护意识最有效的途径。环境问题是与人民群众息息相关的大事,环境保护工作必须高度重视公众参与。所谓公众参与,就是群众参与政府决策和监督政府行为的权利。落实科学发展观,需要一系列的政策法规来支撑,需要广泛的公众参与,否则可持续发展理念就会成为一个口号。要充分认识环境保护领域公众参与的内涵,维护公众的环境知情权和批评权,通过公众舆论监督对环境污染和生态破坏的制造者施加压力。要加强环境决策的民主化,让群众参与决策,让公众推动决策。要让广大人民群众真正掌握环境保护的公共信息和法律武器,引导人民群众积极参与。

目前,省界缓冲区水资源保护和管理的公众参与意识和公众参与的广度、深度还不够,应当积极宣传公众参与的重要性和必要性,大力营造公众参与的社会氛围和舆论环境,使积极参与环境保护成为公众的自觉行动,需要进一步加强5个方面的工作:

(1)加强省界缓冲区水资源保护和管理保护知识的宣传和普及。

(2)进一步加大省界缓冲区水资源保护和管理信息公开化的程度。

(3)加大公众参与省界缓冲区水资源保护和管理的法律保障和力度。

(4)真正建立起一系列公众参与的有效机制,把省界缓冲区水资源保护和管理指标纳入干部考核体系。

(5)充分发挥环保社团和环保民间组织的作用。同时,人民政协要在推进公众参与省界缓冲区水资源保护和管理的工作中积极参与调查研究,及时向党和政府反映省界缓冲区水资源保护和管理方面的意见和建议,使公众参与环境保护的活动逐步规范起来,深入地开展下去。

第二节　省界缓冲区水资源保护管理体系研究

一、省界缓冲区管理体制研究

管理体制是指管理系统的结构和组成方式,即采用怎样的组织形式以及如何将这些组织形式结合成为一个合理的有机系统,并以怎样的手段、方法来实现管理的任务和目的。具体地说,管理体制是规定有关管理主体在各自方面的管理范围、职责权限、利益及其相互关系的准则,它的核心是管理机构的设置。各管理机构职权的分配以及各机构间的相互协调,直接影响到管理的效率和效能,在整个管理体系中起着决定性作用。

(一)现行的管理体制

目前,流域管理的含义尚未统一。主要有两种看法:一种认为流域管理的内容非常广泛,几乎涉及各行业与水土资源开发及发展有关的领域和部门,是指为充分发挥水土资源的生态效益、经济效益和社会效益,以流域为单元,在全面规划的基础上,合理安排农、林、牧、副各业用地,因地制宜采取综合治理措施,在防治自然灾害的同时,对水土资源进行保护、改良与利用。如美国的田纳西河流域管理及澳大利亚的全流域管理实际上就是采用的这种含义。另一种认为流域管理是水资源管理体制中的一种,是人们为科学、有效地开发、利用、保护水资源而建立的适应于水资源特性的一套系统管理制度,流域管理的本质是水资源的管理。英国和法国实际上就是采用的这种含义,它们的流域管理机构虽不像田纳西河流域局的权力那样广泛,但其职责包括了流域一级的几乎所有的水资源管理方面的内容。

上述的两种观点可以说是流域管理的广义含义和狭义含义,在我国,考虑到我国的流域管理起步较晚,经验不足,而且水的问题又十分突出,目前应采用流域管理的狭义含义。本书中的流域管理专指以流域为单元实行的水资源统一管理。

1.管理体制的基本情况

黄河自身的问题复杂,与社会经济、政策法律有密切关系的黄河水资源保护和黄河水污染治理的问题则更为复杂,实践证明,这一复杂的系统工程单靠某一级政府或某一个部门是无法完成的。30年来,各级政府及其地方水利、环保部门和流域管理机构在保护"母亲河"方面都付出了艰苦的努力并做了大量的工作,但黄河水污染恶化的趋势并未得到根本遏制,面临的形势仍然十分严峻。这里面的原因固然很多,但未形成合理的流域管理体制,各行其是,力量分散,甚至有时相互掣肘,则是根源之一。

流域管理机构作为实行水利部和国家环境保护总局双重领导的职能单位,在上下左右的关系上,犹如一个 X 形机构设置的结合点,应起到承上启下、合纵连横的作用,上对中央政府特别是水利部和环境保护总局等主管部门负责,下对流域各省(区)水利、环保部门在水资源保护和水污染治理方面进行协调。

目前,我国流域水资源管理体制中涉及的单位见图4-2。省界缓冲区水资源保护和管理工作主要是由流域管理机构负责的,在黄河流域则是由黄河水利委员会及其下属黄河流域水资源保护局负责。

2.现行管理体制中环保部门"流域限批"及其局限性

2007年7月3日,环境保护总局决定自即日起对长江、黄河、淮河、海河四大流域部分水污染严重、环境违法问题突出的6市2县5个工业园区实行"流域限批",对流域内32家重污染企业及6家污水处理厂实行"挂牌督办"。

此次限批地区包括:长江安徽段的巢湖市和芜湖经济技术开发区,黄河流

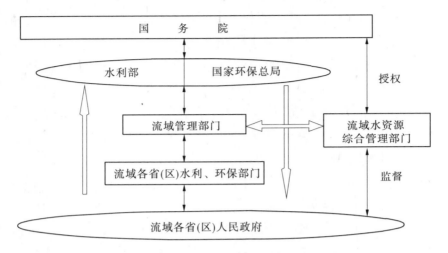

图 4-2　省界缓冲区水资源保护组织体系结构

域的甘肃白银市与兰州高新技术产业开发区、内蒙古巴彦淖尔市、陕西渭南市、山西河津市(县级)与襄汾县,淮河流域的河南周口市、安徽蚌埠市,海河流域的河北邯郸经济技术开发区、河南濮阳经济开发区、山东莘县工业园区。从即日起,环境保护总局将停止这些地区除污染防治和循环经济类外所有建设项目的环评审批。同时,环境保护总局将对区域内不正常运转的石家庄深泽县东区污水处理厂等 6 家污水处理厂和环境违法严重的攀钢钛业有限公司钛白粉厂等 32 家企业进行"挂牌督办"。

按照相关法律法规,上述被限批的 13 个市、县、工业园区,被要求在三个月内对本辖区存在的环境问题进行如下整改:

(1)对流域内所有排污口进行清理,拆除一、二级饮用水源保护区范围内的排污口。

(2)按照流域或地区水污染防治规划应该建设城市污水处理厂仍未建设的,必须立即启动污水处理厂及其配套管网建设;已建成仍未正常运转的,必须立即采取措施确保正常运转。

(3)辖区内所有未经环评审批擅自开工建设、未经环保验收擅自投入运营的建设项目,必须立即停止建设或生产,依法进行环境影响评价和"三同时"验收。

(4)全面清理取缔本地区违反国家环保法律法规、庇护污染企业的"土政策"。

(5)所有限批城市必须立即启动城市发展和流域开发的规划环评,结合流域环境承载力,明确本流域和区域主体功能与生态功能定位,为下步调整产业结构和布局奠定基础。

（6）多次发生重大水环境污染事故、环境风险隐患突出，对下游饮用水源构成威胁的城市，必须立即制定相应的流域水环境事故防范应急预案，并建立与下游城市的联动防范机制。

（7）限批地区对超标排放的企业要立即进行处罚和整治，重点污染源要立即安装在线监控设施，并将整改达标情况及时上报环境保护总局。

以上七条一日没完成，一日不解除"限批"。此外，环境保护总局将建议监察部依照《环境保护违法违纪行为处分暂行规定》，对造成上述流域严重水污染和严重环境违法行为的相关负责人追究责任。

环境保护总局将密切跟踪被限批地区和挂牌督办企业的整改，并派督查组赴各流域和城市进行现场督查，定期公布整改进展情况，让全社会监督流域水污染防治。在此次第一批"流域限批"的基础上，环境保护总局将逐步展开对珠江、辽河、全长江流域及重点海域持续不断地检查执法行动。

在肯定环境保护部门上述"流域限批"做法的同时，从流域管理的角度看，由于环境保护部门制定削减总量时并没有充分考虑水域的纳污能力，虽与陆地上污染源联系较强，却与流域水资源保护的实际需要脱节，表面上虽然完成了污染控制指标，事实上很多地区污染物排放总量仍然超出河流的纳污能力，在污染较重地区很难保证水域水功能要求，也就无法实现水资源的有效保护，也对跨省行政区的水污染作用有限。

（二）管理体制的变革

当前，流域水污染持续恶化的趋势已非分割的治水管理体制所能解决。要想使黄河水质不恶化，并最终实现"污染不超标"、"维持黄河健康生命"，唯一的出路就是实行流域与区域相结合的管理体制，这是水的自然属性所决定的，也是国内外实践所证明的，必须坚持。

由于淡水资源有限且易受破坏和污染，因此水资源也是一种脆弱的资源，它是一种动态的、可更新再生的资源。地表水与地下水相互转换，上下游、干支流、左右岸，以及水量水质相互关联，相互影响，难以按照地区、部门划分。这就要求对水资源按照流域单元进行开发、利用和管理，才能妥善处理上下游、左右岸等区间、部门间的水事关系。

以流域为单元对水资源实行管理是当前国际上水资源管理的共同经验。1992 年在巴西里约热内卢召开的联合国环境与发展会议，全世界 102 个国家元首或政府首脑通过并签署的《21 世纪议程》中，要求按照流域对水资源进行统一管理。新《中华人民共和国水法》确定了"国家对水资源实行流域管理与行政区域相结合的管理体制",突出了水资源的统一管理和流域管理,明确了流域管理机构在水资源管理领域的法律地位,赋予流域管理机构在所管辖的范围内行使法律、行政法规规定的和水利部授予的水资源管理和监督的重要职责。

对于流域管理机构与地方水行政主管部门的职权划分,《中华人民共和国水法》规定:"国务院水行政主管部门在国家确定的重要江河、湖泊设立的流域管理机构,在所管辖的范围内行使法律、行政法规规定和国务院水行政主管部门授予的水资源管理和监督职责。""县级以上地方人民政府水行政主管部门按照规定的权限,负责本行政区域内水资源的统一管理和监督工作。"新《中华人民共和国水法》关于流域管理制度的确立,是历史的进步,标志着我国的水资源管理注重流域与行政区域紧密结合进入了一个新时期。

流域管理与行政区域管理相结合总的原则是:流域管理机构按照新《中华人民共和国水法》及其他水法律法规的规定和国务院水行政主管部门的授权,与行政区域相互配合、相互支持,共同把流域水资源管好。也就是说,流域与区域相结合的管理体制强调在流域统一管理的前提下,在发挥水行政主管部门主导作用的基础上,充分发挥环保等部门,以及流域管理机构和地方,甚至非赢利组织和社会公众的作用。

在目前流域管理机构管理体制难以进行重大变革的情况下,可以在省界缓冲区管理体制上进行改革试点,成立省界缓冲区管理委员会,管理委员会的成员包括流域管理机构代表、沿黄省(区)政府代表等,管理委员会行使流域管理机构和沿黄省(区)政府的授权,全面负责省界缓冲区水资源保护和管理的规划及重大问题决策,使流域管理与区域管理相结合的管理体制迈上新台阶。

【示例 英国泰晤士河水污染治理——水工业管理体制上的一次重大革命】

泰晤士河是英国最长的河流,发源于英格兰科茨沃尔德山,自西向东流经牛津、伦敦等重要城市,注入北海,全长 346 km,流域面积 11 400 km²。18 世纪,泰晤士河水产丰富、野禽成群、风景如画,是著名的鲑鱼产地。自 19 世纪工业革命开始,泰晤士河水质迅速恶化,成为世界上污染最早、危害最严重的城市河流之一。

1850~1949 年英国政府开始第一次泰晤士河治理,主要是建设城市污水排放系统和河坝筑堤。1950 年至今进行了第二次污染治理,建设大型城市污水处理厂,加强工业污染治理,采取对河流直接充氧等措施治理水污染。经过

100 多年的综合治理,特别是 20 世纪 60～70 年代的高强度治理,泰晤士河已成为国际上治理效果最显著的河流,也是世界上最干净的河系之一。1955～1980 年间,总污染负荷减少了 90%,枯水季节溶解氧最低点依然保持在饱和状态的 40% 左右。20 世纪 80 年代,河流水质已恢复到 17 世纪的原貌,达到饮用水水源水质标准。鱼类绝迹百年后,100 多种鱼重返泰晤士河。Fulham 至 Gravesend 段的鱼类数量由 1967 年的 34 种增加到 1978 年的 97 种。1974 年,鲑鱼在泰晤士河重现,现在年产 10 万尾以上。

在治理过程中,首先是通过立法,对直接向泰晤士河排放工业废水和生活污水作了严格的规定。有关当局还重建和延长了伦敦下水道,建设了污水处理厂,形成了完整的城市污水处理系统,每天处理污水近 43 万 m^3。目前,泰晤士河沿岸的生活污水都要先集中到污水处理厂,在那里经过沉淀、消毒等处理后才能排入泰晤士河。污水处理费用计入居民的自来水费中。根据有关法律,工业废水必须由企业自行处理,并在符合一定的标准后才能排进河里。没有能力处理废水的企业可将废水排入河水管理局的污水处,但要缴纳排污费。检查人员还会经常不定期地到工厂检查。那些废水排放不达标又不服从监督的工厂将被起诉,受到罚款甚至停业的处罚。

泰晤士河的治理成功,关键并不是采用了最先进的技术与工艺,而是开展了大胆的体制改革和科学管理,被欧洲称为"水工业管理体制上的一次重大革命"。他们对河段实施了统一管理,把全河划分成 10 个区域,合并 200 多个管水单位而建成一个新水务管理局——泰晤士河水务管理局。然后按业务性质做了明确分工,严格执行。在水处理技术上运用传统的截流排污、生物氧化、曝气充氧及微生物活性污泥等常规措施。处理后的废水用于养鱼、栽培等,从而给水务工作带来活力,其优越性主要表现为:

(1)集中统一管理,使水资源可按自然发展规律进行合理、有效的保护和开发利用,杜绝了水资源的浪费和破坏,提高了水的复用系数。

(2)改变了以往水管理上各环节之间相互牵制和重复劳动的局面,建成了相互协作的统一整体。

(3)建立了完整的水工业体系,从水厂到废水处理以至养鱼、灌溉、防洪、水域生态保护等综合利用,均得到合理配合,充分调动各部门的积极性。

【示例　美国特拉华河流域的管理体制——可供未来成立的黄河流域省界缓冲区管理委员会借鉴】

特拉华河(Delaware River)位于美国东部,源出纽约州东南部的卡茨基尔山西麓。中下游构成宾夕法尼亚州与新泽西州的界河。南流注入特拉华湾。

长 660 km,流域面积3.1万 km^2。有春汛和洪水。

美国的《特拉华河流域协定》(Delaware Basin Compact)规定:流域委员会应为本流域水资源的短期开发和长期开发制定综合规划并加以实施,并经常对其进行评价和修改。

1. 特拉华河流域委员会(DRBC)的创立和立法

特拉华河流域委员会(Delaware River Basin Commission,DRBC)于 1961年创立,是由流域内四个州的立法机关和国会倡导,经四个州的州长和肯尼迪总统批准成立。

促成 DRBC 成立的原因有四个方面:第一,特拉华河及其支流雷亥河、舒尔科尔河污染严重。第二,州际间水资源分配及河流流量的维持存在严重分歧。第三,尚未从全流域的角度来防治洪涝灾害,例如,1955 年的洪水造成 99人死亡及巨大的经济损失。第四,在流域内有 43 个州级机构、14 个跨州机构和 19 个联邦机构涉足水资源的管理和开发利用,职责不清,缺少协调和合作。各州间矛盾尖锐,经常争吵。外流域的纽约市从特拉华河上游大量引水,使这种矛盾更加复杂。

四个州的立法机构和美国国会敏锐地看到了这一问题的重要性,由四州的州长和纽约市长、费城市长任命了一个临时的顾问委员会,负责调查研究和起草立法文本草案。联邦政府的农业部、商业部、卫生部、教育部、内政部、联邦机构委员会、陆军部工程兵团参与了帮助和指导。联邦和各州之间取得了共识,首先在联邦和相关各州分别立法,而后由四州和联邦为五个签约方,共同签署《特拉华河流域协定》。《特拉华河流域协定》,1961 年 10 月 27 日正式签约。

DRBC 的组成。协定签约同年,成立 DRBC。根据《特拉华河流域协定》规定,委员会设五个委员。四个州的州长为委员,联邦的委员由总统任命。联邦委员通常是内政部长,有时是别的官员,如环保局长、美国陆军工程部长或其他水资源管理方面的高级官员。州委员和联邦委员,在州长、总统任期内有效,换届即自动解除。委员会设主席、副主席,在全体委员中选举产生,任期为一个年度。每个委员可以任命一个代理委员。联邦代理委员仍由总统任命。代理委员和正式委员同时出席会议。正式委员有表决投票权。正式委员缺席时,代理委员有投票权。委员会的工作机构和管理会议、处理事务的程序,由委员会规定。委员会的所有委员都是兼职的,并且无偿地为委员会工作。但行使委员职责所花销的费用,可在委员会报销。委员会首先要任命一位执行主任(Executive Director)领导委员会的日常工作。委员会现有职员 38 人(委员会职员最多时达到 72 人)。除上面的委员、代理委员、顾问外,下面有 38 个职员(包括执行主任)。职员由执行主任挑选,也要让委员们满意。设一个法律顾问,一个总协调秘书、一个公共事务管理,直接对执行主任负责,不对下面的机构行使监督权利。内设有四个工作机构:项目审查组、规划组、业务组,由总工程师领导,还有个后勤部。

2. DRBC 的职责

按照《特拉华河流域协定》2.1 节规定,特拉华河流域委员会是各签约方政府的机构,是一个政治团体和法人组织,宪法批准作为一个平等伙伴加入联邦政府。特拉华州、新泽西州、纽约州、宾夕法尼亚州和联邦通过 DRBC 这一机构,以流域为基础,共同分享他们水资源管理和水污染控制的自主权。这个机构,在《特拉华河流域协定》的有效期内具有连续性。《特拉华河流域协定》规定,《特拉华河流域协定》的有效期为自生效日起 100 年。那时,委员会的全部事务即停止。

DRBC 的权利和职责。特拉华河流域委员会在流域水资源开发、利用、保护及水污染控制,自然生态保护(水土保持、渔业及野生动物保护),土地利用管理方面具有广泛的权利,委员会不只是协调机构,而且是权力机构,可以制定方针、政策、法规,决定流域内的有关事务(联邦政府一般不干预委员会事务)。主要内容有:实施综合规划;以平等原则分配地表水和地下水资源;开发并确保实施这一地区生活、城市、农业及工业用水的计划和工程项目;有权获取、经营及管理工程项目及设施,以用于水资源的储藏、排泄、地表及地下水资源的流向及供给的调节、保护公众健康、河流质量控制、经济发展、渔业发展、娱乐的开展、污染的减轻和控制、盐水入浸的控制及其他目的;批准河流改道和泄洪工程在严重干旱时重新分配水资源;控制污染——水质标准、污染物排放标准、防恶化政策、非点源标准的制定;防洪;流域自然生态保护;娱乐;为工程项目设立收费标准等。

DRBC 的权力,具体表现为:水资源分配方面,各州可以按规定分配水,但超过规定的取水,必须要经委员会批准,干旱期水资源的分配由委员会负责。这样就能保证最优先的用水项目,避免上游水的过度利用而影响河流的最小流量和州之间的用水矛盾。在水污染控制方面,委员会统一制定控制标准,不管是工业还是市政污水,都一视同仁。各州颁发的纳污能力使用权许可证,必须符合流域的统一要求。新项目一律经委员会批准,而州没有新项目批准权等。

DRBC 的工作制度包括:

（1）投票表决制。委员会的职员们负责起草法规、标准，由委员表决通过。委员没有否决权，5个委员中，有3票赞成即通过。联邦政府各部门利益的意见，最终需反应到联邦委员带到委员会阐述，并有1票的表决权。委员会做出的决定，各委员会负责贯彻执行。各州委员（州长）负责委员会的决定在本州贯彻实施。因此，委员会一般不直接对州的有关部门发号煎令。

（2）委员会会议制度。委员会每月举行一次会议，但7、8月和11、12月分别合并举行，每年共10次会议。委员会会议固定设在新泽西州首府特伦顿的特拉华河流域委员会办公处举行。有兴趣者可以参加会议旁听。

（3）听证会制。委员会所作的决议，要在多个地点举行听证会，事先发公告，有兴趣者都可参加，尽量让他们了解决议的正确性。公众可以反映问题和看法，委员会有责任向公众解释委员会的做法及其背景。为了实现上述目的，委员会的决议，要向公众公布，向四州散发文件。在以往的每次听证会上都要收到几百封信。要对公众的意见作解答，解答的方式，可以是登报，或举行新闻发布会。公众在电话中提出的问题，也要回答。表现了流域委员会是一个开放性机掏，这是该机构获得成功的原因之一。

（4）排污日测月报制（汇报制）。由排污者每日监测每月向DRBC报告排污水量水质结果。企业自己没有监测能力，自行请专业实验室作，则要付费。每日监测的目的，是为了了解排污者是否有欺骗行为。如果有欺骗行为，按联邦清洁法规定，每日处以10万美元罚款，如果是企业家明知故犯则要进监狱。委员会则委托专业实验室作校核、抽查。由于法律很严，一般说，企业是不敢虚报的。如果企业报的数据有误，往往能自动纠正并报告。

（5）取水的注册登记报告制。井水、地表水取水点，都要注册登记，报告取水量。水文资料也有逐日报表。

（6）基本资料的联网检索制。四州的有关水、排污的基本资料，都进入联邦计算机网络，所以委员会对资料的掌握和使用都很方便。

（7）委员会与各州工作保持协调一致的制度。各州的工作，绝对与委员会决议的事保持一致，各州水和环境管理部门所有向州政府报送的文件，同时报委员会。因此，委员会在资料、成果的分析研究、汇总能很顺利进行，使委员会的工作保持高效率，人员得以精简。

（8）顾问委员制。这是"协定规定由委员会任命和委托顾问委员会帮助委员会做一些咨询工作"。顾问委员来自公众、联邦、州、市政府、水资源机构、用水户、工业企业、农业组织、劳工组织等。现顾问委员会有5个小组在工作，在水资源管理、毒物管理、水质、最小流量控制等方面提出了许多有建设性的意见。

(9)年报制。委员会办有一个刊物,刊名是"特拉华河流域委员会年报",内容包括委员会的组织和委员情况介绍,委员会年度计划执行情况,财政状况及有关专项材料。出年刊的目的是向各签约方的立法机构和公众汇报工作。委员会还有其他出版物。刊物的发行,一部分分发,一部分出售。

委员会的基本工作经费主要由各签约方或由其所属行政分区拨款解决,约占年度总经费预算的80%,委员会也可以为兴办产业向各签约方贷款。委员会有自己的动产和不动产,可以利用发行债券获得收入偿还贷款,还有其他收入。委员会的财务和经济账目要受到联邦的审计。

二、省界缓冲区管理机制研究

管理机制是管理系统的运行机制,指在人类社会有规律的运动中,影响这种运动的各因素的结构、功能及其相互关系,以及这些因素产生影响、发挥功能的作用过程和作用原理及其运行方式。管理机制是引导和制约决策并与人、财、物相关的各项活动的基本准则及相应制度,是决定行为的内外因素及相互关系的总称。各种因素相互联系,相互作用。要保证社会各项工作的目标和任务真正实现,必须建立一套协调、灵活、高效的运行机制。

研究发现,省界缓冲区水资源保护管理机制应该包括五个方面:完善联合治污机制,建立水污染问责机制,引入自愿性环境协议(VEAs)机制,强化公众参与的水污染防治后督察和后评估机制,探索相应的经济政策引导机制。

(一)完善联合治污机制

在流域水资源保护方面,联合治污机制是管理机制的核心内容之一。联合治污机制应包括两个层面:一个层面是流域管理机构和地方政府的配合,一个层面是流域水资源保护部门和地方水利、环保部门,以及地方水利与环保部门之间的联合。

要形成流域的联合治污机制并使其有效运行,一方面,信息资源的交流和共享是重要的基础和前提,另一方面必须有体制保障。包括:①由流域管理机构牵头,各省区环保、水利部门参加,共同制定黄河流域水资源保护和水污染治理规划;②建立流域与地方配合、水利与环保联合的水资源保护和水污染防治机制,特别是重大问题协商与决策机制;③加强业务交流,实现信息共享,优势互补;④坚持和完善流域水资源保护的两部双重领导机制,为机制的运行提供体制保障。

黄河流域水资源保护局在探索建立联合治污机制方面已做了许多有益的尝试。例如,2006年1、3、6、7月先后走访河南、山西、青海、内蒙古等省(区)

水利厅和环境保护局,就建立联合治污机制等问题进行磋商,对许多问题的看法已达成共识。近几年,黄河流域水资源保护局已经采用"通报"的形式向流域各省区人民政府通报各类水资源保护信息,等等。

【示例　四川等 11 省(区)协作解决跨界水环境污染纠纷问题】

2008 年 4 月 9 日,西南地区水体富营养化防治座谈会在成都举行,会上,西南 5 省(区)市(云贵川藏渝)与 6 个相邻地区(陕、甘、新、桂、青、鄂)环保局共同签署了《西南地区及其相邻省(区)市跨省流域(区域)水污染纠纷协调合作备忘录》。

西南地区是多条重要河流的发源地,本地河流发生污染从而流向邻省的可能性很大。2007 年环保部西南环保督查中心先后就协调处置了陕川、川渝、湘黔等交界地区 4 起较大的跨省界水环境污染纠纷。现行按行政区域分割治理的管理体制和各自为战的治理格局,已无法适应以流域为整体的水环境保护要求,更无法有效解决跨界水环境污染纠纷问题,此次协作机制的建立将一定程度上破解这些难题。

此次协作机制主要体现在联系会商、信息通报、联合采样监测、联合执法监督等八个方面。每年定期或不定期由上下游环保部门共同主持召集联系会议,协商解决跨省界流域(区域)污染纠纷协调处理办法、措施等有关重大事项;上下游环保部门定期互通水污染防治进展、断面水质等情况,共同制定跨省界水质监测方案,开展同步联合监测和现场检查;当发生跨省界水污染事故时,上下游环保部门协同处置,积极应对。同时,加强跟踪协调,加强督查督办,保障协调合作机制的正常运行。

【示例　山东江苏 9 县探索联合治污新机制】

针对"上游污染,下游叫苦"这一难题,山东省、江苏省接邻的部分县市,从 2006 年开始探索建立跨行政区域的联合治污合作机制。两年来,双方通过这一机制在有效防控流域水污染的同时,更促进了两省边界和谐。

位于山东省最南端的郯城县,南与江苏省东海、新沂、邳州三县市毗邻,北与罗庄、河东、临沭、苍山四县区接壤。沂河、沭河、白马河纵贯县境南北,出境后分别流入江苏邳州、新沂两市。

2006 年由郯城县发起,山东省郯城县、苍山县和江苏省新沂市、东海县、沭阳县、邳州市六县(市)共同研究在两省交界地建立了环境保护联席会议制度,以求破解跨区域河流污染难题。截至目前,这一制度新增临沭、赣榆、连云港市连云区三个成员,变成了"6 + 3"。

自鲁苏边界环保联席会议制度建立以来,双方各县市区通过定期召开会议的方式,不断完善合作机制,力求紧跟环保新形势。

按照最初鲁苏边界六县(市)确定的制度,联席会议实行轮流牵头的制度,在没有特殊情况时,原则上每个季度召开一次会议,加强信息交流与沟通,及时通报上、下游之间的环境质量,并提出针对联合治污切实可行的新措施和政策,边完善边合作。

鲁苏边界的联合治污主要遵循着四个合作机制:

一是污染防治机制。为使区域联防做到公开、透明、有效,相邻市县之间,每季要相互通报境内及边界附近重点污染源的排污动态,确保双方能及时掌握和共同参与。

二是应急预警机制。对跨界重大的污染事故已经发生或可能发生的,采取应急预警,确保环境安全。各市县建立应急预案,保持之间的通信通畅,做到第一时间双方能到达现场。对已发生的污染事故,可能危害到对方的,要毫不保留地通报事故的原因、污染物类型、污染物排放量等信息。

三是信息共享机制。利用通信网络,定期通报交界断面水质状况,必要情况下,双方同时、同位置共同取样监测。断面发现数据异常要及时通报上、下游,各县市在单位网站上定期公布跨界河流水质状况,实现监测信息共享。

四是边界污染纠纷调解机制。联席环保部门之间能解决的跨界污染纠纷,不打扰地方政府;政府之间能调解的不惊动媒体;地区间能协商解决的不申告上级政府或主管部门。以协调为主,尽量避免法律诉讼。

由于加强了沟通,跨界污染问题变得容易解决,污染纠纷随之减少,促进了鲁苏边界的和谐共处。据郯城县介绍,2007年年底,一辆载有苯酚的货车在郯城发生交通事故,少量苯酚流入当地白马河支流,对下游饮水安全产生威胁,郯城县立即通知下游江苏新沂市、邳州市,并与下游积极配合,采取措施拦截、回收、监测苯酚,及时消除了污染隐患。

郯城县环境保护局局长胡友飞说,如果没有这个制度,事情恐怕难以得到如此圆满的解决。按照规定,环保执法不下水,而且又是交通事故,可以说责任不在环保。但河流遭到污染,有可能影响到下游水质,按照联席会议制度的要求,郯城环保部门有义务向下游及时通报,为上下联动治污争取时间。

自鲁苏边界市县联合治理跨界污染后,至今没有再发生因跨界污染事件互相告状的问题。在此后发生的两次上游酒精厂排污污染跨界沭河造成下游网箱养鱼死亡的事件,双方都能在环保联席会议机制内妥善解决,化干戈为玉帛。胡友飞说,联席会议单位都本着"五要"、"五不要"的原则处理跨界污染问题。即要实事求是,不要夸大虚报;要当机立断,不要优柔寡断;要互通信息,不要媒体炒作;要内部解决,不要上访告状;要积极协调,不要激化矛盾。

同时,环保联席会议制度还为双方处理重点区域,特别是边界"几不管"地带逃避管理的污染小企业提供了便利。郯城县环境监察大队队长杜启晓说,原来两地环保部门因为跨界河流污染问题,形同陌路,互不来往,而联席会议为双方的联合执法创造了条件。2003年左右,鲁苏边界出现了很多小型废旧塑料处理厂,这些厂主要寻找两省交界处,采取生产、排污、用电等异地布局,钻环保属地管理的空子。两省相邻的市县采取联合执法的方式,共同打击区域环境违法行为,取得了良好的效果。

此外,环保联席制度实行以来,两省上下游环保部门相互负责,过境河流水质明显好转。记者在中国环境监测总站郯城沭河水质自动监站点看到这一河流断面氨氮浓度为 0.14 mg/L,COD 浓度为 5.08 mg/L,远超过国家规定的四类标准。白马河、沂河也分别基本能达到国家规定的四类水质和稳定达到三类水质标准。

(二)建立水污染问责机制

建立有效的水污染问责制,将水质指标真正纳入官员考核机制。中央提出科学发展观后,一些地方政府仍然不顾区域、流域水环境承载能力已逼近底线,盲目追求 GDP 增长,甚至牺牲国家利益和公众健康换取极少数人的特殊利益。由此可见,政绩观的改变单靠宣传教育是不够的,必须有强有力的约束机制,那就是官员水污染考核问责制。流域管理机构应建议监察等部门继续加大加重对省界缓冲区重大环境违法行为的处罚。

(三)引入自愿性环境协议(VEAs)机制

自愿性环境协议在各国有不同的名称,又称契约(The covenant)、环境协议(EAs)、自愿性协议(VAs)或环境伙伴(EPs)。自从日本 1964 年第一个实施自愿性环境协议以来,美国、欧洲、加拿大和澳大利亚等国家和地区相继采用了 VEAs。实践证明,VEAs 是个很成功的环境管理机制。

在黄河流域省界缓冲区水资源保护中,可以引入自愿性环境协议的做法,由流域管理机构水资源保护单位牵头组织,以每个省界缓冲区为基本单位,组织省界缓冲区相关的企业、政府和(或)非营利性组织之间签订非法定的协议,以改善省界缓冲区的水环境质量。

(四)强化公众参与的环境后督察和后评估机制

建立有效的环保后督察制度要求一支强大的环境监察力量,需要国家对环保执法评估机制的更大投入,也需动员社会公众的广泛参与。公众作为环境最大的利益相关者,最有动力去监督各相关部门和企业是否履行了环境义务。各级政府应该按照国务院《信息公开条例》为公众监督提供平台。

【示例　墨累－达令河的治理——鼓励社区参与决定有关流域的未来】

墨累－达令河水系是澳大利亚流程最长、流域面积最大、支流最多的水系，流经新南威尔士州、维多利亚州、南澳大利亚州、昆士兰州四个州。

墨累－达令流域管理问题，长期以来一直受到联邦和各州政府的充分重视和广泛关注。墨累－达令流域各州之间曾经由于水资源利用上利益不均衡，产生过许多争议。为解决争议，早在1915年墨累流域三州的州政府和联邦政府通过立法达成了《墨累河河水管理协议》，主要管理流域航运，后经过多次修订，内容扩展到流域管理体系、灌溉、水质管理等生态问题等。1917年成立了"墨累河委员会"。1988年在"墨累河委员会"基础上正式成立了"墨累－达令流域委员会"（MDB），综合管理和协调整个流域的环境和资源使用等问题。

墨累－达令河治理的主要特色是流域整体管理、水资源的公平合理利用和协调管理。在决策过程中十分重视让所有社区和政府部门参与。流域管理机构决策的有效性，主要在于相关政府的合作和支持，其决策以整个流域的总体利益为基础，针对流域的实际问题，通过模拟分析，形成一系列的开发战略，以指导政府和各社区以最好的方式解决问题。要求所有相关社区，参与所有长远决策的整个过程，鼓励社区参与决定有关流域的未来，要求政府和社区一起长期承担义务。该流域的行动计划由政府、流域行政主管，社区顾问委员会、流域委员会及其下属部门组成一个多层次的、有效的流域组织机构相互联系，共同完成。

【示例　日本琵琶湖治理——把解决水环境问题当做一种文化创造来对待】

琵琶湖是日本最大的淡水湖，位于日本近畿地区滋贺县中部，琵琶湖流域面积3 848 km²，湖面积674 km²，约占滋贺县总面积的六分之一，湖水总贮藏量约275亿m³，最大水深103.58 m，其中北湖平均水深约43 m，南湖平均水深约4 m，最大湖面宽22.8 km，最小湖面宽1.35 km，460条大小河川由周围的山脉分水岭一侧流入湖中，构成了琵琶湖的源水，湖水经濑田川，流入宇治川，然后与桂川、木津川汇合形成淀川水系，成为支撑近畿地区六府县、二市约1 400万人的生活与产业活动的珍贵水资源，对该地区的繁荣、发展起着决定性作用。

由于近几十年来日本经济的高速增长，社会生产活动和人类生活方式发生了剧烈改变，琵琶湖的自然和文化面貌也发生了很大的变化，尽管积极进行了各种环境保护工作,但琵琶湖的异常变化还是越来越大,如自来水的异味、淡水赤潮、蓝藻的产生,季节性的含氮量超标,微量元素混入湖水中,外来生物的繁殖和原有生物的减少等均有发生,同时在周边区域,由于芦苇群落、内湖、河边森林等减少,自然环境、景观和生态水循环等恶化的情况也日益明显。为此,日本人认识到,环境负荷超过湖水的承受能力后,就要破坏水环境的自循环功能,传统的保护方式和仅以政府为主的单一保护方式已经不能完成琵琶湖的保护任务了,必须寻找一种新的湖泊保护治理思路,这就是要把解决水环境问题当做一种文化创造来对待,把所谓大量生产、大量消费型的现代生活方式转换为立足于自然与人类共生的环境协调型生活方式,要从"源水培育、湖水治理、生态建设、政府主导、全民参与"等方面全面开展工作。根据各调查研究,日本水利工作者制定了琵琶湖 21 世纪综合保护整治计划,总体思路是在全流域成员共同理解、配合和参与的基础上,从各自不同的角度出发考虑湖泊保护治理对策,使相互独立或对立的流域群体(住民、企业、行政、团体)变成协调一致的流域治理主体,从片面的开发管理转变成综合性的保护管理,从以政府为主的行政管理走向有广大群众参与的全面管理。这个计划的总治理期限为 22 年,其中前 12 年为第 1 期,目前正在实施中;后 10 年为第 2 期。

政府主导、全民参与是湖泊治理的必由之路。无论是点污染源还是面污染源治理,离开了群众参与往往是花钱不见效,只有全民参与,从身边的点点滴滴做起才能收到事半功倍的效果。

政府主导首先要做好总体计划的制订、批准工作,综合治理计划的制定程序是:首先由琵琶湖所在滋贺县的知事在听取民众、町、村长和相邻县、市的意见后拟定,然后送县议会批准,再提交国土交通省等相关部门,经有关部门协议后再将计划报送总理大臣,由总理大臣批准后下达滋贺县知事和各有关各方。政府在这个过程中发挥着把握总体方向和审定总费用的作用。在总体计划批准的基础上还要制订年度实施计划,年度计划制订程序是:首先由滋贺县知事制订方案,再送中央相关省(国土交通省、环境省、农林水产省等)长官,同时抄送各有关地方公团,听取有关方面意见后再修改并最终确定年度计划,计划的实施是通过国家或地方公共团体、水资源开发公团和相关单位来进行的。政府负责监督、检查,同时根据中央和地方分担的原则各自提供财力支持。由于政府方面参加的单位较多,为了更好地协调各方关系,特地设立了县、市、町、村联络会议制度和由中央政府与地方共同组成的行政协议会,这种会议不但交流情况而且负有协调各方活动的责任。

在民众参与方面,为了组织全民参加,琵琶湖周边地区被分成七个小流域,它们分别是:长滨流域、高岛流域、彦根流域、志贺/大津流域、八日市流域、信乐/大津流域、甲贺/草津流域。按小流域设立研究会,七个小流域的研究会再合并设立琵琶湖研究会,每个研究会选出一位协调人,负责组织居民、生产单位等代表参与综合计划的实施。流域研究会的活动内容包括:

（1）同一小流域内的上、中、下地域间交流。包括农林水产品交流、垃圾清扫与体会座谈、植树与体会座谈、森林义务工作人员的体会与座谈等。

（2）各流域之间的踏勘、学习。包括河川、水路、水质的踏勘调查,生物踏勘调查,发现、寻找垃圾的踏勘调查等。

（3）日常活动,围绕山区居民的日常生活开展的有关的活动。

（4）从身边小事做起的活动。如割苇草活动、清扫河川活动、使用肥皂活动、变垃圾为肥料的活动。

（5）制作水质图、生物图、垃圾图并每年更新的活动等。

民间活动重点是调查、交流,通过流域信息共事和利用,调动每一个人的求知积极性,从而逐步提高群众对保护琵琶湖的认识,进而参加到生态建设的综合治理计划中去,这个过程看起来漫长,但是收效快,而且给琵琶湖治理带来越来越好的形势。

（五）探索环境经济政策引导机制

探索建立全新的环境经济政策体系,结合行政与市场的力量来遏制污染恶化趋势。流域管理机构应协调环境保护部、银监会出台绿色信贷政策,未执行环评审批和验收的项目,未按环保审批要求落实环保措施而被流域管理机构查处的企业将不能得到各金融机构的信贷支持。以此为开端,联合更多部门研究出台绿色保险、绿色证券、绿色财税等一系列新政策。

三、省界缓冲区管理模式研究

管理模式是一整套具体的管理理念、管理内容、管理工具、管理程序和管理方法论体系,并将其反复运用于组织,使组织在运行过程中自觉加以遵守的管理规则。管理模式一般以政策的形式予以确立。

在省界缓冲区水资源保护领域,同时存在市场失灵和政府失灵两个方面的问题。为此,需要加强政策工具建设,在清晰地理解各类环境和自然资源管理政策工具特点的基础上,选择合适的政策工具。

（一）省界缓冲区水资源保护的市场失灵和政府失灵

1. 市场失灵

水资源作为公共产品,在省界缓冲区更容易产生市场失灵。资源配置最有效率和消费者获益最大的状态被称为帕累托最优状态或市场最优状态。市场失灵是指市场机制不能使资源配置达到最有效率的状态,是指市场无法有效率地分配资源、商品和劳务的情况。对省界缓冲区水资源保护而言,市场失灵是指市场无法有效率地分配省界缓冲区河流纳污能力的情况。对经济学家而言,这个词汇通常用于无效率状况特别重大时,或非市场机构较有效率且创造财富的能力较私人选择为佳时。市场失灵也通常被用于描述市场力量无法满足公共利益的状况。

市场失灵在某些经济体的存在通常引起究竟是否由市场力量引导运作的争论。而这也产生要用什么来取代市场的争议。最常见对市场失灵的反应是由政府部门产出部分产品及劳务。然而,政府干预亦可能造成非市场的失灵(如政府失灵)等。

2. 政府失灵

1) 公共选择理论的政府失灵

公共选择理论是美国经济学家,诺贝尔经济学奖获得者布坎南等创立的一种不同于凯恩斯主义的新公共经济理论,其突出的特点是把西方主流经济学的分析方法运用于政治学的分析,把政治决策的分析和经济理论结合起来。正像布坎南所说,公共选择理论"是经济学在政治学中的应用"。从理性经济人的前提假设出发,剖析了当代西方民主政治的政府失灵问题及其根源,并在此基础上提出了矫正政府失灵的政策主张。

正统经济学家给公共选择理论的定义是:公共选择理论是一种研究政府决策方式的经济学和政治学。公共选择理论考察了不同选举机制运作的方式,指出了没有一种理想的机制能够将所有的个人偏好总和为社会选择;研究了当国家干预不能提高经济效率或收入分配不公平时所产生的政府失灵等问题。

方法论上的个人主义、经济人假设和政治交易市场是公共选择在研究方法上最具特色的三个方面。方法论上的个人主义是指一切行为都是人的行为;在个体成员的行为被排除在外后,就不会有社会团体的存在现实性。经济人假设是指在政治领域内活动的人,其目的也是追求个人利益最大化,也以成本收益分析为依据。政治交易市场概念是指政治是个人、集团之间出于自利动机而进行的一系列交易过程,政治过程和经济过程一样,其基础是交易动机、交易行为,是利益的交换。

20 世纪 30 年代遍及资本主义世界的经济危机打破了传统经济学的"市场万能"的幻想——完全竞争的市场制度能够自动实现社会资源的优化配

置。这在客观上促使了凯恩斯主义的兴起。凯恩斯经济学主张放弃自由放任的市场经济政策,实行政府的干预以矫正市场失灵,提高经济运行效率。然而,随着政府干预的加强,政府干预的局限性和缺陷也日益显露出来,政府财政赤字与日俱增,政府规模扩张,大量政府开支落入特殊利益集团的私囊,政府的社会福利计划相继失败,经济停滞膨胀。而公共选择理论正是克服了西方主流经济学主要研究经济市场上的供求行为及其相应的经济决策而把政治因素当做经济决策的外生变量的局限性,将经济学的分析方法运用到政治市场的分析当中,向我们打开了政府这个黑匣子,目的在于揭示"政府失灵"并试图克服政府干预的缺陷。正如布坎南所说,"市场的缺陷并不是把问题交给政府去处理的充分条件","政府的缺陷至少和市场一样严重"。

基于经济人假设,公共选择理论试图把经济市场中的个人选择行为与政治市场中的公共选择行为纳入统一分析模式,即经济人模式,从而修正凯恩斯经济学把政治制度置于经济分析之外的理论缺陷。

根据经济人的分析模式,布坎南的政府理论研究了市场经济下政府干预行为的局限性或政府失灵问题。这是公共选择理论的核心问题。

所谓政府失灵,是指个人对公共物品的需求在现代化民主政治中得不到很好的满足,公共部门在提供公共物品时趋向于浪费和滥用资源,致使公共支出规模过大或者效率降低,政府的活动并不总像应该的那样或像理论所说的那样"有效"。在布坎南看来:"政府作为公共利益的代理人,其作用是弥补市场经济的不足,并使各经纪人员所做决定的社会效应比政府进行干预以前更高。否则,政府的存在就无任何经济意义。但是政府决策往往不能符合这一目标,有些政策的作用恰恰相反。它们削弱了国家干预的社会'正效应',也就是说,政策效果削弱而不是改善了社会福利"。于是就提出了一个问题:为什么政府干预会产生"负效应",以及如何从制度上弥补这些缺陷。

布坎南对政府失灵的几种表现形式及其根源进行了较为深入的剖析,并就如何补救这种"失灵"提出了具体的政策建议。

(1)政府政策的低效率,也即公共决策失误。公共政策主要就是政府决策,政府对经济生活干预的基本手段是制定和实施公共政策。公共选择理论认为,政府决策作为非市场决策有着不同于市场决策之处。在政府决策中,虽然单个选择者也是进行决策的单位,但是作出最终决策的通常是集体,而不是个人,以公共物品为决策对象,并通过有一定秩序的政治市场(即用选票来反映对某项政策的支持来实现)。因此,相对于市场决策而言,政治决策是一个十分复杂的过程,具有相当程度的不确定性,存在着诸多困难、障碍或制约因素,使得政府难以制定并实施好的或合理的公共政策,导致公共决策失误。

　　在布坎南等看来,导致公共政策失误的原因是多方面的:①社会实际上并不存在作为政府决策目标的所谓公共利益,"社会需要什么"这个问题本身就没有答案,于是,人们有理由对政府干预经济活动的必要性和合理性提出疑问。②即使现实社会中存在着某种意义上的公共利益,而现有的公共决策机制却因其自身的内在缺陷而难以达到实现这种利益的目的。③决策信息的不完全性。获取决策信息总是存在诸多困难而且是需要支付一些成本的,不管是选民还是政治家,他们拥有的信息都是不完全的,因而大部分公共政策是在信息不充分的基础上作出的,这就很容易导致决策失误。④选民的"短见效应"。由于政策效果的复杂性,大多数选民难以预测其对未来的影响,因而只着眼于眼前的影响。而政治家为了谋求连任,就会主动迎合选民的短见,制定一些从长远来看弊大于利的政策。⑤选民的"理性的无知"。由于选民作出决策需要支付一定的成本以收集有关候选人的信息等,作为理性的经济人,他在权衡自己的成本——收益计算时,如果成本太大,选民将不去投票。在现实生活中,许多选民往往也会出于搭便车心理而寄希望别人去投票以使自己坐享其成。这被称为选民的"理性的无知"。而这将导致通过选票上台的政治家并不代表多数人的利益,其制定的政策充其量只能代表一部分人的利益。

　　(2)政府工作机构的低效率。政府失灵理论认为政府机构低效率的原因在于:①缺乏竞争压力。一方面,由于官僚机构垄断了公共物品的供给,没有竞争对手,就有可能导致政府部门的过分投资,生产出多于社会需要的公共物品;另一方面,受终身雇佣条例的保护,没有足够的压力去努力提高其工作效率。②没有降低成本的激励机制,行政资源趋向于浪费。首先,官员花的是纳税人的钱,由于没有产权约束,他们的一切活动根本不必担心成本问题。其次,官员的权力是垄断的,有无穷透支的可能性。③监督信息不完备。从理论上讲,政治家或政府官员的权力来源于人民的权力让渡,因此他们并不能为所欲为,而是必须服从公民代表的政治监督。然而,在现实社会中,这种监督作用将会由于监督信息不完全而失去效力。再加上前面所提到的政府垄断,监督者可能为被监督者所操纵。

　　(3)政府的寻租。"寻租是投票人,尤其是其中的利益集团,通过各种合法或非法的努力,如游说和行贿等,促使政府帮助自己建立垄断地位,以获取高额垄断利润。"可见,寻租者所得到的利润并非是生产的结果,而是对现有生产成果的一种再分配,因此寻租具有非生产性的特征。公共选择理论认为寻租主要有三类:①通过政府管制的寻租;②通过关税和进出口配额的寻租;

③在政府订货中的寻租。

（4）政府的扩张。政府部门的扩张包括政府部门组成人员的增加和政府部门支出水平的增长。对于政府机构为什么会出现自我膨胀，布坎南等从五个方面加以解释：①政府作为公共物品的提供者和外在效应的消除者导致扩张；②政府作为收入和财富的再分配者导致扩张；③利益集团的存在导致扩张；④官僚机构的存在导致扩张；⑤财政幻觉导致扩张。

综上所述，在现行的民主制度下，没有一种选择机制可以称得上是最优选择机制或有效率的选择机制。既然政治市场上现行的选择机制是失灵的，那么出路何在？公共选择理论为此提出了两条思路：其一是市场化改革，其二是宪法制度改革。前一种思路主要由公共选择理论中的芝加哥学派提出，后一种思路主要由公共选择理论中的弗吉尼亚学派提出。

所谓市场化改革，是试图通过把经济市场的竞争机制引入政治市场来提高后者的运行效率。市场化改革的思路主要包括三方面的内容：①明晰和界定公共物品（公有地、公海、公共资源）的产权，消除在这些公共物品使用上的"逃票乘车"和掠夺性消费。②在公共部门之间引入竞争机制，重构政府官员的激励机制，按照市场经济原则来组织公共物品的生产。③重新设计公共物品的偏好显示机制，使投票人尽可能真实地显示其偏好。

所谓宪法改革，是试图通过建立一套经济和政治活动的宪法规则来对政府权力施加宪法约束，通过改革决策规则来改善政治。在公共选择理论家们看来，要克服政府干预行为的局限性及避免政府失灵，最关键的是要在宪制上做文章。布坎南认为，要改进政府的行政过程，首先必须改革规则，因此"公共选择的观点直接导致人们注意和重视规则、宪法、宪法选择和对规则的选择"。布坎南等着重从立宪的角度分析政府制定的规则和约束经济和政治活动的规则或限制条件，即他们并不直接提出具体的建议供政策制定者选择，而是为立宪改革提供一种指导或规范建议，为政策制定提出一系列所需的规则和程序，从而使政策方案更合理，减少或避免决策失误。

2）公共选择理论对省界缓冲区水资源保护和管理政策的借鉴意义

省界缓冲区水资源保护和管理同样存在政府失灵的可能，借鉴公共选择理论，可以使我们在制定政策时避免失误，提高政府干预的有效性。

我国政府改革的模式取向是由原来的政治型、管理型政府模式转变为民主型、服务型政府模式。当前，在我国的政治市场中，公共选择理论中指出的有关政策失误的因素仍然存在，科学决策和决策的有效实施还困难重重，政府干预引起的寻租活动依然存在，而且由于经济发展是一个连续的过程，不同模式的政府行为也不可能在时间上截然分开,很容易出现将计划经济体制下政府管理经济的行为模式简单地移植到市场经济体制中去。而我们所期望的一种更有效率的新的政府模式,必须在新确立的基本规则之下才能形成。

因此,为了更有效地发挥政府管理的作用,矫正政府失灵,有必要注重法律和制度建设。基于公共选择理论政府失灵的分析和政策建议,应该做好以下三方面的工作:

第一,要转变观念,摒弃传统计划体制下形成的"政府万能"的观念,正确认识政府干预经济的作用。不能片面夸大,更不能一味地削弱。在发展市场经济的过程中,必须把握好政府干预的限度,确定政府干预的内容、范围和手段,发挥市场机制的主体性作用和政府干预的补充性作用。

第二,引入竞争机制,进行市场化取向的政府管理改革。在以经济建设为中心的今天,经济职能已成为政府的首要职能,政府对经济中公共物品的垄断是导致滥用经济职能的最重要的原因。因此,我们在确定政府及其下属机构的经济职能时,应尽可能引入竞争机制,打破垄断的局面。

第三,要加强政府法治及监督制度建设,使政府行为法治化。公共选择理论注重宪法、法律,规则的建设尤其是公共决策规则的改革。市场经济是法治经济,现代化社会也是法治社会。市场经济秩序的确立、运行必须靠法律来保证,政治的和社会的生活也必须靠法律来规范。因此,在向市场经济过渡过程中,我们必须加强法制建设,将政府行为纳入法制轨道,特别是公共决策的法制化及公共政策决策执行的法制化,以最大限度地减少政府行为的任意性及随意性导致的不公正与腐败,提高公共政策制定和执行的质量。而政府也是理性的经济人,这也提醒我们除强化政府的自律机制外,还必须加强外部监督约束机制,加紧制定有关监督政府行为的法律、法规,防止政府腐败和不公正。

由此,在借鉴公共选择理论的政府失灵论为我所用时,必须辩证地看待。政治制度的改革是一项艰巨的事情,不能急功近利地拿来做权宜之计,"看得见的手"的改革将是我国经济成功转型非常关键的一环,必须慎重对待。

(二)政策工具

环境与自然资源管理的政策工具一般分为三类:有"大棒"之称的"命令－管制"法律工具,有"胡萝卜"之称的"市场导向"的经济激励工具,以及有"说教"之称的公众参与工具。根据上述政策实施的实际效应来看,只有它们相互之间有机配合,才能较好地完成环境可持续性所要求的环境利益保护。

目前,已经有许多政策工具矩阵被提出来作为系统收集与比较政策经验的组织原则。世界银行将政策工具分为四类:利用市场、创建市场、环境管理和公众参与,见表4-1。

表4-1　政策工具分类

利用市场	创建市场	环境管理	公众参与
补贴削减 环境税费 使用者收费 押金 退款制度 有指标的补贴	产权与地方分权 可交易的许可证和权利 国际补偿机制	标准 禁令 许可证与限额 分区 责任	公众参与 信息公布

本书讨论的省界缓冲区水资源保护与环境政策工具的对应关系见表4-2。

(三)政策工具的选择

公共政策是一种社会的博弈规则,该规则应该是可实施的或可执行的,是一个纳什均衡。

表4-2　省界缓冲区水资源保护监督管理措施的政策工具归类

利用市场	创建市场	环境管理	公众参与
NA	跨行政区水污染 经济补偿和处罚	排污口管理 浓度和总量控制 应急管理	水质监测和信息管理

纳什均衡又称为非合作博弈均衡,是博弈论的一个重要术语,以约翰·纳什命名。他对非合作博弈的最重要贡献是阐明了包含任意人数局中人和任意偏好的一种通用解概念,也就是不限于两人零和博弈。该解概念后来被称为纳什均衡。

定义:假设有 n 个局中人参与博弈,给定其他人策略的条件下,每个局中人选择自己的最优策略(个人最优策略可能依赖于也可能不依赖于他人的战略),从而使自己效用最大化。所有局中人策略构成一个策略组合。纳什均衡指的是这样一种战略组合,这种策略组合由所有参与人最优策略组成。即在给定别人策略的情况下,没有人有足够理由打破这种均衡。

(1)战略博弈(标准形式博弈)纳什均衡。将纳什均衡运用于公共政策的制定,即是指如果在选择确定可行的公共政策中存在纳什均衡,那么它必定是这样一个行动组合：参与政策战略博弈的任何局中人（包括自然人、法人，尤其是政府及其组织机构），如果除他外的其他局中人选择了这一行动组合（我们称为均衡行动组合）的行动，他选取其他任何行动组合的行动所获得的结果都将劣于他选择这一行动组合的行动所获得的结果。也就是说，采用博弈论分析选择确定的公共政策是考虑了政策承受方局中人（主要是公众）可能作为的最优效用方案。

（2）不完全信息战略博弈（贝叶斯博弈）的纳什均衡。运用于公共政策的制定，首先是不完全信息战略博弈（贝叶斯博弈）的存在问题。事实上，在对备选准公共政策进行博弈论分析时经常会遇到这种情形，即作为局中人的政府及其组织机构无法确知政策承受方局中人特征，同时政策承受方局中人对政策制定方局中人即政府及其组织机构的特征也可能是无法确知的，政府及其组织机构在它选择一项公共政策时并不知道政策承受方局中人的确切可能作为，只知道存在一个自然状态类型空间。在这样的前提下，政府及其组织机构将在给定它所收到的信息及它所持的从信息推断的有关状态及政策承受方局中人行动的信念条件下选择有效的最优行动。

在不完全信息条件下，政策博弈中的政府及其组织机构显然是同时关心行动组合与自然状态的。但是，问题在于即使它知道在任何一个自然状态下政策承受方局中人所采取的行动，在给定它所采取的行动条件下，由于关于自然状态下政策承受方局中人所采取的行动，在给定它所采取的行动条件下，由于关于自然状态的信息不完全，它也可能难以确定将要实现的政策后果。于是，典型的政府及其组织机构（定义为追求尽可能最大效用政策实施效果的政策制定人）将充分利用所掌握的信息选择相对最优行动。这也正是挖掘有关潜在政策承受方局中人各种消息，并将这些具有不确定性的消息经过处理转变成为对政策制定有用信息的调查中介机构、统计咨询部门等的重要职能所在。

（3）混合战略纳什均衡。运用于公共政策的制定，即是指政府及其组织机构在选择确定公共政策之时存在概率分布选择的可能。也就是说，政策的制定将考虑政府及其组织机构自身的支付与政策承受方局中人的支付，选择的政策将从属于这样一种概率组合——无论对政策制定方的政府及其组织机构还是政策承受方局中人而言，此种概率组合中的相应概率选择在其他政策博弈局中人（对政府及其组织机构而言是政策承受方局中人，对政策承受方局中人而言是政府及其组织机构）确定选择这一概率组合条件下，相较于其他概率选择而言都是严格占优的。需要指出的是，与经济学一样，公共政策制定中混合战略博弈不仅有完全信息条件下的,而且存在不完全信息条件下的情形。

现实的公共政策制定中,许多情形都可以通过求解政策博弈纳什均衡优化,选择适当的、切实可行的政策方案。

四、省界缓冲区管理保障措施研究

省界缓冲区大多处于深山峡谷、交通不便地区,监督管理的实施存在许多具体困难,直接影响监督管理的效果。以黄河流域省界缓冲区入河排污口监督管理为例,包括设置许可、具体调查和监测等工作。由于监督管理投入不足导致能力不足,致使黄委目前开展的工作主要在黄河干流的 4 个省界缓冲区和支流直管河段金堤河豫鲁缓冲区,其他 51 个省界缓冲区的管理还暂无能力很好地实施。因此,要加强省界缓冲区水资源保护监督管理工作,需要加强水资源保护能力建设,通过加大投资,加强科研工作,加快水质监测系统等基础设施建设步伐,大规模使用高科技现代化的手段形成机动快速的监督管理能力,才能适应依法行使水行政职能的需要。

省界缓冲区水资源保护能力建设主要包括前期和科研工作、基本建设和实施流域水生态保护工程三个方面。

(一) 前期和科研工作

要做好省界缓冲区水资源保护前期基础工作,开展黄河流域省界缓冲区入河排污口情况普查,内源污染调查,主要面污染源调查;开展黄河流域省界缓冲区环境生态调查;做好黄河流域省界缓冲区水资源保护规划有关工作。

围绕省界缓冲区水资源保护和管理开展流域科学研究工作,重点对监督管理所需的总量控制技术、污染物输移模型、预警预报系统等进行研究;对黄河治理开发的生态保护、河流生态需水量进行研究;对点源污染、面源污染和内源污染影响及控制措施进行研究;对水功能区的监测与评价技术、面源与生态监测技术、快速检测技术进行研究;以及流域水资源保护法规及管理体制等内容开展研究。

(二) 基本建设

以水质监测网站建设为例,包括建设水质自动监站点、建设水资源保护信息管理系统和加强水质监测机制与技术创新。

1. 建设水质自动监站点

20 世纪 90 年代末期,我国水利系统和环保部门也相继在全国部分重要水系建立了一些水质自动监站点,但主要分布在含沙量较小的河流和湖泊上。

从其现有监测系统的运行情况来看,也还存在着诸如系统本身运行不稳定、系统监测数据与实验室比测结果差别较大、系统智能化程度不高等问题。

黄河是著名的多泥沙河流,含沙量高,水沙时空分布不均,泥沙颗粒级配变化大;河道冲淤变化剧烈,主流摆动频繁,上下游河道和水文条件差异较大,下游河道宽浅游荡;流域纬度跨越大,气温、水温变化明显;夏季受洪水威胁,冬季有冰凌的困扰;水污染严重,污染物组成复杂。黄河的这些环境条件决定了在黄河建设水质自动监站点具有一定的复杂性和特殊性。

为使水质监测更好地服务于监督管理,黄河流域水资源保护局近年来十分重视水质监测的技术创新和运行管理模式的创新。利用国家"948"项目在花园口和潼关两个重要河段建立了水质自动站、对流域中心实验室进行自动化改造,并根据水量调度水质监测需求引进移动实验室,初步形成了"常规监测与自动监测相结合、定点监测与机动巡测相结合、定时监测与实时监测相结合,加强和完善监督性监测"的水质监测新模式。两座水质自动站和一套移动实验室,在水量调度水质旬测、引黄济津应急监测和潼关河段水质异常的发现和应急调查处理中发挥了重要作用,黄河水质监测的快速反应能力得到了显著提高。

在黄河上建立水质自动监测系统,除与选用的仪器设备有关外,对黄河河水的前处理要求是很高的。目前国内外尚没有成熟的技术方案和成套的技术设备来解决这一问题。要保证黄河水质自动监测系统监测数据的科学性、代表性、准确性、可比性、延续性,使水质自动监站点较好地为黄河水资源保护、监督与管理服务,必须科学地解决黄河水质自动监测系统建设中所面临的诸多技术问题。

2. 建设水资源保护信息管理系统

水资源保护信息管理系统是综合运用现代科学技术,把黄河流域水质信息进行多方位、多时空的三维描述,逐步建成一个可持续发展相适应的,能全面支持黄河流域水资源保护工作的数字化、信息化体系,最终实现监测技术现代化、数据采集自动化、信息资源共享化、管理决策智能化。

近几年来,黄河流域在水资源保护数字化方面先后完成了"水资源保护信息化规划"、"数字水资源保护需求分析"、"数字水资源保护规划"等,完成了"小浪底水环境管理信息系统"、"水质资料整编系统"、"办公自动化系统"的建设。目前,正在进行"黄河水环境信息管理系统"、"实验室数据处理子系统"以及黄河水资源保护监控中心建设。同时,在硬件和计算机网络方面,建立了全局的网络系统。在一定程度上为省界缓冲区水资源保护提供有力的支持。

3. 加强水质监测机制与技术创新

水质监测是水资源保护监督管理最重要的技术支撑。随着贯彻落实新《中华人民共和国水法》的逐步深入,监督管理将成为整个黄河水资源保护工作的重心。在水功能区管理、入河排污口管理、取水许可水质管理、入河污染物总量控制实施等重要监督管理工作相继展开的同时,对水质信息量的需求将不断增大,对水质信息质量的要求将不断提高。因此,必须通过站网优化,借助先进科学技术,实现监测手段的多样化,提供全方位、多功能的水质信息服务,总体实现"站网优化、技术先进、设施完善、快速反应、功能齐全、人员精干、优质高效"的水质监测新目标。

(三)实施流域水生态保护工程

生态保护是流域水功能保护的基本条件。结合黄河流域省界缓冲区的管理工作,全面加强黄河流域生态保护工作,有重点地开展区域生态保护,并在重点水域建设水生态修复示范工程,确保刘家峡水库以上黄河上游水体水质维持在良好状态。以流域水资源保护为重要目标,加强黄河干流及重点支流河源区的水源涵养林保护、中游水土流失区治理和面污染源控制、流域重要湿地的生态恢复和保护工作。开展黄河源区生态保护工程、黄河流域乌梁素海湿地保护工程、黄河渭河流域和宁蒙河段废水资源化示范工程、黄河花园口河段内源控制与治理工程,金堤河内源整治及河道水资源保护工程、黄河重点沿黄城市水源地保护工程、黄河中下游水生态修复工程等。

生态修复和保护是水利部新时期治水思路的重要组成部分,是对以往传统业务的重要扩展。水利部对此项工作非常重视,2005 年全国水利厅局长会议的工作报告里特别强调:"流域管理机构要义不容辞地担负起河流生态代言人的重任。要从生态保护和维护河流健康生命的角度来确立工作方针、原则和规划,正确处理好开发与保护的关系,把工作的制高点放在维护河流的健康生命上。"黄河流域大部地处西北干旱寒冷地区,应该说整个生态系统比较脆弱,加之人类活动对生态的影响明显,生态变化、环境变迁也非常明显。黄河流域的生态问题应该引起我们的重视,也是下一步的工作重点之一。

第五章　黄河流域省界缓冲区水资源保护政策与制度研究

第一节　国内外流域省界缓冲区水资源保护领先范例与趋势

调查和研究国内外流域省界缓冲区水资源保护和管理的实践案例,并进行比较、分析、判断,从中汲取先进与精华,从而使黄河流域省界缓冲区水资源保护和管理工作得到不断改进,将是黄河流域省界缓冲区水资源保护和管理不断取得进步的一种重要方法。

一、国外流域跨界水资源保护领先范例与趋势

一条较大河流多会流经多个行政区——县、市、省,甚至跨国,上游地区工业污水、农业污水和生活污水排放,使下游区域工农业生产遭受损失,造成上下游区域经济发展矛盾。为有效解决这一矛盾,西方国家进行了大量跨界(trans-boundary)水资源管理的理论研究和实践探索,包括探讨国家或地区间水资源跨界合作的体制和制度安排、管理体系设计,总结和推广跨界河流水资源管理制度安排的国际经验等。

跨界合作(trans-boundary cooperation)是西方发达国家治理河流水污染实践研究的中心内容。西方国家把流域管理分为综合管理(comprehensive management)和片断管理(fragmented management),即流域管理(水的自然属性的管理)与区域管理(水的社会属性的管理)。由于区域管理易导致因地方保护主义引起的无法兼顾整个流域利益等弊端,故流域管理是可持续发展理念下水资源管理的发展趋势。但是,基于行政区域对经济、社会的影响以及区域水行政主管部门的双重职责,区域管理仍有其存在和发展的必要。

全世界,无论是在处理本国内部的跨行政区水资源保护问题方面,还是对待国际河流的问题上都遵循国际环境法的原则:可持续发展原则,公平合理原则,合作原则。在处理国际河流问题上还增加了国家水资源开发主权与尊重国家管辖范围之外的环境原则。各国本着以上原则,建立适合本国国情的水

资源保护体制与方法。

在跨界水资源保护方面,世界上许多国家比我国起步早,它们除对本国国内跨行政区水资源保护问题进行研究外,还对国际河流的管理与开发进行了探索。目前,许多发达国家都已建立了比较完善的跨界水资源保护管理机制与方法,积累了许多宝贵的经验,对于我国的流域跨界水资源保护,特别是省界缓冲区水资源保护,有重要的参考价值。

（一）国家内部的跨界水资源保护管理

1. 国家内部跨界水资源保护管理体制

目前,国外的水资源保护管理体制主要分为三类:

（1）以地方行政区域管理为基础,但不排除流域管理的管理体制,以美国、加拿大、澳大利亚等为代表。此种管理体制强调保留各州（省）的结构和自主权,水资源的所有权归各州（省）,其管理原则基本上是"谁有谁管",但联邦政府有权控制和开发国家河流,并在开发中占主导地位。

在美国,联邦政府对水资源的管理是一种分散性的管理,中央一级没有统一的水资源管理机构,国会通过制定保护法案,授权联邦政府参与国家水资源的规划、开发和管理工作。联邦政府的几个水主管机构如垦务局、陆军工程师团、田纳西管理局等,均为解决某项专门问题而设立,按照联邦或国会授权的职能,对本系统的水利工程从规划、设计、施工到运行管理,一管到底,自成体系。水资源理事会、各河流流域委员会是协调美国各级水资源规划的机构,不承担水利工程的施工和运行管理。

具体地讲,美国流域管理从组织形式上可以分为两类:第一类是流域管理局模式,第二类是流域管理委员会模式。

田纳西流域管理局（Tennessee Valley Authority,TVA）是美国流域统一管理机构的典型代表,由此发端其后在世界范围内派生出了多元化的流域管理模式。但是,由于TVA模式在美国颇有争议,并没有得到全面推广。

流域管理委员会模式是对于跨越多个行政区的河流流域,成立流域管理委员会,由代表流域内各州和联邦政府的委员组成。各州的委员通常由州长担任,来自联邦政府的委员由美国总统任命。委员会的日常工作（技术、行政和管理）由委员会主任主持,在民主协商的基础上,起草《流域管理协议》,流域内各委员签字后开始试行,然后作为法案由国会通过。这样,《流域管理协议》就成为该流域管理的重要法律依据。根据其法律授权,流域管理委员会制定流域水资源综合规划,协调处理全流域的水资源管理事务。目前,这样的流域管理委员会有萨斯奎哈纳河（Susquehanna River）流域管理委员会、德拉华流域管理委员会、俄亥俄流域管理委员会等。

【示例　美国萨斯奎哈纳河流域——流域管理委员会模式】

　　萨斯奎哈纳河是美国的第十六大河流,并且是美国汇入大西洋的最大河流。萨斯奎哈纳河流域面积 71 251 km²,流经纽约、宾夕法尼亚、马里兰三个州。尽管萨斯奎哈纳河流域不少地方还相对不发达,但是其流域内也有忽视环境的历史。大面积的原始森林被砍伐,大量的煤炭被开挖,土壤被侵蚀,河流被酸矿水污染,工业污水肆意排入河道。多年的水污染、大坝建设和过度捕捞曾几乎让洄游鱼种绝迹。

　　多年来,萨斯奎哈纳河流域管理委员会与联邦和地方政府密切合作解决萨斯奎哈纳河流域的问题。通过严格的法律限制点源污染、管理采矿和控制水土流失。经过努力,萨斯奎哈纳河流域的水资源状况大为改善。流域委员会正在继续与联邦和地方政府密切合作监测与控制非点源污染。

　　萨斯奎哈纳河流经人口稠密的美国东海岸。它是联邦政府划定的通航河流,因此涉及联邦和三个州的利益。需要三个州和联邦政府协调涉水事务,并且需要建立一个管理系统以监督水资源和相关自然资源的利用。这些实际的需要,导致了《萨斯奎哈纳流域管理协议》(Susquehanna River Basin Compact)的起草。该协议经过纽约、宾夕法尼亚、马里兰州立法机关批准,并于 1970 年 12 月 24 日经美国国会通过,成为国家法律并得以实施。这部协议提供了一个萨斯奎哈纳河流域水资源管理的机制,指导该流域水资源的保护、开发和管理。在它的授权下成立了具有流域水资源管理权限的流域水资源管理机构——萨斯奎哈纳河流域管理委员会(The Susquehanna River Basin Commission,SRBC)。

　　萨斯奎哈纳河流域管理委员会的管辖范围是 71 251 km² 的萨斯奎哈纳河全流域。其边界由萨斯奎哈纳河及其支流流域形成,而不是行政边界。作为一个州际间的流域管理机构,在《萨斯奎哈纳流域协议》在授权下,该委员会有权处理流域内的任何水资源问题。该委员会负责制定流域水资源综合规划。这个规划是一个经官方批准的管理和开发流域水资源的蓝图。它不仅是流域委员会的规划,而且其成员(纽约、宾夕法尼亚、马里兰三个州和联邦政府)指导它们相关政策的制定。

　　委员会的每个委员代表其各自的政府。来自联邦政府的委员由美国总统任命,三个州的委员由州长担任或其指派者担任。委员们定期开会讨论用水申请、修订相关规定、指导影响流域水资源规划的管理活动。四个委员各有一票的表决权。委员会在执行主任的领导下,组织开展技术、行政和文秘等委员会的日常工作。

　　更重要的是，流域委员会填补了各州法律之间水管理的空白。例如，委员会管理枯水季水量，促进水资源的合理配置。委员会审查所有地表水和地下水取水申请，注重公众的水资源权益。其作用是帮助确保所有用水户和河口地区接受足够的淡水。这不仅保护了环境，而且促进了经济发展和工业繁荣。

　　（2）按水系建立流域管理机构，以自然流域管理体制为基础的管理体制，是一种"综合性流域管理"的水资源管理模式，这种模式具有广泛的水管理职责，并具有控制水污染的权力。以欧洲一些国家为代表实行的是此类体制，但国与国之间差异也较大。

　　英国的流域水务局除管理和开发防洪、灌溉以及水资源控制工程外，流域内的工业及城市生活供水、排水系统和污水处理系统亦由其建设、管理和经营。1989年，英国对流域管理机构进行改组，把资源管理、保护等政府行政职能与水资源的开发利用职权分开，解决了水务局既是水污染的控制者，又是排污者的问题。国家新成立国家流域管理局，并在10个流域区设立河流管理处，负责水污染监测、水资源管理、洪水防御及利用征收的地方税和排污、取水收费及政府拨款进行流域基础设施建设。水务局则实行私有化，提供供水、排水和污水处理服务。

　　在西班牙，流域管理机构负责由国家或地方政府投资的水资源综合利用工程、水源工程及跨流域调水，农田灌溉工程由农业部负责规划、管理、建设，灌区内的用户委员会负责灌溉工程的运行和维护及协调各用水户的用水计划，市政供水和污水处理由地方政府或私营机构投资建设和管理，流域内各种取水和排水必须由流域管理局批准，并领取许可证。

　　法国水资源管理体制也很有特色，一般地方性供水、污水处理由地方政府负责，大多由私人公司建设、经营、管理，行政机关监管，而涉及水电、航运、防洪和河道整治、山区造林及跨地区的农业灌溉，则由中央政府授权国家公司统一开发。

　　（3）按水的不同功能对水资源进行分部门管理的管理体制，以日本为代表。

　　日本的水资源管理体制属于"多龙治水，多龙管水"的模式，但他们依靠法律紧密地统一起来，依法办事，既分工又合作，关系协调。水资源开发与管理分别由国土厅、建设省、厚生省、通商产业省、环境厅、自治省、农林水产省、科学技术厅等多个部门按职责分工行政。防洪与河道治理由建设省管理，发电和工业用水由通商产业省负责，灌溉和农业开发由农林水产省负责，生活用水由厚生省负责,水污染防治由环境厅负责。在这些机构之上,国土厅综合协调机构,负责编制全国河川水系综合规划,制订水中长期供求计划,审议评价各部门的水资源开发计划。建设省除管理河道外,还负责多目标水坝管理的部门,除申请河道取水权外,还必须向建设省申请多目标水坝的使用权。可见,日本虽然是按部门职能进行水管理,但水权还是由国家统一管理的,以加强河流水系的统一管理与开发。

2. 国家内部跨界水资源保护管理方法

国家内部跨界水资源保护管理方法包括行政方法、市场方法和其他方法。

1) 行政政策与立法

行政手段是处理国家内部跨界水污染问题的主要手段。许多政府采取直接管制手段。直接管制是指有关政府机构以指令控制方式,向污染排放或产生者提出具体的污染物排放控制标准或发放纳污能力使用权(排污)许可证,直接或间接限制污染外部不经济性的一种行政法律手段。无论发达国家还是发展中国家,管制手段一直都是环境管理的基本手段,政府明显倾向于借助强制执行标准、颁布许可证和监督制裁来控制各种污染活动。

立法手段使得行政手段更有效。为加大流域水污染治理力度,特别是为解决跨界污染纠纷问题,许多国家探索出一条很重要的成功经验,就是以流域为主体,建立跨行政区的流域管理体制,通过法律给予流域管理机构广泛的行政管理权,加强管理机构的行政调控能力。

一方面建立强有力的流域管理机构。中央政府在跨行政区设立流域管理机构,确定流域总的污染治理计划,地方政府具体实施规划,流域管理机构监督和协调各地区实施情况,加强中央政府的调控能力,打破各地区的地方保护主义。譬如,美国国会1933年通过了治理田纳西河的法案,同年5月成立了田纳西流域管理局,管理局经济上完全独立,负责全面规划田纳西流域有关自然资源的保护、开发和合理利用,是国家的独立机构,各州不得干涉,这就打破了地方行政区的界限,地方保护主义没有了立足之地。为了加强塞纳河流域水资源管理,法国成立了直接隶属环境部的流域管理机构——塞纳河流域管理局,经费由国家财政支持,经济独立,不受地方政府制约。它的主要职能是代表国家环境部进行各省的监管和协调,水管局是法国水资源管理体制的核心机构。为了加快泰晤士河的治理步伐,英国在1973年成立了泰晤士河水务局,是泰晤士河流域统一规划与管理的权威性机构,有权提出水污染控制政策、法令、标准,有权控制污染排放,在经济上独立,有充分的治理资金保障。

另一方面是建立有效协调机制,加强政府各部门、各地方政府间的协作。

譬如,1988年以来,加拿大政府开展圣劳伦斯河流域的综合治理工程,建立了由环境部牵头负责,多部门齐抓共管的管理体系。

在立法实践中,尽管各国水法的内容千差万别,但大多规定了保护水资源和防治水污染的内容,并且遵循国际法的原则。20世纪80年代,欧洲经济委员会(ECE)在其关于合理利用水资源宣言中要求各成员国"在制定国家水政策时,要考虑水是公共资源,为了全体人民的利益,应当保护和合理利用水资源"。例如,英国的《污染防治法》和《水资源法》规定,国家河流局对提出的任何排放申请,必须将其在污染物的排放地区和可能进入的水域的地方报纸上刊登两次,同时在伦敦公报上公布,并将阅读和考虑申请登出之后6个星期内收到的公众书面申请陈述,国家河流局才能作出许可排放或驳回申请的决定。

美国在《未来的水政策》中阐述美国对水资源的基本政策时指出:"国家对水资源工作的重点,从开发转移到管理,包括保护和提高水质;未来用水需求应主要靠减少损失和提高用水效率的措施来予以满足;用水受益人和有关受益部门应完全负担为使他们获益而付出的全部费用;有关水的法规必须根据变化了的情况加以修订。"

法国水资源管理的成功经验主要体现在遵循自然流域(大水文单元)规律,设置流域管理局进行流域水污染防治。历史上,法国曾实行以省为单位的水资源管理,随着法国工业的快速发展和城市化进程的推进,用水需求迅速增长,同时伴随着污染的加剧,导致水资源破坏严重。针对这种情况,1964年,《法国水法》力图将按行政区划管理水资源改为由流域区域管理,将全国分成六个流域和流域组合,对水资源管理体制进行改革,在此基础上不断进行修改、补充和完善。目前施行的是1992年颁布的《法国水法》,从法律上强化全社会对水污染的治理,确定职责和目标的同时,建立了以流域为基础的解决水环境问题的机制。

日本的水法也较为完善,相当于《中华人民共和国水法》的日本《河川法》制定于1896年(明治29年),被称为是日本近代河川制度的诞生,当时法律的内容主要是以"治水"为中心。1964年(昭和39年)对该法进行了第一次修订,增加了"利水"的内容,形成"治水"和"利水"的一体化法律。随着社会经济的发展,1997年(平成9年)又一次对河川法进行了修订,这次修订把维护河川水环境用法律形式纳入河川法中,最终形成了一套完整的"治水、利水、水环境"的综合性法律。在水资源开发的总体计划中,日本制定了《国土开发综合法》,并据此制定了《国家水资源综合规划》(即《水规划》)。每年的预算都是根据《水规划》编制的。日本还制定了《水资源开发促进法》,其中规定要根据《水规划》制定《水资源开发基本计划》。《日本水资源局法》则要求日本水资源局负责该计划的实施。针对水权和水交易，日本在有关法律中作了规定，《河川法》规定，向每一个公有的供水企业（包括生活用水和工业用水供水企业）和土地改良区（负责灌溉建设和管理的公共实体）分配一定的河水使用权，即在某一特定区域对水的专有使用权。

2）经济政策与市场机制调节

大多数国家在其合理用水的政策与立法原则指导下，采用了一定的经济政策和市场调节手段。其主要措施就是建立水价调节机制、水权交易机制和流域补偿机制。

在澳大利亚，充分利用水价等经济手段促进供水业的良性循环，提高水资源利用效率，其中水价改革是澳大利亚供水业改革的关键，建立起了完善的水价体系，将污水处理、水资源许可等费用计入水价，推行两部制水价，对用水量超过基本定额的用水户进行处罚。各地新水价的制定和供水企业化几乎是同步进行的。

水权与水权制度对于水资源的配置效率是十分重要的，水权制度能够产生激励作用，引导经济主体的用水行为。澳大利亚强调水权交易，发挥市场在水资源管理、节约、保护中的配置作用。把水权从土地中剥离出来，明确水权，开放水市场，允许永久和临时性的水权交易，用水户可以将富余的、不用的分水量出售赢利，也可将取水权永久卖掉。开放水权市场，允许用水额度自由交易，使新老产业的用水矛盾，高附加值农业与传统农业的用水矛盾，水量控制与新增需水的矛盾，农业用水与城镇用水、工业用水的矛盾，得到了一定程度的缓解。

法国的流域管理强调"以水养水"，实行"谁用水，谁付费；谁污染，谁治理"的政策。用水者要缴纳用水费，污染者要缴纳污染费。而所有收到的资金则用于流域管理和进行相关水的研究，从而确保流域委员会有稳定和充足的资金来对流域进行管理。

在日本，根据《河川法》，一般不允许进行水交易。对于地表水的使用，通常是根据有关法律分配水权，也就是通过法定程序将定量的水的使用权分配给县或市政府所有的公共实体（生活用水和工业用水）以及土地改良区。只有拥有明确规定的水权的单位，才能提取和使用地表水。没有获得政府的批准，水权是不允许转让的。在异常干旱的情况下，即发生十年一遇的严重旱情时，由水用户、地方政府和河流管理部门组成旱情协调委员会，根据《河川法》第53条规定的程序来调整水的分配、决定减少抽水的程度。但是，在土地改良区范围内的农户可以开展水权交易。在干旱的情况下,通过开展水权交易,可以对有限的灌溉水进行重新分配,以实现土地改良区农业产出的最大化。

俄罗斯运用经济手段调节使用江河湖泽的最基本的原则是用水付费,并通过俄联邦法律和相关法规明确水费的征收主体、征收对象、缴纳办法及其最高费用幅度,各州、区和加盟共和国根据本地区的具体情况制定具体的收费标准。从水体取水灌地的费用和使用散落水体的费用,按俄联邦土地收费法律规定征收。使用江河湖泽的收费制度,旨在恢复和保护水体的费用,使用水体的费用由持用水证的公民和法人定期缴纳。水体恢复与保护费的征收项目主要包括:①按规定限额从水体取水的费用;②超限额取水费;③按规定限额向水体排放达标污水的费用。对向水体排放有害物质含量超过规定标准的污水,以及质量合格但数量超过规定限度的污水,规定较高的收费标准。需要强调的是,俄罗斯实行供水和污水处理一体化管理。目前,全俄供水实施企业化管理并实现部分私有化。各供水公司根据有关法律法规保障企业和城镇生活用水,依法收取水费。水费中包括了用水费和污水处理费,供水企业要负责城市废污水的处理,实行达标排放。因此,俄罗斯的水费征收制度已经包含了对环境破坏应征收的补偿费用,体现了一种预见性,并且管理更加科学、系统。

3)其他手段

除以上方法和手段外,各国还加入了其他元素。如法国的流域管理非常强调多方参与,以增强其民主化、科学性与透明度。各级流域管理机构除中央及地方代表外,还吸纳用水者和相关专家作为其组成成员,而且所占比例不小。

有的国家还通过合作方式来解决问题,通过合作者之间的对话,打算用合同的方式来发展和恢复一条河流的多种功能和用途来满足社区用户的需要。根据这项计划,不管是政府还是私营部门都必须遵守自己的承诺,订立合同以贯彻落实一个共识,来恢复河流及其流域的水资源。

在许多国家还采用了协商谈判方法。协商谈判是一种与直接管制和经济手段相结合的环境政策手段,这类手段一般以直接或间接地采用压力、劝说、协议或契约等方式把环境责任纳入污染者的决策活动,这种手段比直接管制更具灵活性,但协商谈判存在协商成本过大、周期过长、监督难、执行难等问题,协商谈判需要一个规范的社会环境和法律环境。美国西部的21条跨州界的河流就是由相关各州之间签订的协议来管理的。法国的流域管理也在国家、流域及地方三个层次建立了"协商对话"机制。根据这一机制,流域水管局成员、用水户和国家行政代表可就流域水管理事务进行协商,从而使各项具体决策能够充分代表社会相关各方的意见和利益,而且具有科学性,实现流域高效开发利用和可持续发展。

(二)国际河流的水资源跨界管理

国际河流的水资源跨界管理需要有相应法律作为依据,同时需要建立协商机制来解决纠纷。

1. 国际河流争端避免与解决的法律机制

国际水法作为调整各国间与国际河流(湖泊)共享水资源等相关政治、经济和自然关系的国际法规、制度与原则,是唯一能够影响重大国际水争议结果的重要因素。它的核心问题是如何在国家间分配跨境水资源的水权,包括河流纳污能力使用权。

国际水法调整相关流域国间在国际河流水资源开发与保护方面的分歧和合作关系,约束和规范流域国的水资源开发利用行为,并依据其国际法的作用和地位,通过外交谈判与公众舆论等途径,在协调国际河流综合开发,实现流域可持续发展中产生作用,其作用主要表现为:

(1)国际水法的章程是流域各国开发利用国际河流的指导性原则,是制定各国际河流综合开发详细规划,以及制定各国际河流具体管理条约的基础。

(2)国际水法可以约束流域国在开发国际河流水资源中损害其他流域国的利益,或对他国及流域生态系统造成重大危害的行为,以减少国家间的矛盾。

(3)为实现国际河流的综合协调开发,督促和促进流域国间和地区间的合作,以及政府与水机构间的合作与协调。

(4)对一些国际捐助者,如国际组织、机构以及一些发达国家施加影响,在流域的开发利用方法与方向,诸如资金的流向、项目的选择等方面发挥导向作用。

国际水法在协调与处理跨境水资源利用的国际纠纷中发挥重要作用。19世纪末至今,已形成或签订300多条有关国际河流水资源利用的条约或惯例。如莱茵河公约、湄公河流域协议等。由于每条国际河流的自然特征和社会环境千差万别,各条国际河流的法律制度也有很大差别,几乎每条河流有着不同的法律实践,在特定情况下要根据各方具体情况,通过协商、谈判和协定,使各国达成共同的理解。内容包括:

①国际惯例,为各个国家所接受和公认的全球性有关水的原则,这些原则体现在国家的法庭裁决,或国际法庭的裁决或国际仲裁庭的裁决条款中,如《赫尔辛基规则》被认为是国际惯例法则。

②国际公约,包括联合国、区域性国家团体或联盟产生的、被签约国认可的统一条约,如《国际水道非航行使用法公约》。

③双边和多边国家条约、协议、草案、备忘录、声明、决议等,如孟加拉国与印度两国间签订的《关于分享恒河水和增加径流量的协定》、苏丹与埃及两国签订的《尼罗河水协定》。

2.国际河流争端解决的方法

许多国际河流条约规定解决争议的机构和方式,国际实践在这方面已取得了不少经验。但是,至今国际上还没有制定普遍性法规或公约,而只是根据缔约国的协议,在每个条约中写入专门条款和明确调处纠纷的机构。条约和国际实践所采用的解决水争议的方法,基本上是协商谈判政治方法、仲裁和司法法律方法解决。

实践证明,沿岸国之间发生争议时,最好的解决方法是有关国家直接举行谈判。许多河流条约都规定在发生争议时由缔约国直接商谈解决。由于各种性质的水纠纷经常发生,不可能都通过外交途径解决,因此有必要设立专门处理各种水纠纷的机构,通常由国际河流委员会负责处理。1992年在赫尔辛基举行的关于保护与使用越境水道和国际湖泊会议,鼓励合作管理自己的国际水域。共同协调管理应基于:建立水域的数量和质量的监测网络,用于数据交流;分析每一个国家用于各种用途水的数量和类型的资料;关于地下水、上游集水区和湿地保护措施的信息交流;为导航和防洪保障调节流量的结构和非结构机制的信息交流。

其次是斡旋和调停。斡旋和调停是指在争端当事国之间不能通过直接谈判或协商的方法解决争端时,第三国根据自己的好意主动进行有助于促成争端当事国直接谈判,协助争端当事国解决争端的方法。虽然斡旋和调停都是第三方解决国际争端的方法,而且在一些多边条约和国际实践中对他们不作严格区分,但在理论上,斡旋和调停是两种不同的和平解决国际争端的方法。

仲裁和司法解决是强制性解决争端的方法。国家之间的争议经过直接协商未能达成协议时,就需要有第三方居中调停或是作出裁定。

(三)跨国界水资源保护管理的法律法规

1.国际习惯法

1)《赫尔辛基规则》

《赫尔辛基规则》于1966年国际法协会通过,《赫尔辛基规则》虽属国际法学团体文件,对各国不具法律约束力。但它对国际法中关于国际河流利用的规则作了系统的编纂。在与国际淡水资源利用和保护有关的国际法律文件与国家实践中,《赫尔辛基规则》得到了包括中国在内的世界各国最广泛的承认。

　　赫尔辛基规则的要点对国际淡水资源保护法律制度的贡献,主要有以下几点:其一,它编纂并宣告适用于国际流域内的水域利用的国际法一般规则。规则的第1条规定:"本规则各章所宣告的国际法一般规则适用于国际流域内水域的利用,除流域国之间有条约、协定或有约束力的习惯另行规定外"。其二,它提出"国际流域"(International Drainage Basin)的概念并对之予以界定。它规定"国际流域之跨越两个或两个以上国家,在水系的分水线内的整个地理区域,包括该区域内流向同一终点的地表水和地下水"。其三,它确认国际流域的公平利用原则。它规定:每个流域国在其境内有权公平合理分享国际流域内水利用的水益。其四,它提出并界定"水污染"的概念。它规定:"水污染"一词是指人的行为造成国际流域的水的自然成分、结构或水质的恶化变质。其五,它规定国家有责任防止和减轻对国际流域水体的污染。这种污染包括"从一国领土所造成的水污染"和"虽在其国家领土之外,但由于该国之行为所造成的污染"。其六,它规定国家有责任停止其因其污染的行为,并对同流域国所受的损失提供赔偿。其七,它规定了关于航行和浮运木材的规则。其八,它规定了防止和解决争端的程序。

　　此外,它提出的几项重要的原则和制度是最经常被援引的,对以后的国际法发展影响较大。其中包括其确认国际流域的"公平利用原则",指出公平利用原则应考虑各沿岸国的经济和社会需要,明确否定了"绝对主权"论和"绝对完整"论,从而给这一传统的原则注入了新的内容,顺应了历史发展的潮流。另外,《赫尔辛基规则》还规定国家有责任防止和减轻对国际流域水体的污染。《赫尔辛基规则》虽然只是一个草拟建议法,不具有法律约束力,但它所规定的国际水道法的有关原则、规则对以后各国的立法和国际条约的订立都有很大影响,具有重要的先导作用。

　　2)《国际水道非航行使用法公约》

　　1997年5月21日,根据联合国国际法委员会1990年关于国际水环境保护的条款,联合国大会通过了国际法委员会起草的《国际水道非航行使用法公约》,这是国际淡水资源的利用和保护法律制度发展史上继1966年国际法协会《国际水道利用规则》(赫尔辛基规则)之后的又一个具有里程碑意义的重大事件。对国际水道非航行使用的内容、原则、方式和管理制度等作了较全面的规定,是世界上第一个关于国际淡水资源利用和保护的国际公约。我国目前没有加入《国际水道非航行使用法公约》。该框架公约包括以下条款:关于淡水保护、保持和管理的实质条款,关于水道国(水道组成部分位于其领土内的国家)缔结协定的条款。

1991 年,联合国国际法委员会(ILC)主持制定的《非航行利用国际水道法条款草案》,对国际水道的利用制度作了精心编纂和详细说明,是继 1966 年《赫尔辛基规则》后,对国际水道问题的又一次关注。"《国际水道非航行使用法公约》中的'利用'一词,包括为航行目的而利用水道,还包括对它们的保护、保存和管理"。"水道"(Watercourse)指的是"由根据它们的物理联系而构成的一个单一的整体并一般流入同一终点的地表水和地下水组成的系统。""国际水道"(International Watercourse)指的是"其若干部分位于不同国家的水道"。"水道国"指的是"国际水道的部分位于其领土之上的区域经济一体化组织"。以"水道"概念代替了"流域",避免了"流域"一词中的领土含义,采用"水道"概念使得协调上下游国家长期的用水矛盾成为可能。除国际合作原则外,《国际水道非航行使用法公约》还规定了平等、合理利用和参与,不引起严重损害,以及不同用途之间的关系三项原则。作为第一个全球性具有造法性质的淡水利用保护公约,《国际水道非航行使用法公约》的上述三项原则过分详细地规定了水道国的权利和义务,有悖于公约所应具有的框架性。对水道上游国的人口和水资源的实际消耗需求有欠考虑,忽略了国际水道开发利用技术的发展问题,对上游国的主权权益没有给予充分重视,加重了上游国的义务。《国际水道非航行使用法公约》几乎没有留给各水道国进一步订立议定书或协定的回旋余地。这种急于求成的做法,试图详尽地规定所有水道国的权利义务关系,丧失了框架条约的性质,也丧失了广泛的国际社会基础。

3)《跨界水道和国际湖泊保护和利用公约》

1992 年《跨界水道和国际湖泊保护和利用公约》规定,"跨界影响"是指"人类活动引起的改变跨界水体条件的对环境的任何重大的不利影响,此类影响污染来源地全部在一缔约方管辖范围内或者部分在一缔约方管辖范围内,部分在另一缔约方管辖范围内,此种对环境的影响包括对人类健康和安全、植物、动物、土壤、空气、水、气候、景观和历史纪念物或者其他物质结构,以及这些因素的相互作用,还包括改变上述因素对文化遗产或社会经济条件的影响"。

2.各大洲的法规

1)北美洲

(1)美加条约是 1909 年 1 月 11 日由英国与美国在华盛顿签署的美国边

界水域条约,全名是《关于边界水域和美加有关问题的华盛顿条约》(以下简称《条约》)。按照序言所指,其宗旨是"防止在利用边界水域方面发生争议,解决目前在美国和加拿大自治领域共同边界地区有关双方之间以及同对方居民之间的权利、义务和利益(有关)的一切悬而未决的问题,并作出规定以调整和解决今后可能发生的问题"。《条约》的内容广泛,涉及边界水域的通行、分洪、工程设施建设、引水、水量分配、污染和国际联合机构等问题。《条约》第四条规定:"双方还同意,流经边界的水体在边界两侧都不应受到污染,而损害对方居民的健康和财产。"从而使该条约成为较早对污染问题作出规定的国际条约之一。《条约》第七条规定设立一个美加国家联合委员会,并赋予其调查权和在必要时要求证人宣誓作证和取证的权利,以及传唤和强制证人向委员会作证的权利。然而,这个条款几乎没有什么效果,致使五大湖被严重污染。1970 年,国际联合委员会发表题为"关于伊利湖、安大略湖和圣·劳伦斯河国际段的污染的报告",该报告导致美加两国政府于 1972 年签订《美国加拿大大湖水质协定》。

1972 年,美、加两国签订了一项《美加大湖水质协定》(Great Lakes Water Quality Agreement),是美、加两国为控制和减轻大湖污染,改善大湖水质而签订的一项双边条约,先后经历了 1978 年、1983 年和 1987 年三次修订。该协定包括正文和附件两大部分。正文共 15 条,主要涉及大湖水质的保护和改善问题。附件共 17 个,主要是对正文某些条款的进一步规定和补充。1978 年,两国以一项新的《大湖水质协定》取代了 1972 年的协定。

(2)美墨条约。美国和墨西哥边界地区的河流主要有科罗拉多河和格兰德河。为解决水资源的分配问题以及防止边界的水污染,两国先后缔结了一系列条约和协定。包括 1906 年《格兰德河灌溉公约》、1944 年《美国墨西哥关于利用科罗拉多河、提华纳河和格兰德河(布拉沃河)从德克萨斯奎德曼堡到墨西哥湾水域的条约》,以及 1973 年《关于永久彻底解决科罗拉多河含盐量的国际问题的协定》。1944 年的条约对格兰德河、科罗拉多河和提华纳河的水与分配、水流量分配、水利工程的修建、防洪等问题分别作了规定。1983 年,美国与墨西哥订立新的框架协定——《拉巴斯协定》(La Paz Agreement)。协定要求两国对污染活动进行监控、对污染源的测量分析进行协商、交换有关信息、对可能影响边界环境的项目进行评价。最重要的是,协定第三条要求拟定实施附件来解决具体问题。两国首次承认,它们有义务防止边界的污染,并同意就边界的环境问题进行合作。

2）南美洲

南美洲有两项重要的关于国际淡水资源的利用和保护的条约：一项是1969年《银河流域条约》；另一项是1978年，位于拉丁美洲亚马逊河流域的巴西、秘鲁等8国代表正式签署的《亚马逊河合作条约》。条约强调缔约国之间共同努力，互相支持，交流经验，密切合作，在该地区进行科学考察，保护生态，开发自然资源，修建水、陆、空交通线和通信设施，促进边境地区的贸易和发展旅游事业，以保证本地区经济的平衡增长和协调发展。

3）欧洲

（1）莱茵河。1963年，通过了《关于莱茵河防止污染国际委员会的伯尔尼协定》，它的重要内容是规定设立一个莱茵河防止污染国际委员会。国际委员会的主要职责是研究莱茵河的污染问题并提出改善方针。1979年，《保护莱茵河不受化学制品污染公约》生效。它的宗旨是保护莱茵河不受化学污染，以改进饮用水、工业用水和航行等用途的水质；公约严格管制排入莱茵河的污染物，并以附件一和附件二分别列举受管制的物资。1985年，《保护莱茵河不受氯化物污染公约》生效。它是改善莱茵河水质，保护其不受氯化物的污染。公约有两项具体目标：一是要求缔约国减少氯化物的排放，二是要求法国修建一座控制并削减阿尔萨斯钾矿排放物的处理厂。

1998年《保护莱茵河公约》从整体的角度看待莱茵河生态系统的可持续发展，将河流、河流沿岸与流域冲击区域一起考虑，它将莱茵河定义为包括康斯坦茨湖和荷兰的附属水利系统在内的河流，公约不仅适用于莱茵河，还适用于与之相连的地下水、水陆生态系统、流域以及影响莱茵河的污染。公约要求建立水资源管理制度，在制定防治洪水、航运和发电的技术措施时尊重环境并考虑生态要求；规定建立废水排放许可证制度，逐步减少危险物质的排放量，监督一般制度和许可证制度的实施，减少事故污染风险并在紧急情况时向其他国家通报。旨在加强相互之间的配合与协作以治理和改善莱茵河生态系统。而2001年1月在"莱茵河部长会议"上通过的新"莱茵河协定"，成为莱茵河沿岸国家和东欧国家之间相互合作的基础。欧洲其他有关公约建立了类似的控制国际河流污染的机制。

（2）多瑙河。1994年6月，11个中东欧国家和欧共体通过了《为保护和可持续利用多瑙河进行合作的公约》（简称《多瑙河公约》），公约目标是可持续和均衡的水管理，包括养护、改善和合理利用河流流域的地表水和地下水。在现有的保护陆地水环境的条约中，多瑙河公约是最先进的，因为它采用的是综合的方法。

4）亚洲

中俄两国水域国境线长达 3 600 km。中国与俄罗斯 1994 年签订了《中华人民共和国政府和俄罗斯联邦政府环境保护合作协定》，协定为原则性的环境保护合作，没有规定具体的关于跨国界污染、流域上下游补偿等问题的具体内容。1994 年我国与俄罗斯、蒙古签订了《中华人民共和国国家环境保护局、蒙古国自然与环境部和俄罗斯联邦自然保护和自然资源部关于建立中、蒙、俄共同自然保护区的协定》，协定的保护区主要是三国接壤的边境地区的湿地和草原地带。

2006 年 5 月 31 日，国家环保总局与俄罗斯自然资源部在北京共同签署了《中俄跨界水体水质联合监测计划》，根据此计划，中俄两国将联合在额尔古纳河、黑龙江、乌苏里江、绥芬河、兴凯湖开展联合监测。《中俄跨界水体水质联合监测计划》以掌握中俄跨界水体水质状况为目的，将对额尔古纳河、黑龙江、乌苏里江、绥芬河、兴凯湖等跨界水体的 9 个断面进行联合监测，联合监测将在同步检测、同步检验的基础上实现数据交换及数据评价。这一计划为期 4 年。

（1）湄公河。1957 年，由柬埔寨、老挝、越南和泰国共同协商正式成立了湄公河下游流域调查协调委员会（简称湄公河委员会），通过了《下湄公河流域调查协调委员会章程》，章程的第 4 条规定委员会的职责是"促进、协调、监督和控制下湄公河水资源开发项目的规划和调查"。1975 年签署了《下湄公河流域水域利用原则联合声明》，采用了《赫尔辛基规则》中的一些原则，并将湄公河委员会的目标定为"综合开发下湄公河流域的水资源及其相关资源"，从边界和航行使用转向更广的使用目标。此后的两、三年时间，由于政局不稳而处于相对瘫痪状态。1987 年，临时委员会完成了《关于下湄公河流域土地、水及相关资源开发的修订指导报告》。1995 年，成立"新的湄公河委员会"。同时，由泰、老、柬、越组成，并正式签署了《湄公河流域持续发展合作协定》。1994 年签订了区域性国际水条约——《湄公河流域持续发展合作协定》，其目的在于以互利的方式持续开发、利用、保护和管理湄公河水资源及其相关资源而达成的合作框架。《湄公河流域持续发展合作协定》作为今后下湄公河流域各签约国的行动规范与合作基础。

（2）恒河。1977 年 11 月，印度和孟加拉国签订了《关于分享恒河水和增加径流量协定》。双方就法拉卡闸恒河分水作出临时安排，并就增加恒河下游枯季径流研究长期解决方案。协定规定，根据 1948～1973 年恒河的实测流量以 75% 的保证率确定恒河旱季可用水量，以此规定了印度和孟加拉国每年

1月1日至5月31日期间,在法拉卡闸每10天为期,分配恒河水量值。

（3）其他河流。1960年印度与巴基斯坦签订的《印度河用水条约》。1996年2月12日印度与尼泊尔之间的《关于马哈卡河综合开发的条约》。

5）非洲

1963年10月26日的《尼日尔河流域协定》,对于可能对河流的某个方面、其支流和次支流、水域的卫生状况以及动植物的生物特征产生重要影响的任何项目,河流沿岸国将在研究和执行这些项目方面进行合作。

1978年签订的《冈比亚河协定》。

1994年的《维多利亚湖三方环境管理规划筹备协定》。1995年在此基础上建立了一个GEF基金项目,其中心主要是渔业管理、污染控制、杂草入侵控制和流域地区的利用管理。

1995年的《关于共享河流系统的议定书》是非洲在淡水保护方面的公约。确立了利益一致和密切合作的原则。1999年颁布的《尼罗河流域草案》是一个在尼罗河流经的10个国家之间实施的联合项目,其目的是确保可持续资源的开发、安全、协作和经济联合。

综上所述,国外的跨界水资源管理几乎都从流域整体出发,组建以整个流域为单元的流域综合管理机构,进行流域统一管理。通过流域管理立法保障流域管理机构广泛的管理权力,国家在流域开发管理方面给予政策和经济上的扶持。

二、国内其他流域省界缓冲区水资源保护

我国大江大河大多是跨界的。近年来,随着经济的快速发展和城市化进程的加快,我国跨界水污染问题也由以前一部分地方较为严重的"点状偶发性"现象,发展为全国普遍存在的"面状多发性"现象,跨界水资源保护问题已引起各级政府和专家学者的高度重视,加强跨界特别是跨省界水资源保护的呼声越来越高。在这一大背景下,流域省界缓冲区水资源保护和管理工作逐步加强。

（一）国内其他流域省界缓冲区水资源保护和管理综述

1. 省界缓冲区水资源保护和管理工作开展概况

从省界缓冲区的来源看,省界缓冲区水资源保护的工作可细分为水功能区划和省界缓冲区水资源保护管理两个方面。其中,水功能区划是前提。

1）水功能区划工作

2000年2月,根据《中华人民共和国水法》和水利部"三定方案"规定,水

利部下达了《关于在全国开展水资源保护规划编制工作的通知》(水资源〔2000〕58号),同时下发了《全国水资源保护规划技术大纲》和《水功能区划技术大纲》。之后,水功能区划工作正式在全国范围内展开。

2002年1月22日,水利部水利水电规划设计总院关于《中国水功能区划》的报告在京通过了专家审查。同年4月9日,水利部发布了《关于印发中国水功能区划(试行)的通知》(水资源〔2002〕121号)(以下简称《通知》),这是中国第一次实施涉及全国七大流域的全面水功能区划,它标志着中国的水资源保护和合理开发利用工作进入新的发展阶段。

这部区划报告选择了中国1 407条河流、248个湖泊水库按照全国水功能区划技术体系的统一要求进行区划,共划分保护区、缓冲区、开发利用区、保留区等水功能一级区3 122个,区划总计河长近21万km。

在水功能一级区划的基础上,根据二级区划分类与指标体系,在开发利用区进一步规划饮用水源区、工业用水区、农业用水区、渔业用水区、景观娱乐用水区、过渡区和排污控制区共七类水功能二级区。在全国1 333个开发利用区中,共划分水功能二级区2 813个,河流总长约7.4万km。

这部区划报告全面收集并深入分析区域水资源开发利用现状和经济社会发展需求;以流域为单元,科学合理地在相应水域划定具有特定功能、满足水资源开发、利用和保护要求并能够发挥最佳效益的区域;确定各水域的主导功能及功能顺序,确定水域功能不遭破坏的水资源保护目标。

在水功能区划的基础上,可提出近期和远期不同水功能区的污染物控制总量和排污削减量,为水资源保护提供制订措施的基础。

中国在以前的水资源保护及管理中,由于没有明确各江河湖库水域的功能,造成供水与排水布局不尽合理,开发利用与保护的关系不协调;地区间、行业间用水矛盾难以解决等问题。《中国水功能区划》的出台和实施将使上述问题得以解决。

《通知》提出了具体实施意见,原则同意《中国水功能区划》成果及目标要求,并要求各流域管理机构,各省、自治区、直辖市水利(水务)厅局认真组织实施。这一《通知》的发出,标志着《中国水功能区划》正式在全国范围内实施,促使省界缓冲区水资源保护和管理工作水平尽快提升。

2)省界缓冲区水资源保护

2003年5月30日,水利部发布了《关于印发〈水功能区管理办法〉的通知》(水资源〔2003〕233号,自2003年7月1日起施行)。该办法第七条明确规定:国务院水行政主管部门对全国水功能区实施统一监督管理。县级以上地方人民政府水行政主管部门和流域管理机构按各自管辖范围及管理权限，对水功能区进行监督管理。具体范围及权限的划分由国务院水行政主管部门另行规定。取水许可管理、河道管理范围内建设项目管理、入河排污口管理等法律法规已明确的行政审批事项，县级以上地方人民政府水行政主管部门和流域管理机构应结合水功能区的要求，按照现行审批权限划分的有关规定分别进行管理。

鉴于加强省界缓冲区水资源保护的特殊性和重要性，2006 年 8 月初，水利部印发了《关于加强省界缓冲区水资源保护和管理工作的通知》（办资源〔2006〕131 号），明确规定流域管理机构负责省界缓冲区水资源保护和管理工作，并对相关工作提出了明确要求。

伴随着《水功能区管理办法》和《关于加强省界缓冲区水资源保护和管理工作的通知》的实施，省界缓冲区水资源保护和管理工作有了更加明确的依据，各项水资源保护措施逐步得到加强。近两年来，各大流域主要开展了省界缓冲区基本情况调研、水质监测、排污口调查、污染事件的应急处理等项工作，对污染补偿也进行了初步的探讨。

（1）省界缓冲区基础资料调查工作。

水利部《关于加强省界缓冲区水资源保护和管理工作的通知》发布后，流域管理机构开展了省界缓冲区调查工作。以长江流域为例，为进一步加强长江流域省界缓冲区的水资源保护与管理工作，同时也为实现长江流域水资源保护目标，逐步建立入河排污口统计制度，制定突发水污染事件应急响应预案，2007 年 8～12 月，长江水利委员会全面负责组织开展了长江流域省界缓冲区的确界、入河排污口调查、水质监站点普查、"五市三区"入河排污口调查和长江干流沿岸潜在危险源调查等项工作。

①工作范围。省界缓冲区涉及流域内 16 个省（市）。入河排污口调查主要涉及四川、重庆、湖北、江西、安徽、江苏、上海 7 省（市）。长江干流沿岸潜在污染源调查涉及四川、重庆、湖北、湖南、江西、安徽、江苏、上海等 8 省（市）。

省界缓冲区工作范围：为纳入《中国水功能区（试行）》（2002 年 4 月水利部发布）中的重要跨省河流的省界缓冲区，长江流域一共有 49 个。

"五市三区"："五市"是指《关于加强长江近期水资源保护工作若干意见》中确定的水污染治理的长江干流沿岸五个重点城市，即攀枝花、重庆、武汉、南京、上海等五个城市的主城区。"三区"是指《关于加强长江近期水资源保护工作若干意见》中确定的三个特定水资源保护区域，即三峡库区、丹江口水库和长江口区等。五大城市主城区排污口以直接排入长江和一级支流的为主。三峡库区、丹江口库区和长江口区以直接入库排污口为主。

长江干流沿岸潜在危险污染源调查：工作范围为长江干流沿岸攀枝花以下江段。潜在危险污染源是指由于突发性事件，可能对长江干流水功能区、城镇供水、工农业用水等水质造成影响的化工企业、化工园区、危化码头等。

②主要工作内容。主要有以下几方面的内容。

省界缓冲区调查：主要工作内容包括省界缓冲区的确界、水质监测断面（点）普查、缓冲区内的入河排污口调查等。

缓冲区的确界包括省界位置、缓冲区上下断面的位置以及到省界断面的距离等，均用 GPS 定位，并作显著标识。

水质监测断面（点）普查包括监测断面（点）的 GPS 定位、交通条件、水样采集条件、监测断面（点）代表性等。

缓冲区内的入河排污口调查主要是在 2004 年普查的基础上，进行入河排污口的位置核准，必要时对其废污水排放量及主要污染物浓度等进行复核。

以上信息均在电子地图上标识，同时还标示与缓冲区上、下游衔接的水功能区。

"五市三区"入河排污口调查："五市三区"是纳入《关于加强近期长江水资源保护若干意见》的重点关注对象。此次工作主要是在 2004 年入河排污口普查的基础上，对入河排污口进行 GPS 定位，核实入河排污口设置单位，收集相关信息，必要时对入河排污口进行现场监测等，并将相关信息标示在电子图上，同时标注入河排污口所在水功能区信息。

长江干流沿岸潜在危险源调查：潜在危险源调查是应对突发水污染事件的基础性工作，可为流域管理机构应对突发水污染事件提供重要的基础信息。此次工作主要内容包括对长江干流沿岸的化工园区、重化工企业、危化码头等潜在危险源进行 GPS 定位，并对化工园区的企业组成、主要产品、入河排污口等进行调查，在电子地图上标示其位置。调查潜在危险源邻近的水功能区、主要城镇、供水水源地等情况。

（2）省界缓冲区水资源保护工作。

①松花江流域水资源保护工作。

松花江是供应我国东北地区工业及饮用水的主要河流之一，其开发和利用的程度一直比较高。这条河流的两侧也分布着大大小小的许多工厂，污染问题十分严重。2005 年 11 月 13 日，位于吉林省吉林市的中国石油吉林石化双苯厂发生爆炸，使泄露逾百吨苯物质进入松花江，导致松花江受到严重污染。从国际法角度看,松花江是一条多国河流,在和黑龙江汇合后,流经俄罗斯哈巴洛夫斯克市以及共青城,最终归于大海。这两个俄罗斯城市与哈尔滨一样,供水完全依赖松花江,所以这次水污染后果非常严重,已经上升为国际事件。

松花江水质具有冰封期污染加重和点源污染突出两个主要污染特征,是一个复杂的生态系统。松花江流域部分地区水污染已经开始制约着地区经济和社会的发展,并且该流域地域广阔,跨行政区域为其基本特征,一旦发生污染便会产生跨行政区域水污染和水污染纠纷,极易造成地区间、群众间的矛盾,影响社会的稳定。为加强松辽流域水资源保护监督管理工作,2007年10~11月,松辽流域水资源保护局开展了松花江流域省界缓冲区入河排污口核查工作,会同吉林省、黑龙江省及内蒙古自治区水利厅、水文局组成核查组,在各市县水行政主管部门的密切配合下,先后赴吉林省松原市、大安市,黑龙江省五常市、肇源县、大庆市、讷河市、嫩江县,内蒙古莫力达瓦达斡尔族自治旗,对松花江流域13个直排省界缓冲区入河排污口进行了现场核查。针对松花江水质有机物污染严重和冰封期污染突出的特点,流域管理机构和有关部门将重点开展松花江水环境特征与污染控制方案;松花江及界河黑龙江水质监控与污染预警系统;松花江及界河水质环境管理技术体系等项研究工作,为今后的水资源保护工作提供技术保障。

②淮河流域水资源保护。

1994年以来,流域水污染治理虽然取得一定成效,但跨省河流的水环境问题依然十分突出。淮河流域所有跨省河流几乎都受到污染,污染严重的占一半以上。自1989年以来,淮河干流发生流域性的严重水污染事故就有4起,都是由于沙颍河流域污染物超标排放造成的。

历史资料显示,1975年淮河发生首次污染,1982年发生第二次污染。进入20世纪90年代,污染事件频繁发生。1992年、1994年、1995年沙颍河、淮河连续发生大面积水污染事故,对沿淮广大地区工农业生产和城镇供水安全造成严重威胁。其中,影响较大的一次污染事件发生在1994年7月,当时沿淮各自来水厂被迫停水达54天,150万人没水喝,直接经济损失上亿元。2004年7月16日至20日,淮河支流沙颍河、洪河、涡河上游局部地区普降暴雨,上游5.4亿t高浓度污水顺流而下,形成长130~140 km污水团。这次污染事件大大突破1994年7月污水团总长90 km的历史纪录。

省界缓冲区的管理是淮河流域管理机构的重要职责。淮河流域省界缓冲区的保护和管理方面主要做了以下工作:

一是做好流域和区域的水资源保护规划,制定河流、湖泊的水功能区划,核定河流的纳污能力,确定河流排污总量。

二是对跨省或市、县河流,逐步制定省市、县界水质标准,加强省界水质管理。

三是加强入河排污口的监督管理,及时掌握流域污染物排放总量的动态变化。

为了更加及时全面的掌握水功能区水资源质量状况,进一步强化水功能区保护管理工作,2007年淮河流域水资源保护局率先在七大流域管理机构开展了水功能区水质水量监测工作,其中省界缓冲区监测频次提高到每月两次。省界缓冲区水质监测结果和流域入河排污总量监测结果,已成为国家考核淮河流域各省水污染防治成绩的重要依据。

2007年淮河流域水资源保护局开展了奎河省界缓冲区的排污口调查工作。奎河跨苏皖两省,是淮河流域一条重要的跨省河流,省际水污染矛盾一直较为突出。2008年5月,淮河流域水资源保护局在安徽省蚌埠市组织召开奎河省界缓冲区水质保护管理工作座谈会,旨在进一步贯彻落实水利部关于加强省界缓冲区水资源保护工作精神。江苏环保厅、水利厅和徐州市环保局,安徽省环保局、水利厅和宿州市环保局等单位有关部门负责人参加了会议。座谈会上,保护局通报了奎河省界缓冲区调查情况,并提出了下一阶段完善省界水质监测和加强入河排污口监督管理工作的意见。江苏和安徽两省环保、水利部门就近年来开展的奎河流域水污染治理、水质保护工作情况进行了交流,并一致表示将支持和配合流域管理机构做好奎河省界缓冲区水质保护工作。

(3)流域省界水资源补偿对策。

人类活动所造成的水环境污染、水资源过度消耗及由此引起的生态退化,只是部分由当地承受,而有相当重要的部分或转移给其他地区,或转移给未来社会。建立区域水资源补偿机制将有效遏制水资源的浪费和污染,使水资源管理和配置达到最优。以下是松辽流域的探索。

①流域上、中、下游用水量的统一调配及跨区域调水的资源环境补偿。随着经济的发展和人民生活水平的提高,需水量越来越大,再加上水资源的浪费和污染,造成水资源日益紧缺。如果上游地区无节制地滥用水资源,势必对下游地区水资源供应造成严重影响。例如,长白山旅游业的发展,游人的增加和旅游设施、宾馆的修建,使上游地区用水量快速增加,污水排放量也不断上升,对下游地区的水质、水量造成较大影响。因此,松辽流域水资源的配置应根据各地区的实际情况及水资源的可供水量,以流域为单元制定水量分配方案,水

资源的开发利用必须服从流域防洪的总体安排,防止对生态环境造成破坏,用水定额的制定要因地制宜、以供定需,全面兼顾生活、生产和生态用水。当发生上游地区超配额使用水资源时,超标使用地区应赔偿下游因此而受到的消极影响。这种赔偿有助于下游自身水利的发展和先进节水技术的普及,同时遏制上游的浪费性使用。

区域需水一般尽量在区域内解决,当区域内的水资源无法满足区域发展需求时,才考虑跨区域调水。在跨区域调水中,供水区的水质一定要有保证,不良的或受污染的水质很难满足调水方的需要,而水质与供水区的水源涵养、环境保护密切相关,这是要付出代价的,因而这些水中自然包含了水的环境价值。若付出的成本由供水区来承担,而优质水却由调水者无偿享有,是不符合公平原则的。因此,为保护水环境资源,应对跨区域调水而造成的水环境资源的损害或破坏,设立环境补偿制度,由调水方给予供水方一定的环境补偿,以鼓励这种环境正外部性活动,这样做实际是给调水方边际福利和边际生产损失的一种补偿,从而使不同区域之间水资源配置达到帕累托最优。例如,到"引松入长"工程的源头吉林市取水需要交水资源费,便是对供水区的经济补偿。

②松辽流域上、中、下游生态效益的补偿。当流域上游森林减少时,全流域会出现水土流失、水库和河床淤积、干旱、水资源短缺、洪水频发和洪峰增大等一系列问题。而对这些问题,上游当然会受到损害,但更主要的受害者是下游地区。例如,松花江三湖流域近年来大量采伐森林,农业垦殖,陡坡开地种参,林地放牧等各类活动加剧,乡镇工矿和旅游业迅速发展,致使湖区内林地面积不断减少。流域内林地面积的减少,不仅使森林涵养水分的能力降低,而且造成严重的水土流失。水土流失带来的大量泥沙不仅影响了水库的库容,而且缩短水库的使用寿命。如果上游地区为了保护流域的水资源和生态环境而大面积植树造林时,往往要调整经济结构、耕作模式、消费方式,这些涉及大量经济损失,将暂时降低发展速度和群众生活水平。而且生态建设的一个显著特征是建设者不一定是受益者。建设者与受益者经常是两个不同地区的主体。这使得建设者缺乏积极性,建设者不愿意自己受影响而其他地区享受生态建设的益处。对此,最为合理的解决途径是下游将上游森林保护和植树造林带来的好处还给上游,而且是全额补偿。如果一片森林的所有外部效益都得到补偿,而且这种补偿额是由森林蓄积量决定,使维护森林的收益大于砍伐收益,毁林趋势就会从根本上得到制止。因此,实施生态林区域补偿制度甚为关键。

生态重建的受益对象不仅仅是指依靠生态环境资源的生态、社会效益从事生产经营活动、有直接经济收入的单位,而且还包括整个流域内的其他产业、部门及居民,他们的受益程度远比依靠生态环境资源取得直接经济效益的经营单位大得多。如森林植被在防止水土流失、水质净化、防止公害、农业生态屏障、生物多样性、净化空气、维护生态平衡、保障人民生命安全和身体健康等方面所发挥的间接的生态效益和社会效益,比依靠森林资源取得的直接经济收益大得多。据国外资料统计,以价值结算,森林提供木材产品的价值只占其全部价值的 1/5,而生态效用价值则占 4/5。此外,生态环境改良后,只要生态系统良性循环,就会长期发挥生态效用,也就是说生态效用的受益者不仅只是当代人,还有后代人,因此政府也应代表未来进行受益补偿。

③建立全流域纳污能力使用权市场。水污染问题常常存在跨区域性,如上游一个小工厂污染一条河,让中下游数万人无水可饮,众多企业无法开工。虽然排污收费制度对控制污染起到了相当大的作用,但是它仍然存在着许多问题。目前的排污收费标准偏低,仅为污染治理设施运转成本的 50% 左右,某些项目甚至不到污染治理成本的 10%。由于污染控制缺乏刺激作用,使企业宁愿缴排污费而不治理。为解决这一问题,可以建立地区间的水污染补偿制度。向水体排放污水,实质上是利用了水环境容量资源。因此,水污染补偿费实质上是水环境容量资源的有偿使用费。如上游的污染物对下游水质产生明显的消极影响,下游因上游污染而遭受的损失应由上游予以等量补偿。反过来,如果上游的水质保护使下游明显受益,则下游应给上游以受益补偿。对于像松花江、嫩江等跨省的河流,可以设立省界断面,对于跨市、县的河流,则设市界、县界断面,并制定断面水质控制标准,在此基础上制定地区间的水污染补偿政策。如在松花江吉林省与黑龙江省交界处设立省界断面,并制定断面水质控制标准,断面水质达不到控制标准,则吉林省应向黑龙江省支付相应的补偿费。不过,在水系污染的区域补偿制度上,更有效的方法可能还是建立全流域的纳污能力使用权市场。全流域的纳污能力使用权交易打破了以往水资源管理中的行政界限,把全流域作为一个统一体,实现水环境目标的统一管理,有利于水环境质量的改善和保护。

纳污能力使用权交易就是建立合法的污染物排放权利即纳污能力使用权,并允许这种权利像商品那样被买入和卖出,以此来进行污染物的排放控制。一般做法是首先由政府部门确定出一定区域的环境质量目标,并据此评估该区域的环境容量。然后推算出污染物的最大允许排放量,并将最大允许排放量分割成若干规定的排放量,即若干排放权。在纳污能力使用权交易体制下,排污者明晰了环境容量资源使用权(纳污能力使用权),排污者就会从其利益出发,自主决定其污染治理程度,从而买入或卖出纳污能力使用权。在纳污能力使用权市场上,只要污染源间存在边际治理成本差异,纳污能力使用权交易就可能使交易双方都受益:治理成本低(低于交易价格)的企业多削减(少排放),剩余的排放权可用于出售;治理成本高(高于交易价格)的企业通过购买纳污能力使用权少削减(多排放)。当企业间治理最后一个单位的污染物的边际成本相等时,交易就会停止。通过市场交易,纳污能力使用权从治理成本低的污染者流向治理成本高的污染者,结果是社会以最低成本实现污染物减排,环境容量资源实现高效率的配置。纳污能力使用权使企业产生了节约环境资源的动机,在利益最大化行为的导向作用下,企业在购买纳污能力使用权和治理之间作出对自己有利的选择。纳污能力使用权交易不仅可以促进经济的发展,使环境质量不断得到改善,而且还可以推动产业结构优化,有利于新兴支柱产业的兴起。

　　④蓄滞洪区的补偿。松辽流域洪水灾害频繁,据100多年的资料分析和统计,松花江流域每2~3年,辽河流域每2年就要发生一次严重的洪涝灾害,给流域内人民的生命与财产造成严重的损失。

　　蓄滞洪区是防洪体系中不可缺少的重要组成部分。科学合理地运用蓄滞洪区,可有效地降低江河洪峰水位,保证堤防的安全;有计划地运用蓄滞洪区,将有效地减轻洪灾损失,避免因工程防御能力不足造成巨大损失后的不良影响。蓄滞洪区担负着滞蓄洪水、减轻全局防洪压力的任务,区内群众舍小家、保大家,每次运用经济上都有很大损失。根据蓄滞洪区运用后的损失情况,给予适当的补偿,不仅可以减小蓄洪区运用难度,而且关系到灾后重建家园,恢复生产,关系到社会的稳定。区内群众为防洪安全大局,做出了财产乃至生命的牺牲,他们的损失应该得到补偿。此外,为了减少蓄滞洪区运用时的损失,蓄滞洪区平时的经济发展速度受到限制,蓄滞洪区收入的减少量也属于蓄滞洪区为了保全局的安全而遭受的损失。对于这些损失应制定相应的政策予以补偿。可以在蓄滞洪区推行洪水保险计划,建立洪水保险基金,以丰补欠,既可以减轻国家负担,也可以使群众在分洪后能得到及时的补偿,尽快恢复生产。另外,随着社会主义市场经济体制的建立,蓄滞洪区外的受益者也应对蓄滞洪区内居民所遭受的损失作相应的补偿。受益者对蓄滞洪区分洪损失进行补偿不仅是合理的,也是必要的。只有这样,才符合社会公平原则与市场经济法则。

　　总之,实施水资源区域补偿,有利于松辽流域水资源的统一管理,使得上、中、下游利益共享,责任共担,以实现全流域资源、环境与社会、经济的可持续发展。

(4)流域省界水污染联合治理和水污染纠纷处理。

①太湖流域江苏省苏州市与浙江省嘉兴市的水污染联合治理。

江苏省苏州市与浙江省嘉兴市的水污染纠纷起始于 20 世纪 90 年代初期,随着嘉兴、苏州纺织行业的兴起、发展和繁荣,江浙两省交界处水质开始恶化,水污染纠纷自 20 世纪 90 年代中期起连年不断。苏州市盛泽镇与嘉兴市王江泾镇为邻,麻溪港为两地界河(麻溪港是嘉兴市接纳上游流水的一条河流,全长约 13 km,河宽 40～80 m,是杭嘉湖北部地区向东的排水主通道之一)。盛泽镇是个具有纺织印染业传统的工业重镇,20 世纪 90 年代初该镇的印染业得到高速发展,但与之处理能力配套的污水处理、管网等环境基础设施建设严重滞后,大量未经处理或处理未达标的印染废水直接排入流向嘉兴市的河道,嘉兴市北部水域水环境开始受到污染。

江浙边界跨行政区水污染纠纷重大事件及污染防治合作的政策演变,可以分为如下几个阶段。

第一阶段(1993 年 5 月至 1994 年 12 月):江浙边界水污染事件初见端倪,两地在国家上级政府部门的协调下,共同处理因上游水污染导致的下游渔业经济损失问题。其间发生过 3 次因造成经济损失较大、双方赔偿处理意见不合引起的事件,以 1994 年 7 月双方因赔偿问题引发的冲突为该阶段的标志性事件。1994 年 9 月,全国环保执法检查团踏勘污染现场,检查团检查后对盛泽污水污染嘉兴市北部水域提出 4 条处理意见,包括建议苏州、嘉兴建立联合监测体制。至此,江浙两地开始形成水污染协同防控产生合作的意向,但尚未采取有效的合作治理行动。

第二阶段(1995 年 1 月至 2002 年 1 月):江浙边界水污染事件频频发生,两地预建立水污染协同防控机制。1995 年 1 月,为落实国家环保总局的处理意见,嘉兴市环保局与苏州市环保局共同协商共同监测事宜,双方在具体监测方式上未能达成一致,导致协商破裂。此后,至 2002 年 1 月的 7 年中,两地因上游污水排放超标导致下游渔业、养殖业遭受经济损失要求赔偿未果,引发的水事纠纷频频发生,且事件和冲突的态势呈现逐步升级的趋势。其中,受到国家上级部门高度重视的事件和纠纷多达 6 起,并在 2001 年 11 月的"零点事件"(嘉兴市北部长期受污染损失严重的渔民自筹资金,以沉船筑坝的方式拦截苏州市南部排放的污水)中双方冲突达到顶点。"零点事件"引起国务院、水利部及环保总局的高度重视,并在事件后出台了协调江浙边界水污染纠纷和水事矛盾的协调意见,对两地建立边界水污染防治的工作机制提出了进一步要求,江浙两地开始着手准备建立边界水污染协同防控的协调机制。

第三阶段(2002年2月至今):江浙跨界水污染事件和纠纷发生频率降低,两地正式建立跨行政区水域水污染联合防治方案,并以此为准则对水污染进行治理。2002年初,江浙两地开始建立边界水污染防治制度和水环境信息通报机制;随后,依据中国环境监测总站2001年11月下发的要求,共同建立了江浙省界水质及水污染事故联合监测机制,协商编制了《江苏盛泽和浙江王江泾边界水域水污染联合防治方案》。通过双方共同努力,经过几个月集中整治,边界水域水环境的水质得到明显改善。至今,江浙两地严格按照边界水域水污染联合防治方案进行水污染治理,并在不断实践和探索中形成了现行的以交界水质联合监测机制、流域信息通报机制、水环境联合执法机制、基础设施共建共享机制、区域生态补偿机制和排污权交易机制等跨行政区水污染合作防治为主的六大机制。

②松辽流域省际间纠纷的处理。

松辽流域省际间的界河、跨省(自治区)河流较多,随着边界地区水土资源的不断开发利用,上下游、左右岸之间在防洪、除涝、排水、灌溉等方面存在着复杂的相邻水事关系,出现了多起水事纠纷。以下是流域管理机构调处水事纠纷的方法:

第一,严格执法是根本。流域管理机构调处水事纠纷的方法很多,严格执行法律、法规,是必须遵循的一条基本原则。在调处工作中,要认真调查研究,分析事发原因,判别矛盾双方在哪些方面违背了《中华人民共和国水法》、《中华人民共和国防洪法》等法律、法规,明确是非,划清责任,坚持原则,依法办事。辽宁、内蒙古边界的老哈河水事纠纷由来已久,是多年遗留下来的老大难问题,无水期基本相安无事,一旦发生洪水就出现矛盾,洪水越大,矛盾越尖锐。通过全面的调查了解,指出了矛盾双方擅自修建过水堤坝、丁字坝以及设障、炸堤等方面的违法行为及其双方应负的责任,提出调处意见,矛盾双方一致同意并接受,使多年的水事纠纷得到平息。

第二,从规划入手按科学规律办事。水事纠纷的一个显著特点,就是在纠纷地区没有统一规划,使水事纠纷调处无章可依。松辽委在解决流域内二龙涛河跨省(区)间水事纠纷过程中,由流域管理机构牵头协调,对产生纠纷的界河段从规划入手,纠纷双方承担各自规划任务,委托与纠纷无争议的规划设计单位进行规划汇总,进而解决了二龙涛河水事纠纷,并总结出解决水事纠纷的一种模式——二龙涛模式。实践证明这是一个符合科学规律的调处方法。

　　额木特河是嫩江右岸蛟河流域的一条季节性河流,流经内蒙古和吉林两省(区)。由于"引洮"运河截断了该河洪水的自然通道,运河下设的泄洪涵洞泄流能力不够,造成上游多次遭受不同程度水灾,纠纷因此形成。在调处过程中,提出加强该河段防洪体系建设,是解决这一边界水事纠纷的根本措施,得到了纠纷当事双方赞同。委托黑龙江省水利水电勘测设计研究院,进行了额木特河跨省(区)河段的防洪规划,在两省(区)的大力配合下,规划顺利完成,并通过了松辽委及两省(区)的共同审查。

　　第三,抓住水事纠纷焦点、难点问题,重点突破。在做好规划、选好调处方案的同时,要群策群力,分析水事纠纷的焦点、难点问题,进行分类排队,分期实施,重点突破。把能够影响整个水事纠纷全局的工程即焦点、难点工程列入一期工程或称应急工程,采取措施,优先解决好,取得重点突破的效应,其他工程再依次逐步解决。比如在调处辽宁省与内蒙古自治区之间的界河老哈河水事纠纷时,认为老官地拦河坝河段是这起水事纠纷的焦点,而当时临近汛期,保证安全度汛便成了调处这起水事纠纷的难点,必须要采取措施重点突破。经过与双方协商,决定采取果断措施,启动度汛应急工程。一是汛前要完成对岸受威胁村屯的护村堤和护岸工程,确保群众生命财产安全;二是修补被炸毁的拦河坝工程,尽量不影响灌区用水。事实证明,此项决策非常及时,应急工程完工后的第三天,老哈河即遭受了洪峰流量相当于 20 年一遇,洪水位达100 年一遇的近年最大洪水,使被保护的村屯、农田安然无恙,花了 27.4 万元避免了 1 100 万元的损失。这项工作,为全面解决老哈河水事纠纷奠定了良好的基础。

　　第四,加强监督管理力保规划调处方案落到实处。一项比较好的水事纠纷调处方案能够被纠纷双方接受是不容易的,而能否被全面贯彻实施则又是一项重要的课题。经验证明,没有强有力的监督是不行的,因此只要调处方案被纠纷双方所接受,就必须严格监督并不折不扣地贯彻执行。凡是规划没有列入的工程一律禁止建设,必须按照规划规定的地点、种类、规模进行建设。同时要建立通报审批制度,即对已列入规划的工程,建设之前要向对方通报,并履行报批手续。建立监督机制,对规划项目,要加强监督管理,一经发现与规划不一致的,要坚决纠正。《老哈河界河段清障、治理补充规划》经水利部批准后,辽宁和内蒙古双方又分别修建了一些违规工程,对此,态度必须十分明确,对那些既不合法又悖于规章的工程坚决要求拆除。

　　第五,发挥流域管理机构的作用,多方筹措资金。任何一起水事纠纷的解决,一般都离不开工程措施和非工程措施。而这些都需要有资金作保证,筹集工程所需资金便成了最大难题。本着谁受益谁负担,谁破坏谁修复,谁违规谁拆除的原则,一般情况下资金由纠纷双方自己解决。但实践表明,有些工程,争取中央的支持也是必要的。对一些焦点、难点工程,水利部在资金上给予支持,作为启动资金,往往起到事半功倍的效果。因为这样做可以带动各级政府的资金投入,克服观望、攀比现象。吉林、内蒙古边界的通榆滞留洪水纠纷是一个社会影响极大的水事纠纷。在调处工作中,紧紧依靠两省(区)水利部门多次制止了地方群众的冲动行为,并积极向水利部汇报,得到水利部的大力支持。

第六,做好易发生纠纷河段的前期准备工作,防患于未然。几年来,通过对松辽流域内所有省(区)际间河流的调研分析,对可能发生纠纷的重点河段进行了资料收集建档。如东西辽河的三江地带,新开河、拉林河、松花江的三岔河地带及嫩江流域扎、泰地带等,从河道特性到水文、水情等都一一归档,做到有备无患。

2. 省界缓冲区水资源保护和管理工作评价

调查研究发现,与国外发达国家流域水资源跨界管理实践相比,国内流域省界缓冲区水资源保护和管理工作有以下特点:

(1)历史短。虽然在2006年8月水利部印发了《关于加强省界缓冲区水资源保护和管理工作的通知》之前,包括流域管理机构在内的各级单位在省界缓冲区水资源保护和管理方面做了许多工作,也取得了一些成效,但总体上看,这些工作不系统,基础不扎实。随着《关于加强省界缓冲区水资源保护和管理工作的通知》的发布,水利部明确授权流域管理机构负责省界缓冲区的水资源保护和管理工作,各流域管理机构真正开始加强省界缓冲区水资源保护和管理工作。不过,由于从发布《关于加强省界缓冲区水资源保护和管理工作的通知》到现在只有2年的时间,时间很短。

(2)难度大。主要原因有:①省界缓冲区大多处于偏远地区,交通不便;②许多省界缓冲区位于支流上,作为河流代言人的流域管理机构与各省(区)之间对支流省界缓冲区的管理分工尚未界定清楚;③省界缓冲区固有的跨省级边界的复杂性,也加大了管理的难度。

(3)投入不足。投入不足直接导致流域管理机构省界缓冲区水资源保护和管理能力落后,不能满足省界缓冲区水资源保护和管理的要求。

总体上看,目前国内其他流域省界缓冲区水资源保护和管理工作虽然起步,而且取得了一些成效,但与发达国家先进的流域水资源跨界管理工作相比差距仍然较大,尚处于起步阶段。主要表现为:

①目前的实践工作多是诸如省界缓冲区调查之类的基础和前期工作,以

及实施了一些不成系统的保护措施。

②对未来如何系统和深入地开展省界缓冲区水资源保护和管理,多是提出了一些零散的思路,没有形成清晰、完整的路线图,离系统、科学的省界缓冲区水资源保护和管理要求还有很大的距离。

(二)地方政府水资源跨界管理

1.辽宁出台河流断面水质目标考核及补偿办法

为有效加强跨行政区域河流出市断面水质保护的管理,辽宁省出台《辽宁省跨行政区域河流出市断面水质目标考核及补偿办法(讨论稿)》,规定从2008年6月1日起,出市断面水质超过考核目标值的,上游地区应当给予下游地区相应的补偿资金。

1)补偿思路

从2008年6月1日起,辽宁境内河流出市断面当月水质平均值超过考核目标值的,上游地区设区的市应当给予下游地区设区的市相应的补偿资金;入海断面当月水质平均值超过考核目标值的,所在地设区的市应当将补偿资金交省级财政。补偿资金将被纳入环保引导资金或污染防治资金进行管理,专项用于水污染防治和生态修复,不得挪作他用。

2)补偿标准

出市断面的监测项目暂定为化学需氧量,按照水污染防治的要求和治理成本,补偿标准暂定为:干流出市断面50万元乘以超标倍数,支流出市断面20万元乘以超标倍数。各级环保行政主管部门要定期公布影响出市断面水质排污单位名单,督促其不断减少水污染物排放量。对造成出市断面长期不能达标的,或多次出现严重超标现象的,将依据相关规定追究有关人员的行政责任;对于不按期缴纳补偿资金的各设区市,省环保行政主管部门将对其实行"区域限批",并按有关规定追究相关人员的行政责任。

3)保障措施

为了科学分清上下游地区的责权利,《辽宁省跨行政区域河流出市断面水质目标考核及补偿办法》规定,由省环保行政主管部门组织上下游城市共同设定,根据国家及省水污染防治规划目标和省市长环保责任书目标要求,确定出市断面水质考核目标值,由该断面上下游城市环境监站点负责同时监测并形成一致认可的监测结果,每月至少监测两次以上。

2.河北试行生态补偿金扣缴政策

1)补偿背景

为加快改善子牙河水系水环境质量,河北省政府决定在子牙河水系的主要河流实行跨市断面水质化学需氧量目标考核,并对超标排污的设区市试行生态补偿金扣缴政策。根据河北省生态补偿金扣缴政策的相关规定,河北省政府将对跨市界断面水质超标的城市进行通报批评,并由省财政部门每月按照考核断面水质超标倍数和扣缴数额,直接从设区市财政扣缴,作为子牙河流域水污染生态补偿资金,专项用于水污染综合整治的减排工程。

2）补偿范围及思路

确定14个主要河流跨市断面,完不成任务的市、县领导将被"一票否决"。补偿范围涉及河北省境内石家庄、邯郸、邢台、衡水、沧州5市48个县(市、区)的2 000多万人口。此次被列入跨市断面水质化学需氧量目标考核范围的有子牙河、磁河等14个主要河流跨市断面。按照省政府规定的水质考核标准,14个主要河流跨市界断面中,除沧州市的沧浪渠跨市界出境断面化学需氧量浓度低于150 mg/L外,其余断面水质化学需氧量浓度均要低于200 mg/L。

3）补偿标准

当河流入境水质达标(或无入境水流)时,所考核市跨市出境断面的水质化学需氧量浓度监测结果超标0.5倍以下,每次扣缴10万元;超标0.5倍以上至1.0倍以下,每次扣缴50万元;超标1.0倍以上至2.0倍以下,每次扣缴100万元;超标2.0倍以上,每次扣缴150万元。当河流入境水质超标,而所考核市跨市出境断面水质化学需氧量浓度继续增加时,生态补偿金扣缴标准还要加大。所考核市跨市出境断面的水质化学需氧量浓度监测结果超标0.5倍以下,每次扣缴20万元;超标0.5倍以上至1.0倍以下,每次扣缴100万元;超标1.0倍以上至2.0倍以下,每次扣缴200万元;超标2.0倍以上,每次扣缴300万元。省政府还要求,在同一个设区市范围内,要对所有超标断面累计扣缴。

河北省环保局将根据每季度的监测结果计算确定每月和每季度生态补偿金的扣款资金总额,省财政厅执行扣缴,扣缴资金作为子牙河流域水污染生态补偿资金,专项用于水污染综合整治的减排工程。

3. 浙江实施全流域生态补偿

浙江省在建立生态补偿机制方面又在全国率先迈出创新的一步。从2008年开始,除宁波市(计划单列)外,处于浙江省八大水系源头地区的45个市、县(市)每年将获得不同额度的省级生态环保财力转移支付资金。"好生态不再是免费午餐"真正在体制上得到了保障。

为从体制层面建立激励和约束机制,这一制度对水体和大气环境质量设立警戒指标标准,比如水环境的警戒指标为水环境功能区标准,大气环境的警戒指标为空气污染指数(API值)低于100的天数占全年天数的比例不低于85%。质量高于警戒指标的,每提高一个级别给予一定的补助奖励,低于警戒指标的,每降低一个级别给予一定的扣补处罚。无论是奖是罚,上下游都"有福同享,有难同当"。

1)补偿标准

凡市、县(市)主要流域各交界断面出境水质全部达到警戒指标以上的,将得到100万元的奖励资金补助,而水质年度考核较上年每提高1个百分点,就有10万元的奖励补助;反之,每降低1个百分点,则扣罚10万元补助。大气质量考核较上年每提高1个百分点,奖励1万元;反之,每降低1个百分点,扣罚1万元,以此类推。

2)保障措施

生态环保财力转移支付制度将充分利用浙江省目前已经全面建立的环境监测装置,围绕水体、大气、森林等基本要素,设置生态功能保护、环境(水、气)质量改善两大类因素相关指标,包括省级以上公益林面积、大中型水库面积、主要流域水环境质量和大气环境质量等4项具体指标,结合污染减排工作有关措施,运用因素法和系数法,计算和分配各地的转移支付金额。

4. 江苏省实行环境资源区域补偿

2008年初,江苏省政府发布了《江苏省环境资源区域补偿办法(试行)》和《江苏省太湖流域环境资源区域补偿试点方案》,对流域上下游行政区,依据交界断面水质情况进行环境补偿,并将补偿资金专项用于水污染治理和生态修复。

根据《江苏省环境资源区域补偿办法(试行)》,将先在江苏省境内的太湖流域部分入湖河流断面试行,试点结束后,在太湖流域及其他流域推行。

监测考核断面由江苏省环境保护厅会同水利行政主管部门、各设区的市人民政府设置。

补偿标准:按照水污染防治的要求和治理成本,环境资源区域补偿因子及标准;暂定为化学需氧量每吨1.5万元;氨氮每吨10万元,总磷每吨10万元。

补偿资金核算方法:单因子补偿资金 = (断面水质指标值 − 断面水质目标值)×月断面水量×补偿标准。

补偿资金为各单因子补偿资金之和。

总体上看,我国地方政府在水资源跨界污染经济补偿方面进行了许多有益探索,势必对国家在流域层面的省界缓冲区水资源管理的相关工作起到促进作用。

第二节　黄河流域省界缓冲区水资源保护基本策略与管理措施研究

本节主要研究省界缓冲区水资源保护的具体工作,重点研究以下五项工作:

(1)省界缓冲区水质监测和信息管理。

(2)省界缓冲区污染物浓度与总量控制。

(3)省界缓冲区入河排污口管理。

(4)跨行政区水污染经济处罚与补偿管理。

(5)水污染事件应急管理。

其中,省界缓冲区水质监测和信息管理是工作基础,省界缓冲区污染物浓度与总量控制是手段,省界缓冲区入河排污口管理是立足点,跨行政区水污染经济处罚与补偿管理、水污染事件应急管理则是污染发生后的专项处理方法。

一、省界缓冲区水资源保护工作的基本策略

(一)省界缓冲区水资源保护的 SWOT 分析

SWOT 分别是指内部优势(Strength)和劣势(Weakness)、外部机会(Opportunity)和威胁(Threat)。通过对流域管理机构内部的优势和劣势,外部面临机会和威胁的分析,可组合出四种策略,即优势和机会匹配的 SO 策略(加强管理策略)、劣势和机会匹配的 WO 战略(扭转型策略)、优势和威胁匹配的 ST 战略(风险型策略)以及劣势和威胁匹配的 WT 战略(防御型策略),如表 5-1 所示。

表 5-1　战略组合矩阵表

外部机会和外部威胁	内部优势(S)	内部劣势(W)
外部机会(O)	SO 策略 依靠内部优势 利用外部机会	WO 策略 利用外部机会 克服内部弱点
外部威胁(T)	ST 策略 利用内部优势 回避外部威胁	WT 策略 减少内部弱点 回避外部威胁

　　从外部环境看,由于有法律规定和水利部的明确授权,流域管理机构正面临加强省界缓冲区水资源保护和管理的良好机会,可谓机遇大于挑战。从内部环境看,流域管理机构一方面在省界缓冲区水资源保护方面做了大量的工作,取得了一定的成绩;另一方面,还有很多工作不到位。也就是说,内部既有优势,也有劣势。根据 SWOT 分析,未来流域管理机构应该优先选用 SO + WO 策略组合:优势和机会匹配的 SO 策略(加强管理策略),劣势和机会匹配的 WO 策略(扭转型策略)。该策略组合的核心点强调以抢抓"机遇"为主,依靠内部优势,克服自身弱点,利用外部机会,谋求尽快做好省界缓冲区水资源保护和管理工作。

　　这一基本策略同时适用于本节研究的省界缓冲区水质监测和信息管理、污染物浓度与总量控制、入河排污口管理、跨行政区水污染经济处罚与补偿管理、水污染事件应急管理五项主要工作。

(二)省界缓冲区水资源保护和管理工作的特殊措施

　　省界缓冲区水资源保护容易出现"公地的悲剧",因此需要采取有效措施加强管理,才能实现省界缓冲区水资源的可持续利用。

　　在开展省界缓冲区水资源保护工作时,需要充分考虑省界缓冲区的特点,体现省界缓冲区水资源保护和管理的特殊性。研究发现黄河流域省界缓冲区水资源保护和管理工作需要采取八大特殊措施:

　　(1)提高对省界缓冲区水资源保护和管理重要性和特殊性的认识。

　　(2)明确划定黄委和省级水行政主管部门省界缓冲区的管理范围。从法律规定、水利部授权和流域管理的需要看,黄委应负责全部省界缓冲区水资源保护和管理工作。但是,由于省界缓冲区水资源保护工作的基础薄弱,难以一步到位。因此,需要制定具体的时间表,争取在 2012 年即政府换届前实现黄委对全部省界缓冲区水资源保护和管理。

　　(3)理顺管理体制。应坚持流域管理和区域管理相结合的管理体制,充分发挥水行政主管部门和环保等部门、流域管理机构和地方政府的作用。

　　(4)在管理机制建设方面,强调"沟通、联合和共享"六字方针。

　　(5)根据省界缓冲区的具体特点,加强省界缓冲区水质监测和信息管理、污染物浓度与总量控制、入河排污口管理、跨行政区水污染经济处罚与补偿管理、水污染事件应急管理五项具体工作的研究,包括各项工作目标、内容、标准、措施和手段等。

　　(6)加大投入。省界缓冲区水资源保护和管理基础工作薄弱,投入不足,未来需要加大投资,使各项保护工作能开展起来。

（7）提升能力。省界缓冲区水资源保护管理难度大，面临很多新问题，因此流域管理机构应加强能力建设，提升工作的有效性和效率。

（8）在管理方法上，需要采用法制方法、经济方法和公众参与方法相结合的综合方法。

二、省界缓冲区水质监测和信息管理

（一）省界缓冲区水资源保护的信息不对称（Asymmetric Information）问题

1. 信息不对称理论

信息不对称理论是指在市场经济活动中，各类人员对有关信息的了解是有差异的；掌握信息比较充分的人员，往往处于比较有利的地位，而信息贫乏的人员，则处于比较不利的地位。

信息不对称理论是由三位美国经济学家——约瑟夫·斯蒂格利茨、乔治·阿克尔洛夫和迈克尔·斯彭斯提出的。该理论认为：市场中卖方比买方更了解有关商品的各种信息；掌握更多信息的一方可以通过向信息贫乏的一方传递可靠信息而在市场中获益；买卖双方中拥有信息较少的一方会努力从另一方获取信息；市场信号显示在一定程度上可以弥补信息不对称的问题；信息不对称是市场经济的弊病，要想减少信息不对称对经济产生的危害，政府应在市场体系中发挥强有力的作用。这一理论为很多市场现象如就业与失业、信贷配给、商品促销、商品的市场占有等提供解释，并成为现代信息经济学的核心，被广泛应用到从传统的农产品市场到现代金融市场等各个领域。

信息不对称理论不仅说明了信息的重要性，更是研究市场中的人因获得信息渠道的不同、信息量的多寡而承担的不同风险和收益。信息不对称现象的存在使得交易中总有一方会因为获取信息的不完整而对交易缺乏信心，对于商品交易来说，这个成本是昂贵的，需要找到解决的方法。

信息不对称理论的作用如下：

（1）该理论指出了信息对市场经济的重要影响。随着新经济时代的到来，信息在市场经济中所发挥的作用比过去任何时候都更加突出，并将发挥更加不可估量的作用。

（2）该理论揭示了市场体系中的缺陷，指出完全的市场经济并不是天然合理的，完全靠自由市场机制不一定会给市场经济带来最佳效果，特别是在投资、就业、环境保护、社会福利等方面。

（3）该理论强调了政府在经济运行中的重要性，呼吁政府加强对经济运行的监督力度，使信息尽量由不对称到对称，由此更正由市场机制所造成的一些不良影响。

2. 省界缓冲区水资源保护的信息不对称问题

在省界缓冲区，排污者比政府掌握更多的排污信息，地方政府比流域管理机构掌握更多的排污信息，导致目前流域管理机构开展省界缓冲区水资源保护监督管理工作面临信息不对称问题。具体表现为：水污染信息不能及时得到，致使监督管理决策时机延误；水质信息量不够，难以支持监督管理决策；信息不准确，产生监督管理决策失误，等等。

信息不对称理论对省界缓冲区水资源保护监督管理有重要的启示：

（1）信息对省界缓冲区水资源可持续利用具有重大影响。在现代经济系统中，信息已经是一种重要的经济资源，如同其他社会财富一样是一种稀缺的资源，也像资本、土地一样成为必需的生产资料并且作为一项产业被纳入国民经济核算。对信息资源的优先占有也会带来相关的优势。如前所述，流域管理机构在省界缓冲区水资源保护方面处于信息不充分的不利地位，信息的不对称和不完全会限制水资源保护事业的发展、资源的有效配置和经济效率的提高。很显然，掌握与了解省界缓冲区比较充分的信息，对于加强省界缓冲区的管理、维持水资源的可持续利用都有着重大意义。

（2）应大力加强省界缓冲区水质监测和信息管理工作。在信息资源的配置上国家和政府有着更大的责任。为解决省界缓冲区水质监测和信息管理不对称问题，国家应给予流域管理机构更大的支持，加强水质监测的能力建设和信息沟通，使流域管理机构能够获得足够的信息，以便更有效地开展省界缓冲区的水资源保护工作。

（二）黄河流域水质监测和信息管理工作的现实基础

1. 水质监测

省界缓冲区水质监测是流域整体水质监测工作的重要组成部分。因此，要研究黄河流域省界缓冲区水质监测工作，首先必须分析黄河流域水质监测的整体情况。

黄河流域水质监测工作始于 1972 年，是七大流域管理机构当中起步较早的，组建了流域水质监测技术队伍及实验室，1978 年建立了黄河流域水质监测网络。

2004 年黄河水资源保护局提出了水质监测工作与现代化建设的总体思路和指导思想：水质监测是水资源保护监督管理最重要的工作基础和技术支撑。水质监测要树立为监督管理服务的宗旨，并通过引进、吸收和应用自动监测、移动监测、实验室自动化等高新科技成果和手段，提高实验室管理以及水质监测信息的采集、传输与应用的数字化水平,逐步建立"常规监测与自动监测相结合、定点监测与机动巡测相结合、定时监测与实时监测相结合,加强和完善监督性监测"的水质监测新模式,形成一个技术先进、功能完备、反应迅速、覆盖全河的现代化监测体系,为监督管理提供及时、准确、动态的水质信息服务。

2007年5月25日,黄河流域水资源保护局召开黄河水质监测工作座谈会,传达贯彻水利部2007年水利系统水质监测工作座谈会议精神,并结合黄河水质监测工作实际,提出了五项措施,以进一步提升黄河水质监测的支撑与服务能力。这五项措施如下:

(1)切实履行水利部赋予流域管理机构在流域水质监测方面的组织、协调与技术指导职责,强化流域层面的监测管理,建立和谐的信息共享机制,共同推进流域监测工作的发展。

(2)以省界为重点,逐步完善流域重点水功能区监站点网,充实水功能区监测信息,为水功能区管理提供依据和支持。

(3)以应急监测能力建设为重点,继续加强黄河水质监测能力建设,加快监测手段与信息管理的现代化。

(4)积极开展多泥沙河流监测技术研究,加快黄河水质监测技术规范体系建设。

(5)强化水质监测的人才和经济保障能力,加大水质监测人才培养和岗位技术培训力度,提高人员素质、监测质量的整体水平。

在2008年全河工作会议上,李国英主任的工作报告明确提出:未来,要加强在线监测能力建设,切实提高常规监测的自动化水平和监测精度。水质监测内容由常规监测、省界监测扩展到水调辅助性监测、排污口监督性监测以及突发水事件应急监测。

2.水质监测信息发布

黄河流域水环境监测资料的收集与管理由黄河流域水环境监测中心统一负责。根据有关技术要求,定期进行资料的系统整汇编。常规监测、省界监测、小浪底站网监测均按任务书要求有序进行,为及时向有关部门提供水质信息,反映水污染现状,监测成果以简报、通报、年报的形式对外发布。

"十五"期间,监测中心全面完成了《黄河流域水资源质量公报》《黄河流域省界水体水资源质量状况公报》《黄河流域地表水水资源质量年报》《黄河干流水量调度重点河段水质旬报》《水质自动监测日报》等各类水质信息的改版、编制与发布任务。

　　2004 年,按照《水功能区水资源质量评价暂行规定(试行)》的通知精神,编制了"黄河流域(片)重点水功能区水质监测实施方案",根据存在的实际问题,提出了分期实施、统筹兼顾、协调开展的原则。2004 年 11 月,黄河流域水资源保护局向流域各省(区)水环境监测中心印发了"关于确定黄河流域水功能区水质信息发布监测断面的通知",根据各省(区)反馈情况,选择了纳入全国区划、监测频次在 4 次以上的 142 个重点水功能区(监测断面 150 个)作为公报重点水功能区监测评价范围,公报发布频次暂定为按季度发布。2005 年 3 月,第一期《黄河流域重点水功能区水资源质量公报》正式发布。《黄河流域重点水功能区水资源质量公报》的发布是水利部的大力支持、流域各省(区)克服困难积极配合的结果,是流域水功能区监督管理工作的一项重要举措,为今后在黄河流域不断完善水功能区监测和信息发布奠定了重要基础。

　　3. 水质监测信息共享情况

　　在水利部主管部门的支持下,黄河流域与省(区)积极加强交流与合作,不断探索提高信息共享、加速信息流程、提高信息服务水平的新路子。2003 年,温家宝总理针对黄河水污染问题作出重要指示,要求黄河流域水利、环保部门建立联合治污机制。为此,黄河流域水资源保护局主动走访流域各省(区)水利、环保部门,加强沟通和联系,在信息共享、重大问题协商等方面达成共识。2003 年 9 月初,受水利部、国家环保总局委托,黄河流域水资源保护局牵头,组织山西、陕西、河南三省环保、水利部门在郑州共同编制了"2003 ~ 2004 年引黄济津期黄河水污染控制预案",经两部、局批准,共同发出"关于做好 2003 ~ 2004 年引黄济津应急调水期间水质安全工作的紧急通知"。其后,流域、省(区)水利和环保各监测部门根据分工承担了相应的监测任务,以监督预案的实施情况。通过此项工作,既促进了引黄济津应急调水水质保护,又在探索建立流域与区域相结合、水利和环保相联合的治污机制方面进行了有益的尝试。

　　为促进流域与区域的沟通与合作,更好地推动水资源保护工作,2005 年 6 月 3 ~ 4 日,水利部水资源管理司在洛阳主持召开了流域与区域水资源保护会商与信息交流座谈会,黄河流域水资源保护局承办了此次会议。部人教司、水文局,上海、重庆、河南、湖北等 9 个省、直辖市水利(水务)厅(局)、各流域管理机构及水资源保护局共 55 人参加了会议。

　　与会代表介绍了各自在水资源保护会商及信息交流方面所做的工作情况,相互交流了对流域与区域水资源保护会商及信息交流的理解和认识。与会人员充分肯定了建立流域与区域水资源保护会商与信息交流制度的重要性,认为水功能区管理是水资源保护工作的基础,省界、饮用水保护区以及水体敏感区域应作为当前会商与信息交流的主要对象。会议还对流域与区域间会商与信息交流所应涵盖的内容、范围、方式等进行了探讨,并就下阶段会商及信息交流的工作重点进行了部署。会议初步确定了"水资源保护会商及信息交流制度框架意见",协商建立流域水资源保护部门与各省(区)水文水资源(勘测)局的信息交流制度,全面实现信息资源共享,共同保护水资源。

(三)省界缓冲区水质监测和信息管理解决方案

省界缓冲区水质监测和信息管理的基本对策见图5-1。

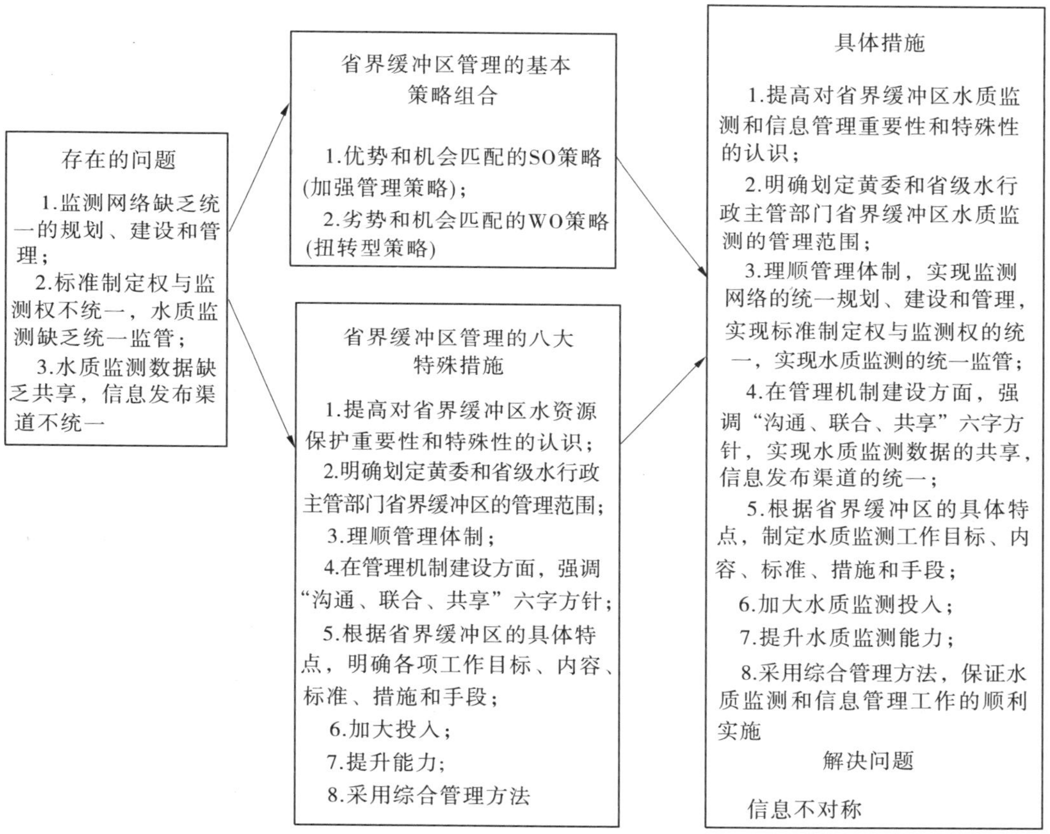

图5-1　省界缓冲区水质监测和信息管理的基本对策

1.提高对省界缓冲区水质监测重要性和特殊性的认识

水质监测在省界缓冲区水资源保护和管理工作中处于一种十分重要的基础地位,其作用对于评价省界缓冲区水质、排污口排污量和浓度必不可少。此外,随着省界缓冲区水资源保护和管理工作的加强,对黄河流域省界缓冲区水环境监测的要求也会越来越高,所要求提供的评价指标信息源也会越来越多。同时,信息不对称理论揭示了省界缓冲区水质监测和信息管理的重要性。因此,流域管理机构需要科学规划,加强省界缓冲区水质监测工作。

省界缓冲区具有容易发生水污染的特点,需要加大水质监测的力度,需要根据各省界缓冲区的具体特点确定监测点、监测内容和监测频次。例如,由于省界缓冲区是一个区域,省界缓冲区的水质监测不应等同于省界监测,监站点的布置至少应在省界缓冲区的起始界面各布置一个监站点。在起始界面之间站点的布置要根据各省界缓冲区的具体情况设置。对省界缓冲区内的重点排污口,应安排排污口监督性监测。

2. 明确划定黄委和省级水行政主管部门省界缓冲区水质监测的管理范围

从法律规定、水利部授权和流域管理的需要看,黄委应统一领导全部省界缓冲区水质监测工作。但是,由于省界缓冲区水质监测工作的基础薄弱,难以一步到位。因此,应根据黄委和省级水行政主管部门在省界缓冲区管理方面不同时期的分工,制订具体的省界缓冲区水质监测计划,争取在 2012 年即政府换届前实现黄委对全部省界缓冲区的水质监测。

3. 理顺省界缓冲区水质监测的管理体制

流域管理机构作为"河流代言人",全面负责省界缓冲区的水质监测工作,以便为省界缓冲区水资源保护和管理工作提供统一的依据。尽管目前我国现有法律规定之间存在一定冲突和授权模糊性,同时我国现行的行政管理体制具有分属性,但这恰恰也为有战略雄心的行政机构提供了发挥的空间和舞台。换一个思维考虑,至少现行法律、法规并没有对水行政管理部门实施省界缓冲区水资源管理行为作出明确的限制规定。

在构建流域省界缓冲区水质监测的管理体制时,除需要处理好水行政管理部门和环境保护等部门、流域和区域的关系外,还要处理好流域管理机构与水利部、流域管理机构内部水资源保护局与其他局、流域管理机构水资源环保局和下属单位之间的关系,合理确定各主体的定位、职责范围、权限、管理内容和工作程序等。

在理顺管理体制的同时,尽快实现两个方面的统一:

(1)监测网络的统一规划、建设和管理。目前,黄河流域水质监测一直由水利和环保两个部门实施监测。由于缺乏对监测网络的统一规划,省界缓冲区相关水质监测网络的设置两个部门不完全一致,水质监测数据缺乏可比性。为保障监测工作正常和有序开展,提高监测效率和可靠性,避免人力、财力、物力资源浪费,需要在流域水资源保护机构的统一领导下,对省界缓冲区的监测网络进行科学规划、建设和管理,才能满足黄河流域水资源保护要求的全面、优质、高效的信息服务。这也是《中华人民共和国水法》和《中华人民共和国水污染防治法》赋予流域水资源保护机构的职责和权力。

按照黄河流域水资源保护局的统一安排，"十一五"期间，黄河水质监测的总体工作思路是：牢固树立科学发展观，以"维持河流健康生命"为宗旨，加强水功能区监测，监测内容由常规监测、省界监测扩展到水调辅助性监测、排污口监督性监测以及突发水事件应急监测，保证黄河供水水质安全。进一步加快监测能力建设、监测队伍建设步伐，切实提高常规监测的自动化水平和监测精度，全面提高水质监测与信息支撑能力。这一工作思路同样适用于省界缓冲区水质监测工作。

（2）实现标准制定权与监测权的统一，实现水质监测的统一监管。

①标准制定权。《中华人民共和国水法》第三十二条第三款规定：水行政部门或者流域管理机构按水功能区对水质的要求和水体的自然净化能力，核定该水域的纳污能力，然后向环保部门提出意见。核定水域的纳污能力应该是制定环境质量标准重要的前提性工作，它与水质标准的制定应该是紧密相连不可分割的工作程序。

从近年来流域水资源保护的实践看，环保部门制定的标准不仅不成功，反而给水利部门的工作带来了很多负面影响，制约着流域水资源可持续利用目标的顺利实现。因此，流域水质监测标准制定权与监测权的统一是必须解决的一个重大问题，应该由水行政部分统一负责。当然，这有待将来立法时调整。

②监测权。《中华人民共和国水污染防治法》规定了省界水体水环境质量状况监测由流域的水资源保护工作机构负责，但环保部门也具有监测权，流域的水资源保护工作机构在具体工作时难于统一组织和实施，监测频次和检测项目在不同的省界缓冲区差距较大，其监测结果难以评价和比较。

为此，需要建立流域水资源保护机构在省界缓冲区水资源保护方面的统一监测权。现有环保部门的监测机构，需要在流域水资源保护机构统一制定的监测频次和检测项目下开展工作。时机成熟的时候，可以按照省界缓冲区水质监测的统一规划，由流域管理机构牵头，对环保部门在省界缓冲区设置的监测机构进行调整和整合。

③监测结果的报告。需要树立流域管理机构在省界缓冲区水质信息发布方面的权威。在省界缓冲区水质监测信息管理方面，流域水资源保护机构应定期公布水量水质状况，发现水质不符合要求的，应以流域管理机构文件方式向有关省（区）人民政府办公厅报告，同时提出治理措施的建议。重大污染事件或者水质特别恶化时，应同时向水利部和国际环保部报告，通报相邻各省

（区），并根据应急预案采取相应的应急处理措施。

4. 加强省界缓冲区水质监测和信息管理机制建设

目前，水利、环保部门都在开展省界水体水质监测，相互之间缺乏有效的协调与合作，部门之间相互不交流、不共享数据。从省界缓冲区水资源保护和管理工作的复杂性看，单纯靠任何一方的力量都难以胜任全部水质监测和信息管理工作，因此需要在流域管理机构的统一领导下，加强流域与区域、水利与环保部门间的信息沟通，联合开展水质监测工作，共享水质监测资源，实现信息发布渠道的统一。特别是在应急监测时，监测资源共享和信息发布渠道的统一，更为重要。

建立长效沟通机制的一种典型做法是：建立流域与区域水资源保护会商及信息交流制度，实现流域与区域的有机结合。流域与区域的信息交流应强调互补性，流域管理机构要立足于服务全流域，提供区域所需要和缺乏的信息，区域要为流域管理机构提供真实可靠的信息，确保流域管理机构的决策更加准确。省界、重点饮用水水源区和敏感区域应作为当前水资源保护会商与信息交流的重点。同时，建立规范化的资源和信息共享是促进流域与区域会商和信息交流的重要前提。未来，流域和区域水资源保护会商及信息交流时，水利部门应转变观念，以水功能区的监督管理为重点，根据水资源保护管理需求，积极整合信息资源。流域管理机构要以省界水质监测为重点，完善省界监测断面的标准化和规范化工作，提出省界缓冲区水资源保护的具体管理要求；区域要以水功能区中的饮用水源区保护作为工作重点，依法完成各项水资源保护工作。

5. 根据省界缓冲区具体特点，制订水质监测方案

水质监测方案包括水质监测工作目标、内容、标准、措施和手段等内容。由于水质监测的国家规范和标准比较系统、科学，省界缓冲区水质监测方案主要是把国家规范应用到省界缓冲区的水质监测中，这类技术问题，此处不赘述，具体内容见本书第五章第四节《省界缓冲区水质监测和信息管理办法（样稿）》。

6. 加大省界缓冲区水质监测的投入

据《中国水功能区划》，黄河流域及西北诸河共划分一级功能区 318 个（不含开发利用区 218 个），二级功能区 481 个。而目前黄河流域（片）实有监站点 296 个（其中还有部分不在《中国水功能区划》内），平均每 3 个功能区不足 1 个监测断面。流域各省（区）经济支撑能力不一，大部分中西部省（区）地方财政困难较大，已开展监测的水功能区断面监测频次参差不齐，多则 12 次，

少则 4 次,致使《黄河流域重点水功能区水资源质量公报》每年仅能发布 4 期,远远无法满足流域水功能区管理的要求。针对上述情况,需要水利部和流域各省(区)采取有效措施,重点加强水功能区水质监测,优先提高现有重点水功能区监测断面测次,使黄河流域水功能区监测和评价工作尽快达到水利行业的要求。

随着水资源管理与保护工作的发展,水质监测的工作量也在逐年增加,而维持水质监测工作的经费却一直停留在几年前原有的水平。自动监测、有毒有机物监测、突发性污染事故应急监测等新的工作相继开展,却没有相应的经费予以支持,这使得许多监测单位在开展工作时举步维艰,部分监测单位一方面是新的检测项目亟待开展,一方面是新配置的仪器设备无法投入使用,出现了买得起马配不起鞍的尴尬局面。需要多渠道解决监测运行经费,确保投资效益的发挥。

7. 提升省界缓冲区水质监测能力

随着省界缓冲区水资源保护和管理等行政职能的发挥,提升水质监测能力建设的问题也将显现。例如,监测人员的业务知识已不能满足需要,需要多举办针对重大突发性水污染事件应急调查、监测和大型仪器上岗人员培训班,培训监测管理人员,提高现有监测队伍应急调查、监测的技术水平。

提升监测能力的一项重要工作是加快重大水污染事件预警预报系统研究步伐。水污染事故预警预报十分重要,也是水利部门的优势。今后要加大力度,开展重点入河排污口特别是城市供水水源地危险污染源调查,建立相关资料数据库;研究开发黄河重点河段水质预警预报系统、典型河段有毒有机物水质预警预报系统。

此外,需要继续加强应急反应监测能力建设。准确及时的水质信息是重大水污染事件调查处置的关键。而目前快速测定、移动监测仪器设备明显不足,现场取证设备、交通工具不足,信息传递手段落后等因素,已严重影响应急反应能力的发挥。近期重点充实快速测定仪器、便携式监测设备、移动监测设备以及先进的现场取证设备、交通工具、远程数据处理与传输等现代化手段的配备。关键区域的水质自动站建设也需要提上议事日程。

8. 采用综合管理方法,保证省界缓冲区水质监测和信息管理工作的顺利实施

以法规建设的立法为例,目前尚未制定省界缓冲区水质监测和信息管理办法,导致工作缺乏可依据的、可操作性的具体规章。为加强黄河流域省界缓冲区水质监测工作,规范水质监测、水质评价、水质信息发布等行为,需要尽快发布有关省界缓冲区水质监测管理、评价、信息发布等水质监测工作管理办法。

三、省界缓冲区污染物浓度与总量控制管理

(一) 控制污染物排放政策

要研究省界缓冲区污染物浓度和总量控制措施,必须首先分析国家的控制污染物排放政策。控制污染物排放政策是国家制定的,用以强制污染者减少污染物排放的政策,现在国际通用的制定政策的原则是"污染者付费"原则。控制污染物排放政策的制定大体经历两个阶段:浓度控制和总量控制。

总量控制也经历了两个不同阶段,其初期阶段的总量控制并不以水体纳污能力为制定控制指标的依据或不以其作为主要依据,而多以行政区排污总量为限制指标,后期的总量控制则以水体纳污能力为依据制定污染物排放总量的控制指标或以其作为总量控制指标制定的最终目的指标。国外一些专家学者在表述时也有人将其划分为总量控制和容量控制总量两个阶段,我国一般将该两个阶段统称为总量控制。

在最初阶段,国家对污染物排放实行浓度控制,国家设立排放浓度标准,对超过标准的排放处以收费或罚款,强迫排放者自行投资处理污染物以减少排放。

随着工业的发展,排污者增加,即使都达到标准,排放的污染物也相当可观,国家开始执行总量控制,即设定每一个污染者允许排放的污染物总量,即使排放浓度达标,按照排放的污染物总量也得缴纳排污费,国家用以改善环境质量,同时达到强制排污者进一步降低污染物排放的目的,也防止有些违法者用清水稀释排放废水以达到浓度达标的目的。

总量控制是到目前为止最科学的一种控制污染政策,在一定区域内,对所有的污染者排放的污染物总量有一个限制,必须是在环境自净能力允许的范围内。在区域内的各个排污者可以将自己的排污指标进行交易,如一个排污者由于重视治理污染,大大减少自己的排污量,他可以将自己富余的排污指标卖给没有能达到指标的排污者,但区域内排污总量不得超过指标,这种政策更可以刺激开发污染物排放技术的积极性,同时将环境质量维持在一个可以容许的范围内。

从总体上看,总量控制和浓度控制是环境保护的两种控制污染物排放的基本手段。

我国根据不同的行业特点,制定了一系列的废气、废水排放标准。规定企业排放的废气和废水中各种污染物的浓度不得超过国家规定的限值,这就是浓度控制。

　　但污染物排放标准和环境质量标准之间是有差距的,环境质量标准要比污染源排放标准严格得多。即使所有的企业都达到了排放标准,但环境质量很可能不达标。因而,单纯控制污染物的排放浓度显然是不够的。从而提出了控制污染物排放总量的管理思路。即根据环境质量的要求,确定所能接纳的污染物总量,将总量分解到各个污染源,保证环境质量达标。

　　单方面控制总量也是不行的,高浓度的污染物质在短时间内排放,会对环境产生巨大的冲击。因此,国家政策中提倡和实施总量和浓度双控制,即既要控制污染源的排放总量,又要控制其排放浓度。

(二)省界缓冲区污染物浓度与总量控制的现实基础

　　经多年的努力,对污染源的浓度控制在制度上已经基本确立,在浓度控制的基础上,黄河流域按照水功能区实行总量控制的措施已开始试行,核定的水功能区纳污能力是实施水污染总量控制的主要依据。

　　(1)实施入河污染物总量控制制度,是新《中华人民共和国水法》赋予流域水资源保护机构的职责。2003年4月底,黄河流域水资源保护局根据《中华人民共和国水法》规定,紧密配合《2003年旱情紧急情况下黄河水量调度预案》的实施,向陕西、山西、河南和山东省人民政府提出了《2003年旱情紧急情况下黄河干流龙门以下河段入河污染物总量限排预案》(以下简称《限排预案》)。《限排预案》依据黄河流域水功能区划规定的水质目标,结合2003年1~4月黄河干流中下游实测来水和进入主汛期之前的来水预测情况,核算出干流龙门以下河段的纳污能力,对四省分别提出主要污染物COD和氨氮入河总量限额,并对主要入黄支流口和排污口进行入河污染物浓度限制。

　　实施《限排预案》这一举措受到了水利部领导的高度重视,当时的汪恕诚部长和索丽生副部长分别在水资源司的签报上作出重要批示,指出这是水利部门依法保护水资源,实施水量水质统一动态监管的必要而及时的举措,应予以支持并逐步规范化、制度化。水资源司及时向各流域管理机构转发了这一预案,以推动这项工作在全国范围的开展。

　　《2003年旱情紧急情况下黄河干流龙门以下河段入河污染物总量限排预案》是流域管理机构首次依法向有关省(区)提出限排意见并实施限排预案。《限排预案》提出之后,得到了四省政府的重视,四省主管副省长都作了批示,并安排水利、环保等有关部门进行落实。其中陕西省政府制定了《陕西省渭河流域水环境应急预案》发到各地市。山西省环保局要求各地市环保部门积极配合"限排意见"的实施。河南省政府开会专题研究黄河、淮河水污染防治工作,要求9月底前关停988家污染严重的企业。山东河务局已请省环保局对长清、平阴县提出要求和下达污染物入黄总量控制指标,两局还将联合对翟庄闸进行检查。从限排预案实施效果来看,部分支流和排污口入河污染物总量有明显减少,浓度明显降低,干流水质有所好转。

(2)根据《中华人民共和国水法》的规定,黄委 2004 年 10 月提出了《黄河纳污能力及限制排污总量意见》。经水利部组织专家审查后,于 2004 年 12 月函送国家环境保护总局,并于 2007 年纳入到了水利部向社会公布的《重要江河湖泊限制排污总量意见》。

《黄河纳污能力及限制排污总量意见》的提出,为黄河水资源保护和水污染防治工作提供了重要依据,是维持黄河健康生命的一项重要举措。一方面,在实施入河排污口设置同意行政许可过程中,黄委按照提出的纳污能力及限制排污总量意见的要求,对新建、改建、扩大排污口的排污量严格进行核定,对保护黄河水资源起到了积极的推动作用。另一方面,黄河纳污能力及限制排污总量意见的提出,对整个流域水污染控制和水功能保护工作也起到了积极推动和示范作用。

(3)黄河流域在 2006 年开展了纳污能力交易权制度研究,包含了总量控制的做法。

(三)省界缓冲区浓度和总量控制解决方案

省界缓冲区污染物浓度和总量控制的基本对策见图 5-2。

1. 提高对省界缓冲区污染物浓度和总量控制重要性与特殊性的认识

浓度控制和总量控制是省界缓冲区水资源保护和管理的手段,只有实现了浓度控制和总量控制的目标,省界缓冲区水资源恶化的势头才能得到根本的遏制。特别是总量控制制度的提出,反映了污染管理思想的深刻变革。

省界缓冲区的跨界特性导致容易发生水污染,污染物浓度控制和总量控制目标更是难以实现,因此相对于其他水功能区而言,流域管理机构需要加大省界缓冲区水污染浓度和总量控制的力度。

2. 明确划定黄委和省级水行政主管部门的管理范围

从法律规定、水利部授权和流域管理的需要看,黄委应统一领导全部省界缓冲区浓度控制和总量控制工作。但是,由于省界缓冲区浓度控制和总量控制工作的基础薄弱,难以一步到位。因此,应根据黄委和省级水行政主管部门在省界缓冲区管理方面不同时期的分工,制订具体的省界缓冲区浓度控制和总量控制计划,争取在 2012 年即政府换届前实现对全部省界缓冲区的浓度控制和总量控制。

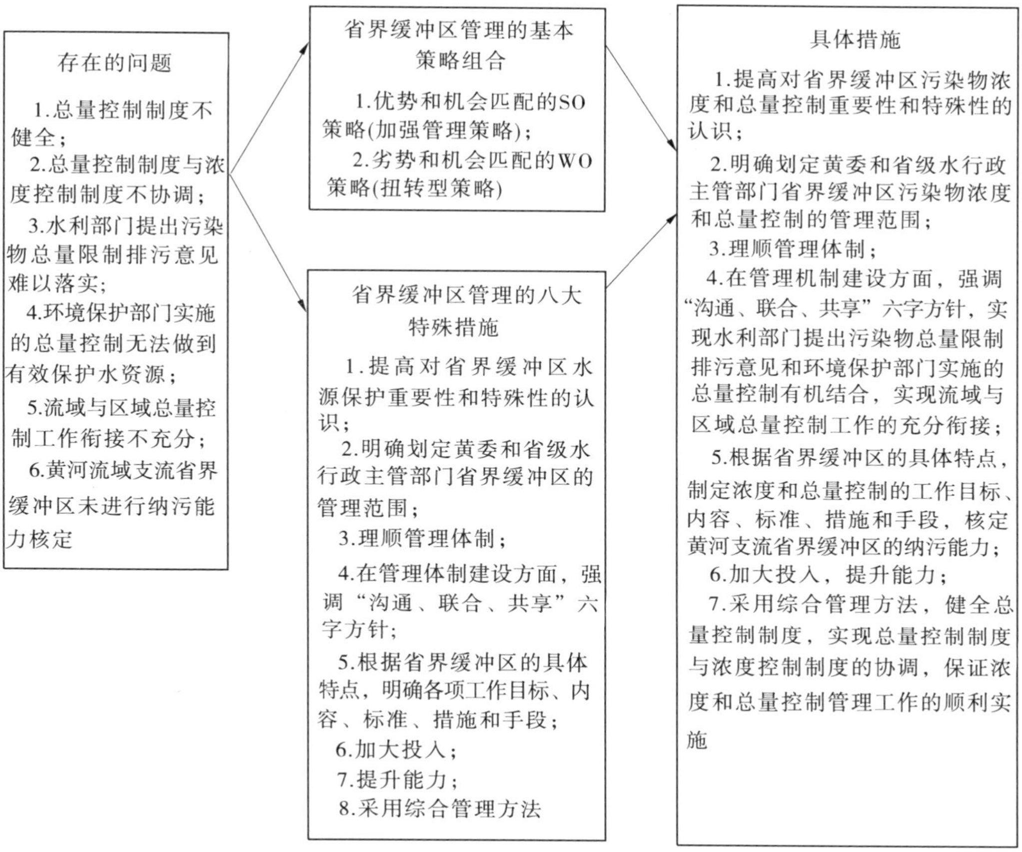

存在的问题	省界缓冲区管理的基本策略组合	具体措施

存在的问题

1.总量控制制度不健全；

2.总量控制制度与浓度控制制度不协调；

3.水利部门提出污染物总量限制排污意见难以落实；

4.环境保护部门实施的总量控制无法做到有效保护水资源；

5.流域与区域总量控制工作衔接不充分；

6.黄河流域支流省界缓冲区未进行纳污能力核定

省界缓冲区管理的基本策略组合

1.优势和机会匹配的SO策略(加强管理策略)；

2.劣势和机会匹配的WO策略(扭转型策略)

省界缓冲区管理的八大特殊措施

1.提高对省界缓冲区水源保护重要性和特殊性的认识；

2.明确划定黄委和省级水行政主管部门省界缓冲区的管理范围；

3.理顺管理体制；

4.在管理体制建设方面，强调"沟通、联合、共享"六字方针；

5.根据省界缓冲区的具体特点，明确各项工作目标、内容、标准、措施和手段；

6.加大投入；

7.提升能力；

8.采用综合管理方法

具体措施

1.提高对省界缓冲区污染物浓度和总量控制重要性和特殊性的认识；

2.明确划定黄委和省级水行政主管部门省界缓冲区污染物浓度和总量控制的管理范围；

3.理顺管理体制；

4.在管理机制建设方面，强调"沟通、联合、共享"六字方针，实现水利部门提出污染物总量限制排污意见和环境保护部门实施的总量控制有机结合，实现流域与区域总量控制工作的充分衔接；

5.根据省界缓冲区的具体特点，制定浓度和总量控制的工作目标、内容、标准、措施和手段，核定黄河支流省界缓冲区的纳污能力；

6.加大投入，提升能力；

7.采用综合管理方法，健全总量控制制度，实现总量控制制度与浓度控制制度的协调，保证浓度和总量控制管理工作的顺利实施

图5-2　省界缓冲区污染物浓度和总量控制的基本对策

3.理顺省界缓冲区污染物浓度和总量控制管理体制

国家对水资源实行流域管理与行政区域相结合的管理体制,因此在省界缓冲区的污染物浓度和总量控制工作上,也应坚持流域管理与行政区域相结合的管理体制。

目前,水利和环保两个部门都在负责省界缓冲区的污染物浓度和总量控制工作。由于管理体制中长期存在的问题,两个部门之间缺乏有效沟通和协调行动,最终使得流域水资源恶化的状况没能得到根本性的遏制。为破解这一历史性的难题,需要根据流域的特点,突出管理体制中流域管理机构的河流代言人地位,强化流域管理机构在省界缓冲区污染物浓度和总量控制方面的统一领导地位。

4.加强机制建设,强调"沟通、联合、共享"六字方针

完善"联合治污"机制是加强流域管理机构和环保部门、流域和区域联系的重要方法。通过建立"联合治污"机制,有利于解决黄河流域省界缓冲区污

染物浓度和总量控制的下列问题：水利、环保等部门缺乏有效的工作沟通，水污染防治和水资源保护工作缺少衔接、存在脱节现象，缺乏统一部署和行动。近年来，虽然水利部和国家环保总局就建立黄河流域联合治污机制等方面达成了一定的共识，但流域与区域管理相结合、水利和环保联合的治污机制尚需进一步完善。需要水利部和国家环保部共同组织建立流域与区域管理相结合、水利和环保联合、分工明确、团结协作，具有黄河流域特点的联合治污机制。

（1）水利和环保部门的联合。目前，水利和环保部门都在从事省界缓冲区污染物浓度和总量控制工作。

在2007年3月水利部公布的《重要江河湖泊限制排污总量意见》中，涵盖了黄河流域、辽河流域、松花江流域、海河流域、淮河流域、太湖流域、三峡库区等七个流域（区域）。水利部门的限排意见主要依据水域纳污能力制定，对实现水资源保护最终无疑是正确的，但由于资料等方面限制，考虑污染源的情况很少，更难以将控制总量分配到具体污染源，因此落实起来比较困难。

环保部门实施总量控制是以区域污染物排放总量为基础的，提出一个削减的比例，并分配到污染源，但其在制定削减总量时并没有充分考虑水域的纳污能力，虽与污染源联系较强，却与水资源保护的实际需要脱节，表面上虽然完成了污染控制指标，事实上很多地区污染物排放总量仍然超出河流纳污能力，在污染较重地区很难保证水域水功能要求，也就无法实现水资源的有效保护。

要实现省界缓冲区的污染物浓度和总量控制目标，需要加强水利和环保部门的联系，打破部门之间的壁垒，按照"沟通、联合、共享"六字方针，将流域管理机构的优势和环保部门的优势结合起来，实现环境保护部门总量控制目标与流域管理机构总量控制目标的有机统一。也就是说，应在调查研究的基础上，将黄河流域的污染物控制总量分配到省界缓冲区，并将省界缓冲区的控制总量分配到具体的污染源。

（2）加强流域与区域总量控制工作衔接。流域污染物总量控制工作是站在流域的角度，统筹考虑了各个区域的水资源质量状况等多种因素；区域污染物总量控制工作往往是从本区域内出发，更多考虑的是本区域经济发展因素。这就造成，虽然区域污染物总量控制工作制定的目标和措施在这个区域内是较为科学和合理的，但将它放在整个流域层面来分析，就无法达到整个流域水资源保护的目标。尤其是在省界缓冲区，大多处在行政区之间的结合部，流域与区域总量控制工作不尽相符，甚至有些是完全脱节的。

为此,需要加强流域与区域的沟通机制,建立流域总量控制目标优先于区域总量控制目标的明确规定和强制措施。明确流域管理机构和省、自治区的水资源保护管理范围、管理权限,逐步建立一个统分结合、优势互补的流域与区域相结合的管理体制。

5. 根据省界缓冲区的具体特点,制定浓度控制和总量控制工作方案

方案包括浓度控制和总量控制工作目标、内容、标准、措施和手段等内容。在浓度控制和总量控制工作中,需要注意做好以下两项工作:

(1)目前,包括黄河流域、辽河流域、松花江流域、海河流域、淮河流域、太湖流域、三峡库区等七个流域(区域)均进行了纳污能力核定工作,并提出了限制排污总量意见。然而,就黄河流域而言,只针对黄河干流开展了纳污能力核定,由于管辖权限不明确、没有充分掌握水功能区水质水量情况等,此项工作在黄河流域支流省界缓冲区仍是空白的。为此,需要尽快开展黄河流域支流省界缓冲区纳污能力核定工作。

(2)在做好点源控制的基础上,加强面源和内源控制。要实现省界缓冲区水质保护目标,真正实现总量控制,单纯地靠点源的浓度控制和总量控制是不够的,还需要加强面源和内源控制。

6. 加大省界缓冲区污染物浓度控制和总量控制的投入,提高能力

随着省界缓冲区水资源管理与保护工作的发展,浓度控制和总量控制的工作量也在逐年增加,相应地,用于浓度控制和总量控制的投入也要随着增加。

例如,实施省界缓冲区入河污染物总量控制,流域管理机构的监督管理必须有先进的管理设施,而目前的管理设备、监测仪器、断面密度、监测频次均不能满足总量控制工作的要求,所取得的监测资料难以准确、公正核算入河污染物总量,也不能及时对突发性水污染事件采取快速、有效的处理措施。为此,必须加大经费投入,加强硬件及软件设施的建设,满足浓度控制和总量控制工作的需求。

鉴于浓度控制是比较成熟的管理手段,应把建设工作的方向放在总量控制方面。

7. 采用综合管理方法,保证浓度控制和总量控制管理工作的顺利实施

新的《中华人民共和国水污染防治法》只是提出了总量控制工作的制度,但迄今为止,仍缺少关于总量控制制度的完整的法律法规规范,致使总量控制工作得不到有效规范的开展。

省界缓冲区总量控制是流域总量控制的一个组成部分,一方面需要在流

域总量控制的大框架下开展工作。另一方面,鉴于省界缓冲区的特殊性,可以首先在省界缓冲区开展探索,并在探索的基础上总结经验教训,促进流域总量控制的实现。

从目前的情况看,流域总量控制还没有发布管理规定,水行政管理部门主要是以"意见"的方式开展工作。如2007年3月水利部公布的《重要江河湖泊限制排污总量意见》,以及黄委向陕西、山西、河南和山东省人民政府提出了《2003年旱情紧急情况下黄河干流龙门以下河段入河污染物总量限排预案》,均不具有法律强制力。从长远的角度看,流域管理机构要履行河流生态代言人的职责,仅仅靠不具有法律强制力的"意见"是靠不住的。而且,这种做法也与《中华人民共和国水法》第三十二条第三款规定不一致。《中华人民共和国水法》第三十二条第三款规定:水行政部门或者流域管理机构按水功能区对水质的要求和水体的自然净化能力,"核定该水域的纳污能力"。所谓核定,核心是一个"定"字。既然是"定"了,就应该执行。因为在核定时,已经考虑了当时的社会经济发展水平。

从长远看,要进一步完善和健全水资源保护法规体系。由于限排预案的制定和实施涉及流域管理机构、地方政府、地方环保、水利等部门,如何协调各部门工作,如何保证限排预案的落实,《中华人民共和国水法》未明确规定,实施中对工作不力的地方和部门难以追究责任,对超过限排规定的企业难以处罚。在国家水资源保护法规规章不断完善的前提下,需要尽快出台有关规章,使水资源保护管理工作做到有法可依。

此外,还要协调好总量控制制度与浓度控制制度。浓度控制制度是我国较早实施的一种水污染防治制度。在推行总量控制制度后,一方面可能出现某个排污口符合总量控制的要求,却达不到浓度控制要求;新建项目符合浓度控制的要求,却达不到总量控制的要求;另一方面,由于污染源数量和排水量的增加,即使都做到达标排放,而排污总量也在不断增加,水质势必日趋恶化。以上矛盾的出现说明新旧制度间存在协调不够的问题。要解决这一问题,一方面应坚持浓度和总量"双控制"的原则;另一方面需要加快推行河流纳污能力管理制度,发布和实施纳污能力使用权交易制度。

四、省界缓冲区入河排污口管理

水资源保护强调目标与手段的协调统一。通过制定流域水资源保护规划及流域水功能区划指导协调全流域水资源的开发、利用与保护,审定水域纳污能力,提出限制排污总量的意见。具体工作中,"污从口入",只有切实管好了入河排污口,以水资源的可持续利用支撑经济社会的可持续发展才不会成为空话。

(一)省界缓冲区入河排污口管理的现有基础

1.入河排污口调查工作

造成黄河流域水质恶化的根本原因是入河排污。为遏制黄河水质恶化趋势,黄河流域水资源保护局历来重视对入河排污口的监督管理工作,包括省界缓冲区入河排污口的监督管理工作。

为加强入河排污口管理,2005年3月,水利部"关于加强入河排污口监督管理工作的通知"规定各级水行政主管部门应确定入河排污口每年统一普查时间和频次,依法向各级政府报告。

2005年11月17日,黄河流域水资源保护局在郑州组织召开黄河入河排污口普查、登记暨监督管理工作座谈会。会议指出,入河排污口监督管理是《中华人民共和国水法》中规定的一项水资源保护基本管理制度,入河排污口的普查与登记工作是水资源保护工作及入河排污口监督管理的基础工作。各单位要提高认识,开拓进取,积极推进入河排污口监督管理工作。

目前,黄河流域对入河排污口日常监督管理工作较为薄弱,超标排污或者私设排污口现象比较严重。其原因:一是地方政府有关部门对点源治理执法不严,入河排污管理无序;二是水利部门水资源保护职能刚刚起步,以往开展的入河排污口监督管理缺乏法律依据,作为不大;三是入河排污口资料不能及时更新,底数不十分清楚,入河排污口日常监督管理以及排污口的登记、归档、年审等基础工作薄弱。因此,开展入河排污口监督管理需要入河排污口调查等强有力的基础支撑。

入河排污口调查还是开展水功能区管理(包括省界缓冲区)工作的基础。为使水功能区管理工作尽快开展起来,2003年水利部颁布实施了《水功能区管理办法》明确规定:县级以上地方人民政府水行政主管部门和流域管理机构按各自管辖范围及管理权限,对水功能区进行监督管理,对水功能区内已经设置的入河排污口情况进行调查。2003年6月,水利部办公厅颁发"关于贯彻落实《水功能区管理办法》,加强水功能区监督管理工作的通知"要求流域管理机构积极开展水功能区管理工作。为认真贯彻落实水利部文件精神,积极开展水功能区管理工作,让有关政府及时了解水功能区水质状况,以便采取切实措施保证黄河水质安全,也必须开展入河排污口调查,动态掌握黄河干流重点水功能区水质状况。

此外,入河排污口调查还是开展入河污染物总量控制工作的基础。《中华人民共和国水法》第三十二条规定：县级以上地方人民政府水行政主管部门和流域管理机构应当对水功能区的水质状况进行监测，发现重点污染物排放总量超过控制指标的，或者水功能区的水质未达到水域使用功能对水质的要求的，应当及时报告有关人民政府采取治理措施，并向环境保护行政主管部门通报。《入河排污口监督管理办法》也对发生严重干旱或者水质严重恶化等紧急情况时，有管辖权的县级以上地方人民政府水行政主管部门或者流域管理机构应当及时报告有关人民政府，由其对排污单位提出限制排污要求的规定。因此，要及时发现重点污染物总量超过控制指标，并提出切实可行的限制排污总量意见，必须动态掌握河段排污口分布状况及其排污特性。

总之，入河排污口调查既是流域水资源保护工作的重要组成部分，也是流域水资源保护的重要基础工作，开展此项工作具有很高的应用价值和重要意义。

2. 入河排污口监督管理办法及其实施细则

2002 年颁布实施的新《中华人民共和国水法》将水功能区管理确定为水资源保护的一项制度，并赋予流域管理机构水功能区划拟定以及水功能区监测、通报等水资源保护职能。为此，水利部分别于 2003 年 5 月和 2004 年 11 月出台了两个重要配套法规，即《水功能区管理办法》和《入河排污口监督管理办法》，进一步明确了国务院水行政主管部门负责全国入河排污口监督管理的组织和指导工作，县级以上地方人民政府水行政主管部门和流域管理机构依照规定权限对入河排污口设置实施监督管理；同时对《中华人民共和国水法》施行前已经设置入河排污口的单位，要求在本办法施行后要在所在地县级以上人民政府水行政主管部门或者流域管理机构所属管理单位进行入河排污口登记，由其汇总并逐级报送有管辖权的水行政主管部门或者流域管理机构，实施日常管理。这为流域管理机构行使政府管理职能、加强流域水资源的统一管理和保护提供了强有力的法规保障。

2006 年 12 月，黄委印发施行《黄河水利委员会实施〈入河排污口监督管理办法〉细则》（简称《实施细则》）。作为一个规范性文件，它在人民治理黄河 60 年的巨大成就中，显得那么不起眼，然而该《实施细则》却得到了沿黄地区和黄委的高度重视。

《实施细则》根据水利部入河排污口监督管理办法的有关规定，结合黄河具体情况，合理区分宏观管理和微观管理，对黄委直接管理范围、排污口分类、审查受理部门、排污单位提交资料、受理同意条件、审查许可原则及程序、登记和档案制度、资料报送制度等进行了明确规定，基本达到"内容全面，具体详细,操作方便"的目的。

《实施细则》中根据有关法律规定和水利部授权,合理区分流域管理和行政区域管理范围,将黄委直接管理入河排污口的范围限定为5部分,即黄河干流(含水库库区)、直管支流、实施取水许可和建设项目限额管理的支流河段、由环保总局审批的项目和其他授权管理的范围。在这些范围内,黄委将对入河排污口实施设置许可管理和日常监督管理。对这些范围以外的入河排污口,黄委将通过水资源保护规划、水功能区管理、取水许可水质管理和入河污染物总量限排等措施来实施宏观管理。

入河排污口设置审查是水法设定的一项行政许可,也是《实施细则》规定的重点内容。在《实施细则》中,黄委规定了明确的受理部门,明确的受理审查时限,明确的受理审查程序,明确的提交材料要求,明确的内部审查分工,明确的验收和监督检查措施等。依此,各种监督管理行为将更为规范,责任更为具体,审查标准更为明确易于掌握,同时,排污口设置申请单位和排污单位更易找到直接办理的机关,对管理相对人更为方便,应有的权利更便于维护。

《实施细则》要求"建立和完善黄委与黄河流域省级人民政府水行政主管部门关于入河排污口监督管理的沟通与配合制度,入河排污口登记、调查资料要相互抄送,重要情况要相互及时通报",必将更有利于强化流域与区域相结合的入河排污口监督管理制度,实现流域管理机构宏观与微观相结合的入河排污口监督管理目标。

《实施细则》已成为黄河入河排污口监督管理的基本和直接的依据,是落实水法有关规定的基本措施。相信《实施细则》的出台,将为开创黄河入河排污口监督管理新局面提供有力的制度保障。

(二)省界缓冲区入河排污口管理解决方案

从整体上看,随着《黄河水利委员会实施〈入河排污口监督管理办法〉细则》的出台和实施,黄河流域省界缓冲区入河排污口管理的思路和方法都是比较清晰的,现有的入河排污口管理制度对于入河排污口从设置审批、登记、普查等,都设置了一套较严格的制度,从而可在一定程度上保证干流省界缓冲区入河排污口管理工作的顺利进行。目前需要做的工作主要是:如何将《黄河水利委员会实施〈入河排污口监督管理办法〉细则》尽快在省界缓冲区全面实施。

省界缓冲区入河排污口监督管理的基本对策见图5-3。

1. 提高对省界缓冲区入河排污口管理重要性和特殊性的认识

在省界缓冲区,入河污染物控制总量及削减量指标最终都要分解落实到

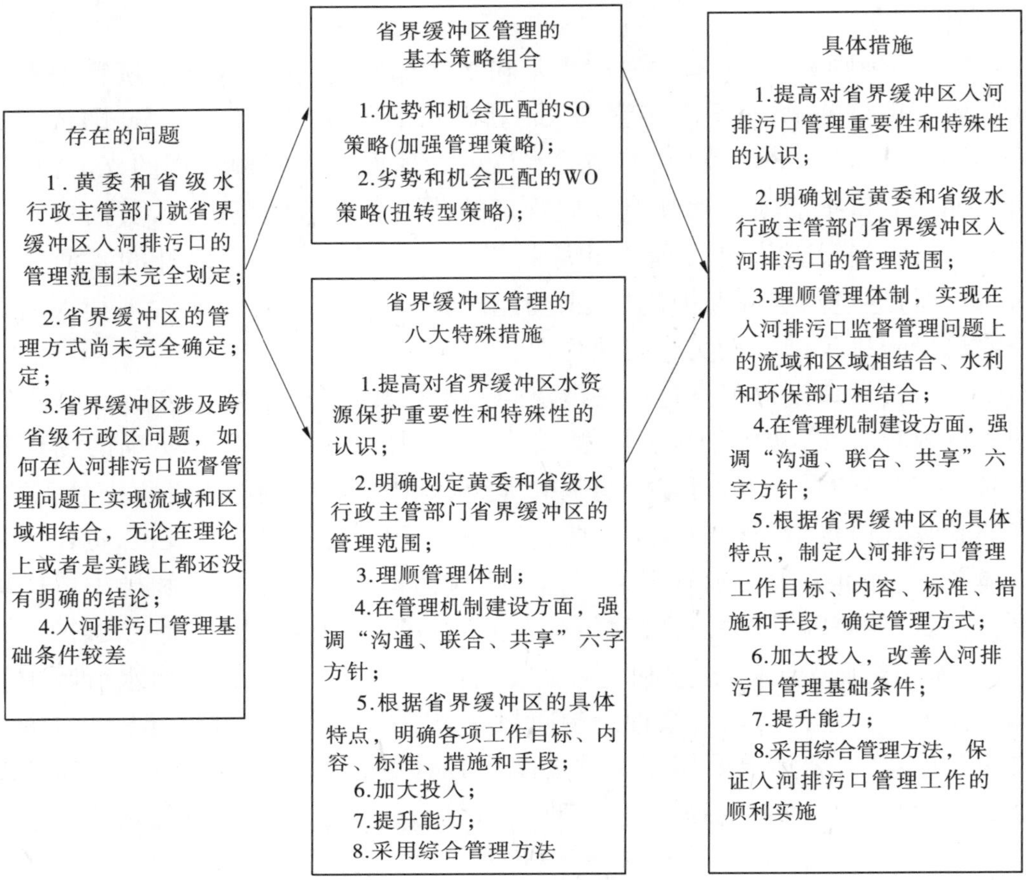

存在的问题

1. 黄委和省级水行政主管部门就省界缓冲区入河排污口的管理范围未完全划定；

2. 省界缓冲区的管理方式尚未完全确定；定；

3. 省界缓冲区涉及跨省级行政区问题，如何在入河排污口监督管理问题上实现流域和区域相结合，无论在理论上或者是实践上都还没有明确的结论；

4. 入河排污口管理基础条件较差

省界缓冲区管理的基本策略组合

1. 优势和机会匹配的SO策略(加强管理策略)；

2. 劣势和机会匹配的WO策略(扭转型策略)；

省界缓冲区管理的八大特殊措施

1. 提高对省界缓冲区水资源保护重要性和特殊性的认识；

2. 明确划定黄委和省级水行政主管部门省界缓冲区的管理范围；

3. 理顺管理体制；

4. 在管理机制建设方面，强调"沟通、联合、共享"六字方针；

5. 根据省界缓冲区的具体特点，明确各项工作目标、内容、标准、措施和手段；

6. 加大投入；

7. 提升能力；

8. 采用综合管理方法

具体措施

1. 提高对省界缓冲区入河排污口管理重要性和特殊性的认识；

2. 明确划定黄委和省级水行政主管部门省界缓冲区入河排污口的管理范围；

3. 理顺管理体制，实现在入河排污口监督管理问题上的流域和区域相结合、水利和环保部门相结合；

4. 在管理机制建设方面，强调"沟通、联合、共享"六字方针；

5. 根据省界缓冲区的具体特点，制定入河排污口管理工作目标、内容、标准、措施和手段，确定管理方式；

6. 加大投入，改善入河排污口管理基础条件；

7. 提升能力；

8. 采用综合管理方法，保证入河排污口管理工作的顺利实施

图 5-3　省界缓冲区入河排污口监督管理的基本对策

各个入河排污口上。因此，对入河排污口有效的监督管理是规划及区划实施的重要的基础性工作，是防止水污染的重要环节。

省界缓冲区的跨界特性导致容易发生水污染，因此流域管理机构需要加大入河排污口管理的力度。

2. 明确划定黄委和省级水行政主管部门省界缓冲区入河排污口的管理范围

目前，省界缓冲区入河排污口除黄河干流的 4 个省界缓冲区和支流直管河段金堤河豫鲁缓冲区外，还有 24 个支流省界缓冲区和 27 个支流省际缓冲区。这 51 个省界缓冲区入河排污口情况不完全清楚，其区域界限尚不完全确定。

从法律规定、水利部授权和流域管理的需要看，黄委应统一领导全部省界缓冲区入河排污口工作。但是，由于省界缓冲区入河排污口工作的基础薄弱，难以一步到位。因此，应根据黄委和省级水行政主管部门在省界缓冲区管理

方面不同时期的分工,制订具体的省界缓冲区入河排污口监管计划,争取在2012年即政府换届前实现对全部省界缓冲区入河排污口的监管。

3.理顺省界缓冲区入河排污口管理体制

在省界缓冲区,入河排污口的管理应按《中华人民共和国水法》确定的水资源管理体制的规定,实行流域管理与行政区域管理相结合的管理体制。在水利部统一领导下,由黄委负责水资源保护的综合职能部门——黄河流域水资源保护局及流域内县级以上人民政府水行政主管部门(以下统称为管理部门)根据国家授权负责入河排污口的管理。在体制的设置上要吸取水污染防治方面的教训,强化省界缓冲区水资源保护流域统一管理,从体制上制约地方保护主义。

省界缓冲区入河排污口的监督管理包括设置许可、具体调查和监测等工作。在设置许可时,不应搞"一刀切",应综合考虑各排污口的边际治污成本,例如借鉴以下示例提到的"水污染最小减污成本法",合理确定各排污口的纳污能力使用权。

在省界缓冲区,应坚持以流域统一指导协调下的属地管理原则。黄河流域水资源保护局负责全流域省界缓冲区入河排污口的统一监督管理,各属地水行政管理部门负责配合该行政区内入河排污口的统一监督管理。

【示例　莱茵河流域跨界水污染治理——水污染最小减污成本法】

莱茵河全长1 320 km,是欧洲第三大河,流经瑞士、法国、德国、卢森堡、荷兰、比利时、奥地利、列支敦士登、意大利等9个国家,在荷兰汇入北海。流域面积18.5万km^2。

从20世纪50年代末起,莱茵河的水质逐步恶化。1971年春天,在德国的Main河支流汇入莱茵河口到Cologne这段大约200 km长的河流,鱼类全部消失,莱茵河的水失去了任何使用价值。莱茵河的水质污染又直接影响到下游的荷兰。

1950年7月11日,瑞士、法国、卢森堡、联邦德国和荷兰在巴塞尔成立了莱茵河防治污染国际委员会(ICPR)。ICPR的主要任务有四项:①根据预定的目标准备国际间的对策计划和组织莱茵河生态系统研究,对每个对策或计划提出建议,协调各签约方的预警计划,评估各签约方的行动效果等;②根据规定作出决策;③每年向各签约方提出年度报告;④向公众通报莱茵河的水质状况和治理成果。

ICPR自成立以来,先后签署了一系列莱茵河环保协议:防止化学污染公约。要求各成员国建立监测系统,制订监测计划,建立水系预警系统,规定了某些化学物质的排放标准;建立了不同工业部门的协调工作方式,采用了先进的工业生产技术和城市污水处理技术减少水体和悬浮物的污染;签订了防治氯化物污染公约,减少了德国与荷兰边界水体盐的含量;签订了防治热污染公约,强调莱茵河沿岸的电站和工厂必须修建冷却塔,确保排放水温低于规定值。1988 年,各国部长们公开宣布莱茵河必须防止热污染。

目前,莱茵河的水质已有很大改善,河水基本澄清,沿河各排放口的水也很干净。莱茵河的水质经历了 20 世纪七八十年代初的污染高峰后已基本恢复。

在莱茵河流域的跨境水污染治理中,Veeren R. J. H. M 和 Tol R. S. J 提出了跨境水污染最小减污成本法。他们认为,在目前跨境水污染治理中,给流域各个国家以同样比例的减污目标,而不考虑产生污染物的行业和所处位置,这样看似公平,实际上并不是最有效率的,也不是成本最小的。也就是说,考虑行业间减污成本的差异和减少排污导致的上游地区对下游地区水质影响的差异,可以用最低的成本达到同样的水质目标。他们以莱茵河的磷和硝酸盐削减为例提出:由于各地区的某一种污染物的污染成本函数各不相同,如果某国的磷削减难度很大,而硝酸盐削减比较容易,则可以通过磷削减和硝酸盐削减的交易(即多削减磷补偿少削减的硝酸盐)来达到水质目标。通过纳污能力使用权交易方式不但能达到水质目标,而且保证成本最小。他们最后指出,如果各地区削减成本差异不大,在 10% 左右,用这种新方法产生的总削减成本和原来"公平"配额的方法产生的成本差异很小,由于莱茵河流域两岸的国家都属于西欧,某些污染的削减成本不可能差异很大,因此限制了这种方法的应用效果。Veeren 的新方法之所以选择莱茵河流域为例,是由于"现在的欧盟已成为超国家的地区主权的实体"。

4. 加强省界缓冲区入河排污口管理机制建设

在省界缓冲区入河排污口的管理机制建设方面,在处理流域与区域、水利与环保部门的关系时,应强调坚持流域管理机构的统一领导下的"沟通、联合、共享"六字方针。

例如,为了分清省界缓冲区的排污责任,需要建立流域与区域、水利与环保部门联合工作模式,包括入河排污口联合检查和普查,联合进行排污口的日常监测等。

5. 根据省界缓冲区的具体特点,制订入河排污口监督管理工作方案

工作方案包括入河排污口管理工作目标、内容、标准、措施和手段。例如,在入河排污口设置、变更的审批上,以及在具体调查和监测上,应明确区域管

理服从于流域管理。

（1）可将"排污口工程或设施首次使用及重新起用"定义为"排污口设置"；将"排污口位置变化、排污口的排污主体变化、排污口建筑结构变化、排放污废水方式变化、污废水排放量增加、污废水中污染物种类变化、污废水中污染物数量增加、污废水入河方式变化以及排污口的其他变化"定义为"排污口变更"。应明确规定，入河排污口设置或变更必须依照规定程序向排污口管理部门提出申请，经批准后方可实施。设置或变更排污口必须实行"三同时"制度，其水污染防治工程和排污工程的设计、施工和投产三个环节均应接受排污口管理部门的监督检查。在设置或变更工程完工后，应向排污口管理部门申请竣工验收。只有经排污口管理部门验收合格后方可使用。

（2）入河排污口的设置与变更必须符合综合规划及水资源保护规划，必须符合水功能区划，必须符合水功能区水质管理目标及污染物总量控制管理目标，必须使污废水排放符合国家标准或地方标准。对入河污染物总量已超过分配的控制指标或由于该申请排污口的设置或变更将使其总量超标的；由于污水处理能力不足，处理技术落后或不可靠，入河污水水质超过或可能超过规定排放标准或对纳污水体功能构成影响的；非条件限制，故意将排污口设置为隐蔽式，不便于管理部门监督管理的；在岸边污染带严控区设置入河排污口的；为向黄河、向下游区域转移污染，将排污口向下游区域方向设置或变更的；在新开发区未进行雨污分流的；其他不符合法律、行政法规或有关主管部门要求的入河排污口申请将不予受理审批。

（3）建立排污信息季报及年审制度。使用排污口的所有排污单位，必须按季、按年度向排污口管理部门报送排污口统计表。排污单位必须按规定如实填写报表，不得弄虚作假。管理部门每年根据规定的审批权限，对排污口组织年审。对不符合要求的，责令其限期减少或停止排污，并按要求限期整改或终止使用。

（4）排污计量及水质在线监测。排污单位必须在排污口安装污水排放计量设施，同时安装在线水质监测仪器。为便于统一规范管理，流域内入河排污口所安装的计量设施及在线水质监测仪器应为黄河流域水资源保护局认定产品。之前已经安装相应设施的排污口，其设施必须经排污口管理部门组织检查认定合格后方可继续使用。

（5）常规监测、监督性监测、现场执法检查相结合。应建立对入河排污口及纳污水域的常规监测、监督性监测及现场持证执法检查制度。依照《中华人民共和国水法》授权并支持排污口管理部门对重大排污口，对重点、敏感水域进行常规监测、不定期的监督性监测和现场执法检查。在有条件的地方可将有关监测工作与水功能区监测工作相协调。

6. 加大投入，改善省界缓冲区入河排污口管理基础条件

目前，省界缓冲区入河排污口管理的基础条件较差，需要加大投入，尽快完善基础条件。以调查工作为例，由于省界缓冲区入河排污口的调查工作不足，使区内入河排污口没有完整、系统的统计资料，更难进行全面的分析，涉及入河排污口的污染源和经济社会等资料严重缺乏等，严重影响到入河排污口监督管理工作的开展。为此，需要加大资金投入，完善对流域省界缓冲区内已建及在建入河排污口的调查登记建档工作。许多以前入河排污口设置或变更没有考虑与水资源保护规划、水功能区划的管理目标相协调，不符合现代管理规范的情况较多。应通过调查、登记建档，对不符合要求的，要结合各地城镇建设实际情况分期分批进行规范整改，使之符合流域水资源保护管理规范。

7. 提升省界缓冲区入河排污口管理能力

根据监督管理的需要，加强流域及各级行政区域的入河排污口监督执法队伍建设，逐步提高执法机构的执法素质和能力，加大监督执法的硬件和软件建设投入力度，形成机动灵活、准确高效的执法体系，为黄河流域省界缓冲区入河排污口的监督管理提供组织保障。

8. 采用综合管理方法，保证入河排污口管理工作的顺利实施

在综合管理方法中，重点强调加大执法力度。

（1）对未按规定设置或变更排污口位置或建筑结构的，由排污口管理部门责令限期拆除，按规定程序及规范重新申请设置或变更。逾期不拆除、未按规定程序及规范重新申请设置或变更的，强行拆除，并处罚款。

（2）对"不按规定时间要求向排污口管理部门报送有关资料的报送资料时弄虚作假的；不按规定时间参加年审的；故意破坏或不正常使用水污染防治设施，直排或偷排的；故意破坏或不正常使用污水排放计量设施或在线水质监测仪器的；不如实向排污口管理部门检查人员反映情况，提供必要的资料的；逃避、拒绝、阻碍排污口管理部门监督检查的；未经审批允许其他排污者使用本单位排污口的、利用其他单位设置的排污口的、改变污废水排放方式、增加排放污废水水量、增加污废水中污染物种类、增加污废水中污染物数量、改变污废水入河方式"的情形，由排污口管理部门责令停止违法行为，并处罚款。

（3）对违法行为追究其民事责任和行政责任，甚至刑事责任。当前严峻的水污染事实告诉人们，罚款对违法者只能是隔靴搔痒，其处罚效果与立法目的相脱离。许多地方甚至出现"交了排污费或罚款就等于交了保护费，违法

排污合法化"的怪现象。考虑到违法排污行为的持续性、水资源被污染后其危害的长期性,应在追究破坏水资源行为的法律责任时有所突破,对持续违法排污者,实行严厉的责任追究制度。

(4)对出于降低治污成本增加盈利的需要,故意不正常使用其污染处理设施,对水资源造成长期的、持续的破坏,危害人民生命健康,提高国家治污投入的排污单位,应在给予其规定的行政处罚的同时,将其本应该而未投入的治污费用作为非法所得予以追缴。

(5)对排污口管理部门及工作不履行法定监督管理职责,玩忽职守、徇私舞弊的,依法追究其行政责任、刑事责任。

五、跨行政区水污染经济处罚与补偿管理

跨行政区水污染经济处罚与补偿管理制度是指对不符合要求的污染行政区进行经济处罚或要求其对受害行政区进行补偿的制度。黄河水利委员会曾进行过水资源污染补偿制度的研究,其成果提出应对排污者征收"水资源污染补偿费"并建立相应制度,虽然该成果提出的制度与本报告提出的跨行政区水污染经济处罚与补偿管理制度不同,但其提出的一些理论、法律和方法成果可供本研究借鉴。

(一)跨行政区水污染经济处罚与补偿管理制度概述

1.跨行政区水污染经济处罚与补偿综述

水有其特殊的自然属性,废污水排入支流,必将影响干流;排入上游,必将影响下游。从黄河流域看,时常发生几省之间水资源污染的纠纷。因缺乏必要的流域水资源污染补偿制度,特别是缺乏必要的跨行政区水污染处罚和补偿办法,下游省(区)所受来自上游的水污染损失难以得到合理补偿,省(区)间水污染纠纷很难完善地解决。建立跨行政区水污染经济处罚与补偿管理制度,在出境水质达不到规定要求时,由上游省(区)对下游省(区)进行适当补偿,可使上游省(区)提高水资源保护责任意识,加强水污染防治,促进流域水资源保护协作,减少因此产生的纠纷。

从流域管理实践上看,跨界水污染应该进行经济补偿。例如,1986年11月1日深夜,位于瑞士巴塞尔市的桑多兹(Sandoz)化学公司的一个化学品仓库发生火灾,装有约1 250 t剧毒农药的钢罐爆炸,硫、磷、汞等有毒物质随着大量的灭火用水流入下水道,排入莱茵河。本次污染事故造成莱茵河约160 km范围内多数鱼类死亡,约480 km范围内的井水受到污染影响不能饮用。事件发生后,法国于12月19日要求瑞士政府赔偿3 800万美元,以补偿渔业

和航运业所遭受的短期损失、用于恢复遭受生态破坏的生态系统的中期损失、在莱茵河上修建水坝的开支等潜在损失。瑞士政府和桑多兹公司表示愿意解决损害赔偿问题,最后由桑多兹公司向法国渔民和法国政府支付了赔偿金。同时,该公司还采取了一系列相关的改进措施,成立了一个"桑多兹－莱茵河基金会",以帮助恢复因这次事件而受到破坏的生态系统,向世界野生生物基金会捐款 730 万美元用于资助一项历时三年的恢复莱茵河动植物计划。

跨行政区水污染经济处罚与补偿管理制度中包括两部分:一部分是经济处罚,包括限制某些经济活动,也包括某种形式的罚款,其与目前向排污单位征收的排污费相似;另一部分是补偿费。本书主要讨论罚款和补偿,并将其收费统称为补偿费。

2. 行政管理中的"税"与"费"

税收是国家为满足社会公共需要,依据其社会职能,按照法律规定,强制地、无偿地参与社会产品分配的一种形式。费是指国家机关向有关当事人提供某种特定劳务或服务,按规定收取的一种费用。税与费的区别主要有以下 3 点:

(1)看征收主体是谁。税通常由税务机关、海关和财政机关收取,费通常由其他税务机关和事业单位收取。

(2)看是否具有无偿性。国家收费遵循有偿原则,而国家收税遵循无偿原则。有偿收取的是费,无偿课征的是税。这是两者在性质上的根本区别。

(3)看是否专款专用。税款一般是由国家通过预算统一支出,用于社会公共需要,除极少数情况外,一般不实行专款专用;而收费多用于满足收费单位本身业务支出的需要,专款专用。因此,把某些税称为费或把某些费看做税,都是不科学的。

环境管理中最常见的税是"皮古税"(Pigouvain Tax),意在使用环境必须纳税,税率为作用环境后造成的环境的边际损失。这种税可以为环保筹集资本,有利于企业寻找环境优化之策,有利淘汰过度损耗环境的企业,而鼓励环境优化的企业。皮古税是剑桥大学学者皮古在 20 世纪初提出来的。

跨行政区水污染经济处罚与补偿管理征收的是费,不是税,应充分体现费的特征。

(二)跨行政区水污染经济处罚与补偿管理的思路

跨行政区水资源污染经济处罚与补偿管理问题,特别是跨省(区)水资源污染经济处罚与补偿管理问题,在国内争论多年,到现在并未有一个较明确的结论。法律和理论两方面均有许多问题等待解决。

如果出境水质劣于入境水质,超出允许差值,说明该行政区水环境保护呈负外部性,上游邻域应给予下游区域经济补偿。但是,如果出境水质优于入境水质,或保持优质水质,说明该行政区水环境保护呈正外部性,下游邻域也应给予经济补偿。不过,后者不是本书的研究内容。

跨行政区水资源污染经济处罚与补偿的基本对策见图5-4。

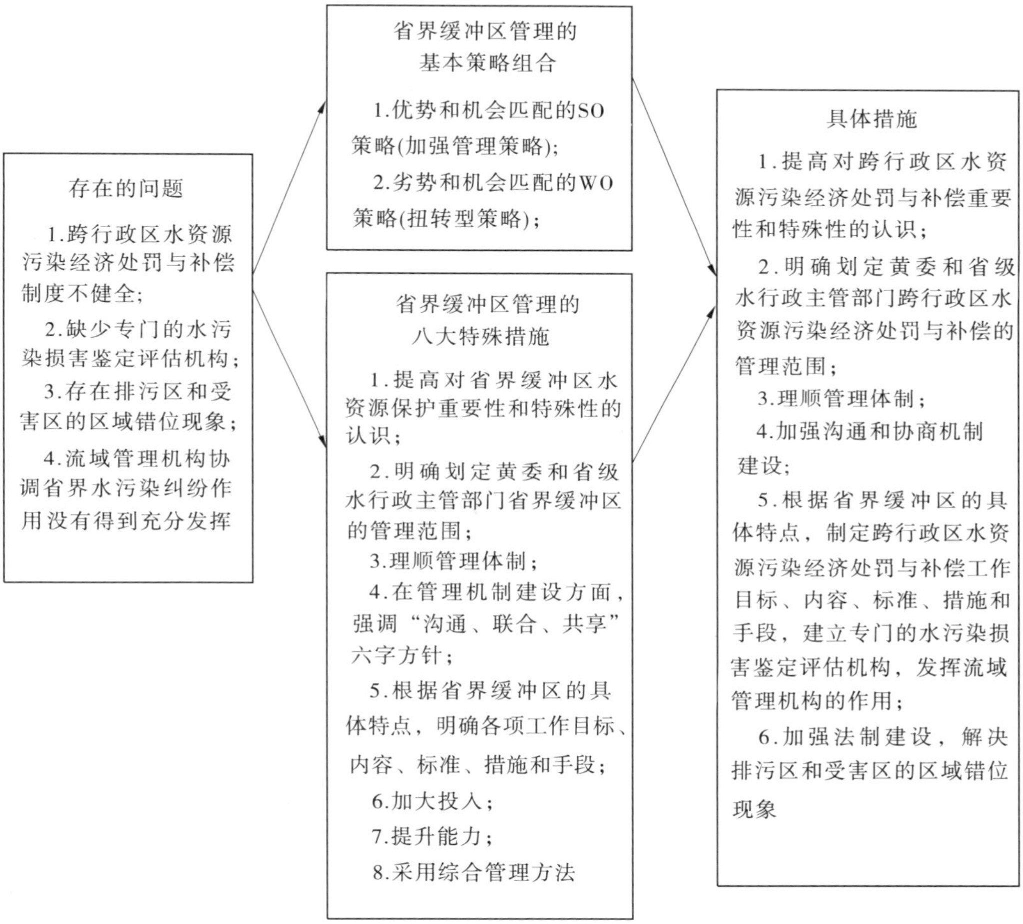

存在的问题

1. 跨行政区水资源污染经济处罚与补偿制度不健全;
2. 缺少专门的水污染损害鉴定评估机构;
3. 存在排污区和受害区的区域错位现象;
4. 流域管理机构协调省界水污染纠纷作用没有得到充分发挥

省界缓冲区管理的基本策略组合

1. 优势和机会匹配的SO策略(加强管理策略);
2. 劣势和机会匹配的WO策略(扭转型策略);

省界缓冲区管理的八大特殊措施

1. 提高对省界缓冲区水资源保护重要性和特殊性的认识;
2. 明确划定黄委和省级水行政主管部门省界缓冲区的管理范围;
3. 理顺管理体制;
4. 在管理机制建设方面,强调"沟通、联合、共享"六字方针;
5. 根据省界缓冲区的具体特点,明确各项工作目标、内容、标准、措施和手段;
6. 加大投入;
7. 提升能力;
8. 采用综合管理方法

具体措施

1. 提高对跨行政区水资源污染经济处罚与补偿重要性和特殊性的认识;
2. 明确划定黄委和省级水行政主管部门跨行政区水资源污染经济处罚与补偿的管理范围;
3. 理顺管理体制;
4. 加强沟通和协商机制建设;
5. 根据省界缓冲区的具体特点,制定跨行政区水资源污染经济处罚与补偿工作目标、内容、标准、措施和手段,建立专门的水污染损害鉴定评估机构,发挥流域管理机构的作用;
6. 加强法制建设,解决排污和受害区的区域错位现象

图5-4　跨行政区水资源污染经济处罚与补偿的基本对策

1. 提高对跨行政区水资源污染经济处罚与补偿重要性和特殊性的认识

目前,黄河流域许多省(区)自身不能解决的问题逐渐更多地反映到了中央和流域管理机构,沿黄各省(区)人民对此深有体会,流域内要求建立某种机制协调处理水资源保护的呼声日高一日。对省(区)际河流出境水质超标准的,对其实施跨行政区水污染经济处罚,用于补偿下游省(区)的污染损失,以期改善目前水资源污染恶性循环的不利局面,对各省(区)经济发展都有好

处。流域内用经济措施和手段保护黄河水资源的科学化管理,已得到沿黄省(区)和国家有关单位和学者与专家的普遍认同。

建立跨行政区水污染经济处罚与补偿管理制度既是流域水资源污染补偿制度的发展,也是流域水资源保护监督管理法制建设的重要内容。黄委作为国家被赋予了流域管理权代表水利部行使水行政管理职权的机构,对跨行政区水资源污染经济处罚与补偿管理,是其应当履行的职责,在履行职责时相对地方政府有其超脱的地位。对跨行政区水资源污染经济处罚与补偿管理,由流域管理机构代表国家组织实施具有特有的优势。

跨行政区水污染经济处罚与补偿管理的突出特点是跨界:包括跨省(区),以及省(区)内部的跨界如跨地市和跨县等。如果是国际河流,还涉及跨国界。从省界缓冲区管理看,流域管理机构更关注省(区)层次的跨行政区水污染经济处罚与补偿管理。当然,从省(区)政府和水行政管理部门看,还要关注省(区)内部的跨行政区水污染经济处罚与补偿管理。

2. 明确划定黄委和省级水行政主管部门的管理范围

从法律规定、水利部授权和流域管理的需要看,黄委应统一领导跨省级行政区水资源污染经济处罚与补偿管理工作。省级行政区内部的跨行政区水资源污染经济处罚与补偿管理工作,应由省级政府负责,流域管理机构提供帮助。

3. 理顺跨行政区水资源污染经济处罚与补偿管理体制

国家对水资源实行流域管理与行政区域相结合的管理体制,因此在跨行政区水资源污染经济处罚与补偿管理工作上,也应坚持流域管理与行政区域相结合的管理体制。

从利益冲突的角度分析,流域管理具有必然性。我国实行单一制行政体制,中央政府与各级地方政府之间是一种集权与分权相结合的权力结构关系。地方各级政府具有执行和领导双重职能,既代表国家利益,又代表本地区利益,两种职能在一定条件下又具有矛盾性。实践中,在不考虑外部性的情况下,不合理地要求地方政府承担过多的流域水环境资源利益维护责任是地方政府"消极怠工"、流域"公地的悲剧"产生的原因之一。在法律制度的设计中,设置流域管理机构,由其将全流域综合统一考虑,将各地方政府行政分割而产生的区域冲突统一考虑、综合平衡、分配和协调流域内不同地方政府间的利益,既确保了区域公益的维护和实现,又保障了整体公益,从根本上实现公益的最大化。因此,建立流域管理体制,设立流域管理机构,对不同层面的公益的维护都有重要的意义。

4.加强沟通和协商机制建设

由于涉及省级政府之间的经济补偿,流域管理机构甚至水利部在实施跨行政区水资源污染经济处罚与补偿管理工作时都会遇到很大的难度。因此,跨省级行政区水资源污染经济处罚与补偿管理工作,更加需要相互沟通和协商机制,摆事实、讲道理,鼓励省级行政区之间协商解决跨行政区水资源污染经济补偿问题。

【示例　多瑙河水事纠纷的调节】

1977年9月16日匈牙利与捷克斯洛伐克间签订"关于建设和运行 G－N 水电综合体"协定(以下简称协定)。该两国共同投资的工程于1978年6月30日开工,目标是实现多瑙河布拉迪斯拉发—布达佩斯河段水资源的充分利用,推动双方在水资源、水能、航运、农业和其他经济产业方面的发展。两国间的用水矛盾、不合理的水利用产生的重大环境影响引起了国际社会的关注。1995年6月20日设在海牙的国际仲裁法庭接受了9个代表"国际环境与人权"的非政府组织提交的"要求恢复多瑙河生态系统,保护天然环境和反对国家政府不合理行为"的上诉。本案是由当事国以外的第三方以两当事国不负责任的国际河流水资源开发方式而造成严重生态问题为由,要求国际法庭对双方当事国的国际行为进行仲裁。本案是国际法庭受理的第一个源于生态问题的案件,国际法庭接受非政府组织的诉状标志着国际法向保护自然环境免受国家政府不负责任行为危害方向发展的第一步。

匈牙利代表环境一方,斯洛伐克代表建设一方,1997年9月25日国际法庭裁决结果如下:

(1)要求各国履行其国际义务,保证多瑙河水质不受影响并使自然环境受到保护。两国有6个月时间根据国际法庭的裁决意见,寻求欧盟参与谈判,如果未达成协议,法庭将于1998年6月25日提出自己的提案,如果法庭提案没能被两国接受,此案将提交联合国安理会执行。最终的解决方案必须是:彻底解决将一定水量放回多瑙河原河道,恢复多瑙河天然河道,重新设计具有抗地震、浮冰条件下可航行的大坝,保护"千岛地区"生态和区域供水。

(2)两国的错误行为都对对方造成一定的危害,因此各国都有赔偿义务和获得赔偿的权利。由于双方的错误交织在一起,赔偿问题必须根据1997协定和相关文件进行解决。国际法庭的裁决结果,说明匈牙利和斯洛伐克两国都在本案诉讼中败诉,双方都必须停止不合法行为,承担各自的国际义务,并应共同努力寻求合理利用多瑙河水资源新方案。

尽管该案的判决已经作出,但双方的权利义务尚未最终解决。直到1998

年2月,在国际法庭判决的最后期限,匈牙利政府以换取加入北大西洋公约组织为代价,屈于压力,被迫改善与邻国关系。为改善与斯洛伐克的关系,匈牙利政府不得不暂时同意再投入30亿元来修坝和其他建筑。从国际法院的判决、两国在判决之后所作的外交努力以及匈牙利政府不愿再与斯洛伐克对簿公堂而是积极寻求谈判协商解决后续问题的态度,不难看出国际法院在解决争端时对自身价值的评估和对自身作用空间的认识是较为准确的。国际法院主要应在判明当事国的相关行为是否存在国际法上的依据以明确各个行为的法律性质,即在断明是非曲直方面发挥作用,而且也在实践中具有发展国际法的价值和意义。而分配当事国具体权利义务的问题,由于其涉及法律以外的其他复杂因素,因而不宜由国际法院在判决中提前决定。国际法院对多瑙河——拉基玛洛大坝案的裁判是运用司法方法解决国际水道争端较为成功的判例。国际法院明确了司法解决方法的作用空间,它主要界定了匈牙利和斯洛伐克两国的相关行为违反国际法之处。

5. 制定跨行政区水资源污染经济处罚与补偿工作方案

方案包括跨行政区水资源污染经济处罚与补偿工作目标、内容、标准、措施和手段 。工作方案的具体内容见本书第五章第四节《跨行政区水污染经济处罚与补偿管理办法(样稿)》。

例如,措施之一就是建立水污染损害鉴定评估机构。当水污染发生在上下游河段之间时,行政区之间由于对污染物种类、污染面积、污染对象、直接损失等技术方面的认识很难达成一致,往往出现上游行政区与下游行政区扯皮、推诿责任的现象,缺少一个中立的水污染损害鉴定评估机构。为此,需要建立专门的水污染损害鉴定评估机构,由流域管理机构制定水污染损害鉴定评估机构的管理办法,包括机构和人员资质管理等。

按照2002年4月黄委印发的《关于黄河流域水资源保护局职能配置、机构设置和人员编制方案的批复》要求,黄河流域水资源保护局负责协调流域内省际水污染纠纷。但是,跨行政区的水污染往往涉及环保、国土、水利、渔业、农业、林业、公安等多个部门,协调难度大,导致黄河流域水资源保护局难以充分发挥在处置跨行政区水污染纠纷中的协调组织功能。为此,工作方案应强调流域管理机构确实能发挥协调作用,增加流域管理机构的权威性。

6. 加强法制建设,解决排污区和受害区的区域错位现象

新的《中华人民共和国水污染防治法》和《中华人民共和国环境保护法》着重是解决民事行为主体之间的环境侵权及经济补偿问题,对行政区之间赔偿并未明确规定,即行政区界河流上游政府是否应当对下游政府进行跨行政

区水污染赔偿。

研究发现,现行法律对跨行政区水污染经济处罚与补偿管理只是有笼统的、原则性的规定,没有具体的、可操作的规定。

以下是针对性最强的《中华人民共和国水污染防治法》的相关规定:

第八十五条　因水污染受到损害的当事人,有权要求排污方排除危害和赔偿损失。

由于不可抗力造成水污染损害的,排污方不承担赔偿责任;法律另有规定的除外。

水污染损害是由受害人故意造成的,排污方不承担赔偿责任。水污染损害是由受害人重大过失造成的,可以减轻排污方的赔偿责任。

水污染损害是由第三人造成的,排污方承担赔偿责任后,有权向第三人追偿。

第八十六条　因水污染引起的损害赔偿责任和赔偿金额的纠纷,可以根据当事人的请求,由环境保护主管部门或者海事管理机构、渔业主管部门按照职责分工调解处理;调解不成的,当事人可以向人民法院提起诉讼。当事人也可以直接向人民法院提起诉讼。

第八十七条　因水污染引起的损害赔偿诉讼,由排污方就法律规定的免责事由及其行为与损害结果之间不存在因果关系承担举证责任。

第八十八条　因水污染受到损害的当事人人数众多的,可以依法由当事人推选代表人进行共同诉讼。

环境保护主管部门和有关社会团体可以依法支持因水污染受到损害的当事人向人民法院提起诉讼。

国家鼓励法律服务机构和律师为水污染损害诉讼中的受害人提供法律援助。

第八十九条　因水污染引起的损害赔偿责任和赔偿金额的纠纷,当事人可以委托环境监测机构提供监测数据。环境监测机构应当接受委托,如实提供有关监测数据。

第九十条　违反本法规定,构成违反治安管理行为的,依法给予治安管理处罚;构成犯罪的,依法追究刑事责任。

如果以《中华人民共和国水污染防治法》为主要依据制定跨行政区水资源污染经济处罚与补偿管理,则有以下问题需要明确:

(1)第八十五条提到的因水污染受到损害的当事人、排污方、造成水污染损害的第三人,具体是谁? 是政府(又分不同的级别),还是某一或某些组织或自然人？或者是上述各种可能的组合？

（2）从第八十六条看，"因水污染引起的损害赔偿责任和赔偿金额的纠纷，可以根据当事人的请求，由环境保护主管部门或者海事管理机构、渔业主管部门按照职责分工调解处理；调解不成的，当事人可以向人民法院提起诉讼。当事人也可以直接向人民法院提起诉讼"。环境保护部门（包括流域管理机构）只是有调解的权力。

结合第八十九条规定，"因水污染引起的损害赔偿责任和赔偿金额的纠纷，当事人可以委托环境监测机构提供监测数据。环境监测机构应当接受委托，如实提供有关监测数据"。流域管理机构在当事人委托后，应当接受委托，并如实提供有关监测数据。

（3）从第九十条看，"违反本法规定，构成违反治安管理行为的，依法给予治安管理处罚；构成犯罪的，依法追究刑事责任"，此类处罚决定权不属于也不应该属于流域管理机构。

流域是一种整体性极强的自然区域，流域内各自然要素的相互关联极为密切，地区间影响明显，上下游间的相互关系密不可分，如黄河宁蒙交界河段、黄河北干流河段等，均属于典型的上下游污染河段，特别是在发生突发性水污染事件情况下，如 2006 年"1·05"洛河油污染事件，在河南境内发生的水污染事件波及到了山东。以上种种事例，均说明在黄河流域一些上游行政区发生的污染影响到了下游行政区使用水资源的权利，出现了排污区和受害区的区域错位现象。为此，需要尽快实施黄河流域跨行政区水资源污染经济处罚与补偿管理制度，按照"污染者付费的原则"，使用经济手段解决排污区和受害区的区域错位问题。

（三）可借鉴的例子——汉德公式

汉德公式（The Hand Formula）由美国联邦上诉法院第二巡回法庭著名法官勒·汉德在 1947 年美利坚合众国诉卡洛尔拖船公司（以下简称卡洛尔案）——案中正式提出，因此有时也被称做卡洛尔学说或卡洛尔公式（The Carroll Towing Doctrine or Carroll Towing Formula）。卡洛尔案所涉及的是某驳船因拴系不牢，在脱锚后碰撞、损坏码头中其他船只的情形；案件的核心问题是如何确定该船船主有无过失。汉德法官就此提出了以下见解：

由于任何船只都有脱锚的可能，并在脱锚后对附近的船只构成威胁，一位船主防止此类事件发生的义务应由三个变量来决定：①该船脱锚的可能性（Probability，简称 P）；②该船脱锚后将给其他船只造成的损害（Loss 或 Injury，简称 L）；③对此采取足够预防措施将给该船主带来的负担（Burden，简称 B）。

汉德法官所提出的上述公式(因其所涉及的 B、P、L 变量,又称 BPL 公式)随后成为美国各级法院在侵权案件中经常使用的判定过失有无的标准。根据汉德公式的表述,法院经常以 B、P、L 来计算当事人应当采取的对他人人身和财产安全的"合理关注"(Reasonable care)。如果采取足够预防措施将给当事人带来的负担(B)大于造成有关损害的概率(P)与有关损害(L)的乘积,当事人便不必采取预防措施,因为由法律要求当事人这样做从经济上讲是不合理、无效率的,超出了"合理关注"的范围。但是,倘若 B 小于或等于 P 与 L 的乘积(如可用 900 美元的代价来防止 1 000 美元的概率损失),而当事人却未采取足够的预防措施,该当事人将被认定存在过失。

汉德公式的理论前提是经济效率和实用主义(Utilitarianism)。但这一公式更富有启发性的实际上是它隐含的社会观(View of society)。汉德公式在某种意义上把一个侵权案件中的原、被告当成了一个整体:正如同要求原告本身用 1 000 美元的花费去消除原告本身 900 美元的概率损失无疑是不合理的,汉德认为,要求被告用 1 000 美元的花费去消除原告 900 美元的概率损失也同样是不合理的,因为两者最终招致的同样是 100 美元的净损失。这无形中把原、被告看成了一个整体,"统一结算";也进而把社会看成了一个整体,不再要求社会经由法律——对被告施加过失责任(因为倘若如此,便是给社会造成 100 美元的净损失)。

不过,虽然汉德公式在理论上颇具说服力,在实际应用时,该公式经常遇到 B、P、L 无法真正量化的问题。以 P 和 L 为例,人们通常很难确切地计算出某一事故发生的可能性以及该事故将造成的损失。实际上,一起事故所能造成的损失很可能轻重不一;而造成不同损失的可能性又会随损失的轻重不同而不同。这些不确定因素的存在因而增加了人们在实践中应用汉德公式或其他类似标准的难度。

(四)跨行政区水污染经济处罚与补偿管理程序

发生跨行政区水污染事件后,因水污染受到损害的行政区,有权要求排污方排除危害和赔偿损失。进行经济处罚和补偿的基本路线是:

(1)跨行政区水污染事件是否是不可抗力造成的,如果是不可抗力造成的,则可免责。但法律另有规定的除外,主要是指该污染不能免责。

此外,在黄河流域跨行政区水污染经济处罚与补偿管理中,还有两个免责情况值得考虑:

一是《中华人民共和国民法通则》第一百二十九条的规定:"因紧急避险造成损害的,由引起险情发生的人承担民事责任。如果险情是由自然原因引起的,紧急避险人不承担民事责任或者承担适当的民事责任。因紧急避险采取措施不当或者超过必要的限度,造成不应有的损害的,紧急避险人应当承担适当的民事责任。"

二是汉德公式规定免责条件,可以考虑引入。

(2)如果跨行政区水污染事件不是不可抗力造成的,则要判断责任:水污染损害是由受害人故意造成的,排污方不承担赔偿责任。水污染损害是由受害人重大过失造成的,可以减轻排污方的赔偿责任。水污染损害是由第三人造成的,排污方承担赔偿责任后,有权向第三人追偿。

如果是紧急避险,还要考虑《中华人民共和国民法通则》第一百二十九条的规定。

(3)流程。因水污染引起的损害赔偿责任和赔偿金额的纠纷,可以根据当事人的请求,由环境保护主管部门或者海事管理机构、渔业主管部门按照职责分工调解处理;调解不成的,当事人可以向人民法院提起诉讼。当事人也可以直接向人民法院提起诉讼。

因水污染受到损害的当事人人数众多的,可以依法由当事人推选代表人进行共同诉讼。

环境保护主管部门和有关社会团体可以依法支持因水污染受到损害的当事人向人民法院提起诉讼。

国家鼓励法律服务机构和律师为水污染损害诉讼中的受害人提供法律援助。

(4)举证责任。水污染引起的损害赔偿诉讼,由排污方就法律规定的免责事由及其行为与损害结果之间不存在因果关系承担举证责任。

(5)污染引起的损害赔偿责任和赔偿金额的纠纷,当事人可以委托环境监测机构提供监测数据。环境监测机构应当接受委托,如实提供有关监测数据。

(6)构成违反治安管理行为的,依法给予治安管理处罚;构成犯罪的,依法追究刑事责任。

【示例　黄河水污染赔偿案有结果,三方自愿赔偿230万元】

2006年初,首起黄河水污染索赔案件,经内蒙古自治区高级人民法院3个月的审理,终审调解成功。水源污染责任企业内蒙古塞外星华章纸业股份有限公司、内蒙古美丽北辰浆纸股份有限公司、内蒙古河套灌区总排干沟管理局自愿赔偿包头市供水总公司污染损失230万元。

据内蒙古自治区高级人民法院有关负责人介绍,2004年6月25日,内蒙古河套灌区总排干沟管理局因水位超过警戒线要退水,将积存于乌梁素海下游总排干沟内约100万 m³ 的造纸等污水随乌梁素海退水集中下泄排入黄河,造成"6·26"黄河水污染事件。此次水污染事件对黄河400多 km 的河段造成14天的严重污染,水体完全丧失使用功能。

2004年6月28日10时,包头市供水总公司关闭了黄河水源总厂的取水口。6月29日上午7时左右,污染水源进入黄河包头段,包头市水务局启动了《黄河包头段水源水质污染应急预案》。直至2004年7月3日19时45分,包头市黄河水源总厂才恢复取水,造成直接经济损失近280多万元。

2005年7月28日,包头市中级人民法院依法对我国黄河流域首起水污染赔偿案作出一审判决,判处被告内蒙古塞外星华章纸业股份有限公司等与污染事件有关的企业,向原告包头市供水总公司赔偿污染损失288.75万元。

内蒙古塞外星华章纸业股份有限公司等企业不服一审判决,向内蒙古自治区高级人民法院提起上诉。本案在审理过程中,经自治区高级人民法院调解,双方当事人自愿达成了《调解协议》。内蒙古塞外星华章纸业股份有限公司、内蒙古美丽北辰浆纸股份有限公司、内蒙古河套灌区总排干沟管理局自愿赔偿包头市供水总公司污染损失230万元。

此案虽然不是行政区政府之间的补偿,但对跨行政区水资源污染经济处罚与补偿管理制度建设仍有一定的借鉴意义。

(五)补偿费应征收总额的确定

跨行政区水污染补偿费总额应为各类污染危害损失量之和,但实践中,补偿费额和费率的确定受多种因素影响。以下是四个实例。

实例1:《辽宁省跨行政区域河流出市断面水质目标考核及补偿办法(讨论稿)》规定,出市断面的监测项目暂定为化学需氧量,按照水污染防治的要求和治理成本,补偿标准暂定为:干流出市断面50万元乘以超标倍数,支流出市断面20万元乘以超标倍数。

实例2:河北省规定,当河流入境水质达标(或无入境水流)时,所考核市跨市出境断面的水质化学需氧量浓度监测结果超标0.5倍以下,每次扣缴10万元;超标0.5倍以上至1.0倍以下,每次扣缴50万元;超标1.0倍以上至2.0倍以下,每次扣缴100万元;超标2.0倍以上,每次扣缴150万元。当河流入境水质超标,而所考核市跨市出境断面水质化学需氧量浓度继续增加时,生态补偿金扣缴标准还要加大。所考核市跨市出境断面的水质化学需氧量浓度监测结果超标0.5倍以下,每次扣缴20万元;超标0.5倍以上至1.0倍以下,每次扣缴100万元;超标1.0倍以上至2.0倍以下,每次扣缴200万元;超标

2.0 倍以上,每次扣缴 300 万元。省政府还要求,在同一个设区市范围内,要对所有超标断面累计扣缴。

实例 3:浙江省规定,凡市、县(市)主要流域各交界断面出境水质全部达到警戒指标以上的,将得到 100 万元的奖励资金补助,而水质年度考核较上年每提高 1 个百分点,就有 10 万元的奖励补助;反之,每降低 1 个百分点,则扣罚 10 万元补助。

实例 4:江苏省规定,补偿标准为按照水污染防治的要求和治理成本,环境资源区域补偿因子及标准;暂定为化学需氧量 1.5 万元/t,氨氮 10 万元/t,总磷 10 万元/t。补偿资金核算方法为单因子补偿资金 =(断面水质指标值 − 断面水质目标值)× 月断面水量 × 补偿标准。补偿资金为各单因子补偿资金之和。

参考上述实例,费率的确定主要基于下列因素:

(1)污染危害损失总量。

(2)排放污染物总量。

(3)社会经济发展水平。

(4)社会反映(公众意愿影响)。

1. 污染危害损失总量

由于跨行政区水污染补偿费征收的前提必须有污染危害后果,因此污染危害损失总量的确定是补偿费征收和费额确定的基础。

水资源的价值主要体现在其作为资源的可用性。这种价值除表现于社会经济各方面的利用外,对于环境的保护和改善也具有十分重要的意义,同时它还是生命支持系统的最重要组成部分。

总的来讲,水资源污染造成的损害大致有以下几部分:

(1)居民生活水平的下降和人类再生产的损害;

(2)各产业的损失,包括以国有资产为主的水利产业的损失;

(3)财政收入的损失;

(4)用于社会管理和保护水资源的额外付出;

(5)生态环境损害。

在实际征收跨行政区水污染补偿费的情况下,损害还应包括因征收管理该费用而必需的成本。

按受害主体划分,可分为:

(1)水资源所有者(国家)受到的损害。又可细分为流域管理机构代表国家作为流域水资源代言人受到的损害,以及地方政府作为区域河段水资源代言人受到的损害。

（2）自然人与其他法人或非法人组织受到的损害。

国家受到的水污染损害是由于水资源国家所有权被损害后作为国家管理人所受到的损害。它一方面表现为直接受到的水资源权益的损失，即目前开征的水资源费、水费收入的减少和水生态环境质量的下降；另一方面表现为税费等财政收入的下降和社会管理事务包括水资源保护费用支出的增加及生态环境效益的减少等，为间接损失。

水资源费虽然不以水质优劣为费率确定的主要因素，主要考虑水资源的稀缺程度和国家调节水资源使用的力度，但在实际工作中，水资源质量的下降必将影响到费用征收，这已为一些实践所证明。在水费受到一定限制的情况下，水污染必将加重以国有资产为主的供水企业的供水成本，减少企业利润或使亏损增加。同时，企业利润由于水污染而降低，国家税收和其他收费及国有资产的权益必将下降，影响国家财政收入。水污染还同时加重了国家在管理有关事务（例如安置失业人员和救济贫困家庭等）中的支出和大幅度提高水资源保护经费，造成国家财政支出的增加。

水资源受到污染还可造成社会损失，使国家整体实力下降。其一，为投资环境变差，影响投资人投资的积极性，减少公民就业机会和提高收入；其二，将使原有产业的成本加大，利润下降，严重者可使某些企业停产；其三，可使居民生活质量下降，疾病增加，加重居民和社会负担等。

按责任承担理论，跨行政区水污染补偿费征收总额应以水资源污染危害总额确定。由于就目前技术条件而论，水资源污染损失量无法确切判定，客观上无法确定。同时，由于跨行政区水污染补偿费征收对社会经济具有的重要作用和征费所承受的来自社会各界的广泛影响，实践中水污染补偿费总额也不可能达到水资源污染危害总额的程度，应在权衡各方面利益之后确定。

水资源污染损失量和应补偿总额是补偿费确定中的基本依据之一，在费率确定中具有极重要的意义。

2. 排放污染物总量

1）征费额计算方法分析

对征收额计算方法目前有三种基本看法。

（1）以废污水量、污染系数、治理水平等三种因子的量来计征。

（2）以废污水量为计征依据。

（3）以污染物量为依据征收。从理论上讲，对水资源造成污染损害的为污染物本身，而与其载体无关，水污染的载体主要为水，污染物绝大多数是通过由污染源排出的工业废水或生活污水或养殖废水等所承载而排入水域,因此有时候也将这些废污水称为污染物而不将其区分,实际上废污水量的多少并不对水资源本身造成损害,甚或其量的增大可冲淡污染物的浓度,降低危害量。从这个意义上讲,水污染补偿费应以污染物量本身大小为计费依据。

以污染物量为征费依据有三个好处:一是准确体现了污染补偿费征收的意义,便于社会接受;二是可以有效计算排放固体废弃物等水污染物的排污人的污染量和补偿费额;三是完全可以和入河排污口的监测与管理联系起来。因此,以污染物量为依据计算补偿费方法可为首选方法。

2)污染量的确定

以污染物量为计征依据时,还存在一个问题,即是否以排入水体的污染物总量为计征所依据的污染物量。若是,则排放相同污染物数量而水质不同的排污人要承担相同的责任,亦即对污水量很少、浓度很高的排污人和污水量很大、浓度极低的排污人要征收同样的补偿费,这显然是不合理的,在排污人排放的污水浓度远小于纳污水体允许浓度时这种不合理性更显突出。即使在排放污水污染物浓度均大于纳污水体最高允许浓度的情况下,由于排污人排放污水量的差异,亦即排污人对纳污水体纳污能力的贡献量不同,其应承担的污染危害责任也应有所区别。从理论上讲,浓度不高于纳污水体允许最高浓度的污水,对纳污水体虽有污染危害,但并不严重影响其主要使用功能,不应成为黄河水资源保护关注的重点。为解决此问题,可将排污人排放污染物中低于纳污水体最高允许浓度以下的污染物量除去,仅以其高出纳污水体最高允许浓度的污染物量作为计征水资源污染补偿费依据的污染物量。

有专家认为,以前述方法确定的计征方式可能促使某些排污人以稀释污水的方式逃避缴纳补偿费,对水资源保护具有一定的危害性,这种考虑不无道理。但是,我们必须看到,水资源保护制度是由一整套制度组成的,当排污人以稀释方式逃避缴纳水资源污染补偿费时,完全可以通过对取用水量的控制和加强水资源费、水费征收等方式予以解决。当排污人因稀释用水缴纳的费用超出逃避缴纳的污染补偿费时,这种顾虑也就不存在了。

以污染物量为依据计征补偿费时,费额即可按各种污染物数量与费率核定,这时对水资源的污染量即为污染物量。但这里有一个问题,即不同污染物在同等数量时对水资源的污染影响量并不相同,必须考虑不同污染物对水体的危害程度,这就需要对不同污染物设定不同费率予以解决。费额计算方式为:单类污染物费额为污染物量与费率乘积,纳费义务人应纳费额为各类污染物费额之和。

在设定不同污染物的费率时,将不得不考虑污染物对水资源的等标污染负荷量,并以污染负荷比为基础对各类污染物的费率调整确定。实际上需要确定的是等标污染负荷量所对应的费率。如果以排污人的污染负荷量为其污染量,则费率即可为一个统一使用的数值。虽然该方法可避免使用不同费率,但它在征收过程中也有较大缺陷,即纳费义务人对缴费通知书中的计费过程可能看不太懂,侵害相对人的了解权。

以等标污染负荷量为污染量计征时,污染量需根据不同情况确定。

排污人自水域外以废污水形式向水体排污的污染量依下式计算

$$W = \sum_{i=1}^{n}(W_i - W_0)/C_{bi}$$

式中　W——排污人对纳污水体的污染总量;

　　　W_i——排放的某种污染物总量;

　　　W_0——某种污染物在纳污水体最大允许浓度下的可排放总量;

　　　C_{bi}——污染量评价标准值,大小与纳污水体对某种污染物的最大允许浓度相等;

　　　n——排放废污水中浓度超出纳污水体最大允许浓度的污染物个数。

排污人在水域内从事生产经营活动、居住或在水域外以其他方式排污的,其污染量按下式计算

$$W = \sum_{i=1}^{n} W_i/C_{bi}$$

式中　W——排污人对纳污水体的污染总量;

　　　W_i——排放的某种污染物总量;

　　　C_{bi}——污染量评价标准值,大小与纳污水体对某种污染物的最大允许浓度相等;

　　　n——排放污染物个数。

污染量是确定补偿费率的基本依据之一,在费率确定中具有极重要的意义。

3)累进加价计费原则

前已述及,相同的排污量在排污入河时因其是否超过允许标准而对水资源的影响是不同的,即超标者影响要明显大于非超标者,这包括浓度超标和总量超标两类。因此,作为控制手段之一,水资源污染补偿费在征收时对排污人由于达标和超标而适用的费率应有所区别,以促进水资源的保护。根据其他收费实践,采用累进加价收费的方法应是必要和可行的。

具体说来,累进加价费率按以下原则确定:

按超标倍数将排污分为若干类,即未超标,超标 n_1 倍,超标 n_2 倍,……,其水污染量分别为 $W_0,W_1,W_2,\cdots$,其加倍数分别为 $1,P_1,P_2,\cdots,P_n$,则某个排污口的水资源污染补偿费总额为

$$R = \sum_{n=0}^{m} W_i \cdot P_n$$

超标情况下加收倍数应是由人为决定的,它受政府控制污染意愿的极大影响。

3. 社会经济发展水平的影响

费率的确定最重要的是不能超越社会经济发展水平,以该水平为最基本的依据。这主要应考虑三点:

(1)具体的社会经济发展水平决定当时的费率。

(2)不同社会经济水平地区的费率应有所差别。

(3)社会经济水平发生变化时应适时调整费率。

社会经济发展水平对费率的决定意义,一是要求费率不应过分低于应有的要求,否则将使水资源得不到应有的保护,国家水资源权益受到的损害得不到应有补偿,排污人防治水污染的积极性不能被充分调动;二是要求费率不应过分高于纳污能力,否则将影响经济发展和产生负面的社会影响,降低补偿费征收的可操作性和征费效果,严重危害水资源保护行政管理的权威。

黄河流域尽管大部分属于中西部贫困区,但其间也有明显差别,强制推行统一的费率制度,一是在各区域间造成不合理局面,引发争议;二是实际上脱离了主要的社会经济发展水平决定费率的原则。因而,费率必须有所差别。

社会经济形势是在不断发展变化的,排污纳费能力和水资源保护形势要求以及水资源危害后果也会随之发生较大变化,因不同时期不同地区的社会经济水平的变化,对补偿费费率进行合理调整就非常必要。

4. 社会反映(公众意愿的影响)

在社会主义法制逐步完善的情况下,合理地保证公民参与的权利,是法制建设民主程度的重要标志。尤其是直接涉及千家万户经济利益的情况下,确保公众在确定费率时有较深入的参与,可提高费率确定的合理性,提高其实施效果。

一般情况下,公众参与一是要求在费率初拟时应尽量征收相当数量排污人和用水户的意见,二是要求在费率拟定后依法召开听证会,以最后确定。

公众意愿一般分两种情况:其一,污染发生地之外因污染而受影响的人

群,必然要求加强污染地的污染防治;其二,污染发生地人群中因污染源经济活动受益者,将可能同情甚至支持污染源的继续存在。在经济水平差别过大,尤其是在无政府无显著改变措施的情况下,对幸福生活的追求甚至在某些地方存在的脱贫愿望将使这种同情与支持更强烈。因此,兼听各方面各地区各阶层人群的声音是政府应做的工作,也是本费率确定的重要因素。

(六)补偿费使用管理

鉴于费用的性质和征收目的,补偿费应全部使用于黄河水资源所遭受损害区域,特别是受污染行政区域。

由于水资源污染补偿费额达不到补偿黄河水资源受到的全部损害的程度,其使用时将不可能对全部受害人给付足额补偿。考虑到征收补偿费的目的,补偿费在使用时也应有所侧重。从保证水资源的持续利用和保护最广大社会成员的水资源使用权来讲,水资源污染补偿费应首先使用于黄河水资源保护事业,包括水资源保护管理、规划、监测、研究与水资源保护工程建设,这方面主要是为了弥补国家投入的不足。其次,补偿费应对某些单位和个人因防止和减少水资源污染危害而付出的费用或遭受损失进行补偿,例如对某些水利工程所有人或经营人因水质方面原因调水而遭受损失的补偿。再次,因城镇集中供水对社会经济所具有的重要意义,直接取用黄河水的城镇集中供水人的损失应先于其他受害人得到补偿。对其他受害人的补偿应在对前述三方面的补偿结束后进行。

还应说明,前述补偿顺序不仅由于补偿行为本身所具有的重要意义,同时由于水资源污染损害目前难以准确测定,使得对受害人尤其是社会一般受害人的准确补偿存在现实困难,上述所列补偿顺序将具有较大的实践意义。

各省(区)的补偿费管理与其他的行政收费一样,由其同级的财政部门管理。同时,还必须加强对补偿费的管理,健全各级财务制度,严格收支手续,厉行节约,切实防止滥用和浪费。

六、省界缓冲区水污染事件应急管理

省界缓冲区的特殊地位决定了其水污染事件应急管理成为流域应急管理中重要和核心的一个环节。但是,由于水污染事件一般范围较大,而省界缓冲区范围较小,水污染事件的应对一般都超出了省界缓冲区的范围,故而省界缓冲区的应急管理构成了流域应急管理的一个部分,并与其他水功能区的应急管理密切相联,与之形成一个完整体系。省界缓冲区水污染事件应急管理与其他水功能区应急管理的最大区别更多地表现在与地方政府沟通联系方面,由于其他水功能区应急管理中也含有该项工作内容,故而并不需要特别程序,但与其他相比应提高其工作的强度。

(一)应急管理的特性与基本应对理念

应急管理属于危机管理的范畴。危机管理主要表现为以下特性。

1. 涟漪效应

危机事件相比其他事件有其自身的特点,首先是涟漪效应,即危机发生后,危机就像一颗石头投进池水中引起阵阵涟漪,对外部产生负面影响。在涟漪效应中,一些初始危机往往会引发更大的危机。

2. 危机管理的不确定性

危机是由意外事件引起的危险和紧急状态,它具有意外性,决定了危机管理的不确定性。具体表现在以下几方面:

(1)管理对象的不确定性。人们所进行的管理活动,一般都有着确定的管理对象。但是,危机管理的情况则不同。危机管理的对象来自不确定现象的危机,由于发生次数极少,人们就很难事先将它们列为危机管理的对象。这类危机往往要在爆发以后才引起重视,因此很难事先对它们进行监测、预控和制订处理计划。

(2)危机预测的不确定性。对于来自确定对象的危机一般可以运用量化预测法。但是,对于来自不确定对象的危机,量化方法就无能为力了,只有通过主观评价方法,依靠有关人员的经验和直觉进行预测。由于不确定对象危机发生的次数极少,预测人员难以积累足够的经验,因此这类预测主观成分较多,依据也不够充分,从而预测的结果比较粗略,可靠性较差。

(3)危机预控的不确定性。危机预控是在危机监测的基础上,在早期对可能引起危机的因素采取措施,以避免危机爆发。对确定型危机管理,其组织可进行全面监控,事故一般是可以避免的。若危机来自不确定性现象,则对其进行有效的预控就相当困难。为了实现危机管理,一方面,要着重强化危机预控;另一方面,又不能完全依赖危机预控,必须同时做好当危机爆发时处理危机的各种准备。

(4)危机处理计划的不确定性。危机处理计划是指组织在紧急状态下的行动方案。危机处理计划的不确定性表现在:危机处理计划不可能穷尽所有将要发生的危机。在危机管理中,只能经过预测把那些发生可能性和危害性较大的危机列入计划,可是危机处理计划难以将所有的危机处理措施都包括在内,为了能在危机爆发后迅速而有秩序地采取行动,要求每一危机的处理计划都详尽周到。但实际上,即使是同一种危机,也有很多不同的情况。

3.危机管理的应急性

危机管理的应急性是指在紧急状态下危机处理的时间极其有限,它由危机的紧急性决定。危机的爆发一般分为前兆阶段、爆发阶段和持续阶段。在前兆阶段,要预测危机、监视危机,采取措施预防危机,并为处理危机做准备。在持续阶段,要清除危机造成的不良后果,并总结经验教训。这两个阶段的工作节奏属于常态管理。在爆发阶段,时间紧,任务重,分秒必争,要采用非常态的管理方法,亦即应急管理。在处理危机的过程中,首先要权衡利弊得失,分清主要危机和主要危害源;其次要当机立断、果断决策,以迅速实现对危机的控制,把危机的涟漪效应控制在最小范围。

如何让突发事件的处置不再依靠"领导重要批示"? 每当遇到突发事件,我们最常看到的报道是某某省委领导、某某中央领导作出重要批示,国务院某部门、某级党委政府派出工作组到现场处理,某书记、某首长亲临某地指导等。通常,事件的大小是与作出批示的领导职务大小成正比的,作批示的领导职务越高,说明事件越严重,影响越大,当然处置的力度也越大。这种情况的存在,常给人一种处理突发事件要依靠领导批示的感觉。但是突发事件的发生有时是不以人的意志为转移的,处置突发事件也是必须争分夺秒的。如果没有一套现成的应急预案,如果没有储备相当数量的应急物资,如果没有预先明确各类突发事件处置的责任单位和责任人,如果每一个突发事件发生后当地政府及相关机关单位所能做的事只是层层上报,如果每一个突发事件都要依靠领导批示来处置,那要耽误多少时间? 耽误多少机会? 耽误多少事情? 耽误多少人命? 在一个以依法治国为治国方略的国家,这种情况的存在是极不正常的。

从2003年下半年起,国务院就从"一案三制"入手,把突发事件应急管理体系的建设作为一项重要工作来抓。一案就是《应急管理预案》。国务院成立了应急预案工作组,组织各个部门起草了一份国家总体的应急管理预案、25个专项预案、80个部门预案。三制就是法制、体制、机制。《中华人民共和国突发事件应对法》(非常态法律秩序的基本法)经过各方的努力现在已经发布。从体制上看,国务院准备在办公厅下设立应急管理办公室,成为一个常设的应急管理机构,协调和监督应急管理各个方面的工作。各个地方政府和有关部门也做了很多具体的工作。在应急管理体系建设方面出现了一个前所未有的局面,从原有的比较被动的事后管理体系到整体的生命周期管理体系,从分散的不同领域的具体管理到以"一案三制"为代表的有组织、有系统的全方位应急管理体系。

　　可以说,目前的预案大都是在国家和省级层面制定的,还应当进一步根据各地的具体情况,有针对性地制定以具体突发事件为基础的预案,制定以企事业单位和地方政府部门为基础的应急预案,同时通过演练、模拟和应用,不断完善这些预案。同时,与预案工作配套的体制问题必须解决。要有一个比较常设的机构,去组织、检查、督促地方日常应急管理体系的建设,突发事件发生后能够起到调度和协调应急管理工作的作用。现在,北京市政府已经成立了应急管理委员会,在政府办公厅下设立了应急管理中心,还有一些其他模式也可以探讨,但必须有这样的机构去负责。此外,各级政府还应当花一些时间去认真分析总结突发事件应对的经验和教训,这些工作可以考虑组织或委托一些相对超脱的研究机构在政府有关部门的配合下去做。

　　就目前情况看,中国政府危机管理工作中最迫切需要解决的问题是什么?首先是观念问题。不少地方政府在被动地解决突发事件方面比较积极,但在建立一个常备不懈的应急管理体系方面不够重视,或只是口头重视并不舍得真正花大气力去做。其次是基层政府的能力问题。大部分的突发事件都发生在基层,但基层政府往往缺乏有效应对这些事件的能力和资源,从而使得事态扩大变成全局性事件。因此,今后中国危机管理体系的建设要考虑重心下移的原则,从根本上加强地方政府应对突发事件的能力。同时,要解决激励机制的问题,鼓励政府官员去治本而不仅仅是治标,鼓励政府官员去承担责任而不是推卸责任。

　　西方各个国家根据各自的情况都建立了比较完善的危机管理体系。在法制、体制、机制等方面有很多值得我们学习的地方,中国目前的很多工作也借鉴了这些国家的经验。从具体国家来看,我们应当重视日本在应对各种灾害和事故所建立起来的管理体系,日本在这个方面的工作在发达国家中也是非常突出的。从具体经验来看,有一点我们目前重视不够的就是对具体事件的经验和教训总结的机制。美国对于比较大的危机事件(如航天飞机爆炸,"9·11"恐怖袭击事件等)都会组织一个相对独立的、有各个方面参与的调查委员会,去深入地分析事件的前因后果,得出具体的经验教训。中国在这个方面的工作还要大大加强。

【示例　日本的危机管理】

　　日本是一个危机意识与忧患意识极强的国家。由于自然条件先天不足,日本危机管理的核心任务长期以来主要是应对自然灾害。但近年来,日本已经将经济安全等领域纳入危机管理范畴,转而强调综合性危机管理。

　　日本危机管理体制以首相为最高指挥官,由内阁官房负责总体协调、联络。日本自 1986 年起在内阁设立安全保障会议,负责处理国防与国家安全等重要事宜,包括国家遭到武力攻击在内的紧急事态。安保会议由首相召集,成员包括总务大臣、外务大臣、财政大臣、国土交通大臣、内阁官房长官、国家公安委员会委员长、防卫厅长官等。

在日本的危机管理体制中,内阁官房发挥着十分重要的作用。内阁官房是首相的辅佐机构,由其负责危机管理,为的是在发生紧急事态时内阁能够迅速采取必要措施,作出第一判断。内阁官房还设有由首相任命的内阁危机管理总监,统一协调有关危机管理的事务,这就改变了以往各省厅在危机处理中各自为政、相互保留情报的局面,有利于更有效地处理危机。

另外,日本还针对自然灾害频繁的情况设立了中央防灾会议。主席由首相担任,成员包括防灾大臣(一般由国家公安委员长兼任)及其他大臣等,其主要职能是制定《防灾基本计划》及《地区防灾计划》并推动其实施;在发生非常灾害时,制定紧急措施并加以实施。

(二)黄委省界缓冲区水污染事件应急管理现状

黄河流域曾发生多起突发水污染事件,对省界缓冲区水质产生明显影响。黄委作为流域管理机构,积极参与地方政府组织的应对处置,参与了调查、监测,并将结果及时通报地方政府或其应急机构,对及时合理处置水污染事件,减轻下游地区污染、协调省际纠纷起到了重要作用,得到有关省(区)的高度评价。

2002 年黄河干流来水明显比正常年份偏枯,水污染形势十分严峻,发生重大水污染事件的可能性增大。为此,黄委根据水利部《重大水污染事件报告暂行办法》,紧急制定出台了《黄河重大水污染事件报告办法(试行)》。2003 年 4 月 19 日,黄河干流兰州河段发生严重油污染事件,《兰州晨报》报道后,社会影响很大。该事件引发了黄委领导关于流域管理机构如何对突发性污染事件做出应急反应的思考。4 月下旬,责成黄河流域水资源保护局紧急拟订《黄河重大水污染事件应急调查处理规定》。该规定与年初出台的《黄河重大水污染事件报告办法(试行)》一起,构成了黄委应对突发水污染事件的基本规范,也是目前黄委实施的具有预案性质的文件。

2003 年 5 月,兰州发生第二次油污染事件。同月,渭河年内首次洪峰将河道积存的大量污水带入黄河,造成潼关河段氨氮浓度出现 16.8 mg/L 的异常峰值(为黄河干流有监测资料以来的最大值),高氨氮浓度持续 10 天之久。6 月 4 日,发现小浪底水库出现有大量绿藻繁殖,经调查和监测分析,水库呈现水体富营养化趋势,这在黄河干流尚属首次。

在短短几个月内，黄河干流就发生了多起突发水污染事件，给沿黄城镇居民的生产、生活用水构成了极大的威胁。为此，黄委高度重视，在短时间内建立完善了突发水污染事件应急机制，并利用应急机制成功参与处置了一批水污染事件，对减少这些水污染事件的损害起到了重要作用。

2006年12月，黄委发出"关于成立黄河水利委员会应对突发水污染事件工作领导小组的通知"，成立了黄河水利委员会应对突发水污染事件工作领导小组，并对领导小组的组成、职责等进行了规定，构成了黄委应急预案体系的重要组成部分。

黄委在应对突发性水污染事件时坚持积极应对，快速上报，力求最大限度地减少水污染事件造成的损失。黄河流域水资源保护局自2003年以来，在多次处置突发性水污染事件中落实应急机制，加快了应对突发性水污染事件的速度，减少了水污染事件造成的损失。但是，由于种种原因，该工作还存在如下问题：

（1）事件信息不能及时得到。

（2）应急机制基础工作薄弱，难以保证应急预案高效实施。突发水污染事件的有效处置应对，必须在人、财、物等方面得到必要的保障，离不开科研成果的支撑。目前，黄委在突发水污染事件处置方面的科研成果不多，应急处置能力建设还比较薄弱。在以往处置突发水污染事件过程中，多次出现应急保障能力不足的现象，例如有的水污染事件的污染因子现有监测设备无法检测，交通工具无法到达事件现场等。

（3）应急机制在黄委与省级行政区政府的协作关系上需要更加明确。

（4）国家预案与黄委预案的衔接问题，包括重大水污染事件分级和响应问题。

（5）体制方面。由于水利部还没有制定全国适用的水利部门突发水污染事件应急预案，流域管理机构又不属于政府直属的行政管理系列，其工作范围和应对职责还存在不同的认识，要从黄委的总体任务和水利部的要求出发，综合考虑水污染事件应对的需要和近年的应对实践，合理确定黄委应对突发水污染事件的范围和应对事项。

（三）黄委水污染事件应急管理职责与主要工作内容分析

黄委的应对职责主要体现在整个事件的前期，主要在于发现、报告事件，帮助政府了解掌握事件进展，当水质基本恢复已无大的危害可能时，政府将进入事件后期处置时期，黄委在事件处置中将基本失去参与的必要性，采用日常工作方式、手段和程序即可帮助政府的后期处置，此时，黄委的应急工作即应结束。

黄委作为中央政府一个部门的派出机构,其参与水污染事件处置的职责是非常有限的。可以说,除一般被动地参与水利工程调度运用外,基本不参与事件的处理,其主要工作体现在事件预警方面,即履行一个国家单位所应有的及时发现和报告事件的义务,帮助水利部调查了解掌握事件情况,分析事件可能的发展趋势,为水利部应对突发水污染事件提供基本信息。

综合分析,黄委应对突发水污染事件职责定位,既不是一级政府,也不是一级政府的组成部门,因此无论从对突发水污染事件的视角,还是应对处置的动员范围、力量和应对手段,都和政府或政府部门有非常大的不同,主要表现为:

(1)参与职责的直接性。即黄委参与突发水污染事件处置工作是直接的,不通过组织协调地方政府实施相应的处置措施来达到目的,只能以黄委系统作为一个独立单位单独实施。在淮河流域和松辽流域,由于存在水污染防治领导机构,这些流域管理机构必须也可能通过协调组织流域内地方政府或地方政府有关部门实施应急管理。

(2)负责机关的单一性。即黄委仅对水利部负责,地方政府及其所属主管部门也不向黄委负责,黄委与其他上级部门或地方政府的合作不存在组织领导关系,仅是一种合作关系,其信息交流方式一般通过通报处理。在淮河流域和松辽流域由于有水污染防治领导机构,这些流域管理机构需要同时向流域领导机构负责,也有权组织协调地方政府或其主管部门的应对工作。

(3)主要职责的局限性,即主要是调查了解情况,调查、监测、预测事件的发展,以及水利工程的调度运用。

(4)参与阶段的特殊性。即主要在事件前期参与,一般不参与事件的善后工作,与政府应对工作不完全同步。

(四)黄委突发水污染事件应急预案体系建设

1.预案体系框架与构成

黄委突发水污染事件应急预案体系分为两个层次。

第一层次,由《黄河重大水污染事件报告办法》、《黄河重大水污染事件应急调查处理规定》和"关于成立黄河水利委员会应对突发水污染事件工作领导小组的通知"等构成应急预案体系的核心。这三个黄委规范性文件和通知明确了黄委及其所属单位、部门的应急职责,例如领导小组负责黄委整体应对工作和预案制定,黄河流域水资源保护局负责黄河重大水污染事件的应急调查处置工作的组织实施,黄委水文局负责管辖范围内的应急水质监测和调查,有关河务、河道、枢纽管理等单位负责协助管辖范围内的应急水质监测和调查,并强调了水文、河务、河道、水利枢纽、水质监测等基层单位有发现和报告管辖河段、工作现场或驻守地附近重大水污染事件的义务。同时还规定了各单位(部门)履行职责的程序和时限等要求。

第二层次,黄委所属水资源保护局、水文局、河务单位等单位(部门)及其下属各级应急单位的水污染事件应急预案。

黄河流域省界缓冲区水污染事件应急管理预案与其他预案的关系见图5-5。

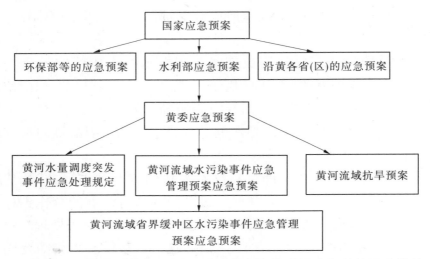

图5-5　黄河流域省界缓冲区水污染事件应急管理预案与其他预案的关系

2. 制定应急预案的基本思路

制定省界缓冲区入河排污口监督管理解决方案的路线图见图5-6。

图5-6提出的八项具体措施将在应急预案中予以体现。

(五)黄河省界缓冲区突发水污染事件应急预案研究

1. 指挥体系建设

2006年12月,黄委成立黄河水利委员会应对突发水污染事件工作领导小组,为黄河水污染事件应急指挥机制的建立奠定了良好的基础。但是,领导小组是一个常设机构,如何组织应急期间的指挥机构,并协调领导小组和应急指挥机构的关系,是一个重要问题。

应急指挥中心要发挥上下左右各部门的作用,就必须构建一个覆盖全面的指挥网络,组成多层次的指挥体系,才能发挥整体作用。多层次的指挥体系应包括:

(1)核心决策系统。供最高决策层使用,其主要职责是在平时发挥指导作用,出现重大事件时直接指挥。

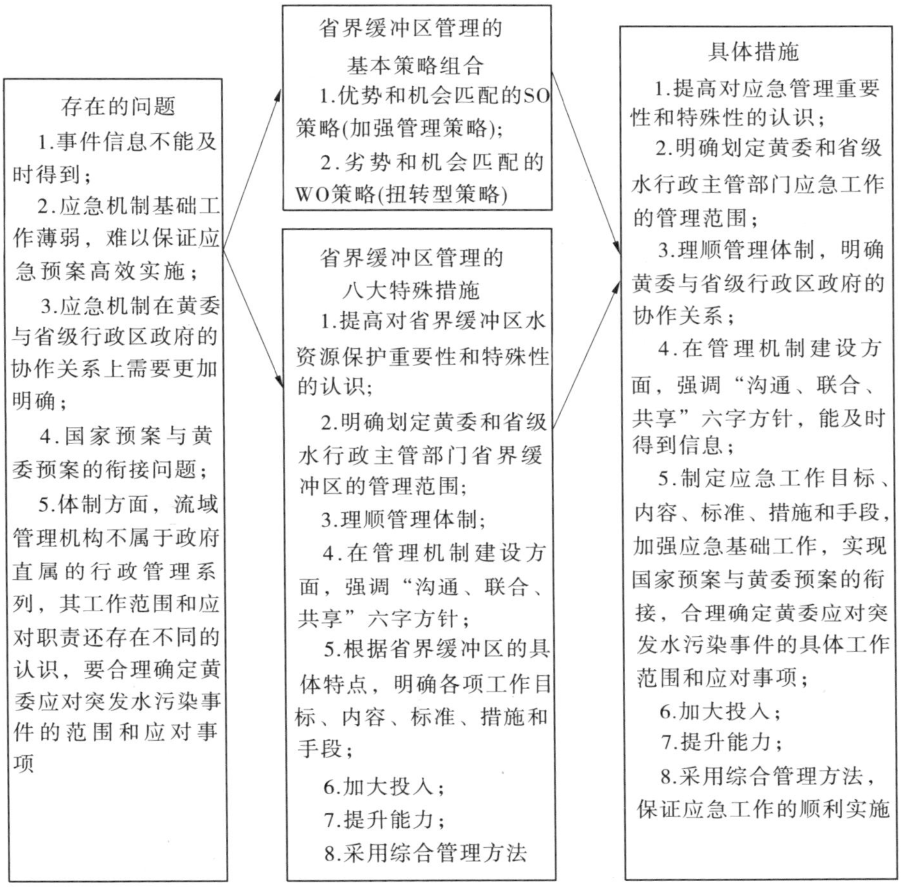

存在的问题	省界缓冲区管理的 基本策略组合	具体措施

存在的问题
1.事件信息不能及时得到；
2.应急机制基础工作薄弱，难以保证应急预案高效实施；
3.应急机制在黄委与省级行政区政府的协作关系上需要更加明确；
4.国家预案与黄委预案的衔接问题；
5.体制方面，流域管理机构不属于政府直属的行政管理系列，其工作范围和应对职责还存在不同的认识，要合理确定黄委应对突发水污染事件的范围和应对事项

省界缓冲区管理的基本策略组合
1.优势和机会匹配的SO策略(加强管理策略)；
2.劣势和机会匹配的WO策略(扭转型策略)

省界缓冲区管理的八大特殊措施
1.提高对省界缓冲区水资源保护重要性和特殊性的认识；
2.明确划定黄委和省级水行政主管部门省界缓冲区的管理范围；
3.理顺管理体制；
4.在管理机制建设方面，强调"沟通、联合、共享"六字方针；
5.根据省界缓冲区的具体特点，明确各项工作目标、内容、标准、措施和手段；
6.加大投入；
7.提升能力；
8.采用综合管理方法

具体措施
1.提高对应急管理重要性和特殊性的认识；
2.明确划定黄委和省级水行政主管部门应急工作的管理范围；
3.理顺管理体制，明确黄委与省级行政区政府的协作关系；
4.在管理机制建设方面，强调"沟通、联合、共享"六字方针，能及时得到信息；
5.制定应急工作目标、内容、标准、措施和手段，加强应急基础工作，实现国家预案与黄委预案的衔接，合理确定黄委应对突发水污染事件的具体工作范围和应对事项；
6.加大投入；
7.提升能力；
8.采用综合管理方法，保证应急工作的顺利实施

图 5-6　制定省界缓冲区入河排污口监督管理解决方案的路线图

（2）中心指挥系统。即基本应急指挥系统,是指挥体系的核心系统,承担基本的指挥职能。

（3）分中心指挥系统。主要根据属地原则和专业原则,接受中心指挥系统发来的指令,对事件进行二级应急管理。

（4）基层指挥系统。一线事件指挥系统,协助中心指挥系统和对特定区域事务进行指挥,并向中心或分中心指挥系统作反馈。

2.应急分级

根据黄委的应急职责和水污染事件的影响范围、危害程度等因素,可将黄河突发水污染事件分为三级,即特别重大水污染事件（Ⅰ级）、重大水污染事件（Ⅱ级）和较大水污染事件（Ⅲ级）。

1）特别重大水污染事件（Ⅰ级）

凡符合下列情形之一的,为特别重大水污染事件：

（1）国家预案确定的特别重大的水污染事件。

（2）黄河干流较长河段或水库水域功能严重丧失，鱼类大量死亡。

（3）影响或可能影响到黄河干流重要城市供水水源地取水水质安全。

（4）对黄河干流下游省份水质造成或可能造成严重影响。

（5）急性中毒等危险程度高的污染物进入或可能进入黄河干流。

2）重大水污染事件（Ⅱ级）

凡符合下列情形之一的，为重大水污染事件：

（1）黄河干流较长河段或水库水域水功能部分丧失，鱼类出现死亡。

（2）影响到或可能影响黄河干流县级城市供水水源地取水水质安全。

（3）对黄河干流下游省份水质造成或可能造成显著影响或在本省（区）内造成严重影响。

（4）慢性中毒等危险程度中等的污染物大量进入或可能大量进入干流。

3）较大水污染事件（Ⅲ级）

凡符合下列情形之一的，为较大水污染事件：

（1）黄河干流较长河段或水库水域较大范围水体颜色发生显著异常。

（2）监测结果表明在单一省（区）内黄河干流较长河段或水库水域较大范围水质急剧恶化。

（3）危险程度较低的一般污染物大量进入或可能大量进入干流。

依据黄河突发水污染事件可能造成的危害程度、紧急程度、影响范围和发展态势等因素，建议将黄河突发水污染事件应急响应级别分为3级，特别紧急的为Ⅰ级，紧急的为Ⅱ级，较急的为Ⅲ级。这样，黄河的水污染事件分级也就不同于国家的总体预案分级或环境事件分级，将是在充分考虑黄河和黄委情况基础上的分级，更符合黄委应对工作的职责要求。

一般情况下，应急响应的三个分级分别对应水污染事件的三个分级，以利于响应级别的确定和对响应本身所采取措施的认识。在不同的应急响应级别下，应急响应应有所不同。

3. 事件发现、初次报告与应急预案启动

水污染事件发现、初次报告与应急预案启动是重大水污染事件应急工作的重要环节。

初次报告是指黄委所属各单位、部门及其工作人员，在发现突发水污染事件的第一时间或接到有关政府通报、群众举报时，根据发现形式的不同，采取不同的报告途径，将事件上报到黄委应对突发水污染事件工作领导小组办公室或上级有关部门。

有关单位和人员报送、报告突发水污染事件信息,应当做到及时、客观、真实,不得迟报、谎报、瞒报、漏报。信息的报告根据发现水污染事件途径的不同,可划分为两种不同的情况。

第一种,从内部渠道发现的水污染事件信息报告。黄委内部职工在发现水污染事件信息后,应立即报告基层单位领导。为不使报告的内容失实,基层单位领导应立即组织对发现的信息进行初步核实。经初步核查,确信发生水污染事件的,应在第一时间采用电话等最便捷手段向上级报告,并在随后的时间内按照一定的书面格式补充上报。

按照分级管理原则,内部上报应逐级进行,直至黄委,其好处在于各级单位能及时了解有关情况,为水污染事件的处置预做准备,但同时也可能因此延误时机。为保证信息及早送达黄委,除应要求各级尽量减少报告时间外,还应同时要求最基层的报告单位在紧急情况时可直接报告黄委应对突发水污染事件工作领导小组办公室,同时按正常渠道报告。如有必要,应采取措施继续监视事件的发展,并将发展情况及时报告。

第二种,从外部渠道获取的水污染事件信息。社会公众在发现水污染事件向黄委所属单位报告后,该单位应立即组织核实或请报告人核实,并按照内部发现信息的途径报告;发现舆论媒体报道水污染事件或接到有关政府的通报后,应立即报告黄委应对突发水污染事件工作领导小组办公室。

按照《突发公共事件水文应急测报预案》要求,初报应在1小时内报告,但据近年黄河重大水污染事件处置实践,该时限过长。根据《国家突发环境事件应急预案》的要求,为保证流域管理机构在将突发水污染事件报给水利部后,水利部留有一定的时间向国务院报告,一般要求黄委要在发现突发水污染事件后,1小时内上报水利部,因此要求基层报告的缩短,根据近年实践,对发现事件的职工和单位,该时限一般不宜超过30分钟。

黄委突发水污染事件应急预案的启动,应根据一定的条件进行判断,这些条件包括:

(1)在黄河干流、直管支流河段确实出现突发水污染事件。包括水污染的表现符合预案中对黄河突发水污染事件情形的规定,水污染是突发性的而不是常态的重污染情况。

(2)水污染事件的处置按照职责规定黄委应当参与。

(3)水污染事件黄委参与的程序不启动应急预案不足以满足需要。

按照职责,正常情况下,黄委应对突发水污染事件工作由黄委应急领导小组和其办公室负责,后因此预案的启动应由该两机构负责。水污染事件发生后,经初报、核实,黄委应急办公室根据水污染事件发生的种类、影响程度及范围等客观情况,判断是否应该启动应急预案。经应急办公室判断需要启动应急预案的,应立即向应急领导小组报告,建议"启动应急预案",是否启动由领导小组作出决定。黄委应急领导小组领导人在初步了解水污染事件情况后,也可以根据判断径行决定启动应急预案。应急领导小组作出启动应急预案决定时,应同时决定应急的级别。启动应急预案的决定以指令下达应急领导小组办公室,由应急领导小组办公室按照指令要求通知有关水污染事件应急处置部门执行。

应急预案启动后,以黄委应对突发水污染事件领导小组及其办公室为基础,立即成立黄委应急突发水污染事件指挥部和指挥部办公室,负责应急期间的各项事务。

4. 应急调查

水污染事件应急调查主要是指现场调查。根据部门职责和分工,水污染事件由相关职能部门负责组织实施,根据具体情况,黄委应急领导指挥机构也可指令所属单位参与调查。有关部门在接到应急指挥部开展调查工作的指令后,应迅速成立调查小组。应急调查组的组成人员,可依据应急领导小组初步设定的应急响应级别或应急指挥部调整的应急响应级别有所不同。

调查内容应尽可能描述清楚事件情况。要了解和记录事件发生时间、事件发生的原因及事件发生源区现场状况、事件持续时间;如为事故所引起,要调查事故基本情况,包括事故单位情况,地方已经确定的事故名称,可能存在的污染物种类、流失量、入河途径及影响范围(程度),若可能,还应简要说明污染物的有害特性等信息,还应尽可能收集与突发水污染事件相关的其他信息,如贮存有毒有害污染物的容器、标签等信息,尤其是外文标签等信息,以便核对。应急调查时,要对事件发生地和影响范围内必要的水文、气象参数(如水文、水流流向、流速、气温等)同时调查。如有可能,要查看水污染事件发生地的地理坐标,绘制现场位置示意图。进行随行监测的,要记录采样时间,标出采样点位(如有必要,对采样点及周围情况进行现场录像和拍照)。对事件已造成的损失要尽可能调查,并了解地方政府对事件的定性和应急级别确定的情况。要对黄委所属单位应急工作开展的情况进行调查,同时,要通过与地方政府的接触,调查了解其已采取的措施和效果。

调查结论由调查机构负责人或其授权的调查组成员报告。调查结果应向组织或指令组织调查机构的应急领导或指挥机构报告,黄委应急领导小组或黄委应急指挥部组织或指令组织的调查机构,向黄委应急领导小组或应急指挥部报告。

5. 应急监测

根据水利部门的职责,应急监测主要包括水质监测和水文测验两个方面的内容,因此在组织实施应急监测过程中,应从水质监测和水文测验两个方面着手。

黄委现有水资源保护局管理的黄河流域水环境监管中心及水文局管理的黄河上游、宁蒙、中游、三门峡库区、山东水环境监测中心6个水质监测单位。6个水质监测单位是具体承担突发水污染事件水质监测的单位,黄河流域水环境监管中心对其他5个单位在水质监测方法、技术操作等方面进行指导,并负责黄河河南省境内的水质监测。

应急监测应由黄委应急办制订方案并下达有关监测单位,监测单位在规定的时间开展监测并按照规定的时间及方式完成监测任务、报告有关信息。

6. 水利工程运用研究

水利工程应急运用主要是指水库的调度运用,也包括引水工程、其他蓄水工程和临时修建工程的运用。通过水利工程的合理调度,在一定程度上能够起到优化水质,减轻水污染的作用。

黄河重大水污染事件处置中利用水利工程措施,应当符合下述条件。

1)启用条件

启用水利工程前应组织专家论证,在符合下述条件情况下才可启用:

启用水利工程应对水污染事件可产生明显效果;

启用水利工程应对水污染事件不会产生比水污染事件造成的损害更大的损害;

水利工程自身条件许可;

符合国家有关防汛、供水、抗旱等方面的强制性规定,或向有关主管机关申请批准。

2)限制条件

伏秋防汛期间,一般不采用水利工程蓄滞污水,凌汛期间,不采用水利工程加大泄水,除非经专家论证可行或工程条件允许或河道过流条件允许。非汛期,在水污染事件处置需要时,可以合理采用水利工程应对。

启用可能严重影响城镇集中供水的水利工程,应在确保城镇供水得到基本满足的前提下实施,除非水污染事件已经或可能造成比影响城镇供水更大的不利后果。

在严重干旱期启用水利工程应对水污染事件,要充分考虑城乡生活供水、生产供水需要,适当考虑生态和农业灌溉需要。

3) 技术支持

水库的综合调度运用是一项庞大的系统工程,涉及众多复杂技术问题,仅靠传统的调度手段远不能满足水资源调度时效性和现代化的要求,要加快建立完善水文、水质信息采集系统、计算机网络系统、决策支持系统、水库调度信息平台、异地视频会商系统和调度指挥中心及水库运行监测系统、引水口远程自动化监控等系统于一体的现代化调度管理系统,实现水库调度信息互通和共享,开展以水库群为主的联合调度方式研究,进一步完善水库科学调度的指标体系,完善优化水库调度运用方式。

4) 水利工程运用权限和程序

根据《黄河水量调度条例》和《黄河防汛总指挥部防洪指挥调度规程》的规定,黄委对水利工程运用权限如下:

(1) 黄河水利委员会在发生水污染事件时,依法有权对黄河干流主要控制工程实施调度,有关水利工程管理单位必须执行。

(2) 除下游洛河故县、伊河陆浑、大汶河东平湖水库外,黄河支流控制性水利工程不应由黄委直接实施水量调度,而应由地方人民政府或其水行政主管部门实施调度。

(3) 应急调度不改变水库管理的权限。

(4) 应急调度方式不受平时调度方式的约束,而要根据需要确定。

从前述分析并按照预案制订的原则,我们可确定水利工程应急运用权限和方式为:

(1) 水利工程应急运用权限,按照《黄河水量调度条例》等法律法规和《黄河防汛总指挥部防洪指挥调度规程》等确定的权限执行。

(2) 水利工程应急运用按照黄委"三定"方案有关规定,由防汛、水量调度等部门分别组织实施。

(3) 在处置黄河重大水污染事件时,水利工程运用主要采用放水冲污或停水减流的方式,慎用拦污、引污方式。

(4) 处置重大水污染事件,可以根据情况采用单库运用或多库联调的方式,水库联调时可能涉及不同的水库管理机构,需要进行协调。

7. 事件通报、续报

水污染事件应急中,很重要的一项工作中信息的报告,包括对地方政府及有关部门的通报和对上级单位的报告。

1）通报的内容与时限

在应对处置突发水污染事件过程中,通报是流域管理机构与地方政府及环保水利部门之间沟通的主要方式,它为地方政府提供可靠的监测数据、预警预报结果等水污染事件情报,以使其在最短时间内采取合理、有效的应对措施,防止水污染事件事态的扩大,减少污染损失。

通报的内容没有一定限制,要视具体情况而定。通报内容一般应包括以下几个方面:

(1)与水污染事件有关的水情。

(2)重要断面(如水源地、省界断面)的水质监测数据。

(3)采取的应对处置措施(如调水)。

(4)根据预警预报模型得出的污染水体演进规律与预报结果,以及可能影响到水源地的情况分析。

(5)提出有效应对处置的措施建议。

通报难有确定的时间限制,根据具体情况而定,一般要求在作出决定或核实情况后随时通报。

2）事件续报

在水污染事件处置过程中,为保证上级部门及时得到水污染事件发展和应急有关信息,应当在事件发展变化的重要环节或根据上级的要求,上报有关信息。如需要上级部门提供必要的支持或进行必要的协调,也要及时向上级部门提出报告。

为保证事件处置中报告的及时性,报告的内容和方式应不受限制,要根据当时实际需要,以满足报告要求的效果为基本判断依据。报告的时限要求应当提高,一般以资料满足要求或可以作出判断后即应报告。

8.事件终止和总结报告

水污染事件的应急处置是为应对紧急情况的需要,打破正常的工作秩序设立的特殊工作秩序。在水污染事件处置工作应当结束应急状态的情况下,就应当及时终止该非正常程序,恢复日常工作秩序,以保证各项治黄工作的正常开展,并通过对事件的总结分析,提高应急能力。

1）事件终止

应急预案终止的条件如下:

(1)水污染事件基本结束,影响范围或程度已明显不会继续造成较大损害,已无必要应急值班或进行大规模调查、监测等应急事项,通过正常工作可以基本满足事件后期工作需要。

（2）水污染事件中水污染已大幅减弱，或污染团已入海或主要污染水体已被通过工程手段调离黄委所辖水域，水污染事件处置的主要工作为影响的后期处置，黄委已无参与的必要。

（3）水利部明令终止。

应急预案终止的程序如下：

为保证应急行动的统一性，应急办公室应当根据事件发展情况对是否需要终止应急预案进行判断，需要终止应急程序的，应当向应急指挥部请示终止应急预案。有意见认为，应急预案终止应由应急预案启动的机构——应急领导小组决定，具有一定道理，但从应急机构组成和实际应急情况看，并无必要，由指挥部决定即可，但在Ⅲ级响应时，指挥部作出应急预案终止决定后，应报黄委应急领导小组备案。黄委应急指挥部作出应急预案终止决定后，黄委应急办公室应及时通知有关水污染事件应急处置单位、部门执行。应急预案终止后，各单位（部门）工作按原定职责和正常工作程序执行。

2）事件总结报告

根据水利部门的职责和水利部报告办法要求，在应对处置突发水污染事件完毕后，应当向水利部做出应对突发水污染事件的总结报告。

在对内的突发水污染事件上报的过程中，要尽可能把事件的全过程叙述完备，以供上级机关了解具体情况，供以后应对水污染事件借鉴，一般地，在应对处置突发水污染事件完毕后，其上报的内容一般应包括以下内容：

（1）发生的时间、地点、过程及影响的范围。

（2）发生的原因。

（3）采取的措施和效果。

（4）造成的损失和影响。

（5）经验教训与建议。

上报内容中，一般还应将应急监测结果，包括采样断面（点）、监测频次、监测方法及监测结果和数据变化分析等情况同时报告。

事件总结报告指委属各参与事件处置单位及部门向黄委的报告和黄委向水利部的报告两部分。

为给黄委的总结报告留下足够时间，需要合理确定委属单位的报告时限。根据水污染事件报告编制的需要和近年水污染事件报告实践，委属各参与事件处置的单位或部门在3日内提交报告基本是可以实现的。黄委应急办（水资源保护局）要对各单位的报告进行汇总、审核、分析、整理，需要较长时间，一般来讲，抓紧的话4天内可完成，并要为委领导签批留下时间。所以，预案中可规定参加水污染事件应急处置的各单位(部门)在突发水污染事件应急预案终止后的 3 日内以传真或电子邮件向水资源保护局提交应对突发水污染事件总结报告,并随后以正式文件报告。黄委应急办(水资源保护局)汇总各方面情况后,4 日内以正式文件向黄委提交突发水污染事件调查报告,3 日内经黄委有关领导签批后报水利部。

9. 信息管理与共享

根据突发水污染事件过程中产生信息和传递信息的角度,可以将其划分为信息收集、信息传递、信息发布和历史归档管理四种类型,并根据各类型特点进行管理。

为提高对重大水污染事件的应对处置能力,在黄河流域内建立流域管理机构和地方水利、环保等行政主管部门间重大水污染事件快速反应机制是非常有必要的。实现流域管理机构与地方水利、环保部门的统一协作,信息共享是最基础的工作,没有信息共享的平台,也就谈不上实现部门间的统一协作。

一般地,信息共享的内容应包括以下几个方面:

(1)突发水污染事件报告共享。在水利或环保部门第一时间获知突发水污染事件的情况下,要及时通告对方,保证在最短时间内使应对处置突发水污染事件的各个部门行动起来。水污染事件处置中的处置措施,水质、水量监测数据,预测结果,事件发展情况等都应及时相互通报,以便对方采取更为有利有力的措施。

(2)在制定各个部门的突发水污染事件应急预案时,应考虑与其他各部门预案之间的衔接,探索制订流域管理机构和地方水利、环保等行政主管部门共同适用的突发水污染事件应急预案。

黄委内部也存在信息共享的必要。黄委要建立信息共享机制,建立信息共享平台,有关单位、部门要对水资源、水质、工程管理等方面的信息在黄委内部及时通报,以利于水污染事件应对时有关单位能及时得到需要的信息。

10. 应急保障

突发公共事件应急工作是一项与日常工作差异很大的工作,在各要素的保障方面要求程度大有不同。必须切实做好突发水污染事件应对的人力、物力、财力、安全及通信保障等工作,保证黄委应急工作的正常进行。只有做到应急有保障,才能实现对突发水污染事件的快速反应、快速处置。

在应急保障中,计划和计划的执行是一个关键环节,合理计划与安排显得尤为突出和重要。黄委计划部门应根据突发水污染事件需要,组织有关单位对应急各要素进行深入分析,提出需求,组织编制突发水污染事件有关应急规划和计划,并根据黄委整体计划优先安排,同时组织和监督有关部门、单位实施。各单位要根据黄委计划将应急保障计划列入到本单位的年度和中长期计划中,认真组织实施,将应急保障物资、项目、经费进行落实。

(六) 水污染事件应急管理近期重点工作

为解决省界缓冲区水污染事件应急管理中存在的突出问题,除继续做好现有的应急工作外,近期需要重点做好以下八项工作。

(1)有毒有害污染源调查和重点危险污染源确定与事故风险分析。重点调查省界缓冲区沿岸可能发生突发性水污染事故,发生事故后有毒有害污染物可以直接进入省界缓冲区,引起饮水人或牲畜急性中毒,对供水水质安全造成重大威胁的有毒有害污染源。标示省界缓冲区污染源沿黄分布图,建立省界缓冲区污染源档案,加强对危险污染源的管理,避免或减少污染事件的发生。

根据有毒有害污染源在省界缓冲区的沿黄分布、危险特性、毒性及健康危害性等,对污染源进行危害分析,将毒性效应大、普遍存在或容易发生突发性水污染事件的有毒有害污染物确定为省界缓冲区主要有毒有害污染物,进而确定重点有毒有害污染源。分析重点污染源发生事故的可能性及事故发生后对人类健康、生态环境造成的后果。

(2)应急监测技术与方法的建立。对分析确定的主要污染物,在调查国内外应急监测方法的基础上,开展相应的应急监测技术方法研究,针对不同类型的污染物,建立适用于黄河省界缓冲区的样品采集、保存、前处理和监测方法,为应急监测提供技术支持。

(3)制订流域监测机构应急监测设备配备方案。调查流域监测机构应急能力现状,分析存在的主要问题,结合黄河多沙特点和监测技术研究成果,以调查确定的主要有毒有害污染物为基础,调研适合黄河多沙特点、操作简便、便于携带、价格适中,能在基层推广应用的应急监测仪器,提出应急监测设备配备方案,包括配置仪器类型、数量、技术指标等。

(4)应急监测方案研究。主要通过省界缓冲区不同水污染事件监测断面的布设、监测因子的选取,监测频次和监测响应时限等相关问题的研究,结合黄河流域常见或典型省界缓冲区水污染事件现场应急处置经验的分析,提出制订黄河省界缓冲区水污染事件现场应急监测处置方案的基本要求。

(5)应急处置中水利工程运用研究和实施。根据水污染事件应急处置的要求,研究如何有效利用水利工程,最大限度降低水污染事件造成的危害;提出水利工程应用的原则、程序,并在已有应用的基础上进一步提升利用水利工程应对水污染事件的水平。

（6）水污染事件分级及应急响应分级。调查黄河流域省界缓冲区已发生的水污染事件，根据黄河具体情况，从水污染事件发生的原因、污染类型、影响程度等角度出发，对省界缓冲区水污染事件进行分级，并从黄委内部有关单位和部门的职能，结合国家总体预案和环境预案的要求，提出黄河省界缓冲区水污染事件应急响应分级。

（7）应急保障机制研究和完善。根据应对省界缓冲区水污染事件需要，研究应急保障中设备、人员、安全、资金、通信、技术等方面的保障问题，进一步加强应急保障能力建设。

（8）应急预案的完善。根据形势发展的需要和应急实践中发现的问题，对应急预案进行不断完善。目前，黄委有关应急管理规定的完善工作正在实施。

第三节　黄河流域省界缓冲区水资源保护政策和制度研究

政策和制度在国家管理中相伴而生，分别起着重要但又不完全相同的作用。在我国的某些阶段，政策曾经起着国家管理基本依据的作用。改革开放后，我国向市场经济转变过程中法制建设被置于突出的位置，各方面存在的问题也大多表现为法律制度建设不能完全保障政策的有效执行。近年，流域管理在我国立法中不断被强化，但流域水资源保护特别是省界水资源权益的划分及保护在广度和深度上均存在重大缺陷，严重影响省界缓冲区保护工作的开展。我国目前的政策是明确的，也基本符合黄河流域实际，但是在制度建设方面存在严重不足。了解制度和政策的一般关系，并提出制度建设的设想和建议，对于强化黄河流域省界缓冲区保护的制度建设非常必要。

一、关于制度和政策关系的一般理论

（一）制度制约公共政策

此处所指的制度是宏观的制度概念，不是指具体的规章。在人类社会历史发展过程中，从原始社会的氏族公社制度，到今天的市场经济制度，制度都是人类社会生活中不可或缺的。而政策与制度一样，也是与人类社会发展相伴始终的。制度、政策都是起源于人类自身利益的需要，但具体的产生方式、作用并不同。

首先，个人作为社会性动物，追求利益最大化。从这个意义上说，个人是

理性人。但理性人不等于正确的人,再加上诸如信息不对称等客观因素,个人利益最大化往往不能实现。适当的制度安排可以弥补个人理性的不足,弥补一些客观因素的负面作用,使个人利益最大化得到尽可能的实现。但制度出现,并不意味着马上就可以起到应有的作用,还需在其框架内细化、归类,制定各种政策来辅助实施。这样,政策就产生并发挥作用了。

其次,个人虽是理性人,但理性并不能弥补他自然性上的缺憾:个人的生命过程及生活过程中不确定性因素太多,他无法预计生老病死,也无法预计天灾人祸。单个人在自然面前是脆弱的,需要合作来减小这种不确定性。而合作使人成为社会人。适当的制度安排可以使社会人的合作更趋合理,更有利于个人在幼年与老年获得生存保障,更有利于人避免一些天灾人祸,并使自己有能力应付一些不可抗力带来的灾难性后果,从而使整个人类社会得以向前发展。但至于怎样合作,怎样使幼年与老年获得生存保障,怎样应付灾难,则是政策所面临的问题了。从这个意义上看,政策反而更偏向于可操作的具体规章。

在明确了制度和政策的含义后,那么,到底什么是制度呢?制度如何制约、包含政策呢?

制度是社会中单个人应遵循的一整套行为规则。美国的经济学家道格拉斯·诺思定义如下:制度提供框架,人类得以在里面相互影响。制度确立合作和竞争的关系,这些关系构成一个社会,或者更准确地说,构成一种经济秩序。在诺思的定义中,制度是一个经济学名词,但同时,制度又是规则、要求和行为规范。因此,制度不外乎是各种具体存在的行为规则、规范的合体。政策作为规划、社会目标、议案、政府决策、计划、项目等多面体的表征词,自然而然不会脱离制度框架,而是从属于制度框架。

按照道格拉斯·诺思的分类方法,可以把制度区分为规范性行为准则、宪法秩序和操作规则三大类。同时,他又指出:这三类并非断然分开,分界线并不明确。

第一类是规范性行为准则。这是比较特殊的一类制度,它们涉及文化背景与意识形态。它们是宪法秩序、操作规则的背景材料和渊源。这一类制度包括社会所处的阶段、文化传统、国家意识形态及心理因素等。它们常常是非明文规定或非条例化规定的,但却使社会上的人们在潜在的国家强制力下潜移默化。通过这种潜移默化,宪法秩序和制度安排的合法性得到确定。这类制度的特点是"根深蒂固",变化缓慢,变动不易。

第二类制度是宪法秩序。道格拉斯·诺思认为:宪法可以定义为对管理的条款与条件(集体选择)的规定,这里的管理包括规则的制定、规则的应用和规则的坚持与评判。这一类制度规定确立集体选择的条件和基本规则,这些基本规则包括确立生产、交换和分配的基础的一整套政治、社会和法律的基本规则。人们一般称为立宪规则。这些制度一经设定,非经特殊而谨慎的程序,如集体选择的条件等;非经特殊的紧急情况,如战争、政变等,它们不可以变动。当然,这种不可变动并非绝对,只是相对一个长远期而言的。就长远而言,没有一种制度是不可变动的。

第三类制度是操作规则。这类制度是在宪法秩序的框架中创立的,是宪法秩序的具体安排。它包括法律、法规、社团、合同以及政策等。制度制约公共政策也主要体现于此。政策作为依宪法秩序而制定的具体安排,它的产生、制定、执行无一不受到宪法秩序的约束。

可以看出:制度对政策是制约关系,是真包含关系。在"根深蒂固"的文化与意识形态下,宪法秩序这一类制度首先得以安排。由于这些"确立生产、交换、分配的基础的一整套政治、社会和法律的基本规则"的指导性、宏观性及缺乏可操作性,政策就来执行操作任务。各种政策把宪法秩序具体化,并在实际执行中不断完善,逐渐上升为法律、规章;体现到人与人的合作关系,则表现为带有经济意味或政治意味的组织、合同、社团等。而各种政策在制定、执行时又不可逾越"基本规则"的限制,它们在制度框架中"生根发芽",用具体规则充实整个制度。政策是制度的附生物,随制度的产生而产生,也随制度的消亡而消亡。

(二)政策反作用于制度

政策的特性决定了它并非被动的适应制度,它也不仅仅只有利于制度框架的完善,它还会积极或消极地在制度框架内发生量变,最终促使制度变迁、达到制度创新。

可以这样认为,"凡由一定的主体作出,同时对一定的客体产生了一定影响的要求、希望、规定、强制等都可以被视为主体的某种政策"。政策源于人类自身的切身需要,但它产生于人类在解决比较现实的问题的时候,它是在制度形成后逐渐形成具体操作。较之制度,它更具有行为特征。

政策是制度框架中的"砖石",它是"广义的规划"。这种广义的规划是灵活多变的,具有很强的适应性。同时,政策由于其"潜移默化"的特征,使它又成为相对恒定而持久的政府决策。这是政策的本质属性。与政策的起源密切相联,政策是人与人合作中的一种"契约",是有关集体成员的一种默契,是要求所有成员在给定的环境中能预测其他成员的行为准则。但这种政策又不等同于法律、法规。虽然法律、法规也近似于一种"契约",也可以在给定环境下预测他人行为,但政策并没有明确规定违反契约将会受到多大程度的惩罚。但同时也如前面提到的,许多政策会逐渐上升为法律、法规,惩罚程度会被明确规定。在大多数情况下,政策与法律间并没有明确的区分,甚至可以说法规、法律是政策的法律形态。

从上面可以看出,政策具有目标特征、行为特征、灵活多变特征、实证特征及法律特征,也正是由于这些特征,决定了政策是能动的反作用于制度框架的。

(1)政策具有很强的目标特征。它是为了解决人类自身需要而产生的。任何一项政策,都是在制度框架下细化的目标指导下,制定其内容形式,然后加以执行、评估等。在执行过程中,要多方考察,看它是否偏离原来的目标。也正是由于这种很强的目标特征,原有制度得以强化,制度框架得以完善。也同样是由于很强的目标特征,政策在执行、反馈中也会波及到原先目标,会使政策执行主体意识到目标的欠缺或偏颇。经过一系列程序,使目标有所纠正,进而巩固和完善制度的分目标。

(2)政策的行为特征是指政策本身是在实践中完善、成型的,具有很强的实践性、操作性。任何一项政策制定出来都不是面面俱到、事事料到的。因此,政策的最终成形是人们在实践中加以操作并完成的。但这种行为特征不仅仅是一种被动执行行为,而是根据实际情况实事求是地执行的。因此,政策虽有目标,但为了更趋于理性化,往往在政策执行中变动目标,甚至影响其他目标,为制度增加新鲜"血液",促进制度创新。

(3)政策的灵活多变特征,是相对于宪法秩序和制度安排的较长期稳定性而言的。由于政策是为制度服务的,制度变迁必然会引起它的变动。但同时由于其灵活多变,也就是执行反馈的灵活性,使它更容易促使正处于量变最高点的制度走向质变,使制度创新得以实现。

(4)政策的实证特征是指政策作为一个完整的从发现政策问题——提出解决方案——评价各个方案——选择最优方案——执行所选方案的活动过程。由于这个过程的逻辑性很强,大多数政策相对于制度要求是比较合理和可行的,可以称为"好的政策"。但这并不意味着正确发现问题就可以有正确的解决方案。政策主体往往由于自身的因素,如素质、信仰及心理等,另外加上信息不对称、交易成本认识等的不同,政策极有可能是无效率的,是"坏的政策"。只要这个"坏的政策"实行时间足够长,就可能严重影响制度安排,不是破坏,便是突变,进而影响制度变迁。

（5）政策的法律特征是指政策逐步完善，逐步合理，可以上升到法的阶段，成为法律或法规。

（三）政策主体对制度的影响

政策体现并执行着制度，而政策是由人制定并执行的。一般而言，政府的高层官员以及官方机构是政策制定与执行的主体，可以把他们称为政策主体。不可避免地，政策主体要对制度框架产生很大影响。这种影响既可以是正面的，也可以是负面的。通常情况下，政策主体对制度起正面影响，它们在维护、巩固和完善既有制度。然而，一旦负面影响出现，由于政策主体的特殊地位，将会对制度产生极大冲击力。

当然，政策主体的正面影响是主流。只是政策主体事实上也是制度创立与选择的主体。一旦负面影响产生，就不仅仅是政策本身的问题，而是波及制度本身。研究其负面影响远比说明正面影响有用得多。在制度创立初期，政策主体会通过政策的制定与执行维护和巩固制度，使制度框架更加完善。但如同任何新事物一样，一旦制度完全定型，人们就会熟视无睹，他们会寻求一种制度框架中的个人发展。所以，政策主体目标异化，政策主体与制度主体（主要指制度的创造、选择者）已经分离，负面影响不可避免，促使制度变异。

省界缓冲区水资源保护和管理政策属于公共政策的范畴。现代公共管理的一个主要途径就是采用公共政策来处理社会问题，并调控和管理社会。公共政策已经成为连接政府与社会的一个主要纽带。

政策系统是一个由政策主体系统、政策支持系统（Decision Support System，简称 DSS）和政策反馈系统三个子系统构成的政策大系统，涉及从中央到地方各级各类相关政策机构及其运行机制。政策主体系统是由各种政策行为者，特别是各类政策主体相互作用所构成的系统。这一系统又包括三个子系统，即政策制定系统、政策执行系统和间接主体系统。政策支持系统又是由信息传播系统（信息沟通系统）、政策咨询系统、政策监控系统和政策评估系统四个子系统构成的。政策反馈系统是将政策主体与政策对象、政策系统与政策环境连接起来的一个特殊系统。政策系统的上述三个子系统构成的政策大系统在内部关系上是相互联系、相互依存、相互作用的。

二、黄河流域省界缓冲区保护制度建设构想

目前，我国关于省界缓冲区水资源保护监督管理的政策和制度尚存在不少问题，找寻适当的解决途径和制订相应的解决措施对于省界缓冲区水资源

保护的深入开展非常必要。

(一)有关省界缓冲区保护的基本政策和制度缺陷

随着我国经济社会的发展,我国经济实力、社会发展水平和相应的自然资源情况发生了巨大变化,与此同时,国家和社会民众对经济发展规律的认识也得到极大提高,这些主要表现在:

(1)从偏重甚至单纯的经济发展观念逐渐改变为可持续发展、科学发展观念。

(2)从提倡和扶持重点地区的发展向全面发展转变。

(3)从以牺牲局部利益支持重点利益向重视弱势群体利益转变。

(4)从过分的中央集权向中央和地方的适当分权转变。

(5)公众参与社会事务。

党和政府对经济与社会发展的政策也在不断作出调整,在涉及省界缓冲区水资源保护管理问题上基本形成了目前以水资源可持续利用支持经济社会的可持续发展政策、流域管理政策、强调资源与环境保护政策、地方政府对资源与环境质量负责政策、资源与环境损害补偿政策等。这些政策有些已通过制定相应的法律制度来体现,而有些还仅停留在提倡和鼓励阶段,或部分停留在这个阶段。例如,对跨境水污染的处罚与补偿,只在很少的地方行政区试行;流域管理中省界和省界缓冲区的管理还没有相应的制度安排,中央和地方的管理事项并未完全明确等。这种制度与政策不同步的局面严重制约了省界缓冲区管理的深入开展。造成这种局面的原因大概有几方面:

(1)由于政策的灵活性,变化较快,而制度建设需要通过适当程序,过程较长,还没有跟上。

(2)省界缓冲区管理涉及各方包括中央与地方、水利与环保部门等存在利益冲突,即便对政策一致肯定的情况下,在制定具体法律制度过程中也存在一个博弈过程,以对管理过程中各方的权利和责任进行取舍,当然就需要较长时间。

(3)省界缓冲区基本情况不十分清楚,对制定较完善可行的具体管理制度没有把握。

(4)有关管理机构管理的基本能力不完全具备,甚至差距很大,需要在适当提高能力建设的情况下逐渐完善相应制度。

(二)省界缓冲区制度建设的途径和措施

基于目前省界缓冲区制度建设现状,欲加强其制度建设,必须强化对省界缓冲区情况的调查并着力提高有关机构特别是流域水资源保护机构的能力,

至于立法,采取下列途径或许是可行的:

（1）首先通过利用地方的立法权,在局部试行一些具体方面的制度并逐渐推广至更大范围,并通过总结经验为全国或在某个流域制定制度做好准备。目前,在国内个别地方实施的跨境污染处罚和补偿就是一个很好的开端,只可惜黄河流域内尚无行动。

（2）研究和制定黄河流域单行的法律或法规,并在此中解决省界缓冲区管理问题。关于黄河法的研究已开展多年,按照水利部的立法计划,黄河流域水资源保护条例的立法研究已经开始实施,由于立法层次高,涉及面广,此类立法可能耗时较长。

（3）通过低层级管理单位的管理实践,发现问题,提出措施,并制定相应的规范性文件,并通过总结完善,使之逐步上升到更高层次,最终形成关于省界缓冲区管理的具有高强制力的法规或法律。目前,黄委已在入河排污口管理、突发水污染事件应急机制建设、入河污染物总量控制等方面有了一定探索,这些都涉及省界缓冲区管理,尽管不多,但对建立黄河流域省界缓冲区制度将是有益的,或许也是目前最可行的途径。

第四节　结论和建议

一、结论

（1）黄委在黄河流域省界缓冲区水资源保护和管理方面做了一些工作,且取得了一定的成效。但通过调查评价发现,总体上看,黄河流域省界缓冲区水质现状不容乐观,不能有效地保障流域水资源的可持续利用,并易产生省际水事纠纷,加强对省界缓冲区的监督管理非常必要。

（2）现行的《中华人民共和国水法》和《中华人民共和国水污染防治法》等法律法规,以及水利部印发的"关于加强省界缓冲区水资源保护和管理工作的通知",规定了流域管理机构负责省界缓冲区水资源保护和管理工作,并对相关工作提出了要求,为流域管理机构加强省界缓冲区水资源保护和管理工作提供了依据。

（3）自2002年《中华人民共和国水法》规定水功能区管理制度以来,以水功能区为单元的水资源管理模式逐步建立和完善,流域管理机构水资源保护和管理能力不断提升,为加强省界缓冲区水资源保护和管理奠定了一定的基础。国内外流域省界缓冲区水资源保护的实践,也为加强省界缓冲区水资源保护和管理提供了良好的参考范例。

（4）从黄河流域省界缓冲区管理现状看，省界缓冲区水质监测和信息管理、污染物浓度与总量控制、入河排污口管理、跨行政区水污染经济处罚与补偿管理、水污染事件应急管理等五项主要工作，普遍存在法律依据还不完善，管理范围的确定和管理职责与工作任务的认定还不清晰，管理制度不健全，管理方式不完善，流域与区域、部门与部门的合作和公众参与的程度较低，工作基础薄弱等问题。

（5）通过对黄河流域56个省界缓冲区的实地调查、定位、监测、分析，基本查清了省界缓冲区以及水质和入河排污口（支流口）的状况，确定了缓冲区的起始位置和水质站点设置。调查分析结果表明，省界缓冲区水质污染较严重，枯水期有65.0%以上的缓冲区未达到水质目标要求，上游缓冲区内水质较中、下游尚好，中下游部分缓冲区由于周围工矿企业排污，水质污染严重；对3省界缓冲区内2个入河排污口的实测、调查统计，各类废污水年入河量为1.62亿 m^3，排放污水以工业废水为主，主要污染物为COD、氨氮。入河废污水和污染物主要集中在一些大中工业排放口，废污水年入河量在100万 m^3 以上的排污口占排污口总数的59.3%，其废污水入河量占入河总量的95.6%；省界缓冲区的汇入支流水质以Ⅳ—劣Ⅴ类为主。

（6）从国内外流域省界缓冲区水资源保护和管理的实践看，可持续发展原则、公平合理原则、合作原则、污染者付费原则、流域与区域相结合原则是跨界水资源保护和管理的基本原则。在这些原则的指导下，加强跨界水资源保护和管理理论研究，完善管理体制、机制、模式和保障措施等管理体系设计，深入开展各项水资源保护具体工作，建立健全规章制度，是成功实施流域省界缓冲区水资源保护的基本路径。

（7）通过分析省界缓冲区的特点，可定义如下：省界缓冲区是指国家为协调省际间用水关系，控制上游对下游或相邻地区的水污染，以省界为中心向附近省级行政区域扩展而划分的特定水域。依此可确定省界缓冲区的几个特征：①它是跨省级行政区边界一种特殊的水功能区，其间易产生水污染矛盾和纠纷；②应有明确的起始和终止界面，省界断面是其核心，根据需要向有关省级行政区域扩展以确定其范围界面；③划分的目的是协调省际用水关系，以满足下游和流域水质保护的要求，其管理一般由中央政府实施；④省际附近水域无论其污染程度、矛盾大小和河流大小，均应划为缓冲区；⑤在黄河流域包括已划分的省界缓冲区和省际附近缓冲区两种。

（8）研究发现，有两个原因导致省界缓冲区极易产生"公地的悲剧"：一是水资源的产权属性决定了容易产生"公地的悲剧";二是省界缓冲区固有的跨省级行政区边界特点加剧了产生"公地的悲剧"的可能性。因而,其管理需要采用综合的方法,包括法制方法、经济方法和公众参与方法。从法制方法看,需要在我国法律体系内,建立健全省界缓冲区水资源保护和管理的法制系统;从经济方法看,省界缓冲区水资源保护应争取尽快摆脱环境库兹涅茨曲线的宿命,通过解决好省界缓冲区水资源保护的外部性问题,实现省界缓冲区水资源保护的帕累托最优,进而走出跨界管理的囚徒困境;从公众参与方法看,要让广大人民群众掌握环境保护的公共信息和法律武器,引导人民群众积极参与省界缓冲区的水资源保护工作。

（9）从目前开展工作和发展角度看,黄河流域省界缓冲区水资源保护主要涉及以下 14 项工作:①省界缓冲区划分与调整;②省界缓冲区标示建设;③省界缓冲区纳污能力核定;④规划;⑤配套法规建设;⑥水质监测与评价;⑦入河排污口监督管理;⑧入河污染物总量监督;⑨突发性水污染事件应急处置;⑩跨行政区水污染经济处罚与补偿;⑪水生态系统保护与修复;⑫省界缓冲区农村小水电环境影响评价预审;⑬跨省水事纠纷调处;⑭信息发布及通报。

（10）国内外实践证明,省界缓冲区水资源保护必须实行流域与区域相结合的管理体制,在发挥水资源行政管理部门主导作用的基础上,确立流域管理机构的地位并充分发挥其作用,同时要发挥地方政府及环保等部门甚至非赢利组织和社会公众的作用。在目前流域管理体制难以进行重大变革的情况下,可以在省界缓冲区管理体制上进行改革试点,成立省界缓冲区管理委员会,管理委员会的成员包括流域管理机构代表、沿黄省(区)政府代表等,管理委员会行使流域管理机构和沿黄省(区)政府的授权,全面负责省界缓冲区水资源保护和管理的规划及重大问题决策,使流域管理与区域管理相结合的管理体制建设迈上新台阶。

（11）省界缓冲区水资源保护管理机制建设主要包括五个方面:完善联合治污机制、建立环境问责机制、引入自愿性环境协议机制、强化公众参与的环境后督察和后评估机制、探索环境经济政策引导机制。

（12）省界缓冲区水资源保护管理模式一般以政策的形式予以确立。因为在省界缓冲区水资源保护领域同时存在市场失灵和政府失灵两个方面的问题,所以需要加强政策工具建设,在清晰地理解各类环境和自然资源管理政策工具特点的基础上,选择合适的政策工具。政策工具一般分为三类:有"大棒"之称的"命令－管制"法律工具,有"胡萝卜"之称的"市场导向"的经济激励工具,以及有"说教"之称的公众参与工具。采用上述三种工具制定的公共政策是一种社会的博弈规则,该规则应该是可实施的或可执行的,是一个纳什均衡,省界缓冲区政策的制定应综合考虑各种工具。

(13)根据 SWOT 分析,未来流域管理机构应该优先选用 SO + WO 策略组合:优势和机会匹配的 SO 战略(加强管理战略),劣势和机会匹配的 WO 战略(扭转型战略)。该战略的核心点强调以抢抓"机遇"为主,依靠内部优势,克服自身弱点,利用外部机会,谋求尽快做好省界缓冲区水资源保护和管理工作。

(14)根据理论和实践研究结果,黄河流域省界缓冲区水资源保护和管理工作需要采取八大特殊措施:①提高对省界缓冲区水资源保护和管理重要性和特殊性的认识;②明确划定黄委和省级水行政主管部门省界缓冲区的管理范围;③理顺管理体制;④以"沟通、联合、共享"指导管理机制建设;⑤重点加强省界缓冲区水质监测和信息管理、污染物浓度与总量控制、入河排污口管理、跨行政区水污染经济处罚与补偿管理、水污染事件应急管理五项具体工作的研究和制度建设;⑥加大投入;⑦提升能力;⑧在管理方法上,需要采用法制方法、经济方法和公众参与方法相结合的综合方法。

(15)要解决省界缓冲区水资源保护的信息不对称问题,需要加强水质监测和信息管理工作。省界缓冲区水质监测和信息管理的基本对策为:在理顺管理体制基础上,实现监测网络的统一规划、建设和管理,促进和实现水质监测数据的共享与信息发布渠道的统一,加大水质监测投入,提升水质监测能力。

(16)省界缓冲区污染物浓度和总量控制的基本对策是:明确划定黄委和省级水资源行政主管部门对省界缓冲区污染物浓度和总量控制的管理事项和范围,继续坚持对污染源实施严格的浓度控制,在核定省界缓冲区纳污能力基础上,研究制定浓度和总量控制的工作目标、内容、标准、措施和手段,通过流域与区域、水利与环保等联合治污措施,强化对入河排污口和缓冲区支流入河污染物的控制和监督,实现入河污染物总量控制目标。

(17)作为一种费,而不是税,跨行政区水污染经济处罚与补偿管理制度应充分体现费的特征。建立跨行政区水污染经济处罚与补偿管理制度的基本对策是:加强对跨行政区水资源污染经济处罚与补偿内容、标准、措施和手段的研究并付诸实施,充分发挥流域管理机构的作用,并加强流域管理机构和地方政府、地方政府及有关部门的沟通和协商机制建设,加强法制建设,解决排污区和受害区的区域错位现象,根据需要建立专门的水污染损害鉴定评估机构。

(18)突发水污染事件应急管理属于政府危机管理的范畴。为实现省界缓冲区水污染危机管理的科学化,提高应急管理水平,除继续做好现有的应急工作外,近期需要重点做好以下八项工作:省界缓冲区主要有毒有害污染源调查和重点危险污染源确定与事故风险分析;应急监测技术与方法的建立;制订流域监测机构应急监测设备配备方案;开展应急监测方案研究;应急处置中水利工程运用的研究和实施;水污染事件分级及应急响应分级;应急保障机制研究和完善;应急预案的完善。

(19)省界缓冲区水资源保护和管理政策属于公共政策的范畴,国家关于资源与环境的政策调整为省界缓冲区管理的制度建设提供了良好前提。从黄河流域省界缓冲区的具体情况看,根据工作的轻重缓急,应优先制定以下五个具体规章:省界缓冲区水质监测和信息管理办法、省界缓冲区污染物浓度与总量控制办法、省界缓冲区入河排污口管理办法、跨行政区水污染经济处罚与补偿管理办法、省界缓冲区水污染事件应急预案。

二、建议

(1)省界缓冲区水资源保护是一项系统工程,本章主要研究了水质监测和信息管理、入河排污口管理、浓度和总量控制、跨行政区水污染经济处罚与补偿管理、应急管理五个方面。要使流域省界缓冲区水资源保护工作全面到位,一方面需要对以上这五个方面的内容进行深度研究,另一方面需要对省界缓冲区水资源保护涉及的其他方面工作进行系统研究。

(2)省界缓冲区是流域大系统的一个组成部分,需要从流域系统角度思考省界缓冲区的水资源保护工作。诚然,由于省界缓冲区有特殊性,其水资源保护工作的适度超前是可能的。但是,如果流域水资源保护整体工作不配套,省界缓冲区水资源保护工作的超前探索的步伐势必受到制约。如何协调省界缓冲区水资源保护和流域大系统水资源保护工作,尚需要进一步探讨。

(3)省界缓冲区涉及跨省级行政区,协调难度大,导致流域管理机构(甚至水利部)的省界缓冲区水资源保护工作难以顺利开展,为此,应充分估计省界缓冲区管理的难度。本书提出的"沟通、联合、共享"六字方针,可供解决此类问题借鉴。

(4)目前,省界缓冲区水资源保护工作缺乏可操作性的法律依据,需要对此加以高度重视,并通过不断加强立法和规章制度建设的研究促进法律的进步。

(5)现有省界缓冲区管理的基础工作薄弱,有待进一步加强,尤其要逐步增加省界缓冲区调查和监测的深度及频次,加强监督管理单位能力建设与基础技术研究。

第六章　黄河流域省界缓冲区监督管理考核指标体系理论研究

建立省界缓冲区限制纳污红线监督管理考核指标体系,是评价省界缓冲区管理水平与成效的一个核心和关键的环节。指标体系涵盖的是否全面、层次结构是否清晰合理,直接关系到评估质量的好坏。

监管考核指标体系是省界缓冲区监管考核体系的重要组成部分,依附于监管考核体系之中。因此,省界缓冲区监管考核指标体系设计必须基于一定的监管环境条件,并在监管考核理论指导下,根据特定的监管考核需要(目标)进行。

管理科学发展至今,考核理论已经变得十分复杂和细化,各种学派、观点和方法林立,分别适合不同的考核范围、对象和目标。黄河流域省界缓冲区监管考核指标体系设计必须依靠科学的考核理论为指导;否则,会导致思路不清和指标体系不完善。因此,在黄河流域省界缓冲区监管考核指标体系设计时,需要对各种相关理论进行分析疏理,并根据实际情况科学选择。

按照现行管理体制,流域管理机构对省界缓冲区的监督管理工作比较复杂,流域管理机构作为水利部的派出机构直接管理省界缓冲区,但对省界缓冲区水质造成影响的上下游、左右岸的水域归属所在各省(区)政府管理。要做好省界缓冲区水资源保护管理工作,流域管理机构必须对各省(区)级政府的工作进行协调管理。因此,省界缓冲区监督管理考核工作除需要应用一般的组织绩效考核理论外,还要涉及现代公共管理理论。

水功能区限制纳污红线管理对省界缓冲区监管考核工作提出了更高的要求,主要表现为:考核指标体系必须系统、科学,能全面涵盖限制纳污红线的全部考核内容,能在时间维度上体现不同阶段的工作重点;从严核定水域纳污容量,严格控制入河湖排污总量;对排污量已超出水功能区限制排污总量的地区,限制审批新增取水和入河排污口;完善监测预警监督管理制度。

第一节　公共管理考核理论分析

信息化和民主化使政府管理问题成为各个国家发展与稳定的中心问题,

使社会公平和民主成为政府管理的核心价值观。地方政府因与公众的生活更为贴近,从而承担了更多的回应、效率等方面的职责。为此,多数西方国家的地方政府纷纷开始把私营部门的一些管理方法与经验运用到政府公共部门,普遍采取了以公共责任和顾客至上为理念、以谋求提高效率与服务质量、改善公众对政府公共部门的信任为目的的绩效管理模式,绩效管理在政府管理中的孕育和发展是西方国家社会发展和政府改革推动的结果,是绩效管理一般理论和公共管理理论共同发展的结果。

一、绩效管理一般理论

包括省(区)级政府在内的任何组织的存在都有其特定的目标。绩效主要是指被考核者通过一定的活动完成工作目标所形成的业绩或成果。组织绩效理论着重探讨组织大系统中的考核者和被考核者围绕组织目标的完成,促使组织高效运转的一系列方法和途径。

依据美国国家绩效评估体系中的绩效衡量研究小组的研究成果,绩效管理是指利用绩效信息协助设定同意的绩效目标,进行资源配置与优先顺序的安排,以告知管理者维持或改变既定目标计划,并且报告成功符合目标的管理过程。就绩效管理而言,不同的学者根据各自的学术主张,对绩效的定义也多有不同。目前主流学者们对绩效的定义主要可以分为:

(1)过程为导向的定义。绩效管理本身就是如何执行组织发展战略、达成发展目标的管理过程。根据组织的发展远景和年度目标,组织的管理者和成员制定组织内部各部门的重点发展领域,并依据绩效管理模式和绩效标准来管理组织内部各个部门的运作。

绩效管理是一套系统的管理活动过程,用来建立组织与成员间对组织的发展目标以及如何达成该目标的共识,进而采用有效的管理方法,以提升目标达成度,因此绩效管理不仅包括组织成员的绩效评估,更将成员的绩效与组织的绩效结合,最终目的是提升整体组织的效能。

绩效管理是一整套流程,这个流程主要可以分为三个部分:首先是绩效评估前的准备时期,其次是绩效评估工作,再次是评估后的回馈和改善工作。

(2)结果为导向的定义。管理者在推动绩效管理时,必然会出现组织系统中不同层次的绩效。当组织评估上述不同层次的绩效后,就可立即发现绩效结果,并依据不同的绩效表现,给予被考核者一定的奖罚。

(3)以政府部门为导向的定义。在信息高度发达、公众受教育水平逐步提高的前提下,政府在推动社会进步,促进自然、社会经济发展和人的发展中所发挥的实际功能与作用也在不断扩大,但是政府自身也在不断膨胀,公众对政府的评价主要是根据从社会总体收益扣除政府成本后的所得。

随着政府系统的不断膨胀,官僚机构所消耗的国家资源也在逐步增多,面对这种情况,公众提出公共经费的使用必须符合一定的程序、国家资源必须有效使用等诸多要求,为了不断回应公众提出的要求,避免公众对政府无效率的指责,政府只有通过绩效评估系统,从而了解组织做了哪些事。

二、新公共管理理论

20世纪70年代末80年代初,一场声势浩大的行政改革浪潮在世界范围内掀起。在西方,这场行政改革运动被看做一场重塑政府、再造公共部门的新公共管理运动。自20世纪80年代开始,西方国家的政府都面临财政赤字逐步增大,各级政府均无力承担公众日渐增多的公共服务需求,为了摆脱这种困境,各级政府纷纷采取改革战略,例如英国国营组织民营化战略、美国的全国绩效评估制度等,其最终的目的在于希望达成如美国全国绩效评估制度所揭示的原则即"更高的工作效率,更少的花费"。这些战略都代表了公共部门的一种转型,也代表了绩效导向的政府管理模式的产生,产生了新公共管理理论。

新公共管理运动的实践,已经体现出了与传统公共行政模式重大的差异,如更注重管理绩效和管理效率,更注重市场的力量,更注重管理的弹性而不是僵化,更注重公共部门运行于其中的相关的政治环境,更注重私营部门管理方式在公共部门的应用等。

(一)新公共管理的理念来源

目前许多学者都认为新公共管理的理念来源主要是公共选择理论、代理人理论和交易成本理论。

(1)公共选择理论。建立在一种全面理性的基础上,其基本假定为"凡是人类的行为,都受到自利因素的影响",且每个行为者都是"理性自利的人",也就是说政府官员与一般组织者经营者一样,都在追求自身效用的最大化,只要有选择的机会,都会做出对自己最有利的决定。因此,政府官员在追求其部门预算的最大化,政治人物追求其选票的最大化,在不断要求增加国家资源、满足选民的偏好下,经济往往日趋衰退。崇尚公共选择理论的学者大多主张国家角色的最小化、抑制政府机构的职能以及尽可能促使国家所提供的服务能接受市场的竞争,或交由私人部门来进行。

(2)代理人理论。假定社会生活由一连串契约所构成,组织成员会尽量扩大其收益,当委托人缺乏某些技能或专业知识时,就会与代理人签订契约,由代理人提供所需的服务,因此这种关系大多建立在因专业和分工而产生的效率上。不过由于人性具有自利倾向和厌恶风险,且在组织中每个人的目标与利益着眼点也不尽相同,因此在组织的运作过程中,虽然大家合作共同运作,但仍有一些怠惰、欺瞒的情况发生。

（3）交易成本理论。该理论对于交易本身不会产生成本的观念提出挑战,其基本假定是市场中存在交易成本,这些成本包括环境的不确定性、人的有限理性、投机主义等。任何一项或一组交易,由于其拥有的交易特征不同,因此需要不同的处理结构来进行交易,以减少交易成本的产生,然而交易方式的选择必须根据比较成本效益来确定。

（二）新公共管理的内涵

新公共管理思想是以现代经济学和私营组织的管理理论与方法作为自己的理论基础,不单纯强调利用集权、监督以及加强责任制的方法来改善行政管理方式,而是主张在政府管理中采纳组织化的管理方法来提高管理效率,在公共管理中引入竞争机制来提高服务的质量和水平,强调公共管理以市场或顾客为导向来改善政府绩效。总之,新公共管理是突显市场机制与管理技术的一种管理思维,具有下列特性:

（1）由专业的人士或单位来经营组织或分摊组织部分的运作。新公共管理主张政府在公共行政管理中应该由专业的人士或单位来经营组织或分摊组织部分的运作,即政府应该把管理和具体操作分开,政府只起掌舵的作用而不是划桨的作用。掌舵的人应该看到一切问题和可能性的全貌,并且能对资源的竞争性需求加以平衡。划桨的人聚精会神于一项使命并且把这件事做好。掌舵型组织机构需要发现达到目标的最佳途径。划桨型组织机构倾向于不顾任何代价来保住"他们的"行事之道。

（2）目标导向,强调绩效与责任。新公共管理主张制定明确的组织目标,并依赖经济、效率等指标来有效测量绩效,重视组织管理的成果和投入。传统的公共管理注重的是投入而不是结果。由于对结果不重视,所以也就很少取得效果,并且在很多情况下,效果越差,得到的投入反而越多。例如,当城市环境恶化,公众对于环境的投诉上升时,环境保护部门通常会得到更多的拨款。

与传统公共管理不同,新公共管理根据交易成本理论,认为政府应重视管理活动的产出和结果,应能够主动、灵活、低成本地对外界情况的变化以及不同的利益需求做出富有成效的反应。

（3）顾客导向,将公共服务的使用者视为顾客。新公共管理重视顾客的选择权,使用者可以在市场机制下选择其所喜欢的组织来为其提供所需要的服务。新公共管理反对传统公共管理重管理、轻服务的主张,认为必须实行严明的绩效目标控制,将公民视为顾客,尊重顾客的选择权,传统的公共管理由于受制于过于刻板的规章从而导致政府对公众的服务质量大大降低。

(4)组织结构的调整。政府组织是典型的等级分明的集权结构,这种结构将政府组织划分为许多层级条块,这样使得跨组织层次之间的交流极其困难,因此政府机构难以对新情况及时做出连锁反应。新公共管理认为,政府机构应当进行组织机构的调整,通过授权或分权的机制增加灵活性,更好地满足顾客的要求,提高政府绩效。

(5)引进市场竞争或创造准市场机制,运用竞争与消费者选择,以有效利用资源、降低成本,并提高服务质量。

新公共管理强调在政府管理中引进市场竞争或创造准市场机制,取消公共服务供给的垄断性,让更多的私营部门参与公共服务的供给。只有通过引入竞争与消费者选择,才能提高资源利用效率,进而提高政府绩效。

(6)运用私人组织的管理方式,采用组织管理的理论与技术,以建立具有响应力、弹性及学习能力的公共组织。

新公共管理强调政府广泛采用私营部门成功的管理手段和经验,如重视人力资源管理、强调成本——效率分析和全面质量管理,强调降低成本,提高效率等。

相对于传统的公共管理方式,我们可以发现新公共管理在政府与管理者所扮演的角色、组织权力运作形态、组织结构以及评估方式上,存在许多差异,见表6-1。

表 6-1　传统公共管理与新公共管理的比较

项目	传统公共管理	新公共管理
政府的角色	干预控制	放任管理
管理者的角色	行政官员	经理人
组织权力运作形态	集权控制	分权控制
组织结构	金字塔式	扁平化网状形态
绩效评估方式	过程监控	结果导向

从我国目前的具体情况看,由于市场经济发展的历史较短,政治体制也不

同于西方国家,目前尚不具备在公共管理领域中全面采用新公共管理理论的条件。但是,新公共管理理论中的一些内容如分权控制的组织权利运作形态、扁平化网状形态的组织机构、结果导向的绩效评估方式,可以借鉴到当代中国的公共管理工作中来。

水利行业是一个大的组织系统,水利部明确流域管理机构负责省界缓冲区水资源保护和管理工作,则是"分权控制的组织权利运作形态"的具体体现。在省界缓冲区管理体制和管理机制中,强调流域与区域相结合,强调部门之间协作,则是"扁平化网状形态的组织机构"的"网状形态"的具体体现。"结果导向的绩效评估方式"则要求在考核指标体系中,赋予结果指标更大的权重。

第二节　监管考核体系和模型

一、考核体系的特点和定义

考核工作不是一个一步到位的过程,是一个互动、循环、纠偏的过程,不断通过 Plan(计划)、Do(执行)、Check(检查)、Action(处理)(PDCA)四个步骤的循环逐步完善和落实。

考核体系是对被考核对象进行系统评估、诊断以及持续改进的管理体系,目的是让被考核者既"做正确的事",还要"正确做事"。考核的结果不仅仅是奖惩的依据,更重要的是作为绩效改进的重要依据。通过绩效评估、绩效诊断,找出影响绩效的根本性问题,形成绩效改进措施,通过绩效沟通和绩效激励等手段,提高被考核者的系统思考能力和系统执行能力,推动绩效的迅速提高。

不难看出,考核指标贯穿考核 PDCA 循环的主要环节。在计划阶段,要用考核指标描述计划;在执行阶段,考核指标对被考核者具有牵引和约束作用;在检查阶段,主要是检查和计算考核指标,发现指标实际值和计划目标的偏差,并判断偏差是否在可接受的范围;在处理阶段,要分析考核指标产生偏差的原因,并制订和实施改善指标的具体方案。

二、考核体系的构成

一个完整的考核体系应该由以下七个方面构成:

(1)考核主体即考核者。谁来主持考核? 参与评分的并不一定都是考核主体,例如360°全面考核里面的评级打分者就有考核者之外的单位和人员参加。

(2)考核原则。考核应该遵照什么样的规则来进行设计和实施? 例如,在黄河流域省界缓冲区监管考核体系中,应充分体现水利部提出的最严格的水资源管理制度。

(3)考核指标。在考核体系中都包含哪些工作业绩指标? 这是一个完整的指标库,但并不是所有的指标都被全面应用,具体的使用根据考核对象的不同有所区别。

(4)考核方法。考核方法应该分为不同层次,一个层次是整体的考核方法,另一个层次是针对不同具体指标的考核方法。

(5)考核实施程序。考核应该遵照什么样的程序来进行实施? 考核实施成效是考核活动实施的核心因素。

(6)考核结果应用。考核结果并不能仅仅是一个表格、一个分数,它应该为未来的发展发挥积极作用。考核结果与奖罚挂钩是一种必然的选择。

(7)绩效沟通。考核的最终目的不仅仅是为了评出被考核者的等级,更多的是能为未来表现提供优化的基础和支持,进行必要的沟通成为考核体系长期完整发挥作用的重要环节,因此考核体系是一个封闭的循环。

三、考核模型

考核体系需要有考核模型为依托。与本章研究内容相关的考核模型包括平衡计分卡、关键绩效指标和目标管理法三个。

(一)平衡计分卡(The Balanced Score Card,简称 BSC)

平衡计分卡是于 20 世纪 90 年代初由哈佛商学院的罗伯特·卡普兰(Robert Kaplan)和诺朗诺顿研究所所长、美国复兴全球战略集团创始人兼总裁戴维·诺顿(David Norton)所创建的未来组织绩效衡量方法的一种绩效评价体系。平衡计分卡自创立以来,在国际上,特别是在美国和欧洲,很快引起了理论界和应用各户的浓厚兴趣与反响,被《哈佛商业评论》评为 75 年来最具影响力的管理工具之一。

平衡计分卡是一种新的、全方位的绩效管理工具,是一种能够把组织的发展远景、使命和战略,与组织和被考核者发展相结合的绩效管理工具。平衡计分卡以财务、顾客、内部流程、学习与创新这四大层面来衡量影响组织发展的因素,从而被管理学界认为是 20 世纪最具影响力的绩效管理工具。当然,针对被考核者的具体工作不同,财务、顾客、内部流程、学习与创新四个层面的具体含义也不同。以对省界缓冲区上游政府的考核为例,其财务指标主要是结果指标,即省界断面水质指标,是被考核者的最终实现目标;顾客指标主要是指满足下游政府对水质目标的要求,以及满足社会公众对省界缓冲区水资源保护目标的要求;内部流程主要是过程管理指标,如总量控制、企业守法程度等;学习与创新指标则是被考核者创造长期成长和实现改善的基础,唯有不断学习与创新,才能实现省界缓冲区水资源保护工作的持续进步。

尽管平衡计分卡的理论和实践源于私营组织,但同样有利于公共部门的绩效管理和战略发展。事实上,平衡计分卡因为建立了战略规划和绩效考评之间联系的全面框架,已受到公共和非营利组织的共同关注。平衡计分卡最突出的特点在于将组织的发展战略与组织的绩效评估系统联系起来,把组织的使命和战略转变为具体的目标和评测指标,以实现战略和绩效的有机结合。此外,平衡计分卡在强化公共部门的受托责任与产生结果、吸引各种稀缺资源、使公共部门形成并关注战略焦点、提供高质量的信息、促成公共部门自我发展、驱动公共部门变革、激发信任等方面都发挥着独特的作用。

正是因为引入平衡计分卡对公共部门的绩效管理和战略目标的达成具有重要价值,这个概念逐渐在全世界同类组织中得到了广泛的接受与采纳。1996年,美国交通运输部(DOT)的一个下属机构——采购部,成为最早采用平衡计分卡的美国政府机构之一。随后,美国政府将平衡计分卡引入到北卡罗纳州夏洛特市、国防部、交通部、联邦航空署等机构的绩效管理中,并取得了显著成效。目前,美国、英国、澳大利亚、新西兰等国都已经在政府管理中引入平衡记分卡法,作为政府战略和绩效管理的有效工具取得了显著效果。

近些年来,我国一些政府部门及地方政府尝试在绩效管理中运用平衡计分卡的理念、方法和技术,已取得明显成效。2007年,青岛市导入平衡计分卡的实践,被全球平衡计分卡协会评为首届中国"战略执行明星组织奖",成为中国第一个获该奖项的党政机关。与此同时,中组部也开始在黑龙江省海林市建立试点,通过"中国领导人才绩效评估体系研究"项目的实施,将平衡记分卡这一先进的战略和绩效管理理念与技术方法运用于党政机关。

在公共部门中引入平衡计分卡的功效主要体现在以下三个方面:

(1)体现科学发展观的发展战略。科学发展观的基本要求是全面协调可持续,根本方法是统筹兼顾。平衡计分卡要求在使命导引下,从四个维度来考察组织发展,体现出谋求各方面平衡与和谐的思想。同时,平衡记分卡要求以组织战略为中心来开展活动,把组织有限的资源集中到应该完成的行动和目标上,摒弃了那些非重点的目标,从而有助于组织战略的实现。平衡计分卡这种追求多元目标之间平衡以及突出使命的思想符合并彰显了科学发展观的内在要求。

（2）强化服务型政府的责任意识。当今时代，更好地满足目标顾客的需要，已成为组织最基本和最重要的管理理念。平衡计分卡一方面强调顾客导向，以顾客为中心考虑组织目标和战略导向，从组织使命出发，根据顾客需求考虑内部业务流程，体现了"顾客导向"的基本原则。另一方面，平衡记分卡以战略为核心，将战略执行的责任机制层层分解加以实现，把组织战略目标与被考核者目标挂钩，使其承担相应的责任，强化其自我意识和责任感。因此，政府管理引入平衡计分卡有利于强化服务型政府的意识。

（3）提升政府管理绩效。平衡计分卡强调从四个维度来考察组织发展，有利于提升政府的管理绩效。比如，对内部运营的分析有助于组织了解其运行情况，以及其产品和服务是否满足顾客需要；同时，管理者通过评估可以发现组织内部存在的问题，并采取相应措施加以改进，进而提高组织内部的运营效率。因此，对政府内部运营的关注，不但有利于形成权责一致、分工合理、决策科学、执行顺畅、监督有力的部门管理体制，而且可以有效减少部门之间和上下级之间的摩擦并提供了多种方法来协调组织内的纵向和横向的整合。再如，通过对创新与学习的强调，将政府塑造成学习型组织，保持与外部环境的良性互动和有效回应，使之具有更强的学习能力和应对变化的管理能力，实现政府及其人员的自我革新与自我发展，可以为提升政府管理绩效奠定能力前提。

（二）关键绩效指标

关键绩效指标法（Key Performance Indicator，KPI）是对传统的绩效评估理念的创新，是将宏观战略目标经过层层分解产生可操作性的战术目标，是一套衡量、反映、评估业绩状况的、可量化的关键性指标。通过 KPI 的牵引，使被考核者工作目标、职能工作目标与战略发展目标之间达到同步，是绩效管理的基础。

KPI 考核法是在现代组织中受到普遍重视的业绩考评方法。KPI 可以明确被考核者的主要责任，并以此为基础，明确业绩衡量指标。但是实践中，合理设置衡量指标是个非常有挑战的工作。

根据 KPI 考核法的要求，在公共管理领域中进行考核时，应选择关键的少数指标作为考核指标，绩效指标的设置必须与组织战略挂钩，组织应当只评价与其战略目标实现关系最密切的少数关键绩效指标。

KPI 法符合一个重要的管理原理——"二八原则"，即 80% 的工作任务是由20%的关键行为完成的。因此,必须抓住20%的关键行为,对其进行分析和衡量,这样就能抓住业绩评价的重心。

建立明确的切实可行的关键绩效指标体系,是做好绩效管理的关键。它有以下三层含义:

(1)关键绩效指标是用于评估和管理被评估者绩效的定量化标准体系。也就是说,关键绩效指标是一个标准体系,它必须是定量化的。

(2)关键绩效指标体现了对组织目标有增值作用的绩效指标。这就是说,关键绩效指标是针对对组织目标起到增值作用的工作产出而设定的指标,基于关键绩效指标对绩效进行管理,就可以保证真正对组织有贡献的行为受到鼓励。

(3)通过在关键绩效指标上达成的承诺,被管理者与管理者就可以进行工作期望、工作表现和未来发展等方面的沟通。关键绩效指标是进行绩效沟通的基石,是一种关于绩效沟通的共同辞典。有了这样一本辞典,管理者和被管理者在沟通时就可以有共同的语言。

(三)目标管理法

可以通过几方面的特点来描述:

第一,目标管理法是参与管理的一种形式。目标的实现者同时也是目标的制定者,即由上级与下级在一起共同确定目标。首先确定出总目标,然后对总目标进行分解,逐级展开,通过上下协商,制定出被考核对象要达到的目标;用总目标指导分目标,用分目标保证总目标。

第二,强调"自我控制"。目标管理的主旨在于用"自我控制的管理"代替"压制性的管理",它使被管理者能够控制他们自己的成绩。这种自我控制可以成为更强烈的动力,推动他们尽自己最大的力量把工作做好。

第三,促使下放权力。集权和分权的矛盾是组织的基本矛盾之一,唯恐失去控制是阻碍大胆授权的主要原因之一。推行目标管理有助于协调这一对矛盾,促使权力下放,有助于在保持有效控制的前提下,把局面搞得更有生机一些。

第四,注重成果第一的方针。区别于传统考核方法的定性评价,目标管理法以定量评价为主,有一套完善的目标考核体系,从而能够按实际贡献大小如实地评价。

综上所述,一个完整的考核体系包括考核主体、考核原则、考核指标、考核方法、考核实施程序、考核结果应用和绩效沟通七个方面,考核指标是考核体系的一个组成部分,也是核心组成部分。考核体系大框架明确了,考核指标设计也就有了明确的背景条件。从本书的研究内容看,相关考核模型主要涉及平衡计分卡、关键绩效指标和目标管理三个,这些模型为考核指标设计提供了具体的思路和工具。

第三节　监管考核指标体系和指标权重计算方法

一、考核指标的定义及特点

考核指标是能够反映省界缓冲区水资源保护和管理工作目标完成情况、工作过程管理情况等级的指标,是考核体系的基本单位。

考核指标是一种测量的工具,以测量被考核者各种不同活动的成果。考核指标是在特定的计划和目标下,能够指出整体或部分系统效果、效率的变量。考核指标是一个测度值,好的考核指标应该符合以下特点:

(1)简洁性。指标的定义应该简单、明了。

(2)可测量性。指标必须是可以测量的,避免造成受到人为主观的影响。

(3)一致性。指标的制定应与发展目标相一致。

(4)及时性。指标应当能及时传输给管理者,帮助管理者作最迅速的反应。

(5)可靠性。通过指标所得出的结果必须是可靠的,从理论上说,在相同的情况下,重复的衡量应能产生相同的结果。

(6)普遍性。指标衡量得出的结果能够在不同被考核者之间相比较。

(7)适量性。指标不可过于复杂,对于各项指标应依其重要性定出优先级,挑出排在前面的重要指标,即符合关键绩效指标模型的要求。

二、考核指标体系

考核指标体系是由一组既独立又相互关联并能较完整地表达评价要求的考核指标组成的评价系统。考核指标体系的建立,有利于全面评价被考核者的工作状况,是进行考核工作的基础,也是保证考核结果准确、合理的重要因素。

一个完整的考核指标体系包括六个方面:

(1)考核指标体系的指标组成和定义。

(2)考核指标所占权重,即指标的重要性。

(3)指标考核标准,即考核指标的目标值。

（4）考核计算方法。

（5）考核数据的来源。

（6）考核结果的公布。

当用考核结果审视一个被考核者时,存在着两大类绩效问题:局部绩效和整体绩效。有时出现了局部绩效好,但整体业绩却不理想的不协调结果,根本原因是用于衡量业绩的指标体系没有围绕着实现发展战略来构建。因此,考核指标体系的设计要以组织战略为导向,根据战略目标制定考核指标。

考核理论经过观察性评价、统计性绩效评价和财务性绩效评价三个阶段发展后,已经进入战略性绩效评价阶段。从战略性绩效评价的要求看,需要从全局和战略高度来计划、组织、协调、评价、督导和持续改进绩效,即依据全面的绩效管理设计考核指标体系。

【示例　英国中央政府对地方政府进行考核的指标体系】

长期以来,英国中央政府一直对地方政府进行着非常严格的年复一年的绩效考核,目前已形成一套完整而严密的体系,并为其他国家所效仿。

英国中央政府中始终有一个部委负责与地方政府的关系,几经变换,如今这个部委名为"社区及地方政府部"（Department of Communities and Local Government,简称 DCLG）。然而,英国审计委员会（The Audit Commission）作为全国性的独立公共机构,才是绩效评估体系的执行者。

有资料显示,英国所有的地方政府内部都设有一个 3～5 人的常设部门,专门负责收集、研究、处理、发布与服务和绩效有关的信息,编制考核体系所需要的文件,为改善政府服务和绩效表现的决策提供技术支持。当前,英国中央政府和地方政府之间通过协商谈判达成涉及后者绩效管理目标的法律文件——《公共服务协议》（PSA）。

从 1983 年以来,英国中央政府和审计委员会密切合作,建立了一整套被称为"BVPIs 体系"（The Family of BVPIs）的绩效评估指标体系。其中,最优价值绩效指标 BVPI 是整个指标体系的核心,反映中央政府对地方政府为社会所提供的、涉及国家利益的各种服务的关注。它也是截至 2008 年 4 月英国最全面的、基础性的指标体系。其内容基本上都是十分具体的硬性指标,如地方政府的税收增长率,与全国平均数相比的街道照明耗电量等。

英国审计委员会公布的"2007/2008 年版审计委员会最佳价值绩效指标指南"显示,整个 BVPI 指标体系共有 100 多个指标。以硬性指标为基本内容的 BVPI 指标体系引起了一些质疑甚至争论。一方面,由于各地方政府所处的环境和客观条件不同,许多指标的评估结果只能进行纵向比较,难以对各地方政府的绩效进行横向比较。另一方面,硬性指标所反映的只是某地方政府或公共机构的绩效现状,它们并不必然等同于该政府或公共机构真实的执政能力、服务质量和内外形象。因此,为弥补硬性指标体系的这一缺陷,英国中央政府和审计委员会经过多年研究,在保留和改进 BVPI 的基础上,于 2002 年引入了一系列软指标,结合 BVPI 中的一部分硬性指标,创造了一个新的绩效评估体系:全面绩效评估体系(CPA)。

CPA 的框架结构主要包括三部分:一是资源利用评价,二是服务评价,三是市政当局评价。其中前两部分进行年度考核,后一部分每三年考核一次。后来 CPA 又增加了旅游指南评价。整个指标多达几百个。

2006 年 10 月,英国社区及地方政府部发布《强大而繁荣的社区——地方政府白皮书》,承诺将引入一套简化的指标体系以考核地方当局的公共服务成效。2007 年,一套共包括 198 个指标的国民指标体系(National Indicators,简称 NI)得以公布。

于 2008 年 4 月 1 日起实施的国民指标体系共有 198 个指标。其中,185个指标自 2008 年 4 月 1 日起使用,另有 13 个指标自 2009 年 10 月执行。英国社区及地方政府部在有关报告中指出:"该指标体系将成为中央政府跟踪地方政府及地方合作机构的绩效的唯一指标体系。"并且,"该指标体系已经作了相当大的简化"。新的 NI 指标体系中有一半左右的指标是已有指标或是建立在现有的数据源的基础上的。另外,那些新设指标,有些有类似的数据源,有些完全没有,则需要具体问题具体分析。

尽管英国"社区及地方政府部"在有关报告中声明,NI 指标体系将成为中央政府考核地方政府绩效的"唯一"指标体系,并将取代现有的包括 BVPI 在内的各个绩效指标体系;而同时,新的 CAA 指标体系的制定工作却在有条不紊地进行,并于 2009 年 4 月实施。可以预期:未来,英国中央政府对地方政府的绩效考核体系将主要由两部分组成:国民指标(NI)体系和全面区域评估(CAA)体系。

有关方面在提到新实施的 NI 与 CAA 的关系时指出,CAA 将全面取代原先的 CPA 及相关评估,而且 CAA 的四大要素之一将是各个地方对应 NI 指标体系的年度绩效公告。

三、考核指标权重设计方法

对多目标考核问题,各目标权重的合理与否直接决定考核结果的合理与否。目标权重的确定方法,一直是目前在理论和实践上均未解决好的问题。

近年来,权重理论的研究不断深入,新的、更加贴近评价对象客观实际的权重确定方法不断提出。

多目标综合评价的基本思想是:设系统有 n 个可供选择的方案 $\boldsymbol{D} = \{d_1, d_2, \cdots, d_n\}$,系统有 m 个目标(或指标)组成对决策集 $\boldsymbol{D}$ 的评价目标集

$$\boldsymbol{D} = \{p_1, p_2, \cdots, p_m\} \tag{6-1}$$

m 个目标对 n 个可供选择的方案的评价可用目标特征值矩阵

$$\boldsymbol{X} = \begin{bmatrix} x_{11} & x_{12} & \cdots & x_{1n} \\ x_{21} & x_{22} & \cdots & x_{2n} \\ \vdots & \vdots & & \vdots \\ x_{m1} & x_{m2} & \cdots & x_{mn} \end{bmatrix} = (x_{ij}) \tag{6-2}$$

表示。$i = 1, 2, \cdots, m; j = 1, 2, \cdots, n$。则各目标达到优的程度可用下述评判矩阵表示

$$\boldsymbol{R} = \begin{bmatrix} r_{11} & r_{12} & \cdots & r_{1n} \\ r_{21} & r_{22} & \cdots & r_{2n} \\ \vdots & \vdots & & \vdots \\ r_{m1} & r_{m2} & \cdots & r_{mn} \end{bmatrix} = (r_{ij}) \tag{6-3}$$

设 w_i 表示目标 p_i 在系统总体目标评价中所起作用大小的度量,则有权重矩阵 $\boldsymbol{W} = (w_1, w_2, \cdots, w_m)^{\mathrm{T}}$ 满足

$$\sum_{i=1}^{m} w_i = 1, w_i \geqslant 0 \tag{6-4}$$

综合评价模式可以广义地写成

$$\underset{\sim}{U} = \underset{\sim}{W} \circ \underset{\sim}{R} \tag{6-5}$$

式中 $\underset{\sim}{U}$——各方案对于系统优的隶属度,$\underset{\sim}{U} = \{u_1, u_2, \cdots, u_n\}$;

"。"——广义算子。

简单地分类,目标权重 W 的确定方法有等权重法和非等权重法。

(1)等权重法。最简单的权重确定方法是将各目标等同对待,即各目标权重相等。由于权重对象要满足归一化条件,对 m 个评价目标,用等权重法确定的各目标权重满足下式

$$w_1 = w_2 = \cdots = w_i = \cdots = w_m = 1/m \tag{6-6}$$

很显然,等权重法不能反映各目标重要性的差异,其适用范围仅仅是各目标重要性完全一致的多目标评价对象。

(2)非等权重法。为弥补等权重法的不足,人们提出了非等权重法,即对

i 个评价目标,各目标权重满足式(6-4)且同时不满足下式

$$w_1 = w_2 = \cdots = w_i = \cdots = w_m \tag{6-7}$$

确定各权重的具体值,又有定性方法和定量方法。

定性方法有评分法、语言化评价法和德尔菲法。

评分法包括直接评分法、区间评分法和选项打分法。

由评价人依据自己的知识、经验,直接判断评价对象各目标重要性的大小,并根据自己的判断对各评价目标打分称为直接评分法。具体采用五分制、十分制、百分制或其他分制,可灵活多变。当评分人员为一个人时,其个人对各目标的评分值归一化后,即为各评价目标的权重。当评分人员为多人时,可采用所有评分人对各目标打分的平均值(对每一目标,也可用去掉一个最高分和一个最低分后其余分数的平均值),作为各目标的评分值,各目标的评分值归一化后,即为各评价目标的权重。

由于直接打分法的随机性较大,尤其是当打分者经验不足时,会造成很大误差。因此,区间打分法被提出。这种方法在给指标重要性程度打分时,不要求给出具体分值,而是给出一个大致范围,即用区间值来表示指标的重要程度,然后借助于数理统计的方法,统计每一分数隶属于预先设定的区间的频数,将频数最高者相应的分数,归一化后的值定为指标的权重值。

出于认为存在部分参加评判者可能对评判目的的理解不深刻或经验不足,为了避免评判者的随机性太大,组织者对多目标评价对象事先作好分析研究,设计出可供选择的打分范围,增加打分过程的相对比较性,供评判者选择,这种方法称为选项打分法。

语言化评价法是一种类似于用"重要"、"不太重要"等模糊语言对评价指标的重要性程度进行评价、衡量,并由此确定权重的方法。由于它利用人们常用的比较语言对客观事物进行评价,所以该方法具有使用方便、简单易行的特点。

德尔菲法是用匿名的方式通过几轮函询征求专家意见,组织者对每一轮意见进行汇总整理,作为参考资料再反馈给每位专家,供他们分析判断,提出新的论证。如此反复多次,使专家意见逐渐趋于一致。若将这种评判过程与其他评判方法相结合,可望提高权重确定的精确性。

定量方法以模糊二元对比法为例。

对评价目标集即式(6-1)进行二元对比,确定排序标度 e_{kl}。具体做法是:在对比对象 p_k 与 p_l 时:

①若 p_k 比 p_l 重要,则令排序标度 $e_{kl} = 1, e_{kl} = 0$;

②若 p_k 与 p_l 同样重要,令 $e_{kl}=0.5$, $e_{kl}=0.5$;

③若 p_l 比 p_k 重要,令 $e_{kl}=0$, $e_{kl}=1$。

则得到指标集关于重要性的二元对比排序矩阵

$$E = \begin{Bmatrix} e_{11} & e_{12} & \cdots & e_{1n} \\ e_{21} & e_{22} & \cdots & e_{2n} \\ \vdots & \vdots & & \vdots \\ e_{n1} & e_{n2} & \cdots & e_{nn} \end{Bmatrix} \qquad (6\text{-}8)$$

再根据下列条件进行一致性检验,条件为:

(1)若 $e_{hk} > e_{hl}$,有 $e_{lk} > e_{kl}$;

(2)若 $e_{hk} < e_{hl}$,有 $e_{lk} < e_{kl}$;

(3)若 $e_{hk} = e_{hl}$,有 $e_{lk} = e_{kl} = 0.5$; $\qquad (6\text{-}9)$

其中 $l = 1,2,\cdots,n$; $k = 1,2,\cdots,n$。

若关于重要性的二元对比排序矩阵(6-8)通不过一致性检验条件式(6-9),则说明判断思维过程自相矛盾,需重新修正排序标度 e_{hl};若通过一致性检验条件,则可计算矩阵式(6-8)的各行元素之和

$$Y_l = \sum_{k=1}^{n} e_{kl} \quad (l = 1,2,\cdots,n) \qquad (6\text{-}10)$$

Y_l 的大小排序反映了指标集重要性的排序。例如,若有 $Y_2 > Y_1 > Y_5 > \cdots > Y_i$,则指标重要性的排序为 $p_2 \rightarrow p_1 \rightarrow p_5 \rightarrow \cdots \rightarrow p_i$。

在确定了指标重要性排序以后,可根据语气算子与模糊标度值的对应关系,对各指标进行二元对比重要性比较,确定模糊标度值 β_{ij}($i = 1,2,\cdots,n$, $j = 1,2,\cdots,n$)($0 \leqslant \beta_{ij} \leqslant 1$)。在标度时,可利用式

$$\left.\begin{aligned} & 0 \leqslant \beta_{ij} \leqslant 1 \\ & \beta_{ij} + \beta_{ji} = 1 \\ & \beta_{ij} = 0.5(i = j \text{ 时}) \end{aligned}\right\} \qquad (6\text{-}11)$$

减少二元对比次数。

然后,按确定的指标重要性排序 $p_2 \rightarrow p_1 \rightarrow p_5 \rightarrow \cdots \rightarrow p_i$,可确定出各指标关于重要性的有序二元比较矩阵

$$\boldsymbol{\beta} = \begin{bmatrix} \beta_{11} & \beta_{12} & \cdots & \beta_{1n} \\ \beta_{21} & \beta_{22} & \cdots & \beta_{2n} \\ \vdots & \vdots & & \vdots \\ \beta_{n1} & \beta_{n2} & \cdots & \beta_{nn} \end{bmatrix} \qquad (6\text{-}12)$$

由于矩阵(6-12)中的对象是按照二元对比排序矩阵排列的,所以矩阵(6-12)应满足下列不等式;否则,说明标度自相矛盾,需重新进行。不等式为

$$\left.\begin{array}{l} 0.5 = \beta_{11} \leqslant \beta_{12} \leqslant \cdots \leqslant \beta_{1j} \leqslant \cdots \leqslant \beta_{1n} \leqslant 1 \\ 0.5 \leqslant \beta_{22} \leqslant \cdots \leqslant \beta_{2j} \leqslant \cdots \leqslant \beta_{2n} \leqslant 1 \\ \cdots \\ 0.5 = \beta_{nn} \leqslant 1 \end{array}\right\} \qquad (6\text{-}13)$$

$$\beta_{1j} > \beta_{2j} > \beta_{3j} > \cdots > \beta_{nj} \qquad (6\text{-}14)$$

满足不等式(6-13)、不等式(6-14)的矩阵(6-12)称为指标重要性有序二元比较矩阵。矩阵中第 i 行各元素的和反映了第 i 行相应指标权重的评判值,其公式为

$$w_i = 2 \sum_{j=1}^{n} \frac{\beta_{ij}}{[n(n-1)]} \quad i \neq j \qquad (6\text{-}15)$$

从上述各种权重确定方法看,等权重法简单易行,但不能准确体现各指标的重要性。非等权重法具有能体现各指标重要性不同的优点,但确定权重需要组织专家评定,工作量大,特别是定量确定非等权重方法,还需要复杂的计算工作。

第四节　监管考核指标设计方法

一、考核指标体系设计思路

(一)考核指标设计逻辑

以考核理论为基础,根据监督管理战略目标和任务制定关键绩效领域(KPA),从每个关键绩效领域中选择定量的关键绩效指标 KPI 和定性的工作目标 GS,再根据各个指标的性质,经过考核双方沟通确定考核指标的标准。考核体系建立程序如图6-1 所示。

图6-1　考核体系建立程序

(二)考评指标体系设计层次分析

层次分析法(Analytic Hierarchy Process,简称 AHP)是对一些较为复杂、较

为模糊的问题作出决策的简易方法,它特别适用于那些难于完全定量分析的问题。它是美国运筹学家 T. L. Saaty 于 20 世纪 70 年代初期提出的一种简便、灵活而又实用的多准则决策方法。

运用层次分析法建模,大体上可按下面四个步骤进行:

(1)建立递阶层次结构模型;

(2)构造出各层次中的所有判断矩阵;

(3)层次单排序及一致性检验;

(4)层次总排序及一致性检验。

1.递阶层次结构的建立与特点

应用 AHP 分析决策问题时,首先要把问题条理化、层次化,构造出一个有层次的结构模型。在这个模型下,复杂问题被分解为元素的组成部分。这些元素又按其属性及关系形成若干层次。上一层次的元素作为准则对下一层次有关元素起支配作用。这些层次可以分为三类:

(1)最高层。这一层次中只有一个元素,一般它是分析问题的预定目标或理想结果,因此也称为目标层。

(2)中间层。这一层次中包含了为实现目标所涉及的中间环节,它可以由若干个层次组成,包括所需考虑的准则、子准则,因此也称为准则层。

(3)最底层。这一层次包括了为实现目标可供选择的各种措施、决策方案等,因此也称为措施层或方案层。

递阶层次结构中的层次数与问题的复杂程度及需要分析的详尽程度有关,层次数一般不受限制。每一层次中各元素所支配的元素一般不要超过 9 个。这是因为支配的元素过多会给两两比较判断带来困难。

2.构造判断矩阵

层次结构反映了因素之间的关系,但准则层中的各准则在目标衡量中所占的比重并不一定相同,在决策者的心目中,它们各占有一定的比例。

在确定影响某因素的诸因子在该因素中所占的比重时,遇到的主要困难是这些比重常常不易定量化。此外,当影响某因素的因子较多时,直接考虑各因子对该因素有多大程度的影响时,常常会因考虑不周全、顾此失彼而使决策者提出与他实际认为的重要性程度不相一致的数据,甚至有可能提出一组隐含矛盾的数据。

设现在要比较 n 个因子 $X = \{x_1, \cdots, x_n\}$ 对某因素 Z 的影响大小,怎样比较才能提供可信的数据呢?Saaty 等建议可以采取对因子进行两两比较建立成对比较矩阵的办法。即每次取两个因子 x_i 和 x_j,以 a_{ij} 表示 x_i 和 x_j 对 Z 的影响大小之比,全部比较结果用矩阵 $A = (a_{ij})_{n \times n}$ 表示,称 A 为 $Z - X$ 之间的成对比较判断矩阵(简称判断矩阵)。容易看出,若 x_i 与 x_j 对 Z 的影响之比为 a_{ij},则 x_j 与 x_i 对 Z 的影响之比应为 $a_{ji} = \dfrac{1}{a_{ij}}$。

定义 1 若矩阵 $A = (a_{ij})_{n \times n}$ 满足

(i) $a_{ij} > 0$,(ii) $a_{ji} = \dfrac{1}{a_{ij}}(i,j = 1,2,\cdots,n)$

则称之为正互反矩阵(易见 $a_{ij} = 1, i = 1,\cdots,n$)。

关于如何确定 a_{ij} 的值,Saaty 等建议引用数字 1~9 及其倒数作为标度。表 6-2 列出了 1~9 标度的含义。

表 6-2　标度定义

标度	含义
1	表示两个因素相比,具有相同重要性
3	表示两个因素相比,前者比后者稍重要
5	表示两个因素相比,前者比后者明显重要
7	表示两个因素相比,前者比后者强烈重要
9	表示两个因素相比,前者比后者极端重要
2,4,6,8	表示上述相邻判断的中间值
倒数	若因素 i 与因素 j 的重要性之比为 a_{ij},那么因素 j 与因素 i 重要性之比为 $a_{ji} = \dfrac{1}{a_{ij}}$

从心理学观点来看,分级太多会超越人们的判断能力,既增加了作判断的难度,又容易因此而提供虚假数据。Saaty 等还用试验方法比较了在各种不同标度下人们判断结果的正确性,试验结果也表明,采用 1~9 标度最为合适。

最后,应该指出,一般地作 $\dfrac{n(n-1)}{2}$ 次两两判断是必要的。有人认为把所有元素都和某个元素比较,即只作 $n-1$ 次比较就可以了。这种做法的弊病在于,任何一个判断的失误均可导致不合理的排序,而个别判断的失误对于难以定量的系统往往是难以避免的。进行 $\dfrac{n(n-1)}{2}$ 次比较可以提供更多的信息,通过各种不同角度的反复比较,从而导出一个合理的排序。

3. 层次单排序及一致性检验

判断矩阵 A 对应于最大特征值 λ_{max} 的特征向量 W,经归一化后即为同一层次相应因素对于上一层次某因素相对重要性的排序权值,这一过程称为层次单排序。

上述构造成对比较判断矩阵的办法虽能减少其他因素的干扰,较客观地反映出一对因子影响力的差别。但综合全部比较结果时,其中难免包含一定程度的非一致性。如果比较结果是前后完全一致的,则矩阵 A 的元素还应当满足:

$$a_{ij}a_{jk} = a_{ik}, \forall i,j,k = 1,2,\cdots,n \tag{1}$$

定义 2　满足关系式(1)的正互反矩阵称为一致矩阵。

需要检验构造出来的(正互反)判断矩阵 A 是否严重地非一致,以便确定是否接受 A。

定理 1　正互反矩阵 A 的最大特征根 λ_{max} 必为正实数,其对应特征向量的所有分量均为正实数。A 的其余特征值的模均严格小于 λ_{max}。

定理 2　若 A 为一致矩阵,则

(i)A 必为正互反矩阵。

(ii)A 的转置矩阵 A^{T} 也是一致矩阵。

(iii)A 的任意两行成比例,比例因子大于零,从而 $\mathrm{rank}(A) = 1$(同样,A 的任意两列也成比例)。

(iv)A 的最大特征值 $\lambda_{max} = n$,其中 n 为矩阵 A 的阶。A 的其余特征根均为零。

(v)若 A 的最大特征值 λ_{max} 对应的特征向量为 $W = (w_1,\cdots,w_n)^{\mathrm{T}}$,则 $a_{ij} = \dfrac{w_i}{w_j}, \forall i, j = 1, 2, \cdots, n$ 即

$$A = \begin{bmatrix} \dfrac{w_1}{w_1} & \dfrac{w_1}{w_2} & \cdots & \dfrac{w_1}{w_n} \\ \dfrac{w_2}{w_1} & \dfrac{w_2}{w_2} & \cdots & \dfrac{w_2}{w_n} \\ \vdots & \vdots & & \vdots \\ \dfrac{w_n}{w_1} & \dfrac{w_n}{w_2} & \cdots & \dfrac{w_n}{w_n} \end{bmatrix}$$

定理 3　n 阶正互反矩阵 A 为一致矩阵当且仅当其最大特征根 $\lambda_{max} = n$,且当正互反矩阵 A 非一致时,必有 $\lambda_{max} > n$。

根据定理 3,我们以由 λ_{max} 是否等于 n 来检验判断矩阵 A 是否为一致矩阵。由于特征根连续地依赖于 a_{ij},故 λ_{max} 比 n 大得越多,A 的非一致性程度也就越严重,λ_{max} 对应的标准化特征向量也就越不能真实地反映出 $X = \{x_1,\cdots,x_n\}$ 在对因素 Z 的影响中所占的比重。因此,对决策者提供的判断矩阵有必

要作一次一致性检验,以决定是否能接受它。

对判断矩阵的一致性检验的步骤如下:

(i)计算一致性指标 CI

$$CI = \frac{\lambda_{\max} - n}{n - 1}$$

(ii)查找相应的平均随机一致性指标 RI。对 $n = 1, \cdots, 9$,Saaty 给出了 RI 的值,如表 6-3 所示。

表 6-3　RI 的值

n	1	2	3	4	5	6	7	8	9
RI	0	0	0.58	0.90	1.12	1.24	1.32	1.41	1.45

RI 的值是这样得到的,用随机方法构造 500 个样本矩阵:随机地从 1~9 及其倒数中抽取数字构造正互反矩阵,求得最大特征根的平均值 $\lambda'_{\max}$,并定义

$$RI = \frac{\lambda'_{\max} - n}{n - 1}$$

(iii)计算一致性比例 CR

$$CR = \frac{CI}{RI}$$

当 $CR < 0.01$ 时,认为判断矩阵的一致性是可以接受的,否则应对判断矩阵作适当修正。

4.层次总排序及一致性检验

上面我们得到的是一组元素对其上一层中某元素的权重向量。我们最终要得到各元素,特别是最低层中各方案对于目标的排序权重,从而进行方案选择。总排序权重要自上而下地将单准则下的权重进行合成。

设上一层次(A 层)包含 $A_1, \cdots, A_m$ 共 m 个因素,它们的层次总排序权重分别为 $a_1, \cdots, a_m$。又设其后的下一层次(B 层)包含 n 个因素 $B_1, \cdots, B_n$,它们关于 A_j 的层次单排序权重分别为 $b_{1j}, \cdots, b_{nj}$(当 B_i 与 A_j 无关联时,$b_{ij} = 0$)。现求 B 层中各因素关于总目标的权重,即求 B 层各因素的层次总排序权重 $b_1, \cdots, b_n$,计算按表 6-4 所示方式进行,即 $b_i = \sum_{j=1}^{m} b_{ij} a_j, i = 1, \cdots, n$。

对层次总排序也需作一致性检验,检验仍像层次总排序那样由高层到低层逐层进行。这是因为虽然各层次均已经过层次单排序的一致性检验,各成对比较判断矩阵都已具有较为满意的一致性。但当综合考察时,各层次的非一致性仍有可能积累起来,引起最终分析结果较严重的非一致性。

表 6-4 权重表

| B 层 | A_1 | A_2 | … | A_m | B 层总排序权值 |
	a_1	a_2	…	a_m	
B_1	b_{11}	b_{12}	…	b_{1m}	$\sum_{j=1}^{m} b_{1j} a_j$
B_2	b_{21}	b_{22}	…	b_{2m}	$\sum_{j=1}^{m} b_{2j} a_j$
…	…	…	…	…	…
B_n	b_{n1}	b_{n2}	…	b_{nm}	$\sum_{j=1}^{m} b_{nj} a_j$

设 B 层中与 A_j 相关的因素的成对比较判断矩阵在单排序中经一致性检验,求得单排序一致性指标为 $CI(j)(j=1,\cdots,m)$,相应的平均随机一致性指标为 $RI(j)$($CI(j)$、$RI(j)$ 已在层次单排序时求得),则 B 层总排序随机一致性比例为

$$CR = \frac{\sum_{j=1}^{m} CI(j) a_j}{\sum_{j=1}^{m} RI(j) a_j}$$

当 $CR < 0.10$ 时,认为层次总排序结果具有较满意的一致性并接受该分析结果。

在应用层次分析法研究问题时,遇到的主要困难有两个:①如何根据实际情况抽象出较为贴切的层次结构;②如何将某些定性的量作比较接近实际定量化处理。层次分析法对人们的思维过程进行了加工整理,提出了一套系统分析问题的方法,为科学管理和决策提供了较有说服力的依据。但层次分析法也有其局限性,主要表现在:①它在很大程度上依赖于人们的经验,主观因素的影响很大,它至多只能排除思维过程中的严重非一致性,却无法排除决策者个人可能存在的严重片面性。②比较、判断过程较为粗糙,不能用于精度要求较高的决策问题。AHP 至多只能算是一种半定量(或定性与定量结合)的方法。

二、考核指标

如前所述,考核指标分定量(KPI)与定性(GS)两种,分别采用不同的评定标准。

(1)定量指标。定量指标评分标准根据该项指标设定目标值评判。

(2)定性指标。定性指标考核按照 A、B、C、D 四个等级标准评分。为简化考核时的思维选择,可以在评分时以 5 分为单位进行打分,具体定义和对应关系见表6-5。当然,为了精确,也可不按 5 分为单位进行打分。

表6-5　定性指标具体定义和对应关系

等级	A	B	C	D
定义	超出目标	达到目标	接近目标	远低于目标
考核得分	100、95、90	85、80、75	70、65、60	55、50、45、…

定性指标衡量被考核者完成省界缓冲区水资源保护和管理职能工作职责范围内的一些长期性、难以量化的关键工作任务完成情况。工作目标的设定要根据被考核者管理职能,结合管理目标,充分反映考核主体对被考核者的期望和要求,做到具体明确、科学合理,与量化的关键绩效指标互相衔接、互为补充,构成全方位考评被考核者关键管理职能工作表现的体系。

在选取 KPI 和 GS 时,主要思路是采取平衡计分卡模型,从财务、客户、内部流程、学习与创新四个方面(即关键绩效领域 KPA)中寻找具体指标。

三、考核标准

考核往往流于形式,其原因一般是在制定考核标准时进入了误区,没掌握好要点。所以,建立科学的考核标准是使考核发挥作用的关键。一般要注意以下几点:

(1)数量和时间一般不作为单独的考核标准。在非量化的指标中,数量和时间一般不作为单独的考核标准。所谓非量化,指的是追求工作质量,而非数量。有时在做考核时常用"某某项目在某月底完成",其实这是错误的考核表填写方法。这会导致被考核者只求完成工作的速度,而容易忽视完成工作的质量和效果。

(2)考核内容一定要是被考核者可控的。

(3)考核双方一定要达成一致。首先要概述认为完成的目的和期望,然后鼓励被考核者参与并提出建议。考核者要试着倾听被考核者的意见,对于被考核者的抱怨进行正面引导,从被考核者的角度思考问题,了解对方的感受。

对每项工作目标进行讨论并达成一致。考核者要鼓励被考核者参与,以争取承诺,并对每一项目标设定考核的标准和期限,就行动计划和所需的支持和资源达成共识。考核者要帮助被考核者克服主观上的障碍,讨论完成任务的计划,提供必要的支持和资源,总结这次讨论的结果和跟进日期。考核者要确保被考核者充分理解要完成的任务,在完成任务中不断跟进和检查进度。

定性指标即 GS 指标的评分标准见表 6-6。

综合本章所述内容,省界缓冲区监督管理考核工作除需要应用一般的组织绩效考核理论外,还要以现代公共管理理论为指导。考核工作不是一个一步到位的过程,而是不断通过 PDCA 四个步骤的循环逐步完善和落实,平衡计分卡、关键绩效指标和目标管理法是适合省界缓冲区监管考核的重要考核模型。考核指标体系贯穿考核 PDCA 循环的主要环节,是由一组既独立又相互关联并能较完整地表达评价要求的考核指标组成的评价系统,包括考核指标体系的指标组成、考核指标的定义、考核指标所占权重、考核指标标准、考核指标计算方法和考核数据的来源六个方面。其中,计算考核指标的权重方法包括定性和定量方法两类。从关键绩效领域 KPA 到关键绩效指标 KPI 和 GS、从关键绩效指标 KPI 和 GS 到关键绩效指标目标值 KPS 和评分标准,提供了考核指标设计的具体路线。层次分析法为复杂、多层次考核提供了一种简便、灵活而又实用的多准则决策方法。

表 6-6　GS 指标评分表

评价等级	超出目标	达到目标	接近目标	远低于目标
	A	B	C	D
分值区间	100~90	89~75	74~60	60 以下
GS 指标	被考核对象在职责范围内许多关键工作实际表现远超出预期目标;成功完成了额外的工作,并为工作目标设定(GS)的实现作出了贡献;表现出了超过预期目标要求的能力	被考核对象在职责范围内大部分关键工作达到了目标;在少数领域的表现超出了设定的目标;为工作目标设定(GS)作出了贡献;表现出了稳定、合格的能力	被考核对象职责范围内关键工作中数项未达到目标;关键工作表现低于合格水平,给整体工作目标的实现造成影响;应有的能力表现不佳	被考核对象职责范围内关键工作中多数未达到目标;关键工作表现远低于合格水平,妨碍了整体工作目标的实现;未表现出应有的能力

第七章　黄河流域省界缓冲区
监管考核指标体系设计

第一节　设计基本思路

一、设计指导思想、原则和设计依据

（一）设计指导思想

以科学发展观和最严格的水资源管理制度为指导,在查清黄河流域全部省界缓冲区基本情况和运行管理模式现状的基础上,结合黄河流域实际情况和水资源保护的需要,依据国家有关规定和水功能区限制纳污红线制度确定的纳污红线控制指标,建立以水体功能保障为目标、以总量控制为核心、统筹水量、水质和水生态的水资源保护监管模式,提出省界缓冲区水资源保护考核指标体系,以水功能区水质达标为主设计近期实施方案,做到能操作、可检查、易考核、有奖惩,为省界缓冲区水资源保护工作的顺利开展提供保障,使最严格的水资源管理制度在省界缓冲区得到全面贯彻落实,实现省界缓冲区水资源保护和管理的和谐发展。

（二）原则

在考核指标体系设计工作中,需要体现以下原则:

（1）依据权限原则。以法律法规授权和政府政策确定的流域水资源保护权限为依据,设定考核指标及其体系。

（2）全面系统原则。根据水资源保护工作实际和发展需要,在具有前瞻性的战略思想指导下,将需要在省界缓冲区开展的水资源保护工作进行全面系统清理,并纳入考核体系之中。

（3）可操作原则。在设定考核体系适用期限的前提下,考虑能力建设现状和实现的可能,确定工作范围、工作内容和工作深度以及可考核内容,使考核体系具备足够的可操作性。

（4）水资源保护与生态保护相结合的原则。根据国家政策和法律法规的要求,将生态保护纳入重要工作内容,并将其与水资源保护进行有机结合。

（5）系统性和特殊性相结合的原则。一方面,省界缓冲区是流域大系统的一部分,不能就省界缓冲区谈省界缓冲区,需要从流域的大视野思考;另一方面,省界缓冲区水资源保护和管理又有一定的特殊性,需要在工作中充分考虑。

（三）设计依据

设计依据主要包括两个方面:法律依据和科学的考核理论。

1. 法律依据

法律依据主要有:

（1）《中华人民共和国水法》。

（2）《中华人民共和国水污染防治法》。

（3）《中国水功能区划（试行）》。

（4）《国家突发环境事件应急预案》。

（5）《地表水环境质量标准》（GB 3838—2002）。

（6）《水功能区管理办法》（水利部水资源［2003］233 号）。

（7）《关于加强省界缓冲区水资源保护和管理工作的通知》（水利部办资源［2006］131 号）。

（8）《重大水污染事件报告暂行办法》（水利部水资源［2000］251 号）

（9）《关于加强省界缓冲区水资源保护和管理工作的通知》（水利部办资源［2006］131 号）。

（10）水利部《入河排污口监督管理办法》。

（11）水利部《实行最严格水资源管理制度工作方案（2010—2015 年）》及其附件。

2. 科学的考核理论

没有科学理论指导的考核工作,难以适应省界缓冲区监督管理考核工作的复杂性。因此,设计指标必须依据现代管理科学的考核理论。具体内容见本书第六章。

此外,国内外流域跨界管理的成功经验也可供设计考核指标体系时借鉴。

二、省界缓冲区监督管理考核机制

自我国开始实施水功能区监督管理以来,省界缓冲区的管理地位日显突出,并逐渐相对区别于其他水功能区的管理,省界缓冲区的监督管理体制和运行机制也逐渐建立起来。但从实际需要来看,还远远达不到管理所需要的完善程度,须有一个较长的完善过程。

中央一号文件即《中共中央、国务院关于加快水利改革发展的决定》提出:完善流域管理与区域管理相结合的水资源管理制度,建立事权清晰、分工明确、行为规范、运转协调的水资源管理工作机制。进一步完善水资源保护和水污染防治协调机制。中央一号文件为优化省界缓冲区管理体制和运行机制指出了明确的方向。

就目前我国流域管理体制而言,省界缓冲区的考核大致有两种组织和运作方式:一是由流域管理机构组织运作,二是由中央政府及其有关主管部门组织运作。在管理机制方面,必须引入市场机制,建立协调、灵活、高效的,以决策、激励、约束和创新发展四大机制为主要内容的运行机制。

(1)由流域管理机构组织的考核。其未来应与目前的管理现状有所进步,应具如下特征:

①由流域管理机构主导并全面负责组织,流域内有关省、自治区水行政主管部门参加,未来应力求有关省、自治区环保行政主管部门参加,如果能争取到有关省、自治区发展改革等部门参加则更好。

②考核项目、考核水质断面、考核指标设置及标准的确定、考核频次与考核时间等涉及考核的关键事项,由流域管理机构主导,与各有关参与机关协商确定。有国家既定事项或应由国家确定的事项,依有关规定执行。

③考核目标依据国家有关规定,执行流域综合规划、水资源保护规划、水污染防治规划确定的战略目标。根据水资源情况、经济社会发展情况和各省界缓冲区实际情况,确定阶段性控制和考核目标。

④考核信息的技术认定根据能力确定。流域管理机构所属监测机构有足够能力时,由其负责监测;没有足够能力时,可由相邻各方协商监测,数据应由其共同认定;在有可能的情况下,也可委托社会监测机构负责。其中,省界水质监测应依法由流域水资源保护机构负责,在条件尚不具备时,也可委托地方监测机构具体实施。

⑤信息汇总报告。省界水质监测结果应依法及时报告国务院行政主管部门和环保行政主管部门,并作为流域管理机构考核的重要依据。其他信息根据国务院水行政主管部门的要求或根据其重要程度,择其重要者适时报告,并与其他信息一起,作为流域管理机构考核的依据。

⑥考核结果处理。考核结果完成后,要对结果进行分析,向流域各省、自治区进行通报,或向流域内有关省、自治区通报,同时报告国务院水行政主管部门,并可向国务院环保行政主管部门通报。有关政府或主管部门可将其结果作为对相关政府或政府主管部门综合考核和实施奖惩的依据。流域管理机

构亦应根据考核结果,在法律法规规定的权限内,对相关地区实施减少取水量指标等惩罚措施,或采取适当的鼓励措施。

（2）中央政府及其有关主管部门主导考核或发布考核结果的。本考核机制的主要项目与前一机制应为一致,但内容有所不同。

对流域管理机构而言,相对前一种考核机制,本考核机制参与的工作内容比较简单,只是前者工作内容的一部分,其职责主要包括三项:

①按中央政府及其有关主管部门的考核工作统一安排,积极主动、创造性地完成分配到本流域管理机构的工作,控制好工作的进度、质量和成本。

②积极主动配合其他单位的相关考核工作,提供必要的支持和服务。

③积极主动为中央政府及其有关主管部门的考核工作献计献策,宣传和推广黄委的成功经验,促进考核工作的完善。

中央一号文件即《中共中央、国务院关于加快水利改革发展的决定》提出建立水资源管理责任和考核制度。县级以上地方政府主要负责人对本行政区域水资源管理和保护工作负总责。严格实施水资源管理考核制度,水行政主管部门会同有关部门,对各地区水资源开发利用、节约保护主要指标的落实情况进行考核,考核结果交由干部主管部门,作为地方政府相关领导干部综合考核评价的重要依据。根据该文件规定,省界缓冲区监管考核的以下方面是明确的:

（1）被考核者。是县级以上地方各级政府,责任人为政府主要负责人。

（2）考核内容。主要是省界缓冲区水质年度达标情况,属于最严格水资源管理制度中的水功能区限制纳污红线管理内容,是最严格水资源管理制度的一个关键绩效领域,需要与水资源开发利用控制、用水效率控制红线考核相结合,构成以三条红线为核心的绩效考核。

（3）考核者。是水行政主管部门,要求水行政主管部门会同有关部门进行考核,考核结果交由干部主管部门,作为地方政府相关领导干部综合考核评价的重要依据。

从中央一号文件规定的内容来看,目前实施的考核是以行政区域为考核范围,而不是流域。但从实际操作来看,无论是未来更科学的考核,还是目前考核的实践需要,都将必须以全流域或某一行政区内的流域为单元,目前某一行政区的考核结果也必将是该行政区内所有流域独立考核结果的综合。因此,本章主要研究流域考核。

三、省界缓冲区监管考核的任务

省界缓冲区监管考核与一般管理的考核不同,尤其与对某一行政区的考核差异较大。对某一行政区的考核,其管辖范围和考核界限清晰,责任易于判定,考核技术适用应比较简单。而省界缓冲区为一个涉及两个以上省级行政区的水域,管理主体多,判定责任需要更多的技术手段,考核工作相对来讲要困难得多。

总体来看,为达到考核目的,省界缓冲区监管考核最少需要完成以下任务:

(1)确认省界缓冲区总体目标实现结果。该任务主要为实现对省界缓冲区水资源与水环境状况的了解,并判断与管理目标间的差距,为确定宏观管理政策和确定流域管理重点服务。

(2)确定有关省级政府的管理效果和责任。该任务为判断各有关省级政府责任的落实情况,为实施奖惩措施提供技术支持。

(3)掌握存在的主要问题和需要改善的重点。该任务主要为制定和改进管理措施,促进各方面的监督管理水平服务。

按照省界缓冲区监督管理体制,省界缓冲区监管目标是由流域管理机构和地方政府有关部门通过分别管理来实现的。因此,其考核对象也有所不同,主要分为两类。

其一,属于流域管理机构直接管理的事项,主要掌握管理的结果,监测水资源与水环境的状况,考核所管理项目管理相对人执行法律法规、规划计划和流域机构依法采取措施的情况。例如,对入河排污口设置人,要考核其执行《黄河水利委员会实施〈入河排污口监督管理办法〉细则》的情况。特殊情况下,还要考核地方政府及其有关部门对这些项目违法管理的情况。例如,地方水行政主管部门违法同意在省界缓冲区设置排污口,或对违法排污情况不进行处置等。

其二,对流域管理机构管理事项以外的事项,考核地方政府及其有关部门,主要是其采取的措施与实施效果,其重点是省界水体水质。

四、省界缓冲区监管考核方式分析

黄河流域省界缓冲区情况十分复杂,从理想状态看,考核指标体系设计应考虑断面考核与区域考核的区别、上下游和左右岸省界缓冲区考核的区别。此处以监管考核最重要的指标——水质考核为例,说明考核指标体系设计的区别之处。

（一）省界缓冲区区域水质考核与省界断面水质考核

省界缓冲区监督管理考核指标是多维的，其中之一是水质指标，也是最重要的指标。水质指标的计算结果应能代表省界缓冲区水域水质保护与管理的整体情况。考虑到省界缓冲区是一个区域，不是一个断面，科学的水质指标实际值的具体计算方法具有复杂性。

省界断面水质考核指标是代表流域中两个省（区）交界的河流断面的水质情况。省界断面是一个断面，不是一个区域。当然，省界断面并非严格的省（区）行政区边界，而是根据省界具体情况在省（区）行政边界及上下游附近设置的，并经上下游政府或其有关部门认可的监测断面。

省界缓冲区水质考核指标与省界断面水质考核指标是一致的，但在具体计算考核指标实际值的方法上，并不一定一致，细分为如下情况。

1. 单断面水质考核结果作为省界缓冲区水质考核结果

省界缓冲区具体细分为上下游型和左右岸型两类。

上下游型省界缓冲区如图 7-1 所示。

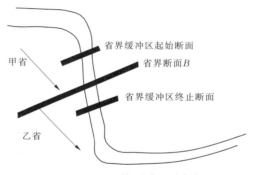

图 7-1　上下游型省界缓冲区

从理论上看，省界缓冲区水质要考虑区域内各重要节点的水质并以不同权重综合计算。其中，处于中心位置的省界断面水质无疑具有最重要的意义。但是，在省界缓冲区较大或河段较长时，无论设在什么位置，单一断面的水质都很难代表完整的区内水质状况。在省界缓冲区较小或河段较短时，选取省界断面以下的某一断面代表省界缓冲区整体水质，因其可反映省界断面以下水污染状况，则更具有合理性，但具有的考核意义对于确定省（区）间责任而言较小。

目前，在黄河干流上下游省界缓冲区，一般选取省界断面的水质考核结果代表该省界缓冲区水质考核结果。这种做法便于分清上游和下游的责任，使考核具有可操作性，也与目前水质监测能力相符。

左右岸型省界缓冲区如图 7-2 所示。

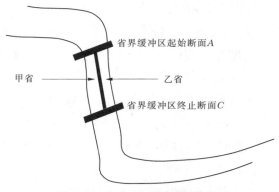

图 7-2　左右岸型省界缓冲区

对左右岸型省界缓冲区,可根据具体情况在省界缓冲区起始断面 A 和省界缓冲区终止断面 C 之间,选取一代表性断面作为省界缓冲区水质考核断面。理论上看,该断面越接近终止断面 C,代表性越强。

2. 多断面水质考核结果的加权平均值代表省界缓冲区水质考核结果

采用这种方法,无疑能更好地代表省界缓冲区这一区域水资源的整体状况。但是,这种方法需要处理好如下三个问题:

一是在代表断面数量增加势必导致考核监测的工作量和成本大大增加的情况下,根据行政资源的能力,合理控制成本和安排工作量。

二是根据工作量和技术要求,合理确定各省界缓冲区代表断面的数量和位置。

三是科学确定各代表断面水质考核结果占的权重。

按照现行的《水功能区水资源质量评价暂行规定(试行)》(2004 年 8 月 16 日水利部水资源司、水文局资源保[2004]7 号)规定,省界缓冲区水质评价代表值依如下原则确定:

(1)具有一个代表断面的水功能区,以该断面的水质监测数据为该水功能区的水质评价基础数据;

(2)具有两个或两个以上代表断面的水功能区,采用下列方法处理:

采用各代表断面水质评价值的算术平均值,作为该水功能区水质评价代表值。

采用各代表断面水质评价值的加权平均值,作为该水功能区水质评价代表值。

对缓冲区内有多个水质监测代表断面时,缓冲区采用该区省界控制断面监测数据作为水质评价代表值,饮用水源区采用水质最差的断面监测数据作为该功能区的水质评价代表值。

从水利部现行规定看,省界缓冲区采用该区省界控制断面监测数据作为水质评价代表值,即用一个断面代表水功能区的水质。

(二)不同类型省界缓冲区考核方式

1.上下游型省界缓冲区考核

在省界断面之上的水域,由上游省(区)政府承担考核结果;在省界断面之下的水域,由下游省(区)政府承担考核结果。

第一种情况:单断面水质代表省界缓冲区水质,且选择省界断面为水质考核断面,则考核的关键领域、内容和相关被考核者为:

(1)省界断面的水质考核。

(2)省界断面之上,考核上游省份的水质、入河污染物总量达标程度、企业守法程度、基础管理、应急管理、跨区域污染补偿、创新、公众舆情和纳污能力交易等方面指标。

(3)省界断面之下,考核下游省份的入河污染物总量达标程度、企业守法程度、基础管理、应急管理、跨区域污染补偿、创新、公众舆情和纳污能力交易等方面指标。

第二种情况:单断面水质代表省界缓冲区水质。该代表断面选择在省界断面以下(或以上),将其作为水质考核断面,则考核的关键领域、内容和相关被考核者为:

(1)考核断面的水质考核。

(2)省界断面之上,考核上游省份的水质、入河污染物总量达标程度、企业守法程度、基础管理、应急管理、跨区域污染补偿、创新、公众舆情和纳污能力交易等方面指标。

(3)省界断面之下(细分省界断面至考核断面,考核断面至省界缓冲区终止断面两部分),考核下游省份的入河污染物总量达标程度、企业守法程度、基础管理、应急管理、跨区域污染补偿、创新、公众舆情和纳污能力交易等方面指标。

第三种情况:多断面水质加权平均值作为省界缓冲区水质考核值。

假设某省界缓冲区选择考核断面1、省界断面、考核断面2、省界缓冲区起始断面和省界缓冲区终止断面共五个断面来评价该省界缓冲区水质状况(见图7-3)。

此时,考核的关键领域、内容和相关被考核者为:

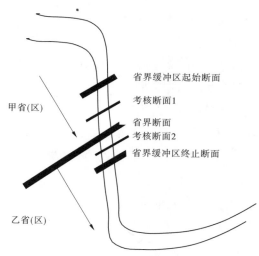

图 7-3　上下游型多断面水质考核

（1）五个断面的水质考核。

（2）省界断面之上（从省界缓冲区起始断面至省界断面之间的区域），考核上游省份的水质、入河污染物总量达标程度、企业守法程度、基础管理、应急管理、跨区域污染补偿、创新、公众舆情和纳污能力交易等方面指标。

（3）省界断面下游（从省界断面至省界缓冲区终止断面之间的区域），考核下游省份的入河污染物总量达标程度、企业守法程度、基础管理、应急管理、跨区域污染补偿、创新、公众舆情和纳污能力交易等方面指标。

2. 左右岸型省界缓冲区考核

第一种情况：单断面水质代表省界缓冲区水质，该断面介于省界缓冲区起始断面和终止断面之间，则考核的关键领域、内容和相关被考核者为：

（1）考核断面的水质考核。

（2）考核断面的上游和下游，均考核左右岸省（区）政府的入河污染物总量达标程度、企业守法程度、基础管理、应急管理、跨区域污染补偿、创新、公众舆情和纳污能力交易等方面指标。

第二种情况：多断面水质加权平均值作为省界缓冲区水质考核值。

假设某左右岸型省界缓冲区选择考核断面 1、考核断面 2、省界缓冲区终止断面共三个断面为该省界缓冲区水质考核的断面。

此时，考核的关键领域和相关被考核者为：

（1）三个断面的水质考核。

（2）考核断面的上游和下游（省界缓冲区起始断面至考核断面 1、考核断面 1 至考核断面 2、考核断面 2 至省界缓冲区终止断面之间），均考核左右岸

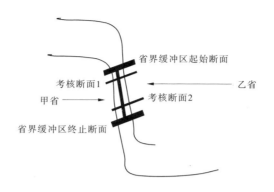

图7-4　左右岸型多断面水质考核

政府的其他指标,如前述。

从责任划分的角度看,省界缓冲区考核也可分为两类:

一是只有一个省级政府负责管理的省界缓冲区水域,省界缓冲区水资源保护和管理的全部责任由该省级政府及其有关部门负责,责任十分明确。

二是由多个省级政府负责管理的省界缓冲区水域,省界缓冲区水资源保护和管理的全部责任由多个省级政府负责,此时,需要划分各省级政府的责任。

例如,某省界缓冲区水资源保护和管理由 A、B 两个政府负责,如果该省界缓冲区的水质达标,则有可能是由 A、B 两个政府的过程管理均达标的结果,也有可能是 A 政府所辖范围少排污即节约了纳污能力、而 B 政府多排污即占用了 A 政府节约的纳污能力的结果。同样地,如果该省界缓冲区的水质超标,则有可能是由 A、B 两个政府的过程管理均超标的结果,也有可能是 A 政府过程管理达标或少排污即节约了纳污能力、而 B 政府多排污或排污超过 A 政府节约的纳污能力的结果。

第二节　国内外流域跨界水资源管理考核范例研究

一、国内范例研究

通过资料查新等调查研究发现,国内各流域管理机构对省界缓冲区监督管理考核指标体系的理论研究尚不多见,实践也刚刚起步,现有的成果资料和成功经验比较有限,但有一些其他方面的管理经验可供参考。近年,地方政府对下级政府实施的跨境水污染防治和水资源管理工作考核,可提供一些可供研究的较好的实践案例。

（一）省级行政区内部的跨行政区水环境管理

1. 五个考核实例

研究发现，在国内某些省（区）行政辖区内，跨界水生态环境管理的实践工作已经有了一些进展，其中实施的跨界水质考核措施是重要的创新，也产生了较好的效果。以下例举辽宁、河北、浙江、江苏和福建五省全省或主要流域的考核情况。

1）辽宁省出台河流断面水质目标考核及补偿办法

为有效加强跨行政区域河流出市断面（以下简称出市断面）水质保护的管理，辽宁省于 2008 年 10 月 13 日出台《辽宁省跨行政区域河流出市断面水质目标考核及补偿办法》。在此之前，已发布"讨论稿"，并决定从 2008 年 6 月 1 日起，出市断面水质超过考核目标值的，上游地区应当给予下游地区相应的补偿。

考核要点如下：

（1）考核机关。省政府负责，环保部门主办。

（2）考核断面。出市断面即各省辖市行政区域内主要河流的出市界水质考核断面（含入海断面）。出市断面的具体位置按照便于分清责任、具有代表性和可操作性的原则，由省环境保护行政主管部门组织上下游市环境保护行政主管部门共同设定。

（3）考核目标。根据国家、省水污染防治规划目标和省、市政府环境保护责任书目标要求，由省环境保护行政主管部门确定出市断面水质考核目标值。

（4）考核时间。逐月。

（5）考核监测与报告。由省环境监测中心站负责监测。每月监测数据由省环境监测中心站汇总后，于下月 5 日前上报省环境保护行政主管部门。

（6）考核项目。监测项目暂定为化学需氧量（COD）（感潮断面为高锰酸盐指数）。其标准为根据超标的不同确定补偿标准。

（7）考核结果处理。根据监测结果，实施财政、行政等奖励或处罚措施。

2）河北省试行生态补偿金扣缴政策

为迅速扭转子牙河水系水污染恶化趋势，加快改善子牙河水系水环境质量，省政府决定在子牙河水系主要河流实行跨各设区市界断面水质 COD 目标考核并对造成水体污染物超标的设区市试行生态补偿金扣缴政策。为此，2008 年 3 月 6 日，河北省人民政府办公厅以办字[2008]20 号文下发《关于在子牙河水系主要河流实行跨市断面水质目标责任考核并试行扣缴生态补偿金政策的通知》。

考核要点如下：

（1）考核机关。省政府负责，环保部门主办。

（2）考核依据。国家环保总局代国务院与河北省政府签订的《"十一五"主要污染物总量削减目标责任书》，子牙河流域有关设区市政府与省政府签订的《河北省"十一五"主要污染物总量削减目标责任书》，省第十一届人民代表大会第一次会议和2008年全省经济工作会议精神。

（3）考核范围。子牙河水系涉及的石家庄、沧州、衡水、邢台、邯郸市的主要河流跨市断面。

（4）监测单位与结果通报。由省环境监测中心站负责对各考核断面化学耗氧量指标进行监测。省环保局负责将监测结果每月向有关设区市政府及省直有关部门通报。

（5）考核时间。每月监测一次，每季度汇总一次。

（6）考核指标。监测项目为化学需氧量（COD），其标准根据断面所处位置实际情况确定。

（7）考核结果处理。根据监测结果，实施财政、行政等奖励或处罚措施。

3）浙江省实施全流域生态补偿

为落实各级政府对辖区环境质量负责的法定职责，严格实行跨行政区域河流交接断面（以下简称交接断面）水质保护管理考核，促进水环境综合治理和水环境质量改善，实现流域经济社会与环境的协调发展，根据《浙江省跨行政区域河流交接断面水质监测和保护办法》（省政府令第252号）（以下简称《办法》），浙江省政府办公厅于2009年7月11日印发了《跨行政区域河流交接断面水质保护管理考核办法（试行）》。

考核要点如下：

（1）考核机关。省环境保护行政主管部门对交接断面水质监测工作实施统一监督管理，省水行政主管部门对交接断面水量及流向监测工作实施统一监督管理。

（2）考核断面。跨市、县（市）河流的交接断面由《办法》以附表公布。

（3）考核指标。交接断面水质考核指标为高锰酸盐指数、氨氮、总磷三项。省环境保护行政主管部门可根据水环境管理的实际需要，对某些交接断面增加相应的特征污染物考核指标。水质目标依据《浙江省水功能区、水环境功能区划分方案》（浙政办发[2005]109号）的规定。

交接断面水质数据原则上采用地表水环境自动监测站的监测结果，对不具备条件的选择了其他办法。

（4）考核时间。交接断面水质每年考核一次。

（5）考核监测。交接断面水质监测由省环境保护行政主管部门所属的环境监测机构组织实施,河流交接断面水量及流向监测由省水行政主管部门所属的水文机构组织实施。具体规定为:

省水行政主管部门负责组织全省水功能区的水量、水质监测工作。水功能区水质监测根据水功能区管理的需要,分为省、市、县三级水质监测点。

①全省主要江河干流,重要一级、二级支流,省级保护区、保留区等重要水功能区,市级城市饮用水水源地,大型水库,重要湖泊,跨省、市级行政区界河流,省属大型企业的入河排污河段等所在的水功能区,设立省控监测点。

②市级主要江河以及流经县（市）和重要建制镇的河流,市级自然保护区、保留区等重要水功能区,县（市）级城市集中饮用水水源地,重要的中型水库,主要湖泊,跨县（市）级行政区界河流,市域内重要的入河排污河段等所在的水功能区,设立市控监测点。

③县级水行政主管部门应当根据当地需要,在省、市水功能区水质监测布局的基础上,设立县控监测点。

设区市边界水功能区由省水行政主管部门负责监测,县市边界水功能区由设区市水行政主管部门负责监测,其他水功能区由县级水行政主管部门负责监测。

省控监测点分别由省、市水行政主管部门负责监测,市控监测点分别由市、县水行政主管部门负责监测,县控监测点由县级水行政主管部门负责监测。

（6）结果表述。考核结果分优秀、良好、合格和不合格四个等次。三项考核指标分别以考核时段平均值计算,考核结果以三项指标中最差的等次确定。

考核指标达到水质目标要求的行政区:考核指标与上年相比变好的,为优秀;考核指标与上年相比变差的,为良好。

考核指标未达到水质目标要求,但出境水质好于入境水质的行政区:考核指标与上年相比变好的,为优秀;考核指标与上年相比变差的,为良好。

考核指标未达到水质目标要求,且出境水质劣于入境水质的行政区:考核指标与上年相比变好的,为合格;考核指标与上年相比变差的,为不合格,其中出境水质下降幅度小于入境水质下降幅度的,仍评定为合格。

（7）考核结果处理。根据监测结果,实施财政、行政等奖励或处罚措施。

4）江苏省实行环境资源区域补偿

2008年初,江苏省政府发布了《江苏省环境资源区域补偿办法(试行)》和《江苏省太湖流域环境资源区域补偿试点方案》,对流域上下游行政区,依据交界断面水质情况进行环境补偿,并将补偿资金专项用于水污染治理和生态修复。

考核要点如下:

(1)适用范围。先在本省行政区域内太湖流域部分入湖河流断面试行。试点结束后,在太湖流域及其他流域推行。

(2)监测机构。省环境保护行政主管部门负责组织断面水质监测,并实施统一监督管理。省水行政主管部门负责组织断面水量及流向监测。

(3)监测考核断面。由江苏省环境保护厅会同水利行政主管部门、各设区的市人民政府设置。

(4)监测项目。化学需氧量(COD)、氨氮、总磷三项。

(5)监测技术要求。断面水质、水量及流向一般采用自动监测的方法,经省环境保护行政主管部门核准的水质自动监测数据月平均值作为该断面当月水质指标值。同一断面的水量及流向自动监测数据经水行政主管部门核准后作为当月水量指标值。

未设自动监测站的断面,水质指标由省、市环境监测机构联合人工监测的方法,每周监测1次。水量指标由省、市水文水资源勘测机构联合人工监测方法,根据河道水文特征,确定监测频次,计算当月水量流向指标值。

所有有效监测数据的月平均值作为该断面当月水质、水量、流向指标值;对监测数据有异议的,分别由省环境监测和水文水资源勘测机构裁定。

不符合监测质量控制要求的数据无效。

(6)监测结果报告。省水行政主管部门负责于每月5日前将上月各断面水量、流向指标值进行汇总复核并向省环境保护行政主管部门通报。

(7)考核结果处理。根据监测结果,实施财政、行政等奖励或处罚措施。

5）福建省闽江、九龙江流域水环境综合整治考核

为加强对闽江、九龙江流域水环境综合整治工作的考核评估,进一步推进流域水环境保护,根据省政府批示精神,2008年1月15日,闽江、九龙江流域水环境综合整治联席会议办公室印发施行《闽江、九龙江流域水环境综合整治考核办法》。

考核要点如下:

Ⅰ.考核对象

考核对象为闽江、九龙江流域各设区市人民政府及其主要负责人。

Ⅱ.考核的组织实施

考核工作由闽江、九龙江流域水环境综合整治联席会议办公室组织,结合环境保护工作年度考核一并进行,具体工作由省环保局、监察厅、农业厅、建设厅负责。

Ⅲ.考核内容和评分标准(简选)

a.水环境质量情况(25分)

(1)流域断面达标率(15分)。

①省控断面达标率(7分)。辖区省控断面水质达到规定的水环境功能区达标率的,不扣分;低于规定的达标率5个百分点之内的,按公式[7×(目标值-达标率)/5%]计算扣分;低于规定的达标率5个百分点(含)以上的,不得分。

②跨设区市界断面达标率(3分)。跨设区市界断面水质达到规定要求的,不扣分;达标率低于100%,但高于95%的,按公式[3×(100%-达标率)/5%]计算扣分;达标率低于95%(含)的,不得分。

③市、县控断面达标率(5分)。市、县控断面达到相应的水环境功能区要求的,不扣分;达标率低于100%,但高于95%的,按公式[5×(100%-达标率)/5%]计算扣分;达标率低于95%(含)的,不得分。

(2)饮用水源达标率(10分)。

①城市水源达标率(6分)。达到相应水质要求的,不扣分;达标率低于100%,但高于95%的,按公式[6×(100%-达标率)/5%]计算扣分;达标率低于95%(含)的,不得分。

②县城水源达标率(4分)。达到相应水质要求的,不扣分;达标率低于100%,但高于90%的,按公式[4×(100%-达标率)/10%]计算扣分;达标率低于90%(含)的,不得分。

b.重点整治任务完成情况(55分)

(3)饮用水源保护工作情况(10分)。

①县级以上饮用水源保护区内污染、破坏水源的设施和排污口清理(4分)。现场检查,发现一级保护区内1处未完成,不得分;发现二级保护区内1处未完成,扣1分,直至扣完4分。

②建制镇集中式饮用水源地水源保护区划定(4分)。

③饮用水源保护区标志牌、界标及保护区围网建设(2分)。现场检查,每发现1处未完成,扣0.5分,直至扣完2分。

(4)养殖业污染整治情况(15分)。

①畜禽养殖污染治理规划工作(1分)。

②禁建区内畜禽养殖拆除工作(9分)。按规定完成禁建区内畜禽养殖场治理(搬迁、拆除)工作的,不扣分;未按规定完成的,不得分。

③禁建区外规模化畜禽养殖场治理(5分)。

(5)工业污染防治工作情况(15分)。

①工业COD总量控制(10分)。按计划完成年度COD减排指标的,不扣分;未完成年度COD减排指标的,不得分。

②排污许可证制度实施情况(2分)。

③重点污染源自动监测监控系统建设情况(3分)。按计划完成年度污染源自动监控计划排污单位在线监测监控设备安装和联网工作的,不扣分;明查暗访、随机检查发现未按计划安装的,每个单位扣0.5分,直至扣完3分。

(6)城镇环保基础设施建设情况(15分)。

①生活污水处理设施集中处理率及达标排放情况(10分)。

②生活垃圾处理设施无害化处理率及达标排放情况(3分)。

③乡镇垃圾无害化处理场建设情况(2分)。

c.整治工作管理情况(20分)

(7)辖区整治计划编制及项目监督检查(5分)。

①制定辖区整治计划情况(2分)。

②流域整治进展检查和通报情况(3分)。每年组织对辖区整治项目进行检查并通报2次以上的,不扣分;未开展的,不得分。

(8)年度整治任务完成情况(15分)。

①列入省年度整治计划项目的完成率(10分)。

②列入市、县年度整治计划项目的完成率(5分)。

Ⅳ.评价档次和奖惩

(1)档次。考核结果满分为100分,分3个档次。其中,得分高于85分(含)的,为"优秀";得分在70~85分的,为"及格";得分低于70分的,为"不及格"。当年辖区发生重大或重大以上级别环境污染事故和生态破坏事件的,不得评定为"优秀"。

(2)奖励。

(3)处罚。

2. 归纳分析

归纳上述五省的工作,可以把目前在省(区)行政辖区内跨界水资源监管考核工作归纳为六个方面。

1) 考核指标选择范围

目前,开展的考核工作主要是水生态环境管理的结果考核,即交界断面出境水质考核,对水生态其他方面和污染源防治的考核工作的考核按全行政区考核,基本上不包括工作过程考核。与水行政主管部门要求进行的水资源管理考核相比,行政区界附近的水生态环境管理考核的内容相对简单。

2) 考核范围

考核范围一般包括全省或某流域全域,在省界不进行区域考核,而只进行断面考核。

3) 省界断面确定

省界水质考核断面由省环保行政主管部门组织上下游城市共同设定,或由有关法律文件确定公布。

4) 水质考核因子选择

根据河流交界的具体情况,选择不同的水质考核因子,一般选择不超过 3 个因子作为重点管理因子,个别省授权有关部门根据实际情况加选因子。其他方面根据需要选择考核项目。

5) 指标控制标准

根据国家及省水污染防治规划目标和省、市长环保责任书目标要求,确定出市断面水质考核目标值。跨市界水质采取浓度控制,排污总量采取含省界区域的市区总量控制,有的省并适当加选出市断面超标倍数。不能量化的考核项目以工作完成情况考核。

6) 管理体制

在交界断面相关两地(市)的上级政府即省政府在考核工作中起主导地位,水环境主管部门具体承办。有水量考核指标的,由水行政主管部门具体承办,其他指标各由主管部门负责。在水质目标确定和省界水质监测方面,地方政府及其监测机构大多在过程中参与。

7) 考核监测实施机构

一般由省级政府主管部门所管理的专门监测机构负责。省界水质监测由省环境监测机构与有关市环境监测机构联合实施,或由各该断面上下游城市环境监测站负责同时监测并形成一致认可的监测结果。

8）监测频次

每月一次，或每月至少监测两次以上。有些省要求实施自动监测，频次可更密。

9）考核结果报告

一般由监测单位报告各主管部门或直接报告省环保主管部门。个别有专门流域管理机构的，报告该机构。

10）考核结果的处理

一般都规定有相应的奖罚措施。

（二）流域管理机构的流域管理与区域管理协作机制

近年来，各流域管理机构在省界缓冲区管理方面进行了一些有益探索，主要表现在流域管理与区域管理协作机制建设方面。下面以珠江委为例。

一是推进协作机制、水事纠纷及水冲突协商协调制度建设。目前，珠江委建立了 9＋2 水利协作机制、黔桂跨省（自治区）河流水资源保护与水污染防治协作机制、水事纠纷及水冲突协调制度、下泄生态流量控制和第三者利益协调机制以及与电力航运部门的会商机制，并建立了水政年会、水资源保护年会等协作平台。

（1）建立泛珠三角区域水利发展高层协作机制。泛珠合作是指基于与珠江流域相连、与大珠三角相临、经贸关系密切的福建、江西、湖南、广东、广西、海南、四川、贵州和云南九个省（区），以及香港、澳门两个特别行政区（简称 9＋2）之间形成的区域合作与协商机制。珠江委作为流域管理机构，积极承担其中与水问题有关的各项工作是非常必要的。至今，珠江委已连续四年组织召开泛珠三角区域水利发展协作会议，就防汛抗旱、水利工程建设与管理、水资源管理与保护等主题进行了广泛的交流和研讨。目前，区域水利发展协作呈现出广阔的前景和良好的发展态势，各区域共同努力，密切合作，在合作中逐步实现双赢。

（2）建立黔桂跨省（自治区）河流水资源保护与水污染防治协作机制，加大部门之间协作。珠江流域内的北盘江及北盘江汇入红水河河段是跨越贵州、广西两省（区）的重要省际河流，一直是两省（区）沿岸人民赖以生存和发展的重要水源。随着国民经济的发展，工农业和人民生活用水需求不断增长，水污染也不断加剧。至 20 世纪 90 年代以来，北盘江已多次发生水污染事件，并漫延到下游红水河，对广西境内红水河两岸人民用水安全构成严重威胁。为此，2007 年 5 月 24 日，由珠江委，贵州和广西水利、环保部门组建的黔、桂跨省（区）河流水资源保护与水污染防治协作机制在广州成立。该机制的建立,将统一协调并充分发挥相关省(区)有关政府管理部门各自的管理行为,来共同应对、协商解决跨省(区)水资源保护与水污染事件。通过协商机制,促进了水利、环保等部门合作,加强了对北盘江及北盘江汇入红水河河段沿线水资源保护和水污染防治力度,建立了信息互通制度、预警预报制度,建立并规范通过协商方式预防解决跨省(区)水污染事件引发的水事纠纷,流域水资源保护工作上了新台阶。2008年,红水河黔桂缓冲区天峨断面水质达标率从由2007年同期的50%提高到100%。

根据国家环保监管体制的变化和设立若干区域监管中心的现实,珠江流域水资源保护局加强了与有关环保监管中心的合作。2007年初,针对珠江流域跨省(区)水污染矛盾最为突出的区域为跨越贵州、广西两省(区)的北盘江、红水河区域的实际情况,该局与华南督查中心商谈建立黔桂跨省河流水污染防治协作机制,双方就如何进一步完善黔桂跨省河流水资源保护与水污染防治协作机制的内容进行了讨论,表达了加强合作,优势互补,为加强珠江流域水资源管理和保护作出新的贡献的意愿。但协作机制中华南督查中心未参与其中。

(3)建立水事纠纷及水冲突协调制度维护水事秩序。珠委从1998年开始关注跨省河流的水事纠纷问题,并于当年编制《珠江流域跨省河流水事工作规约》,经几次修改审定,于2007年10月23日联合云南、贵州、广西、广东、湖南、江西和福建在第四届"泛珠三角"区域水利发展协作会议上举行了签约仪式,签署了该规约,并于2008年9月召开水政水资源工作研讨会继续贯彻落实。规约的落实,规范了珠江流域跨省河流的水事活动,为今后维护珠江流域片省际边界地区正常的水事秩序提供了重要依据。

二是加强珠江流域省界缓冲区管理和执法监督。近年来,珠江委加强水功能区的管理工作,加大省界缓冲区的水质监测,对省界缓冲区水质未达到要求的情况及时向有关省人民政府报告,得到各省(区)政府的高度重视。如云南省省委书记白恩培在通报上批示要求该省加大对水资源保护工作的力度,对那些破坏生态污染环境的企业一定要依法严管,该批示由省委办公厅专函转发至省委常委及副省长;广西区的通报也由两位副主席批示组成环保、水利专门调查组,调查落实通报提出的有关问题。通过加强对省界水体水质的监控,确保了用水安全,对跨省河流水资源保护工作起到积极的作用,提高了流域管理机构在水资源保护方面的地位。

珠江委为保证依法行政的有效落实,加强执法队伍的建设,成立了1个总队、5个支队和1个遥感工作站,包括配备执法人员和必要的执法设备、进行执法人员的培训、建立完善执法检查制度、加强日常监督检查、加强流域与各地方协作开展联合执法和检查,并支持和配合各级水行政主管部门,共同严格执法,做好监督工作。

三是探索流域与区域管理相结合的管理模式。水行政主管部门肩负着为社会提供高效公开透明服务,保证水资源的合理配置、高效利用、有效保护的重任。为落实全面协调可持续的科学发展观、促进人与自然和谐相处,珠江委和各行业、各部门一起,履行各自职责,分工合作,不断推进国家水资源管理向纵深发展。几年来在省际边界河流水资源开发利用、建设项目水资源论证、取水许可、水事纠纷调处、水行政执法等诸多方面,采取依靠地方水行政主管部门,按照分级管理原则,逐步建立了流域管理机构和省(区)间协调、协商、共同参与管理的机制,并通过与地方水行政主管部门的联合检查、协调管理,初步实现了对水资源的动态监督管理,使珠江流域取退水从无序管理到有序管理,总结出了符合实际的流域管理与区域管理相结合的管理模式,有效地配置了水资源。

经过多年的努力,珠江委的水资源管理工作进展顺利。流域管理与区域管理事权划分比较清楚,管理中矛盾较小,有关的规章制度健全并得到较好的落实。

总体上看,珠江委的流域管理与区域管理协作机制工作和黄委近年来的探索有异曲同工之处。特别是在重点支流流域与地方水利、环保部门一起建立的协作机制,具有非常积极的意义。关于省界缓冲区的考核,具有如下特点:

(1)国家环保部设立的督查中心未参与协作机制,省界缓冲区考核中国务院环保部门是否主导或其主导程度存在变数,省界缓冲区考核还只能各由国务院相关部门分别主导;

(2)该机制关键在于"合作",在流域内省界缓冲区考核尚未建立有法律约束力的体制机制,考核的实施和效果存在制度障碍。

(三)河流治理的"河长制"

环保部门由于行政权限、技术手段、人员配备等限制,对于涉及环境的各方面掌控、调度往往力不从心。"河长制"有效地落实了地方政府对环境质量负责这一基本法律制度,为区域和流域水环境治理开辟了一条新路。河长的主要责任是:组织编制并领导实施所负责河流的水环境综合整治规划,协调解决工作中的矛盾和问题,抓好督促检查,确保规划、项目、资金和责任"河长制",带动治污深入开展。"河长制"由江苏省无锡市政府首创,现已在全国很多地区流域水污染防治中推广。

2007年夏天太湖蓝藻危机事件后，从中央到地方，各级政府和生活在太湖周边的人们痛定思痛，重新审视人与自然的关系，用实际行动作出了"科学治理、和谐发展"的理性选择，对太湖流域水污染防治采取了多种措施，探索"河长制"则是其中的一项制度创新。

针对流域河流水质直接影响太湖的实际，无锡市确定在全市各级党政一把手中全面推行水功能区达标"河长制"，全市所有党政一把手，分别担任了64条河流的"河长"，"河长"主要职责是督办河流水质的改善工作，一河一策，逐条治理。"河长制"分为四级：市委、市政府主要领导分别担任主要河流的一级"河长"，有关部门的主要领导分别担任二级"河长"，相关镇、园区的主要领导为三级"河长"，所在行政村的村干部为四级"河长"。同时，无锡市还配套出台了《无锡市治理太湖保护水源工作问责办法》，对治污不力者将实行严厉问责。"河长"们面临的压力是完不成任务就要被"一票否决"。位于常州武进区和无锡宜兴市交界处的漕桥河，是太湖流域一条污染严重的河流，过去由于责任不清，虽经环保部门多次督查，但污染问题仍然没有解决。江苏省委书记梁保华和无锡市委书记杨卫泽亲自担任"河长"，挑起了这副最重的担子。目前，这条昔日的劣V类水质的河流在实行"河长制"后达到了IV类水质。至今，无锡市的大小几千条河流都有自己的"河长"，河流所过的区域有"片长"，每段河流还有"段长"，河流被严格地"看管"起来，全市一条条河流变清了。实行"河长制"后，由于责任主体明确，无锡市的河流水质得到较大改善。

2008年，江苏省政府决定在太湖流域借鉴和推广无锡首创的"河长制"。之后，江苏全省15条主要入湖河流已全面实行"双河长制"。每条河由省、市两级领导共同担任"河长"，"双河长"分工合作，协调解决太湖和河道治理的重任，一些地方还设立了市、县、镇、村的四级"河长"管理体系，这些自上而下的"河长"实现了对区域内河流的"无缝覆盖"，建立了一级督办一级的工作机制。

苏州市全面推进"河长制"，出台《苏州市河（湖）水质断面控制目标责任制及考核办法（试行）》，依据属地管理原则，实行由市委、市政府领导与断面水质情况挂钩的办法，对纳入国家和省太湖流域"十一五"目标考核、小康社会水域功能区和重要水体的90个功能区水质控制断面开展责任制考核，明确断面水质改善目标。环境监测部门每半月开展一次监测。苏州市环保局每月上旬将水质断面的监测结果上报市政府，并由市政府通报各相关责任人。

"河长制"的成效使淮河流域、滇池流域的一些省市也纷纷效仿。这些地方的各级党政主要负责人分别承担一条河,担任"河长",负责督办截污治污。地处淮河下游的淮安市实行"河长制"后,辖区内水质趋于好转。云南省在滇池治污中,把流入滇池的82条河道支流,一一挂在每个"河长"的名下,希望通过他们的严格督察,实现所有工业废水、生活污水特别是农村居民生活污水不排入河道。江阴市所有党政一把手分别担当30条河流的"河长"。65个国、省、市控断面也由各镇党政一把手担当责任人,在全市所有河流、水质断面中实现了"全覆盖"。新桥镇长约16 km的蔡港河因水质黑臭,过去被人们称为"黑龙江",经过治理,如今,已达到了Ⅲ类水,鱼儿又重新游回来了。惠山区钱桥街道位于无锡市西侧,是惠山区的工业重镇,被列入实施"河长制"管理的河道共有24条,涉及28个监测断面,24条河道均由街道领导任"河长",各部门负责人为"副河长",沿河各相关村的村委书记为村级河长。区设立"河长制"办公室,并联合区环境监测站对区内所有区、镇级河道"河长制"考核断面进行水质监测。"河长制"考核断面的全面监测一年可实施多次,监测指标为溶解氧、氨氮、总磷和高锰酸盐指数,监测结果作为年度考核指标对各"河长"的工作成效进行考核。一条条昔日的臭水河如今重现"水鸟戏游鱼"的景象。放眼全国,从流域来看,松花江流域黑龙江、吉林、内蒙古三省(区),淮河流域山东、河南、安徽、江苏四省,辽宁全省,河北省子牙河水系,辽河、滇池、巢湖流域等,都以"河长制"为蓝本,建立了相应的水污染防治责任制。辽宁对全省的河流全部实行了"河长制",各市的市长、县长是本辖区内河流的河长或段长,对河流治理和河流水质实行河(段)长负责制。"河长制"以六县(区)境内河流断面(含跨界断面)水质为考核指标,各县(区)政府主要领导担任辖区内河流的"河长制",负责辖区内河流污染防治和监督执法工作,并对断面水质负责。由贵州省监察、建设、交通、水利、农林、环保等部门组成"河长制"管理工作领导小组,负责"河长制"考核工作。每季度"河长制"管理工作领导小组组织一次全面检查。

实践表明,在很多地方,责任不明是制约河湖污染治理的一个重要因素。而由党政主要领导担当"河长"的河流治理责任制,在无锡等地实施以来已经初见成效,不仅河流断面水质明显改善,更重要的是水污染治理的责任意识日渐提升。"河长制"是从河流水质改善领导督办制、环保问责制所衍生出来的水污染治理制度。它有效地落实了地方政府对环境质量负责这一基本制度,为区域和流域水环境治理开辟了一条新路。

长期以来,对环境质量的指责或肯定很大程度上针对环保部门。事实上,环保部门由于行政权限、技术手段、人员配备等限制,对于涉及环境的各方面掌控、调度往往力不从心。"河长制"把地方党政领导推到了第一责任人的位置,完善了水污染防治工作领导体制,落实了地方党政一把手亲自抓、负总责的工作责任,工作思路、管理方式、组织形式都发生了明显变化。有关人士认为,"河长制"最大程度整合了各级党委政府的执行力,消除了早先"多头治水"的弊端,真正形成了全社会治水的良好氛围,使治水网络密而不漏,任何一个环节上都有部门、有专人负责,提高了水环境治理的行政效能,标本兼治成为各地干部的自觉意识。

总体上看,"河长制"在四个方面值得肯定:

一是明确了考核责任制的责任主体,有些还设立了专门的考核机构,促进了各种有效措施的实施,并制定了相应奖罚规定以保证推进;

二是建立了有关的考核制度,由政府制定发布规章或由政府办发布实施考核办法,保证了考核的分开、透明;

三是责任层层分解,考核结果和考核过程,任何一个环节上都有部门、有专人负责;

四是最大程度整合了各级党委政府的执行力,消除了早先"多头治水"的弊端,真正形成全社会治水的良好氛围。

但"河长制"并不是对我国水污染防治责任制的颠覆,更大程度上是对我国行政首长负责制的肯定,有些是这些制度的变通。或者说"河长制"只是促进我国行政首长负责制更好落实的一种制度措施。其最主要的可肯定方面在于考核的制度化及奖惩措施的强化与固定。

(四)水行政管理考核

1. 水利部有关考核

水利部在实施水行政管理时制定了一批考核制度,产生了很好的效果。例如,2003年实施的《水利工程管理考核办法(试行)》、《水利部政务信息工作考核评分办法(试行)》等。

《水利工程管理考核办法(试行)》对考核范围、对象、赋分制、标准和考核工作组织、程序等进行了明确规定。其中考核标准按照既定的《河道工程管理考核标准》、《水库工程管理考核标准》和《水闸工程管理考核标准》执行;考核实行1 000分制。考核结果为920~1 000分的(含920分)(其中各类考核得分均不低于该类总分的85%),确定为国家一级水利工程管理单位;为850~920分的(其中各类考核得分均不低于该类总分的80%),确定为国家二级水利工程管理单位;二级以下分级标准由地方水行政主管部门或流域管理机构制定。

《水利部政务信息工作考核评分办法（试行）》对考核对象、评分标准、评选条件和考核组织等进行了规定。其中每类信息划分了5、8、15、20的不同的分数，并对经部领导或中央领导的不同批示加赋5分或10分。

2.地方水行政主管部门有关考核

为加强水资源管理、节约和保护工作，建立健全水资源管理工作的良性机制，2006年江苏省财政厅、水利厅联合制定下发并施行了《江苏省水资源管理考核办法》，对省辖市的水资源管理工作进行考核奖励。《江苏省水资源管理考核办法》考核内容共包括水资源费征收、水资源费使用管理、水资源管理等三大项。其中：水资源费征收主要包括水资源费征收标准调整到位情况等7项；水资源费使用管理包括入库上缴情况等5项；水资源管理主要包括取水许可监督管理、水资源保护、行政许可、地下水管理、节约用水、水资源规划、水资源管理体制改革、水资源统计、水资源能力建设等。考核采用百分制，对各项工作内容分别赋予其相应分值。每年1月由各地对上一年度水资源管理工作进行总结，并形成考评报告，由江苏省财政厅、水利厅组织对各市工作进行考核打分，对水资源管理工作创新给予适当加分，并对工作成绩突出的给予表彰奖励。

2006年，武汉市水务局组织开展全市水资源管理工作检查、考核，并试行《武汉市水资源管理分项考核表》。该表规定的内容共四部分八项三十条，标准分为100分，并制定了详细的评分标准。评分90分以上的为优秀，70～90分的为良好，60～70分的为一般，60分以下的为较差。检查结果作为全市水资源管理工作评先和奖励的主要参考依据。市水务局明确通知各区水务局，每年都将按照《武汉市水资源管理考核表》的内容进行检查，请各区水务局要按照考核要求不断规范水资源管理行为，提高水资源工作依法行政和管理的水平。

在我国近年开展的年度节水型社会建设和水资源管理工作考核中，多由上级政府发展与改革委员会、财政厅与水利厅联合实施。考核根据既定的制度和考核办法进行，水资源保护作为其中的一项内容，相对于环保部门对水环境管理的考核力度要小一些。

（五）综合分析

研究上述国内范例，可以看出如下特点：

（1）管理措施多样化。跨界管理是流域水资源管理的一个难点和热点。为了做好跨界水资源管理，分清跨界污染责任，促进流域水资源可持续利用，在中央政府的统一领导下,地方政府和流域管理机构都在积极探索解决之道,具体做法可谓"百花齐放",取得了初步成效,积累了一些成功经验。

(2)以跨界断面和行政区域为主。与《中华人民共和国水法》确立的水功能区管理制度的本质要求相比,目前的跨界水环境管理实践与省界缓冲区监管差距仍然很大,省界缓冲区监管考核制度尚未建立,地方未设立跨行政区缓冲区管理制度,主要表现在:

一是没有针对省界缓冲区这一特殊水功能区,形成体现省界缓冲区水资源保护和管理特殊性的监管考核指标体系和考核体系。

二是从管理路径上看,《中华人民共和国水法》要求建立以水功能区为单元的水资源管理模式,目前的跨界水资源管理实践尚未做到,省(区)内的跨界水环境管理主要是以跨界断面管理为核心,河流治理的"河长制"是以某一条河流管理为核心的。

三是从已经进行的跨界水资源监管考核内容上看,更多地关注结果指标即水质指标,对过程管理指标关注不够。

(3)强调制度建设。地方政府在实施考核时,一般均建立了相关制度并发布施行,由此保证考核工作的公开、透明和制度化,并用以指导被考核方的行为。

(4)强调各有关利益方的参与。考核以上级政府主导,以其某主管部门为具体承办机关,其他有关部门和与考核有关的下级政府或其主管部门参与。在考核断面设置、考核项目确定等方面,强调考核级政府的主导和相关政府与部门的参与。

(5)信息来源权威。水质信息一般由考核级政府主管部门所属的监测机构采集,或者由考核断面相关监测机构一致认可。

(6)考核项目固定。在水质方面一般不超过三项,有些地区授权有关部门根据情况增加项目。

(7)指标控制标准采用量化和非量化相结合。根据有关规划目标和政府首长责任书目标要求,确定考核目标值。跨市界水质采取浓度控制,排污总量采取含省界区域的市区总量控制,有的省并适当加选出市断面超标倍数。不能量化的考核项目以完成情况考核。

(8)监测频次较高。每月一次,或每月至少监测两次以上。有些省要求实施自动监测,频次可更密。

(9)考核过程细化。大多制订了考核技术方案,根据项目的重要性确定各项目分数,对达标或不达标等同质项目根据其程度进行考核细化。例如,针对水质不达标的情况,还要考核超标倍数、水质改善或恶化等因素确定考核分数。

(10)考核结果报告主管部门。一般由监测单位报告各主管部门或直接报告省环保主管部门。个别有专门流域管理机构的,报告该机构。

(11)考核完成后一般都规定有相应的奖罚措施。

二、国外范例分析

(一)欧盟的跨界水资源管理

欧洲有着多条跨国界河流,如世界上流经国家最多的多瑙河流域共涉及18个主权国家,这些河流不但跨越多个国家,而且在这些国家的社会经济发展中起着重要的作用。随着欧洲经济的发展,跨界淡水资源分配、跨界污染、跨界生态影响等一系列单一国家无法解决的问题日益严峻。以莱茵河为例,莱茵河全流域覆盖9个国家,干流经过瑞士、德国、法国、卢森堡、荷兰,是国际上重要的航运河道,是世界上内河航运最发达的河流之一,德国杜伊斯堡和荷兰鹿特丹分别是世界上最大的河港与海港。同时,莱茵河作为欧洲经济地位上最重要的河流,沿河分布有不同国家的5个大的重要工业区,是欧洲经济发展的中心地带。但是,莱茵河却被认为是世界上管理得最好的一条河,是世界上人与河流的关系处理得最成功的一条河。欧盟作为重要的国际组织,在这些跨国界河流水资源管理的政策实施上起着重要的作用。

欧洲的跨界河流分为两类:一类是流域范围全部位于欧洲联盟(简称欧盟)成员国国土之内,另一类则是属于欧盟成员国与非欧盟国家的跨界河流。第一类流域的管理相对简单,目前主要通过共同实施欧盟法令如《水框架指令》(Water Framework Directive,WFD)等来实现;第二类流域的管理则复杂得多,需经欧盟、欧盟成员国与非欧盟国家共同协调开展。多年来,欧盟在跨界流域管理方面取得了显著的成果,积累了丰富的经验,这对我国的水环境管理,尤其是跨界流域管理工作具有重要的借鉴意义。

1. WFD 的实施为跨界流域管理提供法律保障

欧盟于2000年开始实施的 WFD 标志着其水政策进入综合和全方位管理新阶段。WFD 以水体单元为基本对象,以流域区域(由一个或多个相邻流域及其相关的地下水体和近岸海域组成)为整体系统,以流域管理计划的制订和实施为主线,统筹考虑地表及地下水体、湿地、人工水体及近岸海,明确了流域管理的基本步骤和程序,为跨界流域的统一管理提供了法律保障。

WFD 要求各成员国将辖区划分为不同的流域区域(跨国界流域指定为国

际性流域区域),并为每个流域区域指定能够胜任的管理机构(Competent Authority)来保证各项法律及规划落实;各成员国要共同努力,充分发挥现有国际流域管理机构的协调作用,为国际性流域区域制订统一的管理计划;欧洲委员会要推动国际性流域区域划分及相应管理计划的编制实施。

流域管理计划包括实施方案及预期效果,是落实跨界流域管理措施、实现保护目标的关键。WFD 要求进行其他工作如水体单元和流域区域的划分、经济社会基本情况分析、水生态调查评价等,主要是为制订并实施统一的流域管理计划提供支持。此外,WFD 要求流域管理计划每 6 年更新一次,使之不断适应经济社会等条件的变化。

WFD 指出,如果成员国确认某跨界问题对其流域管理存在影响且不能有效解决,则可提出建议并报告欧洲委员会与相关成员国,欧洲委员会要在 6 个月内予以答复。

2. 流域管理委员会及欧盟在流域管理中的作用

法律是行政的依据,机构是实施的保障。(跨界)流域管理委员会及欧盟(以欧洲委员会为实施代表)在欧洲国际河流的保护工作中发挥了组织保障的作用,确保了跨界流域管理规划、保护措施的统一性和可操作性。

(1)流域管理委员会的作用。为实现全流域的统一管理,欧洲国际性流域内有关(或全部)国家往往通过签署国际协定来推动跨界合作。流域管理委员会则通常基于某协定而成立,主要负责协调流域内各主权国家的水管理工作。

莱茵河保护协定是欧洲最早的跨界流域管理协定,现已成为修复重污染跨界河流的典范。基于该协定成立的莱茵河流域保护国际委员会(ICPR,1963 年)是跨界流域管理机构的先驱,其签约国包括德国、法国、卢森堡、荷兰和瑞士,欧盟也于 1976 年成为该委员会签约方。继 ICPR 之后,欧洲的多瑙河、易北河及奥德河等也相继成立了国际流域管理委员会。国际流域管理委员会是跨界流域管理的实施主体,其工作范围非常广泛,包括削减污染排放、建立预警计划、预防洪水及修复泛洪平原等。自 WFD 实施以来,管理委员会的职责进一步包括了保护地下水、管理近岸海域及推进公众参与等内容。

当前,大部分国际流域管理委员会已成为在 WFD 框架下进行流域统一管理的重要机构,协调并协助欧盟、各成员国及流域内其他国家共同开展工作,推动 WFD"水生态良好"目标的实现,见图 7-5。

(2)欧盟的作用。欧盟内部跨界流域的管理工作由相关成员国协调开展,欧盟要推动这些协调工作,但不能成为其成员国之间协定的签约方;对于

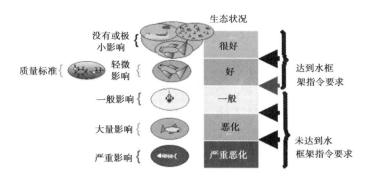

图 7-5　欧盟水生态框架目标(2015 年)

超出欧盟范围的跨界流域管理,如果涉及欧盟或其成员国的利益,欧盟可以成为相应流域管理协定的签约方。目前,欧盟已成为莱茵河、多瑙河、易北河及奥德河等国际流域管理协定的签约方。

当欧盟成为某流域协定的签约方时,欧洲委员会将在相应流域管理委员会中全权代表欧盟进行谈判及协调。欧洲委员会在这些流域管理中发挥着重要作用:一方面代表欧盟成为签约方,共同开展流域管理工作;另一方面推动并监督欧盟法律在这些流域的贯彻落实,并及时发现有关问题;此外,欧洲委员会还能及时将有关信息从欧盟层面传递到流域层面,并充当矛盾仲裁的角色。

3. 建立较为完善的跨界流域管理机制

为促进国际性流域统一管理,欧洲委员会曾经将跨界合作,尤其是跨欧盟边界的流域管理合作,作为 2005 ~ 2006 年度共同实施战略的研究重点,并在多个国际性流域内开展了试点研究,为跨界流域管理提供示范,并将进一步编制相关技术指导文件。

在欧洲委员会的统一协调下,欧洲环保局、联合研究中心及各成员国在流域综合管理措施、水生态评价方法、数据上报及传输格式、社会经济评价等方面开展联合研究,并制定有关规范及标准。这一方面避免了重复工作,共享了昂贵仪器,统一了方法格式,另一方面避免了跨界流域在管理目标上的差异及对策措施上的矛盾。

此外,欧洲委员会深入研究并充分利用现有(欧盟层次)协作机制如欧盟水行动(EU Water Initiative)、邻国政策(EU Neighboring Policy)及保护和利用跨界水道及湖泊的赫尔辛基协定(UN/ECE Convention of the Protection and Use of Trans – boundary Watercourses and International Lakes)等来提高协作效率,通过与国际性流域内非欧盟国家共同举办研讨会等形式推动跨界流域管理工作及 WFD 的实施。

4. 多渠道提供资金, 支持跨界流域管理工作

资金保障是跨界流域管理的重要基础, 尤其是初始阶段的建章立制、文件起草、会议筹备等工作需要大量的资金支持, 而且资金保障对流域管理机构的运转及保护措施的落实也是至关重要的。

欧洲环保局等单位对可能的跨界流域管理资金进行了详细分析并编制了申请指南。欧洲环保局编制了水政策及结构/凝聚基金(Water Policy and the Structural and Cohesion Funds)申请指南, 指导各成员国寻求与欧盟政策相关的水资源保护资金; WFD 于 2005 年出版了 2007 ~ 2013 年欧盟环境基金申请指南(EU Funding for Environment, A Handbook for the 2007 ~ 2013 Programming Period)并上网公布, 帮助有关国家积极寻求资金支持, 开展跨界流域管理并落实 WFD 有关要求。欧盟层次的资金支持主要包括针对成员国边界及欧盟边界活动的 INTERREG、针对东南欧国家的 CARDS、针对中东欧拟加入欧盟国家环境及交通基础设施建设的 IS – PA、针对东欧及中亚技术支持的TACIS、针对地中海及波罗的海周边国家及欧盟成员国的 LIFE 等, 都可申请用于跨界流域保护及管理工作。

此外, 欧洲投资银行、欧洲建设及发展银行、世界银行等金融机构也对跨界流域管理提供一定的经济支持, 一些多边捐助资金(主要指向特定区域)也支持跨界流域管理相关工作。

5. 公众参与, 推动跨界流域管理工作

公众参与可使其了解全流域的决策方案及执行情况, 从而进一步推动跨界流域管理工作。公众参与需要良好的沟通策略, 要通过建立统一标志(或出版物)、搭建网络平台、明确咨询程序、定期交换意见等方式让利益相关方充分了解全流域的相关信息, 从而高效推动跨界流域管理工作。

多瑙河流域管理在公众参与方面取得了显著成效。流域内各国将每年的 6 月 29 日定为多瑙河日, 当天通过学术论坛、河流探险、知识竞赛、跨界自行车赛、节约用水等活动, 宣传保护多瑙河的重要性, 启发人们思考生产生活对下游产生的影响, 强调流域内所有国家必须共同努力, 确保河流健康。目前, 欧洲委员会正在开发欧洲水环境信息系统, 这必将进一步推动欧盟流域管理信息的公布与共享, 从而推动公众参与跨界流域的管理工作。

6. 制定共同实施战略的指导文件

为了避免成员国在实施欧盟水框架指令时重复付出同样的努力, 并协助成员国达到同样的标准, 欧盟制定了一些需要提供指南的关键活动, 主要包括

14 个指导文件。

指导文件 1　经济学与环境——水框架指令实施的挑战(2003 年);

指导文件 2　水体的识别(2003 年);

指导文件 3　压力和影响分析;

指导文件 4　重大改变水体以及人造水体的识别与确定(2003 年);

指导文件 5　过渡水域和沿海水域——类型、参考条件和分类系统(2003 年);

指导文件 6　面向关于相互校准网络建立以及相互校准过程的指南(2003 年);

指导文件 7　水框架指令下的监测(2003 年);

指导文件 8　水框架指令的相关公众参与(2003 年);

指导文件 9　实施水框架指令的地理信息系统因素(2003 年);

指导文件 10　河流与湖泊——类型、参考条件和分类系统(2003 年);

指导文件 11　规划过程(2003 年);

指导文件 12　湿地在水框架指令中的角色(2003 年);

指导文件 13　生态状况和生态潜力分类的总体方法(2005 年);

指导文件 14　2004～2006 年相互校准过程指南(2005 年)。

(二)美国的跨界水资源管理

1. 美国水资源管理体制

美国的水资源管理以地方行政区域管理为基础,但不排除流域管理的管理体制。此种管理体制强调保留各州(省)的结构和自主权,水资源的所有权归各州(省),其管理原则基本上是"谁有谁管",但联邦政府有权控制和开发国家河流,并在开发中占主导地位。

在美国,联邦政府对水资源的管理是一种分散性的管理,中央一级没有统一的水资源管理机构,国会通过制定保护法案,授权联邦政府参与国家水资源的规划、开发和管理工作。联邦政府的几个水主管机构如垦务局、陆军工程师团、田纳西管理局等,均为解决某项专门问题而设立,按照联邦或国会授权的职能,对本系统的水利工程从规划、设计、施工到运行管理,一管到底,自成体系。水资源理事会、各河流流域委员会是协调美国各级水资源规划的机构,不承担水利工程的施工和运行管理。

具体地讲,美国流域管理从组织形式上可以分为两类:第一类是流域管理局模式,第二类是流域管理委员会模式。

田纳西流域管理局(Tennessee Valley Authority,TVA)是美国流域统一管理机构的典型代表,由此发端其后在世界范围内派生出了多元化的流域管理模式。但是,由于 TVA 模式在美国颇有争议,并没有得到全面推广。

流域管理委员会模式是对于跨越多个行政区的河流流域,成立流域管理委员会,由代表流域内各州和联邦政府的委员组成。各州的委员通常由州长担任,来自联邦政府的委员由美国总统任命。委员会的日常工作(技术、行政和管理)由委员会主任主持,在民主协商的基础上,起草《流域管理协议》,流域内各委员签字后开始试行,然后作为法案由国会通过。这样,《流域管理协议》就成为该流域管理的重要法律依据。根据其法律授权,流域管理委员会制定流域水资源综合规划,协调处理全流域的水资源管理事务。目前,这样的流域管理委员会有萨斯奎哈纳河(Susquehanna River)流域委员会、德拉华流域管理委员会、俄亥俄流域管理委员会等。

2. 美国萨斯奎哈纳河流域——流域管理委员会模式

萨斯奎哈纳河是美国的第十六大河流,并且是美国汇入大西洋的最大河流。萨斯奎哈纳河流域面积 71 251 km^2(27 510 平方英里),流经纽约、宾夕法尼亚、马里兰三个州。尽管萨斯奎哈纳河流域不少地方还相对不发达,但是其流域内也有忽视环境的历史。大面积的原始森林被砍伐,大量的煤炭被开挖,土壤被侵蚀,河流被酸矿水污染,工业污水肆意排入河道。多年的水污染、大坝建设和过度捕捞曾几乎让洄游鱼种绝迹。

多年来,萨斯奎哈纳流域委员会与联邦和地方政府密切合作解决萨斯奎哈纳河流域的问题。通过严格的法律限制点源污染、管理采矿和控制水土流失。经过努力,萨斯奎哈纳河流域的水资源状况大为改善。流域委员会正在继续与联邦和地方政府密切合作监测与控制非点源污染。

萨斯奎哈纳河流经人口稠密的美国东海岸。它是联邦政府划定的通航河流,因此涉及联邦政府和三个州的利益。需要三个州和联邦政府协调涉水事务,并且需要建立一个管理系统以监督水资源和相关的自然资源的利用。这些实际的需要导致了《萨斯奎哈纳流域管理协议》(Susquehanna River Basin Compact)的起草。该协议经过纽约、宾夕法尼亚、马里兰州立法机关批准,并于 1970 年 12 月 24 日经美国国会通过,成为国家法律得以实施。这部协议提供了一个萨斯奎哈纳河流域水资源管理的机制,指导该流域水资源的保护、开发和管理。在它的授权下成立了具有流域水资源管理权限的流域水资源管理机构——萨斯奎哈纳河流域管理委员会(The Susquehanna River Basin Commission,SRBC)。

萨斯奎哈纳河流域管理委员会的管辖范围是 71 251 km^2(27 510 平方英里)的萨斯奎哈纳河全流域。其边界由萨斯奎哈纳河及其支流流域形成,而不是行政边界。作为一个州际间的流域管理机构,在《萨斯奎哈纳流域协议》授权下,该委员会有权处理流域内的任何水资源问题。该委员会负责制定流域水资源综合规划。这个规划是一个经官方批准的管理和开发流域水资源的蓝图。它不仅是流域委员会的规划,而且是其成员(纽约、宾夕法尼亚、马里兰三个州和联邦政府)的规划,指导它们相关政策制定。

委员会的每个委员代表其各自的政府。来自联邦政府的委员由美国总统任命,三个州的委员由州长担任或其指派者担任。委员们定期开会讨论用水申请、修订相关规定、指导影响流域水资源规划的管理活动。四个委员各有一票的表决权。委员会在执行主任的领导下,组织开展技术、行政和文秘等委员会的日常工作。

更重要的是,流域委员会填补了各州法律之间水管理的空白。例如,委员会管理枯水季水量,促进水资源的合理配置。委员会审查所有地表和地下水取水申请,注重公众的水资源权益。其作用是帮助确保所有用水户和河口地区接受足够的淡水。这不仅保护了环境,而且促进了经济发展和工业繁荣。

从1986年开始,流域委员会建立了完善的跨州界面水质和生物指标监测系统,并将监测结果予以公布。跨州界面监测分上游西部、上游中部、上游东部和下游四个大区,见图7-6。

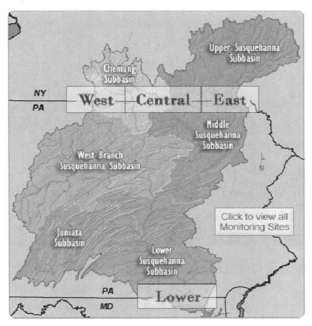

图7-6　萨斯奎哈纳河流域跨州水质监测的四个大区

以上游西部大区为例,包括多个监测点,见图7-7。

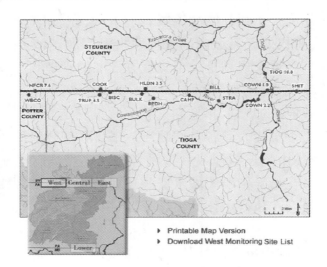

图 7-7　萨斯奎哈纳河流域跨州水质监测的西部大区监测点分布

在萨斯奎哈纳河流域跨州水质监测时,具体监测点分为重要、一般和不重要三类。对重要类监测点,水质实行季节监测,生物环境和栖息环境实行年度监测;对一般类监测点,水质、生物环境和栖息环境实行年度监测;对不重要类监测点,实行年度区域化学指标监测,生物环境和栖息环境实行年度监测。

再以图 7-7 中的监测点 COWN 2.2 为例,该监测点为重要类监测点,其现场如图 7-8 所示。

图 7-8　萨斯奎哈纳河流域跨州水质监测西部大区的 COWN 2.2 监测点现场

该监测点 2008 年 12 月 31 日的监测指标和结果举例如下:

(1)水质。铁总量、铝总量、浑浊度和温度四项指标超标。

(2)生物环境。中度受害。

(3)栖息地环境。2007 年部分适合栖息,2008 年适合栖息。

（4）趋势。2008 年度本监测点基本没有变化。如前所述,生物环境仍是中度受害,栖息地环境有所改善,水质状况与 2007 年类似。

（5）其他。本监测点位于干流 Cowanesque 水库下游。在 2007 年度和2008 年度,本监测点在 Pennsylvania – New York 跨界范围内生物环境评价方面获得最低评价得分。

（三）综合分析

研究欧盟和美国的跨界水资源管理,可以发现,西方发达国家经过多年的流域综合治理工作,已经走出了"先污染,后治理"的发展模式,流域水资源保护工作取得了很大的成绩,以下方面值得借鉴:

一是在管理体制上,强调流域综合管理与区域管理相结合,充分发挥流域管理机构的主导作用,并构建流域相关地方政府参与的共同治理模式。

二是西方发达国家并未建立类似我国"水功能区管理制度"这样如此健全的管理制度,其水资源保护工作主要体现为干流、支流各监测点。

三是在监督管理考核内容上,不仅包括水质指标,还包括大量的生态指标,考核指标数量选择不多。

四是高度重视监测网和站点的建设,不仅在干流,还在主要支流上也设置了大量的监测点。

五是在具体监测点的管理时,不搞"一刀切",而是针对具体情况设置不同监测点的监测指标和监测周期,由于其水环境与水生态变化幅度相对较小,一般择其重要者每季一次,非重要者一般每年仅一次。

六是在监测信息发布上,一般是由流域委员会负责发布总体监测信息和各监测点的详细信息,包括通过互联网发布以获得广泛的公众参与,信息发布比较全面和详细。

三、国内外范例分析结论

综上所述,分析国内外流域跨界水资源管理考核范例,可以得出三个结论:

（1）省界缓冲区监管考核指标体系的研究和实践尚处于起步阶段。省界缓冲区管理制度是中国现阶段国情决定的一项特殊的流域水资源管理制度,西方发达国家没有成熟的理论和实践经验可供我们借鉴,国内也没有系统的理论和实践经验可供直接借用。

（2）国内外跨界水资源管理监管考核实践提供了一些可借鉴的例子。目前,这些监管考核实践尽管还很零散、不成体系、针对性不强,但仍然可以管中窥豹,具有借鉴意义。

（3）建立黄河流域省界缓冲区限制纳污红线监督管理考核指标体系是一项创新工作。由于没有先例可循,需要依据黄河流域省界缓冲区水资源保护和管理的具体特点,系统思考、大胆假设、认真求证,积极创建。

第三节　考核指标总体设计

一、考核指标体系的指标组成和定义

省界缓冲区监管考核是一个多层次、多目标的复杂问题,解决这类问题的有效方法是层次分析法。因此,依据层次分析法原理,采用平衡计分卡的思路确定考核的四个关键绩效领域,从关键绩效领域中选择定量的关键绩效指标 KPI 和定性工作目标 GS,并确定 KPI 的计算方法和 GS 的评分标准。

在考核指标的设置上,应坚持能量化的尽量量化,不能量化的尽量细化（即统一评分标准）的基本思路,细分、量化考核指标,分层次构建考核指标体系:一是将所有省级政府对省界缓冲区的监督管理职能分为具有同质可比的过程指标、结果指标和加减分指标 3 个第一层次的一级指标;二是对一级的 3 个指标进行再次分解,分别得出第二层次的二级指标;三是对第二层次指标进行详细分解,分别得出第三层次的三级指标,从而形成省界缓冲区监督管理职能的考核指标体系。考核指标体系的层次结构见图 7-9。

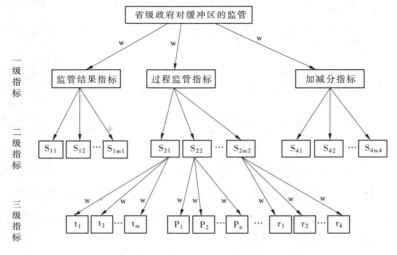

图 7-9　考核指标体系的层次结构

　　按照上述分解方法,在对各监督管理任务进行分析后,确定各管理任务考核所需的指标,如入河排污口管理可分解其一级指标为省界缓冲区整体控制状况(一级)、各省(区)控制状况(二级)、单个排污口达标状况(三级)、单个排污口单一事项的达标状况(四级)等。由各管理任务确定的考核指标组成整体指标体系。与此同时,对指标体系和组成体系的各级指标进行明确的定义,使其具有确定的意义,以利于考核指标的信息采集和数量计算。

　　图7-9中,一级指标、二级指标和三级指标具体内容见表7-1。

表7-1　考核指标汇总

指标	与BSC对应的内容	一省负责	多省负责		
			A省	B省	…
一、结果指标:省界缓冲区水质指标					
1	财务层面	NA	NA	NA	NA
2	财务层面	NA	NA	NA	NA
3	财务层面	NA	NA	NA	NA
…					
二、过程管理指标					
(一)总量控制					
总量控制	内部流程				
(二)企业守法程度					
1.浓度控制					
2.排污口管理	内部流程				
3.排污管理	内部流程				
(三)基础管理					
1.设施管理	内部流程				
2.制度管理	内部流程				
3.档案管理	内部流程				
三、加减分指标(只用于年度考核)					
1.应急管理	内部流程				
2.跨区域污染补偿	客户层面				
3.创新	学习与创新				
4.公众舆情	客户层面				
5.纳污能力交易	学习与创新				

注:1.设施管理分黄委设施的协助管理,自身设施建设和管理。制度管理分黄委制度执行情况,自身制度建设和执行情况。档案管理包括传统档案和数据信息管理。

　2.浓度和总量考核应考虑考核期丰、平、枯水情况。

对考核指标中的关键指标,可设为一票否决和单项否决指标。该否决未必一定要将其上一级指标考核分数直接降为0,可通过指标分值的计算方法权重设定来实现。例如,在否决情况下,该关键指标的考核分数可设为0,考核周期内的相应上一等级考核结果应为不及格,其指标取值应相应降为不及格分数范畴。在此情况下,可通过对这些关键指标设定足够的权重来实现。

例如:

(1)一票否决指标。对特别关键、严重影响全局性的指标可由流域管理机构设立为一票否决指标,如水质达标情况,如果该项指标严重超标,则赋水质指标分数为0,通过设定水质指标权重超过50%,则相应考核周期内的整体考核等级将降级为50以下的不及格分数。

(2)单项否决指标。对重要的、影响监督管理整体工作的指标可由流域管理机构设立为单项否决指标。例如,单项水质因子达标情况,如某单项因子严重超标,则赋该因子分值为0,通过设定最严重污染因子权重超过50%,则相应考核周期内的水质整体考核等级将降级为50以下的不及格分数。

二、考核指标所占权重

权重大小代表考核指标重要性大小。考虑到黄河流域省界缓冲区各考核指标重要性差别很大,因此需要体现重要性差异,即采用非等权重方法。

非等权重方法分两步确定权重。

第一步:确定关键绩效指标(KPI)与定性工作目标(GS)完成效果评价之间的权重;

第二步:确定各类关键绩效指标及工作目标完成效果评价中各项具体指标权重。

采用非等权重确定方法,在评分法(直接评分法、区间评分法和选项打分法)、语言化评价法和德尔菲法三种定性方法中,选择德尔菲法确定权重。

以层次分析法第一层级的结果指标和过程管理指标权重确定为例,其过程如下:组织专家第一轮征求建议,得到各专家的评分结果;汇总整理后,作为参考资料反馈给每位专家,组织专家第二轮征求建议,得到各专家的第二轮评分结果;再汇总整理后,作为参考资料再反馈给每位专家,同时把环保部制定的《重点流域水污染防治专项规划实施情况考核指标解释》规定的结果指标(考核断面监测浓度)占70%、过程指标(项目完成率,即各专项规划中水污染防治项目的进展情况)占30%,一并提供给专家参考,得到专家第三轮评分结果,逐步趋于一致,汇总后得到最后权重:结果指标即水质指标占60%,过程管理指标占 40%。

采用同样的方法,确定二级、三级考核指标的权重,不赘述。

三、指标考核标准

为简化考核时的思维选择,可以在评分时以 5 分为单位进行打分。当然,为了精确,也可直接按计算结果或实际评分值计算各指标考核得分,不按 5 分为单位进行打分。具体考核标准见表 7-2 和表 7-3。

指标的考核标准根据指标在考核体系中所具有的地位确定,并应考虑该指标在性质不变情况下客观数量的变化或程度的变化。例如,如某省界水质考核标准为地面水Ⅳ类,考核指标为 COD,其监测值在 30 mg/L 以下均为达标,应设定一个区间标准值,并设定不同水质监测值的分数计算方法,对诸如 25 mg/L 和 15 mg/L 等不同监测值进行区别打分。

表 7-2　考核指标详细说明

一级指标及分值	二级指标及分值	三级指标及分值	四级指标	指标标准及说明				
				等级	A	B	C	D
				定义	超出目标	达到目标	接近目标	远低于目标
				考核得分	100、95、90	85、80、75	70、65、60	55、50、45、…
结果指标(60 分)	省界水质(60 分)	水质各项目的值		根据国家发布的《地表水环境质量标准》(GB 3838—2002)规定,依据地表水水域功能保护目标,按功能高低依次划分为Ⅰ类、Ⅱ类、Ⅲ类、Ⅳ类、Ⅴ类五类,另加不符合功能要求一类;具体评分见表 7-3				
	总量控制(15 分)	COD(5 分)		少排规定量 5% 以上	达到规定标准	超标 10% 及以内	超标 10% 及以上	
		氨氮(NH₃—N)(5 分)		少排规定量 5% 以上	达到规定标准	超标 10% 及以内	超标 10% 及以上	
		特选项目(5 分)		少排规定量 5% 以上	达到规定标准	超标 10% 及以内	超标 10% 及以上	
	企业守法程度(15 分)	浓度控制(5 分)	NA	少排规定量 5% 以上	所有排污口均无超标排放记录	10% 及以内排污口考核期内有超标排放记录	10% 以上排污口考核期内有超标排放记录	
		排污口管理(5 分)	NA	管理上有创新行为并得到流域机构认可	按规定设置排污口	非人为故意发生排污口违规现象	故意违规或违规情节严重	
		排污管理(5 分)	NA	管理上有创新行为并得到流域机构认可	排污种类、排污浓度和总量均合规	非人为故意发生排污违规现象	故意违规或违规情节严重	

续表 7-2

一级指标及分值	二级指标及分值	三级指标及分值	四级指标	指标标准及说明				
				等级	A 超出目标	B 达到目标	C 接近目标	D 远低于目标
				定义				
				考核得分	100、95、90	85、80、75	70、65、60	55,50,45,…
基础管理（10分）		设施管理（4分）	流域机构设立设施的协助保护（2分）		设施完好，并在原设施的基础上完善或升级	保护流域机构设立设施的完好	各种主要设施保持完好，部分非关键设施有损，但程度不严重	有关键设施受损严重
			自设立设施的完善和保护（2分）		在流域机构要求的基础上，创造性地完善基础设施，且运营良好	按要求设立了各种齐全的水环境保护、监测设施，监测站点都在正常使用和运行	有个别设施没有设置到位，或有个别监测设施没有良好使用	有多种设施没有设置到位，或有多种监测设施没有正常使用和运行
		制度管理（4分）	流域机构规定制度的执行（2分）		执行制度有所创新	严格执行省界缓冲区相关的基本管理制度	基本执行省界缓冲区相关的基本管理制度	有严重违背流域机构的省界缓冲区监督管理制度的行为发生
			地方补充制度的完善和实施（2分）		在制定和执行监督管理制度方面有所创新	严格制定和执行省界缓冲区相关的基本管理制度	基本制定和执行省界缓冲区相关的基本管理制度	不制定和执行省界缓冲区相关的基本管理制度
		档案管理（2分）	基础监督管理数据、档案管理情况		数据、档案管理方面有所创新	各种监测数据、档案齐全	有个别数据、档案有缺失	发生严重的数据、档案缺损事件

续表 7-2

一级指标及分值	二级指标及分值	三级指标及分值	四级指标	指标标准及说明				
				等级	A	B	C	D
				定义	超出目标	达到目标	接近目标	远低于目标
				考核得分	100、95、90	85、80、75	70、65、60	55、50、45、…
加减分指标正负（20分）	应急管理正负（5分）	NA	NA		发生应急事件得到快速及时解决，避免了严重后果的发生（5分）	发生应急事件得到解决（0分）	发生应急事件，得到处理，但产生了一些不良影响（−2分）	发生应急事件，没能及时解决，发生严重后果（−5分）
	跨区域污染补偿正负（4分）	NA	NA		积极处理跨区域污染补偿问题，处理过程及结果相关各方非常满意（4分）	按协商结果妥善处理了跨区域污染补偿问题（0分）	发生跨区域污染补偿纠纷，不能及时得到解决（−2分）	发生跨区域污染补偿纠纷，经流域管理机构多次协调得不到解决（−4分）
	创新正（3分）	NA	NA		有创新活动并得到流域管理机构认可（3分）	没有创新活动（0分）	NA	NA
	公众舆情正负（4分）	NA	NA		公众评价非常高（4分）	公众基本满意（0分）	有部分不满意见（−2分）	公众不满严重，多次向有关部门举报（−4分）
	纳污能力交易正负（4分）	NA	NA		完成纳污能力交易量超过规定量的5%及以上（4分）	根据有关规定完成纳污能力交易量（0分）	完成纳污能力交易量低于规定量的10%及以内（−2分）	完成纳污能力交易量低于规定量的10%及以上（−4分）

表 7-3　水质考核评分表

达标水质	实际水质考核结果及评分						说明
	Ⅰ类	Ⅱ类	Ⅲ类	Ⅳ类	Ⅴ类	劣Ⅴ类	
Ⅰ类	B	D	D	D	D	D	根据考核的实际情况,对各个考核结果的等级又分三个层次来评出具体分数。例如,考评结果为 A,又分为 A +、A、A -,分别为 100、95、90 分三等,当然,也可不分 A +、A、A - 三等并分别对于 100、95、90 三个分数值,直接按计算结果评分

四、考核结果赋分

考核结果赋分制度参考国内一般考核赋分习惯确定。

考核结果一般采取百分制,满分为 100 分。本考核也采用此制对单项考核结果赋分。考核时可根据工作实施效果,另设加减分项,但应有适当限度,本考核可采加减分的限额为 ±20 分。

总体考核结果也采用单项考核的赋分制,并将该 100 分分配于各具体考核项目作为该单项考核的满分。总体考核结果为各具体项目考核所得分数之和。总体考核中单项考核的得分为前述单项考核得分与总体考核分配于该单项考核满分之积。

考核结果一般实行分级制,其所分级别各有不同,一般均有优秀、及格和不及格三级,并多在优秀和及格之间加划一个级别以细化评价结果,其表述为良好或其他形式。优秀分数一般多为 90 分,最低不低于 85 分;及格一般为 60 分,也有高于 60 的赋分,但不会低于 60 分;60 分以下为不及格;优秀和及格间的分级界限有平均划界的,也有不平均的划界。为提高考核对省界缓冲区管理的作用,本考核按其总体考核得分分为四级,并划分为:优秀——大于或等于 90 分;良好——大于或等于 75 分,但小于 90 分;及格——大于或等于 60 分,但小于 75 分;不及格——小于 60 分。

五、考核结果的公布

每一考核期的考核结果按两种方法统计:一是以省界缓冲区为单位统计,除公布省界缓冲区总体情况外,相应公布该省界缓冲区相关省份对该省界缓冲区过程管理的考核结果。考核结果中针对各工作任务所确定的考核指标,主要包括省界和入河排污口污水浓度、入河污染物总量、企业排污守法程度和基础管理等(见表7-4);二是分省统计该省辖区内各省界缓冲区过程管理结果及综合考评结果,考核项目与前同(见表7-5)。

考核结果一般由流域管理机构公布,公布方式可以采用现行的公报、通报方法,也可以采用在公开媒体上公布,公布结果形式采用上述统计结果形式。考核结果由中央政府有关部门公布的,公布方式和公布结果形式依其决定,统计结果形式根据其要求确定并统计上报。对水利部从全国宏观层面的考核,流域机构主要起配合作用。

水利部拟定的《水功能区限制纳污红线实施方案》规定:国家对监督考核指标实行年度考核评估,纳入国家考核体系;监测评价指标实行水利部评价通报制度,定期系统评价,全面了解纳污红线落实情况及其效果。具体规定如下:

(1)监督考核指标。水利部于每年7月编制上一年度《纳污红线×××
×年度目标落实考核报告》,向国务院有关部委、相关地方人民政府办公厅及有关部门通报,并提出整改建议。

(2)监测评估指标。国家重要江河湖泊水功能区水质状况和达标情况实行月报与年报制度。

各流域、各省(自治区、直辖市)按规定向水利部报告水功能区监测评价成果,水利部组织编制《国家重要水功能区水质达标状况月报》,并向国务院及有关部门通报。按照《国家重要水功能区水质达标状况通报》的相关技术要求和本流域特点,各流域编制《×××流域水功能区水质达标状况通报》;各省(区)编制《×××省区水功能区水质达标状况通报》,并向相关人民政府办公厅、环境保护部门和建设部门等通报监测评价信息。

水利部组织编制《国家重要水功能区水质达标状况年报》,并向国务院及有关部门通报。各流域按照《国家重要水功能区水质达标状况年报》的相关技术要求和本流域特点,编制《×××流域水功能区水质达标状况年报》;各省(区)编制《×××省区水功能区水质达标状况年报》,并向相关人民政府办公厅、环境保护部门和建设部门等通报监测评价信息。

省界缓冲区是流域一级水功能区的重要组成部分,除流域机构单独公布省级缓冲区考核结果外,还应按照水利部的规定,与流域其他水功能区水质考核评估结果汇总后,上报水利部用于水利部全国汇总,并编制本流域的各种报告,如《黄河流域纳污红线×××年度目标落实考核报告》、《黄河流域各省纳污红线×××年度目标落实考核报告》、《黄河流域水功能区水质达标状

表 7-4 黄河流域省界缓冲区考核结果

考核周期：月度/年度　　考核时间段：

序号	名称	涉及省份	水质目标	实际水质	总量控制	排污浓度控制	企业守法程度		设施管理	基础管理		总分（年度考核综合加减分）
							排污口管理	排污管理		制度管理	档案管理	
1	×××缓冲区	A省 总体	Ⅲ	Ⅲ								
2	×××缓冲区	A省	Ⅳ	Ⅴ								
		B省										
3												
4												
5												
6												

表 7-5　黄河流域省界缓冲区分省考核结果

考核周期：月度/年度　　考核时间段：

序号	名称	水质目标	实际水质	总量控制	排污浓度控制	企业守法程度		基础管理			总分
						排污口管理	排污管理	设施管理	制度管理	档案管理	（年度考核含加减分）
	一、A省										
1	×××缓冲区	Ⅲ	Ⅲ								
2	×××缓冲区	Ⅳ	Ⅴ								
3	×××缓冲区	Ⅲ	Ⅴ								
A省综合评价得分：											
	二、B省										

况通报(月报)》、《黄河流域水功能区水质达标状况年报》。

第四节　考核指标详细设计

一、水质考核指标方案

水质考核指标是指对省界缓冲区地面水的水质设置的考核指标,不包括地下水和入河排污口污水水质。

(一)水质考核指标选取

按照 2004 年 8 月 16 日水利部水资源司、水文局资源保[2004]7 号文发布的《水功能区水资源质量评价暂行规定(试行)》的规定,《地表水环境质量标准》(GB 3838—2002)中的"地表水环境质量标准基本项目"为监测评价项目。这些项目包括水温、溶解氧、高锰酸盐指数(或 COD)、氨氮、挥发酚为近期必评项目;饮用水源地增加硫酸盐、氯化物、硝酸盐、铁和锰;湖、库富营养化评价项目为叶绿素、总磷、总氮、高锰酸盐指数、透明度。流域和省(区)可根据当地的具体情况,在《地表水环境质量标准》(GB 3838—2002)中选取反映当地水质特征的项目作为考核项目。流量(水位)为河流、湖泊、水库水功能区水质监测的必测项目。

按照前述考核指标选取的原则和方法,根据黄河流域以有机污染为主的现实,省界缓冲区考核主要设置 COD 和氨氮两个指标。对具其他污染特征的省界缓冲区,例如,有些省界缓冲区重金属汞等有超标现象,可由黄委商有关省级水行政主管部门根据其特征加选指标。

黄河流域省界缓冲区监管的水质考核执行国家地面水水质标准。长期以来实施的是国家发布的《地表水环境质量标准》(GB 3838—2002)。

(二)水质标准

根据国家现行《地表水环境质量标准》(GB 3838—2002)中的规定,地表水水域环境功能和保护目标按功能高低依次划分为五类:

(1)Ⅰ类。主要适用于源头水、国家自然保护区。

(2)Ⅱ类。主要适用于集中式生活饮用水地表水源地一级保护区、珍稀水生生物栖息地、鱼虾类产卵场、仔稚幼鱼的索饵场等。

(3)Ⅲ类。主要适用于集中式生活饮用水地表水源地二级保护区、鱼虾类越冬场、洄游通道、水产养殖区等渔业水域及游泳区。

(4)Ⅳ类。主要适用于一般工业用水区及人体非直接接触的娱乐用水区。

（5）Ⅴ类。主要适用于农业用水区及一般景观要求水域。

对应地表水上述五类水域功能,将地表水环境质量标准基本项目标准值分为五类,不同功能类别分别执行相应类别的标准值。水域功能类别高的标准值严于水域功能类别低的标准值。同一水域兼有多类使用功能的,执行最高功能类别对应的标准值。

现行《地表水环境质量标准》(GB 3838—2002)基本项目标准限值见表7-6。

表7-6　《地表水环境质量标准》(GB 3838—2002)基本项目标准限值

（单位：mg/L）

序号	项目	Ⅰ类	Ⅱ类	Ⅲ类	Ⅳ类	Ⅴ类
1	水温(℃)	人为造成的环境水温变化应限制在： 周平均最大温升≤1 周平均最大温降≤2				
2	pH值(无量纲)	6～9				
3	溶解氧≥	饱和率90%(或7.5)	6	5	3	2
4	高锰酸盐指数≤	2	4	6	10	15
5	化学需氧量(COD)≤	15	15	20	30	40
6	五日生化需氧量(BOD$_5$)≤	3	3	4	6	10
7	氨氮(NH$_3$—N)≤	0.15	0.5	1.0	1.5	2.0
8	总磷(以P计)≤	0.02(湖、库0.01)	0.1(湖、库0.025)	0.2(湖、库0.05)	0.3(湖、库0.1)	0.4(湖、库0.2)
9	总氮(湖、库,以N计)≤	0.2	0.5	1.0	1.5	2.0
10	铜≤	0.01	1.0	1.0	1.0	1.0
11	锌≤	0.05	1.0	1.0	2.0	2.0
12	氟化物(以F⁻计)≤	1.0	1.0	1.0	1.5	1.5
13	硒≤	0.01	0.01	0.01	0.02	0.02
14	砷≤	0.05	0.05	0.05	0.1	0.1
15	汞≤	0.00005	0.00005	0.0001	0.001	0.001
16	镉≤	0.001	0.005	0.005	0.005	0.01
17	铬(六价)≤	0.01	0.05	0.05	0.05	0.1
18	铅≤	0.01	0.01	0.05	0.05	0.1
19	氰化物≤	0.005	0.05	0.2	0.2	0.2
20	挥发酚≤	0.002	0.002	0.005	0.01	0.1
21	石油类≤	0.05	0.05	0.05	0.5	1.0
22	阴离子表面活性剂≤	0.2	0.2	0.2	0.3	0.3
23	硫化物≤	0.05	0.1	0.2	0.5	1.0
24	粪大肠菌群(个/L)≤	200	2 000	10 000	20 000	40 000

(三)水质监测与评价技术要求

1. 水质评价

省界缓冲区水质评价以其功能水质目标作为评价标准进行单个水功能区达标评价。评价可包括单次水功能区达标评价、单次水功能区主要超标项目评价、水期和年度水功能区达标评价、水期和年度主要超标项目评价。评价结果应说明水质达标情况,超标的应说明超标项目和超标倍数。

丰、平、枯水期特征明显的水域,应分水期进行水质评价。

评价方法采用单指标评价法(最差的项目赋全权,又称一票否决法),出现不同类别的标准值相同的情况时,按最优类别确定。

在进行省界缓冲区水质目标考核时,应依据水功能区划确定的省界缓冲区水域功能目标进行考核,对应水功能区目标,其考核参数的标准值执行《地表水环境质量标准》(GB 3838—2002)。

2. 水质监测

水质监测前处理过程要充分考虑黄河流域河流的多泥沙特点,按标准要求水样采集后自然沉降 30 分钟,取上层非沉降部分按规定方法进行分析。

省界缓冲区水质监测的采样布点、监测频率应符合国家地表水环境监测技术规范的要求。

水质项目的分析方法选用国家规定方法标准,也可采用 ISO 方法体系等其他等效分析方法,但须进行适用性检验。

3. 监测项目

根据《水功能区水资源质量评价暂行规定(试行)》资源保[2004]7 号的规定,《地表水环境质量标准》(GB 3838—2002)中的"地表水环境质量标准基本项目"为监测评价项目。

水温、溶解氧、高锰酸盐指数(或 COD)、氨氮、挥发酚为近期必评项目,饮用水源地增加硫酸盐、氯化物、硝酸盐、铁和锰,湖、库富营养化评价项目为叶绿素、总磷、总氮、高锰酸盐指数、透明度。

考核机关可根据当地的具体情况,在《地表水环境质量标准》(GB 3838—2002)中选取反映各该省界缓冲区当地水质特征的项目作为选评项目。

流量(水位)为河流、湖泊、水库水功能区水质监测的必测项目。

(四)水质指标考核结果计算

执行《水功能区水资源质量评价暂行规定(试行)》,具体规定如下:

一是水功能区水质评价结果表述以达标评价为主,以河长评价为辅,并计算超标项目的超标倍数,从不同侧面反映水功能区的水质状况。

二是水功能区水资源质量年度达标率计算,按实际测次达标统计,年达标测次达65%以上视为全年达标。同样方法计算不同水期的达标率。

二、入河污染物总量考核指标方案

(一)指标选取

总量考核时,主要考核省界缓冲区的化学需氧量(COD)和氨氮(NH_3—N)两项指标。根据各省界缓冲区情况,可加选项目。

(二)考核标准

总量考核标准为黄委依法核定的各省界缓冲区分指标纳污能力。该能力可分水期或分时段核定,在可能的情况下,省界缓冲区纳污能力应在有关省(区)进行分配,并依法公布。

(三)省界缓冲区纳污总量测定

省界缓冲区某污染物纳污总量为上、下游省(区)排入省界缓冲区某污染物的总量,由各支流排入量和入河排污口排入量两部分之和组成。从省界缓冲区监督管理的性质上来讲,省界断面上游省(区)污染物入河总量的考核具有更大的意义,应作为考核的重点。

对具上下游关系的省界缓冲区来讲,省界缓冲区入河污染物总量的考核需要信息量较大,即需要在省界缓冲区干流入口、省界和出口,各支流入干流口以及入河排污口分别进行监测,并汇总计算,近期实施起来困难很大,可采取目前的监测能力简化方法处理。简化具体方法在本章第五节具体考核方案中详细介绍。简化方案主要针对省界断面上游省(区)入河污染物总量考核,可通过省界断面监测信息简化处理;缓冲区内下游省(区)入河污染物总量考核,可在进一步创造监测条件后逐步开展。

对具左右岸关系的省界缓冲区来讲,主要考核各省(区)进入界河的污染物总量,以各省进入界河的支流口污染物总量和入河排污口排污总量计算各该省入河污染物总量。

三、排污企业守法程度考核方案

排污企业守法程度主要是对入河排污口管理的考核。主要依据是水利部《入河排污口监督管理办法》、《水功能区管理办法》和黄委《黄河水利委员会实施〈入河排污口监督管理办法〉细则》等文件。上述文件对新建、改建或扩大排污口的设置许可条件、管理机关及其管理范围划分、设置许可程序等和入河排污口的日常监督管理等作了具体规定。

排污企业守法程度包括废污水入河浓度考核和其他项目考核。

（一）污染物入河浓度考核

根据国家《污水综合排放标准》（GB 8978—1996）和有关污染物分类排放标准的规定，结合不同省界缓冲区的污染物实际情况，设定不同入河排污口的污染物指标和入河污染物浓度标准，按一定的监测频率进行监测，根据考核期内的监测结果来综合评价省界缓冲区污染物入河浓度指标是否达标，得出考评分数。

污染物入河浓度考核实施"一票否决"制，但要在"不合格"分数范围内根据浓度监测数据适当赋分。

（二）其他项目考核

入河排污口管理其他项目考核指标主要有 7 项：

（1）排污口位置。在许可位置设置的赋满分，否则赋 0 分；被发现违法设置后按要求整改的赋中间分。

（2）入河排污口工程设施规模。按许可规模设置的赋满分，否则赋 0 分；被发现违法扩大后按要求整改的赋中间分。

（3）排放方式。按许可方式设置的赋满分，否则赋 0 分；被发现违法变动方式后按要求整改的赋中间分。

（4）排放污水性质。排放污水性质未有变化的赋满分，否则赋 0 分；被发现污水性质变化后按要求整改的赋中间分。

（5）排放污水量。排放污水量未扩大的赋满分，否则赋 0 分；被发现超量排放污水后按要求整改的赋中间分。

（6）排放污染物种类。排放主要污染物种类未扩大的赋满分，否则赋 0 分；被发现任一主要污染物种类增加后按要求整改的赋中间分。

（7）排放污染物数量。排放主要污染物种类未扩大的赋满分，否则赋 0 分；被发现任一主要污染物排放量增加后按要求整改的赋中间分。

上述指标分别对每个排污口设定，并独立实施考核。

可以按上述各项内容详细考核，具体对其中的其他项目考核时又可根据情况分等权重和非等权重两种方案。

四、基础管理考核方案

（一）基础设施管理考核

基础设施主要包括流域管理机构在省界缓冲区设立的基础设施和沿黄省（区）政府设立的基础设施。对流域管理机构设立的基础设施，省（区）政府的职能是维护基础设施的安全并配合运营。此外,省(区)政府还要按照流域管理机构省界缓冲区监督管理要求,以及自身工作开展的需要,加强省(区)政府自有管理和监测等基础设施建设。

考核时,应以省界缓冲区水质监测基础设施管理为重点,加强省界缓冲区水域水资源质量监测,提升监测机构的能力,健全水资源保护监测网络,在现有水环境监测站网基础上,加强省界缓冲区水体监测站点建设,基本建立站网功能齐全的省、市(州)两级水资源保护监测站网;加强各级监测中心能力建设,基本完成省中心和重点分中心及其他分中心实验室的能力建设,在完善常规水资源质量监测的基础上,逐步提高水资源保护监测系统的应急监测能力和自动测报能力。

(二)制度建设考核

制度建设主要包括流域管理机构在省界缓冲区管理方面制定的规章制度和沿黄省(区)政府制定的规章制度。对流域管理机构制定的规章制度,省(区)政府的职能是积极宣传和贯彻执行。此外,省(区)政府还要按照流域管理机构省界缓冲区监督管理要求,以及自身工作开展的需要,加强省(区)政府自有规章制度建设工作。

(三)档案管理考核

数据、信息和档案资料管理是省界缓冲区水资源保护和管理的一项重要基础工作。考核时,要以监测数据、排污口信息资料管理为重点,保证档案的完整性、准确性。

五、加减分指标考核方案

加减分指标是指在基本考核指标之外特别设立的加减分指标,主要用于省界缓冲区监督管理的年度考核。

(一)应急管理指标

为建立健全黄河流域省界缓冲区突发性水污染事件应急处置运行机制,快速应对各类突发性水污染事件,最大限度地降低水污染事件所造成的损失和影响,省界缓冲区相关省(区)政府应按国家、水利部和流域管理机构的要求构建突发性水污染事件应急处置机制,并及时采取有效措施合理处置水污染事件。

应急管理指标主要考核地方政府启动应急预案的及时性、措施采取的合理性和应急措施的有效性等指标。

(二)跨区域水污染补偿处理指标

构建黄河流域省界缓冲区跨区水污染经济补偿机制,是流域水污染治理外部成本内在化的客观要求,是保障流域下游地区(或者污染区受害方)政府环境权益的重要内容。

水污染经济补偿应当以水质是否超过规定目标水质标准为依据,以污染区域治理超标水质成本为标准。

(三)创新指标

黄河水资源保护工作本身就是一个非常广阔和大有作为的创新平台。未来,创新工作的侧重点包括:在体制与机制方面,有突发性水污染事件应急机制和预案的再完善、流域与区域分级管理制度在操作层面上的构建、省界缓冲区管理体制与机制的探索和建立、水量水质统一管理和联合调度运行模式的探索与实践、最严格的水资源管理制度下的水资源保护子制度的建立、黄河水质监测新模式的更大规模化和更高技术集成等;在基础理论方面,有多泥沙河流污染物的输移转化规律研究、各河段环境需水量的科学确定及其方法研究、黄河干流湖库富营养化问题研究等;在应用技术方面,有水质监测和监督管理等各类应用系统的研发、黄河水质监测新方法研究、环境影响评价所需要的各类环保措施的优化选择与组合等。

在考核工作中,完善创新工作体系是一项重要内容,要将创新工作与日常工作紧密结合起来,让创新贯穿和充实于每项工作的各个环节中,为黄河水资源保护事业不断提供新的发展动力,并重点完善水生态系统保护与修复工作的创新。

《国民经济和社会发展第十一个五年规划纲要》提出的一项重要工作就是保护、修复自然生态,并提出了若干国家重点生态修复工程。水生态系统的保护与修复就是新时期水资源保护工作的重要内容之一,是一项全新的课题。水生态系统保护与修复工作既有特殊性又有普遍性。开展保护与修复工作不仅要建设一些工程,更要将保护措施融合在各项水利工作中。要转变观念,按照水利不仅为经济发展,而且为良好生态系统建设提供支撑的要求,提出和实施水生态系统保护和修复工作的综合措施。

欧盟的《水框架指令》规定,水体的质量和状态都基于其生态和化学状态来评估。在生态评估方面,以下四个生物因素将会被检查:

➢ 浮游植物;

➢ 大型植物;

➢ 无脊椎动物;

➢鱼。

水生态保护创新工作可以围绕上述四个生物因素改善开展,具体指标可借鉴欧盟的《水框架指令》。

(四)公众舆情指标

舆情是舆论情况的简称,是指在一定的社会空间内,围绕中介性社会事件的发生、发展和变化,作为主体的公众对作为客体的社会管理者及其政治取向产生和持有的社会政治态度。它是较多群众关于社会中各种现象、问题所表达的信念、态度、意见和情绪等表现的总和。

舆情本身是民意理论中的一个概念,它是民意的一种综合反映。在现代管理中,舆情既是社会安定的重要影响因素,又是执政者制定政策和采取措施的重要影响因素,因而应作为省界缓冲区考核的指标之一。

在考核方案中,重点培育在省界缓冲区水资源保护和管理方面的舆情意识,建立舆情监测系统,加强舆情管理特别是网络舆情管理。在透析互联网特点、网民习惯和偏好基础上,充分运用搜索引擎技术、全文检索技术、自然语言智能处理技术、内容管理、互联网技术以及电子政务和电子商务软件开发优势,建立系统的网络舆情监控系统,深层次挖掘网络舆情价值,全天候并及时提供最新网络舆情资讯。以丰富翔实的舆情信息、形象直观的图表,智能化舆情预警,递送网络舆情服务、舆情内容分析、舆情价值数理统计、舆情报告。

(五)纳污能力交易指标

任何河流的纳污能力都是有限的,是一种稀缺资源。纳污能力资源作为一种公共的、有限的资源,是国家所有的重要的战略资源,它的分配、使用和流转问题也越来越为人们所认识和重视。通过对河流纳污能力使用权进行有效管理,改变目前实行的纳污能力使用权初始分配的无偿性,实现纳污能力使用权的有偿分配,才能公平合理地配置纳污能力资源。通过河流纳污能力使用权管理制度,对河流纳污能力使用权实行有偿取得后,使社会对公共资源的享有更加公平。同时,有偿取得河流纳污能力使用权将刺激排污者改进技术,减少排污量。通过这种有偿、有限提供纳污能力的方式,可以达到控制河流污染、保护水资源的目的。

黄委已在水利部的指导下开展河流纳污能力使用权制度研究,待制度实施后,应将其实施情况作为省界缓冲区考核指标,纳入考核体系中。

(六)其他指标

其他指标一般指对地方管理的过程考核指标。例如,规划的执行情况,是否存在对中央管理项目的越权审批等。

　　综合本章所述,省界缓冲区监管考核指标体系是一个复杂的系统,包括考核指标体系的指标组成和定义、指标所占权重、指标考核标准、指标计算方法、考核数据的来源、考核结果的公布六个方面的内容。依据层次分析法原理,借鉴平衡计分卡模型确定考核的关键绩效领域,进而构建考核指标体系的指标组成。采用德尔菲法,可以准确地确定各考核指标的权重。考核标准包括定量和定性两个方面,定性标准应细化即评分标准要统一。考核结果不仅可以按省界缓冲区公布,也可以按省(区)政府公布。

第五节　黄河流域省界缓冲区监管考核近期方案研究

　　黄河流域省界缓冲区监管考核指标体系的建立和完善是一项复杂的、长期性的工作,难以一步到位。近期(2011～2013年)方案应是在现行法律体制下,结合中央一号文件和水利部工作部署,遵从现有管理体制,以现有考核条件为基础,适当考虑近期考核条件的可能改进,制订可行的考核方案。近期方案应是第六章提出的考核体系设计方案在现行条件下的简化,并全面体现中央一号文件和水利部工作部署的要求。

一、近期方案制订的基本原则和考核工作"三步走"行动路线图

(一)近期方案制订的基本原则

近期方案制订的的基本原则主要有四条:

(1)依法原则。考核方案应依据当时实施的法律法规和行政主管部门的有关规定,以保证考核的合法性。对不属于省界缓冲区管理的项目,不宜实施考核。

(2)效益原则。优先选择考核基础好、考核效果明显的省界缓冲区。

基础好是指具备计算考核指标所需要的动态数据;效果明显是指通过考核可以促进管理的加强,使水质明显改善或使污染得到明显遏制。

(3)分步实施原则。根据考核需要和考核条件,区分各省界缓冲区和考核项目的重要性与难易程度,按照先易后难、先重后轻的原则分步、分阶段实施。

采取分步法有以下好处:可以收到的即时效果更佳;可从早期过程得到经验教训,并将其应用到今后的实施工作中去,这样在整个过程中将降低风险。

(4)考核指标逐步深化原则。考核指标应随着考核工作的深入不断深化扩展。

逐步深化的具体路径为：

一是在考核指标体系的应用层次上，近期应重点作好水质考核，逐步开展其他单项考核（入河污染物总量控制、企业守法程度和基础管理等方面），之后实现加减分项考核（应急管理、跨区域污染补偿、创新、公众舆情、纳污能力交易等方面），最终实现最高层级的综合考核。

二是在水质考核断面选择上，近期应以单断面水质代替省界缓冲区水质，其中，黄河干流上选择省界断面作为考核断面。

三是在某一关键领域具体考核指标的选择上，近期应重点考核主要指标，如水质指标。对于生态指标等，暂时可不进行考核，但可作为引导性、创新工作考核指标。

（二）考核工作"三步走"行动路线图

按照上述思路，黄河流域省界缓冲区监管考核工作"三步走"的行动路线图如下：

第一步（2011 年）：起步阶段即试点阶段，选取干流和支流各若干省界缓冲区进行为期一年的考核试点。先试点取得经验，然后在面上铺开。选择支流省界缓冲区时，一个必要条件是该省界缓冲区已经开展了省界断面水质监测工作。试点工作的上半年，主要考核水质指标；下半年，增加过程管理指标中的浓度控制指标、排污口管理指标、排污指标、流域管理机构设立设施的协助保护指标、自设立设施的完善和保护指标、流域管理机构规定制度的执行指标、地方补充制度的完善和实施指标、档案管理等指标。试点期间，不包括COD 指标、氨氮指标等总量控制指标，也不包括加减分指标。

第二步（2012 年）：在试点工作的基础上，在黄委管辖的全部省界缓冲区，特别是干流省界缓冲区，全面推进考核工作。主要考核水质指标，过程管理指标中的浓度控制指标、排污口管理指标、排污指标、流域管理机构设立设施的协助保护指标、自设立设施的完善和保护指标、流域管理机构规定制度的执行指标、地方补充制度的完善和实施指标、档案管理等指标。期间，同时开展以下两项工作：

（1）在第一步确定的试点省界缓冲区，开展 COD 指标、氨氮指标等总量控制指标考核试点工作，并在年度考核中开展加减分指标考核试点。

（2）鼓励黄委非直接管辖的省界缓冲区开展考核试点工作，主要考核水质指标，过程管理指标中的浓度控制指标、排污口管理指标、排污指标、流域管理机构设立设施的协助保护指标、自设立设施的完善和保护指标、流域管理机构规定制度的执行指标、地方补充制度的完善和实施指标、档案管理等指标。

第三步(2013年):在前两步工作基础上,在黄河流域全部省界缓冲区全面推进考核工作,指标范围包括前述的全部指标(包括试行指标)。

二、近期方案设计与贯彻中央一号文件和水利部工作部署

(一)中央一号文件

中央一号文件出台了一系列针对性强、覆盖面广、含金量高的新政策和新举措,从党和国家事业全局的高度全面部署水利改革发展和水资源保护工作。第一次在党的重要文件中全面深刻阐述水利在现代农业建设、经济社会发展和生态环境改善中的重要地位,第一次将水利提升到关系经济安全、生态安全、国家安全的战略高度,第一次鲜明提出水利具有很强的公益性、基础性、战略性,是党对水利认识的又一次重大飞跃,对统一全党思想、凝聚全社会治水兴水力量、加快水利发展与改革,必将起到巨大的推动作用,产生深远的历史影响。

中央一号文件制定和出台了一系列加快水利改革发展的新政策、新举措,特别是在强化水利投入、管理和改革等方面有很多新亮点和新突破。在水资源管理制度上的新突破表现为:实行最严格的水资源管理制度,确立水资源开发利用控制、用水效率控制、水功能区限制纳污三条红线。同时为守住三条红线,制定了一系列刚性要求和硬措施,如建立水资源管理责任和考核制度,把水资源管理纳入县级以上地方党政领导班子政绩考核体系;对取用水总量已达到或超过控制指标的地区暂停审批建设项目新增取水等。

文件明确提出,把水利作为国家基础设施建设的优先领域,把农田水利作为农村基础设施建设的重点任务,把严格水资源管理作为加快转变经济发展方式的战略举措,这是中央在准确分析水利发展现状,着眼经济社会发展全局而提出来的重大战略部署。其中,第三个"把"是"把严格水资源管理作为加快转变经济发展方式的战略举措",主要原因是从经济社会发展来看,改革开放以来,我国经济快速发展,但由于发展方式粗放,经济发展付出的资源环境代价过大,在水资源、水环境领域尤为突出,水资源开发过度、利用粗放、污染严重,长此以往,水资源难以承载、水环境难以承受,经济发展难以持续。

文件提出,到2020年基本建成四大体系:一是防洪抗旱减灾体系;二是水资源合理配置和高效利用体系;三是水资源保护和河湖健康保障体系,主要江河湖泊水功能区水质明显改善,城镇供水水源地水质全面达标,重点区域水土流失得到有效治理,地下水超采基本遏制;四是有利于水利科学发展的制度体系,最严格的水资源管理制度基本建立。

中央一号文件是宏观规定,黄河流域省界缓冲区监管考核指标体系近期方案需要在宏观上与其保持一致,体现在一号文件规定的四个方面:

(1)建立水功能区限制纳污红线制度。主要体现为:

一是确立水功能区限制纳污红线,从严核定水域纳污容量,严格控制入河湖排污总量。在核定省界缓冲区纳污能力容量时,要从严核定。

二是各级政府要把限制排污总量作为水污染防治和污染减排工作的重要依据,明确责任,落实措施。各级政府包括中央政府以及地方省、市、县三级。突出限制排污总量控制。

三是对排污量已超出水功能区限制排污总量的地区,限制审批新增取水和入河排污口。

四是建立水功能区水质达标评价体系,完善监测预警监督管理制度。

五是建立水生态补偿机制。

(2)建立水资源管理责任和考核制度。主要体现为:

一是县级以上地方政府主要负责人对本行政区域水资源管理和保护工作负总责。

二是严格实施水资源管理考核制度,水行政主管部门会同有关部门,对各地区水资源开发利用、节约保护主要指标的落实情况进行考核,考核结果交由干部主管部门,作为地方政府相关领导干部综合考核评价的重要依据。

三是加强水量水质监测能力建设,为强化监督考核提供技术支撑。

(3)完善水资源管理体制。主要体现为:

一是强化城乡水资源统一管理,对城乡供水、水资源综合利用、水环境治理和防洪排涝等实行统筹规划、协调实施,促进水资源优化配置。

二是完善流域管理与区域管理相结合的水资源管理制度,建立事权清晰、分工明确、行为规范、运转协调的水资源管理工作机制。

三是进一步完善水资源保护和水污染防治协调机制。

(4)落实各级党委和政府责任。主要体现为:

一是各级党委和政府要站在全局和战略高度,切实加强水利工作,及时研究、解决水利改革发展中的突出问题。

二是实行防汛抗旱、饮水安全保障、水资源管理、水库安全管理行政首长负责制。

三是各地要结合实际,认真落实水利改革发展各项措施,确保取得实效。

四是各级水行政主管部门要切实增强责任意识,认真履行职责,抓好水利改革发展各项任务的实施工作。各有关部门和单位要按照职能分工,尽快制定完善各项配套措施和办法,形成推动水利改革发展合力。

五是把加强农田水利建设作为农村基层开展创先争优活动的重要内容,充分发挥农村基层党组织的战斗堡垒作用和广大党员的先锋模范作用,带领广大农民群众加快改善农村生产生活条件。

(二)水利部工作部署

自2010年初全国水利工作会议提出"实行最严格水资源管理制度"后,水利部拟定了《实行最严格水资源管理制度工作方案(2010～2015年)》。中央一号文件下发后,预计《实行最严格水资源管理制度工作方案(2010～2015年)》将会根据中央一号文件的规定,结合全国水资源管理的最新情况,予以修订发布,并成为"十二五"期间全国实行最严格水资源管理制度的基本文件。总体上看,即将发布的《实行最严格水资源管理制度工作方案》是中央一号文件的细化,目标是更好地落实中央一号文件规定,开创全国水资源管理新局面。

水利部拟定的《实行最严格水资源管理制度工作方案(2010～2015年)》是国家水行政主管部门对2010～2015年期间全国实施最严格水资源管理的总体工作部署。最严格水资源管理制度的核心内涵是三条红线——水资源开发利用红线、用水效率控制红线和水功能区限制纳污红线。三条红线是互为支撑、相互关联、具有逻辑关系的一个整体,体现了配置、节约、保护并重的理念。明确水资源开发利用红线,严格实行用水总量控制,要求妥善处理好流域内人与水的关系,合理分配生产、生活、生态用水,加强全流域取用水总量的管理,实现流域供需平衡;明确用水效率控制红线,坚决遏制用水浪费,要求处理好流域内管理主体和管理相对人之间的关系,强化水资源的节约和高效利用,科学实施严格的取水管理和定额管理;明确水功能区限制纳污红线,严格控制入河排污总量,要求处理好流域水资源开发与保护的关系,以水体功能为主导,加强水量、水质、水生态的监控,从水质浓度和排污总量两方面保护水体,切实保证水体功能的良好发挥。

作为《实行最严格水资源管理制度工作方案(2010～2015年)》三个附件之一的《水功能区限制纳污红线实施方案(2010～2015年)》,以最严格纳污红线监督管理为核心内容,目的是全面落实纳污红线监督管理制度,以稳步推进水资源保护工作,促进水资源的可持续利用。其主要内容如下:

(1)考核与评估指标。

水功能区纳污红线控制指标分为监督考核指标和监测评估指标,采取重点考核与系统评估相结合的办法。国家对监督考核指标实行年度考核评估,纳入国家考核体系;监测评价指标实行水利部评价通报制度,定期系统评价,全面了解纳污红线落实情况及其效果。

①考核指标。纳污红线监督考核指标确定为:水功能区达标考核指标。到2015年,国家重要江河湖泊水功能区水质达标率提高到60%以上。主要水质指标为高锰酸盐指数(或COD)、氨氮达标率。

②评估指标。纳污红线评估指标确定为:国家重要江河湖泊水功能区达标评估指标、国家重要饮用水水源地安全保障评估指标和国家重要江河湖泊生态水量调控评估指标等三类。

其中,国家重要江河湖泊水功能区达标评估指标、国家重要饮用水水源地安全保障评估指标为日常监管类评估指标,通过评估,推进水功能区达标目标的完成和饮用水水源地的优先保护。江河湖泊生态水量调控评估指标为导向性指标,通过评估引导和促进水生态系统保护与修复工作的开展。

A. 国家重要江河湖泊水功能区达标评估指标

根据地表水环境质量标准,评价水功能区达标百分比;

国家重要江河湖泊水功能区主要污染物(河流为COD和氨氮,湖库为COD、氨氮、TN和TP)年度纳污能力与限制排放总量;

国家重要江河湖泊水功能区主要污染物(河流为COD和氨氮,湖库为COD、氨氮、TN和TP)点源排放总量;

国家重要江河湖泊水功能区主要污染物(河流为COD和氨氮,湖库为COD、氨氮、TN和TP)点源入河总量;

国家重要江河湖泊水功能区主要污染物点源排放总量及入河总量减小比例。

B. 国家重要饮用水水源地安全保障评估指标

饮用水水源地供水保证率;

饮用水水源地水质合格率;

饮用水水源地工程安全评估指标;

饮用水水源地水源保护区植被覆盖率;

饮用水水源地监测能力评估指标;

饮用水水源地突发事件应急制度建设评估指标;

饮用水水源地管理机构状况评估指标;

饮用水水源地水源地核准评估指标等。

到2015年,对列入名录的国家重要饮用水水源地,应95%以上达到综合安全评估要求,其他建制市的集中式饮用水水源地应全部完成核准评估工作。

C.国家重要江河湖泊生态水量调控评估指标

重要江河控制节点实测径流量及其与规划生态流量(生态基流及生态环境需下泄水量)的符合状况评价指标;

重要湖泊最低水位和其与规划生态水位的符合状况评价指标;

重要江河湖泊生态流量管理制度评估指标;

重要江河湖库健康综合评价指标等。

(2)考核程序。

各省级人民政府根据"十二五"纳污红线关键考核指标分解目标,确定各年度达标目标,于每年3月底前报水利部备案。

各省级人民政府应在每年3月以前,向流域机构和水利部报告上一年度的纳污红线关键考核指标及一般监测评估指标监测评价成果。

水利部组织流域机构和有关部门按照"纳污红线指标统计办法、监测评价办法和考核办法"复核省区上报的纳污红线评估和考核成果。

水利部会同国务院有关部门和流域机构,于每年6月组织对上年度省区纳污红线指标完成情况进行考核。

水利部于每年7月编制上一年度《纳污红线××××年度目标落实考核报告》,向国务院有关部委、相关地方人民政府办公厅及有关部门通告,并提出整改建议。

省级人民政府针对存在的问题提出整改意见落实方案,于每年8月前报水利部及国务院有关部委。对定期考核不达标且整改不力的省(区),水利部会同有关部门向国务院提出处理建议。

(3)评估程序。

国家重要江河湖泊水功能区水质状况和达标情况实行月报和年报制度。

①各流域、各省(自治区、直辖市)按规定向水利部报告水功能区监测评价成果,水利部组织编制《国家重要水功能区水质达标状况月报》,并向国务院及有关部门通报。

②按照《国家重要水功能区水质达标状况通报》的相关技术要求和本流域特点,各流域编制《×××流域水功能区水质达标状况通报》;各省(区)编制《×××省区水功能区水质达标状况通报》,并向相关人民政府办公厅、环境保护部门和建设部门等通报监测评价信息。

③水利部组织编制《国家重要水功能区水质达标状况年报》,并向国务院及有关部门通报。

④各流域按照《国家重要水功能区水质达标状况年报》的相关技术要求

和本流域特点,编制《×××流域水功能区水质达标状况年报》;各省区编制《×××省区水功能区水质达标状况年报》,并向相关人民政府办公厅、环境保护部门和建设部门等通报监测评价信息。

对重要饮用水水源地水质状况进行定期评价,实行重要饮用水水源地水资源质量状况评价月报制度和年报制度。

①水利部组织编制《重要饮用水水源地水资源质量状况评价月报》,并向国务院及有关部门通报。

②各流域按照《重要饮用水水源地水资源质量状况评价月报》的相关技术要求和本流域特点,编制《×××流域重要饮用水水源地水资源质量状况评价月报》。各省(区)编制《×××省区重要饮用水水源地水资源质量状况评价月报》,并向相关人民政府办公厅、环境保护部门和建设部门等通报监测评价信息。

③水利部组织编制《重要饮用水水源地安全综合评价年报》,并向国务院及有关部门通报。各流域按照《重要饮用水水源地安全综合评价年报》的相关技术要求和本流域特点,编制《×××流域重要饮用水水源地安全综合评价年报》。各省区编制《×××省区重要饮用水水源地安全综合评价年报》,并向相关人民政府办公厅、环境保护部门和建设部门等通报监测评价信息。

对重要江河湖泊生态水量及健康状况进行定期评价,实行国家重要江河湖泊水量生态适宜性评价制度和健康状况评估制度。

①各流域、省将负责监测评价的重要江河湖泊控制节点径流量或水位按日监测评价成果报水利部,水利部组织编制《国家重要江河湖泊水量生态适宜性评价年报》,并向国务院及有关部门通报。

②水利部每2年一次组织流域机构和各省(自治区、直辖市)水利厅(局)开展全国重要江河湖库健康状况评价,编制7+1(7个流域委+全国)的《重要江河湖库健康状况评价报告》。

(4)评估考核范围。

①水功能区考核评估范围。根据水功能区的代表性、重要程度及现有监测能力,国家评估考核的水功能区在拟报国务院审批的重要江河湖泊的水功能区中选取。具体评估考核范围由水利部与流域及省(区)协商确定。

拟报国务院审批的重要江河湖泊的水功能区确定原则如下:

国家重要江河干流及其主要支流水功能区。主要包括流域面积大于1 000 km²的河流,以及大型和重要中型水库、水闸等工程所在河流的水功能区。

国家重点湖库水域水功能区。主要包括对区域生态保护和水资源开发利用具有重要意义的湖泊和水库水域的水功能区。

国家重点保护水域水功能区。主要包括国家级及省级自然保护区、跨流域调水水源地及列入国家级名录的集中式饮用水水源地水功能区。

重要界河(湖)水域水功能区。主要包括省际边界水域、重要河口水域、国际界河等协调省(区)和国家间用水关系和内陆水域功能与海洋功能的重要水域水功能区。

河流名录见《中国河流名称代码》(SL 249—1999),共计 2 667 条。

②饮用水水源地评估范围。国家重要饮用水水源地名录水源地为水利部已核准公布的水源地,共计 118 个。

建制市的集中式饮用水水源核准评估考核所涉及的饮用水水源地为《全国城市饮用水水源地安全保障规划》确定的 2 131 个集中式饮用水水源地。

③生态水量评估范围。具体评估范围由水利部与省(区)协商确定。

(5)监管保障措施。

①纳污红线责任制、考核制和问责制。

省级人民政府对本行政区域纳污红线指标完成情况负总责,建立健全纳污红线工作目标责任制、考核制和问责制,将考核结果纳入经济社会发展综合评价和年度考核体系,作为各级领导班子、领导干部综合考核评价的重要内容。

对考核工作中弄虚作假的地区,予以通报批评,对有关部门和直接责任人员依法追究责任。

对按期或超额完成纳污红线考核年度指标的省(区),予以表彰奖励。

对综合评估不达标的国家重要饮用水水源地名录水源地实行通告整改,如通过整改仍不能达到饮用水水源要求的,应暂时或永久转变使用功能。

考核不达标的省(区)应根据整改建议提出整改意见落实方案,并报水利部及国务院有关部委。对定期考核不达标且整改不力的省(区),水利部会同有关部门向国务院提出处理建议。

考核不达标且整改不力的省(区)实现区域限批:不批准新增取用水量;禁止设置新增入河排污口,停止建设项目的水资源论证。

②纳污红线的统计、监测和考核。

纳污红线统计、监测和考核体系按照"纳污红线考核指标统计办法"、"监测评价办法"和"考核办法"执行,上述各办法由水利部制定。

"纳污红线考核指标统计办法"规定纳污红线考核管理的统计范围、统计项目、统计数据要求、统计方法、统计上报程序等。

"纳污红线考核指标监测办法"规定纳污红线监测评价的范围、项目、监测方法、监测数据校核、评价方法、监测评价质量保证等。

"纳污红线考核指标考核办法"规定纳污红线考核的范围、考核程序、考核办法、考核结果上报和公布程序等。

③纳污红线综合监管监测网络。

根据纳污红线考核和评估指标要求,全面提升水质、水量和水生态综合监测能力。国家和省(区)要加大对水功能区及主要入河排污口的监测能力建设投入,加强对重要江河湖泊生态水量的监测。

各流域机构要会同相关省(自治区、直辖市)尽快完成省界缓冲区监测断面复核和优化工作,加强省界缓冲区监测能力建设。

(6)主要任务。

①建立健全重要江河湖泊的水功能区监测、评估、管理体系。2010年年底前,水利部组织制定水功能区纳污红线管理监测、评估及统计管理办法,按照确定的水功能区评价考核名录进行考核;各省(自治区、直辖市)完成重要江河湖泊水功能区基本情况调查。2012年年底前,各流域、各省(自治区、直辖市)完成全国水功能区监测评估体系的建设。

②加强水功能区限制排污总量控制监督管理。2011年年底前,各省(自治区、直辖市)按照主要水功能区的达标目标要求,完成限制排污总量年度分解,并逐级分解落实。逐步实现水功能区达标率和限制排污总量的双控制,完善以水功能区为基本管理单元的水资源保护监督管理体系。

③强化入河排污口设置审批管理。各流域机构和各省(自治区、直辖市)应组织编制入河排污口布设规划,开展重点入河排污口的整治和规范化管理工作。对现状排污量超出水功能区限制排污总量的地区,限制审批新增取水,限制审批入河排污口。各流域机构和各级地方水行政主管部门应严格新建、改建或者扩大入河排污口行政许可管理,入河排污口的设置要满足水功能区达标率以及水功能区限制排污总量意见要求。

④强化省界缓冲区监督管理。各流域机构要会同相关省(自治区、直辖市)尽快完成省界缓冲区监测断面复核和优化工作,加强省界缓冲区监测能力建设。省界缓冲区应每月至少监测1次,其水量监测数据作为考核有关省(自治区、直辖市)用水总量的依据,其水质监测数据应作为有关省(自治区、直辖市)水污染防治专项规划实施情况考核的依据之一。各省(自治区、直辖市)应重点作好出境水质的监督管理。

⑤加强饮用水水源安全保障。到2012年年底前,各省(自治区、直辖市)应依法划定饮用水水源保护区。加强饮用水水源地保护,到2015年饮用水水源区水质达标率实现95%。到2010年年底前,已经核准公布的国家重要饮用水水源地应全部编制完成突发事件的应急预案。各地要落实城市饮用水安全保障规划和农村饮水安全保障相关规划,建立重要城市饮用水水源备用制度,提高突发水污染等事件的应急处置能力。各省级水行政主管部门应按照有关要求完成核准本辖区饮用水水源地工作。水利部将对城市和农村集中式饮用水水源安全状况实施检查,对已列入名录的全国重要饮用水水源地定期抽查和评估;继续做好重要饮用水水源地核准、评估工作,制定国家级饮用水水源地安全综合评估办法。

⑥做好水生态系统保护与修复工作。编制水生态系统保护与修复规划,继续做好水生态系统保护与修复试点,制定重要江河湖泊水量、生态适宜性评估方法和河湖健康评估方法,建立并完善水生态系统保护与修复技术标准体系、监督管理体系。严格控制水资源开发利用,维护河流的合理流量以及湖泊水库地下水的合理水位。组织开展河湖健康评估工作,定期发布全国重要河湖健康状况报告。

前面提出的黄河流域省界缓冲区限制纳污红线监督管理考核指标体系,是为了更好地在黄河流域省界缓冲区实施水功能区限制纳污红线管理制度,是《水功能区限制纳污红线实施方案(2010～2015年)》在黄河流域省界缓冲区应用的一个子项。本书与《水功能区限制纳污红线实施方案(2010～2015年)》相关内容比较如下:

一是适用范围的区别。《水功能区限制纳污红线实施方案(2010～2015年)》面向全国水资源保护工作,涉及全部流域、中央和三级地方政府;本书主要研究黄河流域,涉及黄委和黄河流域相关地方政府。

二是管理主体的区别。《水功能区限制纳污红线实施方案(2010～2015年)》的管理主体是水利部;本书研究内容的管理主体是流域(水资源保护)机构,在水利部的授权和相关法律规定范围内开展水资源保护工作。

三是管理内容的区别。《水功能区限制纳污红线实施方案(2010～2015年)》是《实行最严格水资源管理制度工作方案(2010～2015年)》的组成部分,是三条红线实施方案之一,必须在《实行最严格水资源管理制度工作方案(2010～2015年)》大框架下开展工作,并处理好与水资源开发利用红线、用水效率控制红线的关系;本书研究内容主要是水功能区限制纳污红线,与水资源开发利用红线、用水效率控制红线的关系不大。

四是涉及水功能区管理层级的区别。《水功能区限制纳污红线实施方案(2010~2015年)》包括流域的全部水功能区,含一级功能区和二级功能区;本书只涉及黄河流域一级功能区中的省界缓冲区。

五是考核对象的区别。《水功能区限制纳污红线实施方案(2010~2015年)》重点是监督考核整个流域或某个地方政府管辖范围内的全部水功能区水质达标率,强调的是总体和面上的工作情况;本书研究重点是针对一个具体的省界缓冲区进行考核,并在此基础上计算流域全部省界缓冲区水质达标率,以及流域相关各省级政府管辖范围内的省界缓冲区水质达标率。

六是基本定义上的区别。《水功能区限制纳污红线实施方案(2010~2015年)》把水功能区纳污红线控制指标分为监督考核指标和监测评估指标,采取重点考核与系统评估相结合的办法,即"考核"与"评估"不同。国家对监督考核指标实行年度考核评估,纳入国家考核体系;监测评价指标实行水利部评价通报制度,定期系统评价,全面了解纳污红线落实情况及其效果。本书研究的监督管理考核指标,涵盖了"考核"与"评估"。

七是考核关键绩效领域的区别。《水功能区限制纳污红线实施方案(2010~2015年)》中的监督考核,主要采取结果指标,即"水功能区达标考核/评估指标",要求到2015年,国家重要江河湖泊水功能区水质达标率提高到60%以上,主要水质指标为高锰酸盐指数(或COD)、氨氮达标率。本报告不仅包括结果指标,还包括过程指标。此外,根据黄河流域省界缓冲区保护工作的复杂性和特殊性,本书还包括加减分指标。

八是涉及的管理内容不同。《水功能区限制纳污红线实施方案(2010~2015年)》包括系统的绩效管理体系。本书重点内容是绩效管理体系中考核部分的考核指标。

在黄河流域省界缓冲区监管考核近期方案中,主要体现在五个方面贯彻水利部工作部署:

(1)管理目标衔接。要按时间和沿黄各省级政府两个维度进行分解以保证2015年流域整体目标实现。《水功能区限制纳污红线实施方案(2010~2015年)》明确规定2015年黄河流域省界缓冲区水质达标率为60%,此数值是黄河流域省界缓冲区监督管理目标在"十二五"期间的控制红线。

(2)指标衔接。《水功能区限制纳污红线实施方案(2010~2015年)》明确纳污红线监督考核指标确定为:水功能区达标考核指标。主要水质指标为高锰酸盐指数(或COD)、氨氮达标率。纳污红线评估指标确定为:国家重要江河湖泊水功能区达标评估指标、国家重要饮用水水源地安全保障评估指标和国家重要江河湖泊生态水量调控评估指标等三类。

①水功能区达标考核指标衔接。《水功能区限制纳污红线实施方案》提出的水功能区水质考核达标率，是针对一个流域或一个省级区域总体情况而言的，本报告提出的考核指标是计算上述考核指标的基础，且丰富了《水功能区限制纳污红线实施方案》的内容，主要表现在：

一是由表7-1看出，某个省界缓冲区考核指标体系中的结果指标即省界缓冲区水质指标，与《水功能区限制纳污红线实施方案》规定的水功能区达标考核指标是一致的。将表7-1中这一指标的考核结果单列，即可判断该省界缓冲区的水质是否达标。

二是由表7-4看出，当对流域整体考核时，只需要把表中所列56个省界缓冲区的结果指标即水质考核项结果汇总，即可计算出流域整体省界缓冲区水质达标率。

三是由表7-5看出，当对某一省级政府考核时，只需要把表中该省所属省界缓冲区的结果指标即水质考核项结果汇总，即可计算出该省省界缓冲区水质达标率。

②水功能区达标评估指标的衔接。《水功能区限制纳污红线实施方案》确定的三类纳污红线监测评估指标中，与省界缓冲区相关的主要是国家重要江河湖泊水功能区达标评估指标和国家重要江河湖泊生态水量调控评估指标两类。

国家重要江河湖泊水功能区达标评估指标可全部纳入本报告提出的省界缓冲区监管考核体系中。具体对应关系如下：

根据地表水环境质量标准，评价水功能区达标百分比；对应本书设计考核指标体系中的结果指标即水质指标。

国家重要江河湖泊水功能区主要污染物（河流为COD和氨氮；湖库为COD、氨氮、TN和TP）年度纳污能力与限制排放总量；对应本书设计考核指标体系中的一个过程指标，即总量指标。

国家重要江河湖泊水功能区主要污染物（河流为COD和氨氮；湖库为COD、氨氮、TN和TP）点源排放总量；对应本书设计考核指标体系中的一个过程指标，即总量指标。

国家重要江河湖泊水功能区主要污染物（河流为COD和氨氮；湖库为COD、氨氮、TN和TP）点源入河总量；对应本书设计考核指标体系中的一个过程指标，即总量指标。

国家重要江河湖泊水功能区主要污染物点源排放总量及入河总量减小比

例;对应本书设计考核指标体系中的一个过程指标,即总量指标。

国家重要江河湖泊生态水量调控评估指标作为导向性指标,可放在本书设计考核指标体系中加减分项之"创新"项下。

本书提出的考核指标体系,不仅包括结果指标,还包括过程指标和加减分指标,可以更好地用于省界缓冲区监督管理实践工作中。

（3）监管保障措施衔接。为了确保监管考核指标的顺利实现,黄河流域省界缓冲区监管考核需要建立三项保障措施,即纳污红线责任制、考核制和问责制,纳污红线的统计、监测和考核,纳污红线综合监管监测网络。以纳污红线综合监管监测网络为例,需要根据纳污红线考核和评估指标要求,全面提升水质、水量和水生态综合监测能力。国家和省（区）要加大对 56 个省界缓冲区及主要入河排污口的监测能力建设投入,加强黄河生态水量的监测。

（4）任务衔接。主要包括:①建立健全黄河流域水功能区监测、评估、管理体系。②加强水功能区限制排污总量控制监督管理,逐步实现水功能区达标率和限制排污总量的双控制,完善以水功能区为基本管理单元的水资源保护监督管理体系。③强化入河排污口设置审批管理,如对现状排污量超出水功能区限制排污总量的地区,限制审批新增取水,限制审批入河排污口。④强化省界缓冲区监督管理。流域机构要会同相关省（自治区、直辖市）尽快完成省界缓冲区监测断面复核和优化工作,加强省界缓冲区监测能力建设。省界缓冲区应每月至少监测 1 次,其水量监测数据作为考核有关省（自治区、直辖市）用水总量的依据,其水质监测数据应作为有关省（自治区、直辖市）水污染防治专项规划实施情况考核的依据之一。各省（自治区、直辖市）应重点做好出境水质的监督管理。⑤做好水生态系统保护与修复工作。

（5）考核结果运用衔接。如前所述,省界缓冲区是流域一级水功能区的重要组成部分,除流域机构单独公布省级缓冲区考核结果外,还应按照水利部的规定,与流域其他水功能区水质考核评估结果汇总后,上报水利部用于全国汇总,并编制本流域的各种报告,如《黄河流域纳污红线×××年度目标落实考核报告》、《黄河流域各省纳污红线×××年度目标落实考核报告》、《黄河流域水功能区水质达标状况通报（月报）》、《黄河流域水功能区水质达标状况年报》。

水行政主管部门会同有关部门对各地区水资源开发利用、节约保护主要指标的落实情况进行考核,考核结果交由干部主管部门,作为地方政府相关领导干部综合考核评价的重要依据。

（三）综合分析

水利部工作方案提出的监督管理指标体系分为两类：考核指标和监测评估指标。在考核指标中，主要是结果考核，以水功能区达标率作为核心指标，并提出到 2015 年国家重要江河湖泊水功能区水质达标率提高到 60% 以上，主要水质指标为高锰酸盐指数（或 COD）、氨氮达标率。黄河流域省界缓冲区监管考核指标体系近期方案必须体现上述规定。

从流域层面监督管理的具体工作需要看，单纯进行结果考核难以满足省界缓冲区监督管理的需要。黄河流域省界缓冲区的具体情况十分复杂，单纯上下游省界缓冲区占比很少，省界缓冲区水质污染较严重，枯水期有 69.8% 以上的缓冲区未达到水质目标要求。当代管理科学明确指出：过程好，结果好是"水到渠成"的事情；过程不好，结果好则是偶然的事情。过程考核和结果考核同样重要，考核什么要看监督管理关键控制点在哪里。因此，从省界缓冲区监管考核的发展趋势看，从流域层面工作开展的具体需要看，在强调结果考核的同时加强过程考核，是十分必要的。

三、近期方案的考核基础

就黄河流域省界缓冲区目前监管现状而言，已有较初步的基础，能够收集到部分省界缓冲区重点考核指标考核所需要的水质监测资料和少数其他数据资料。

（一）省界缓冲区基本情况已经初步掌握

黄河流域省界缓冲区已基本划分完毕，并确定了各缓冲区水质目标。黄河流域水资源保护局已调查了黄河流域内 56 个省界缓冲区起止断面、支流和入河排污口等基本信息，为近期方案选择和实施提供了基础信息。

（二）水质监测已经开展

2000 年 4 月，在开展黄河流域（片）水质监站点网建设规划时，依据《黄河流域水功能区划》和《黄河流域水资源保护规划》，重点加强了水功能区控制断面的设置，在 2002 年编制完成的《黄河流域（片）水质监测规划》中对省界监测断面又进行了补充规划。两次共规划省界监测断面 77 个，其中黄河干流 14 个，支流 58 个，还有 5 个断面规划布设在对省界水质影响较大的排污口上。56 个省界缓冲区均规划了水质站点。黄河流域水资源保护局根据目前管理需要和流域省界缓冲区实际情况，提出了省界缓冲区水质监测站点的调整方案，拟订断面为 75 个，包括增设断面和对部分断面的调整。

重点省界水质断面已实施监测。省界水体监测从 1998 年 5 月开始，根据当时省界河段水污染的实际情况确定了 21 个水质断面开展监测,至 2002 年增至 30 个水质断面,其中黄河干流 14 个水质断面,支流 16 个水质断面。56 个省界缓冲区水质站点中,已开展监测的水质站点共 21 个,监测频次为每月 1 次,年监测 12 次。监测项目为《地表水环境质量标准》(GB 3838—2002) 中的基本项目。

(三)入河排污口监督管理已有一定经验

尽管目前非黄委直管支流上的省界缓冲区入河排污口监督管理工作还基本上处于空白状态,但是在黄河干流和黄委直管支流内的省界缓冲区入河排污口监督管理工作已经全面展开,如黄河流域水资源保护局于 2007 年 8 月依法开展了包括黄河干流省界缓冲区入河排污口在内的入河排污口专项执法检查工作;2009 年 2 月黄河流域水资源保护局会同水利部水资源司、黄委水政局、黄委水资源管理与调度局、黄河宁蒙水文水资源局及宁夏回族自治区水利厅、内蒙古自治区水利厅等多个部门,组成联合调查组对黄河宁蒙省界缓冲区内的大型工业园区进行集中检查。11 月又组织对晋、陕、豫交界区开展了入河排污口专项执法检查。执法检查后,向违法企业发出了整改通知,并将有关情况向地方政府及其有关主管部门进行了通报,效果较好。

(四)纳污能力管理基础

虽然目前纳污能力核定工作还有很多地方需要改善,例如支流省界缓冲区纳污能力尚未核定,纳污能力核定的科学性还有待进一步提高等,但干流省界缓冲区纳污能力已经核定,且纳污能力核定已具备基本的技术条件,有望近期开展支流省界缓冲区纳污能力核定工作。

(五)入河污染物总量控制基础

在入河污染物总量控制方面,黄委所做工作主要有下列两项:一是 2003 年旱情紧急情况下黄河干流龙门以下河段入河污染物总量限排意见的提出和实施;二是提出《黄河纳污能力及限制排污总量意见》。根据《中华人民共和国水法》的规定,黄委 2004 年 10 月提出了《黄河纳污能力及限制排污总量意见》,经水利部于 2004 年 12 月函送国家环境保护总局,并于 2007 年纳入到了水利部向社会公布的《重要江河湖泊限制排污总量意见》。

由于入河污染物总量控制所需信息量较大,数据采集工作存在较大困难,因而其考核工作不易实施。近期需加大支流入黄口等断面的确定,尽快按照水利部的部署开展水质、水量的统一监测等工作,促进总量控制考核基础的完备。

按照初步拟订的《黄河流域综合规划》,在省界断面监督管理方面将建立河流省界断面水质管理行政首长责任制,并纳入地方行政考核目标。实行流域入河排污控制总量的省(区)分配,在水污染严重地区和重污染行业实施入河污染物限排措施,分步实施水域纳污能力限制下的入河污染物总量控制,适时向地方人民政府环境保护主管部门提出区域入河污染物总量限制排放意见,或通过国务院水行政主管部门向环境保护主管部门提出流域入河污染物总量限制排放意见,加强流域水功能区纳污量的调查和限排意见实施情况的监督检查。拟定省界水体水质标准,建立流域统一的省界断面水质监测网,建设重点省际断面远程监控系统,全面实施省界水体水质水量同步的监督性监测,及时向国务院水行政主管部门和环境保护主管部门报告监测结果,并通报有关省级人民政府。

在《黄河流域综合规划》批准实施后,省界缓冲区监管考核必将有更大程度的改善。

四、近期考核指标选取、权重和标准确定

(一)考核指标选取

根据近期方案制订原则,应主要考核如下指标:

(1)结果指标。主要考核水质指标,即污染物浓度指标,为包括省界断面水质指标在内的省界缓冲区水质指标。省界缓冲区水质考核指标选取COD、氨氮两个评价因子,也可根据具体情况需要在pH值、溶解氧、高锰酸盐指数、BOD_5、氰化物、砷、挥发酚、六价铬、氟化物、汞、镉、铅、铜、锌和石油类等15项指标中选取一到两项指标。

(2)过程管理指标。

①总量控制指标。考核污染指标因子同水质指标。

②企业守法程度指标。入河排污口管理指标、入河排污浓度与总量指标,浓度与总量指标因子选取一般同水质考核指标和总量控制指标,也可根据入河排污口具体情况加选项目。

③基础管理指标。流域管理机构设立设施的协助保护指标、自设立设施的完善和保护指标,流域管理机构规定制度的执行指标、地方补充制度的完善和实施指标,档案管理等指标等。

(二)考核指标权重确定

针对各考核项目在省界缓冲区监督管理中的重要性,合理确定各项目考核权重,并以百分进行分配。

(1)鉴于省界断面水质在流域水资源保护中的重要地位,建议确定其占

考核的最大比重,其满分值可确定为 60 分。水质指标中为充分反映污染最严重因子对水质定性所起的作用,建议其满分值可确定为 50 分。

(2)入河污染物总量控制和入河排污口管理是省界缓冲区监督管理工作中的主要管理内容,也应是考核的重要内容,应赋较大权重,其满分值可各确定为 15 分。其下一层次中,可平均赋分,也可选择一项实施效果最差的项目为重点,赋满分 8 分,其他项目可平均分配。

(3)其他项目工作开展相对较少,可赋总分 10 分。各项目可平均赋分,也可选择一项实施效果最差的项目为重点,赋满分 5 分,其他按考核项目多少平均分配。

考核权重赋分结果见表 7-2,其中赋分一般按平均计算。

(三)考核标准确定

考核标准是判断考核指标完成情况的基本依据。考核标准确定依以下原则:

有国家、行业或地方强制性标准的,依据该标准;

有国家、行业或地方推荐标准的,一般也使用该标准;

无国家、行业或地方标准的,根据管理需要由考核机关制定并采用适当方式向社会或考核对象公布。

1. 结果指标

为了反映不同时段省界缓冲区的水质状况,水质现状按丰水期(7 ~ 10 月)、平水期(3 ~ 6 月)、枯水期(11 月至次年 2 月)和全年 4 个时段分别进行评价。

水质评价采用单因子评价法。即将每个断面各评价因子不同水期监测值的算术平均值与评价标准比较,确定各因子的水质类别,其中的最高类别即为该断面不同水期综合水质类别。

《水功能区水资源质量评价暂行规定(试行)》规定如下:

一是水功能区水质评价结果表述以达标评价为主,以河长评价为辅,并计算超标项目的超标倍数,从不同侧面反映水功能区的水质状况。

二是水功能区水资源质量年度达标率计算,按实际测次达标统计,年达标测次达 65% 以上视为全年达标。同样方法计算不同水期的达标率。

2. 过程管理指标

各项指标考核标准的具体内容见表 7-2,优秀对应"超出目标",良好对应"达到目标",及格对应"接近目标",不及格对应"远低于目标"。

五、考核断面的确定

黄河流域省界缓冲区情况十分复杂,单纯上下游省界缓冲区占比较少。近期方案在确定考核断面时,需要处理好两个问题:

(1)对上下游省界缓冲区而言,需要处理好跨省(区)水污染责任考核断面与水功能区水质达标考核断面的关系。

省界断面是一个断面,不是一个区域。当然,省界断面并非严格的省(区)行政边界,而是根据省界具体情况在省(区)行政边界及上下游附近设置的,并经上下游政府或其有关部门认可的监测断面。省界断面水质考核指标是代表流域中两个省(区)交界的河流断面的水质情况。从这个意义上看,经上下游政府或其有关部门认可的省界断面显然是跨省水污染责任考核断面,断面之上的污染责任由上游省(区)政府承担,断面之下由下游省(区)政府承担。

①用单断面水质代表省界缓冲区水质的情况。上下游省界断面又细分两种情况:一是省界断面刚好可以代表省界缓冲区这个区域水质达标的监测断面,则跨省(区)水污染责任考核断面与水功能区水质达标考核断面合二为一,不存在矛盾之处,这种情况占多数;二是省界断面不能够代表省界缓冲区这个区域水质达标的监测断面,则跨省(区)水污染责任考核断面与水功能区水质达标考核断面是两个不同断面,需要对这两个断面分别确定水质标准并进行监测,这种情况占少数。

②用多断面水质代表省界缓冲区水质指标的情况。按照《水功能区水资源质量评价暂行规定(试行)》的规定:"具有两个或两个以上代表断面的水功能区,采用下列方法处理:采用各代表断面水质评价值的算术平均值,作为该水功能区水质评价代表值;采用各代表断面水质评价值的加权平均值,作为该水功能区水质评价代表值,权重值可以是河长、水域面积等"。此时,省界断面只是具备分清跨省(区)水污染责任功能。如果省界断面是多个代表断面之一,则省界断面水质监测结果只是省界缓冲区水质评价值的输入之一,省界缓冲区水质达标是靠各代表断面水质评价值的算术平均值或加权平均值的计算结果确定的。在这种情况下,需要对这多个断面分别确定水质标准并进行监测,以分清各代表断面之间的污染责任。

按照《水功能区水资源质量评价暂行规定(试行)》的规定:缓冲区、应用水源区有多个水质检测代表断面时,缓冲区采用该区省界控制断面监测数据作为水质评价代表值,饮用水源区采用水质最差的断面监测数据作为该功能区的水质评价代表值。由此看来,黄河流域省界缓冲区监管指标体系的初期方案,可以简化为用省界断面代替省界缓冲区水质评价断面。

(2)左右岸情况下,考核断面确定和污染责任划分。

①用单断面水质代表省界缓冲区水质的情况。该断面介于省界缓冲区起始断面和终止断面之间,考核断面水质代表省界缓冲区水质。考核断面通常选择在省界缓冲区终止断面上游某一断面,或省界缓冲区最后一个主要排污口(或排污支流)下游某一断面。此时,考核断面只具有确定省界缓冲区水质达标的功能,不具备分清左右岸污染责任的功能。要分清污染责任,还需要考核左右岸省(区)政府各自的排污口管理情况,如前述总量控制、浓度控制等。

②用多断面水质代表省界缓冲区水质指标的情况。此时,必须在省界缓冲区多个主要排污口下游设置监测考核断面,并按各代表断面水质评价值的算术平均值或加权平均值的计算结果确定省界缓冲区水质达标情况。对左右岸型省界缓冲区而言,设置多个代表断面与分清左右岸污染责任没有绝对必然联系。要分清污染责任,还需要考核左右岸省(区)政府各自的排污管理情况,如前述总量控制、浓度控制等。

考虑到黄河流域左右岸省界缓冲区占比较大,即使是近期方案,也需要增加过程考核指标,才能分清左右岸污染责任。

六、水质达标率和监测评估指标的体现

(一)水质达标率

要在近期方案中体现水利部工作部署提出的"2015年水功能区水质达标率提高到60%以上",需要解决好如下两个问题:

一是未达标的40%以下水功能区如果水质污染严重超标,则尽管60%以上的水功能区达标,仍然存在流域水污染总体加剧的可能。

二是从黄河流域省界缓冲区具体情况看,由于被考核单位是省(区)级政府,水利部在下达黄河流域水功能区水质达标率指标的同时,还分省(区)下达了地方政府辖区内全部流域水功能区达标率。对于有多个流域的省(区)而言,如河南省横跨黄河、淮河、海河、长江四大流域,存在多个流域达标率的平衡问题。平衡不好,则可能出现存在多个流域的省(区)虽然其辖区内全部流域水功能区达标率总体完成任务,但其辖区内黄河流域省界缓冲区达标率偏低进而影响到黄河流域省界缓冲区总体水质达标率。

要解决上述两个问题,需要用三个约束条件整体规划黄河流域省界缓冲区的管理工作。

约束条件1:2015年,黄河流域省界缓冲区水质达标率在60%以上。

约束条件2:2015年,分配到沿黄各省(区)水功能区的达标目标要同时满足黄河流域、省(区)两个达标率要求。

约束条件3:2015年,满足黄河流域整体纳污能力管理要求,即黄河流域排污总量控制在核定的纳污能力总量之内。

本书提出的考核指标体系,在以结果考核为主(省界缓冲区水质达标权重占60%)的同时,兼顾过程考核;建立在单个省界缓冲区微观层面考核基础上的考核结果,可以按流域、省(区)两个维度汇总,既可总分汇总也可按照考核内容单项汇总,具有很好的适应性。因此,在前面建立的考核指标体系基础上,适当简化提出近期方案,能够完全满足水功能区水质达标率要求。

(二)监测评估指标

《水功能区限制纳污红线实施方案》提出三类评估指标中,与省界缓冲区相关的主要是国家重要江河湖泊水功能区达标评估指标和国家重要江河湖泊生态水量调控评估指标两类。

(1)国家重要江河湖泊水功能区达标评估指标。可全部纳入本书提出的省界缓冲区监管考核体系中。具体对应关系如下:

根据地表水环境质量标准,评价水功能区达标百分比;对应本书设计考核指标体系中的结果指标即水质指标。

国家重要江河湖泊水功能区主要污染物年度纳污能力与限制排放总量、国家重要江河湖泊水功能区主要污染物点源排放总量、国家重要江河湖泊水功能区主要污染物点源入河总量、国家重要江河湖泊水功能区主要污染物点源排放总量及入河总量减小比例。对应本书设计考核指标体系中的一个过程指标,即总量指标,上述四项可作为总量指标的下一级指标。

(2)国家重要江河湖泊生态水量调控评估指标。作为导向性指标,可放在本书设计考核指标体系中加减分项的"创新"项下。

七、具体考核方案

(一)水质指标

1. 监测频次

水质监测频次1月1次。有自动监测设施的,按技术要求统计月代表水质浓度。

2. 年度考核

监测断面年度考核结果为全年平均值,计算公式为

$$\text{年度考核分数} = \text{各月考核分数之和} / \text{年监测总次数} \qquad (7\text{-}1)$$

或按第二种以监测因子赋分的方法计算

$$\text{年度考核分数} = \text{各监测因子年考核分数之和} / \text{考核因子总数} \quad (7\text{-}2)$$

按第二种方法计算时,各考核监测因子考核分数按其年均监测值计算。

3. 月度考核

监测断面月度考核结果计算公式为

$$\text{月度考核分数} = \text{各单项因子月考核分数} / \text{考核因子总数} \qquad (7\text{-}3)$$

4. 单项因子考核

单项因子考核分数根据其评价系数分别计算。评价系数计算公式为

$$\text{某监测因子评价系数} = \text{实测浓度} \div \text{目标浓度} \qquad (7\text{-}4)$$

其中,实测浓度为断面水质采用每月监测 1 次的人工监测值或水质自动监测站该月周平均值,目标浓度为该监测断面所在省界缓冲区规定水质目标对应的水环境质量标准基本项目标准限值,浓度单位为 mg/L。

单项因子具体考核评分分四种情况:

(1)该评价系数在 $1 \pm 5\%$ 以内(含),定义该监测因子满足省界缓冲区确定水质类别的要求,为达到目标,采用插值法,对应考核得分为

$$\text{某监测因子考核得分} = 90 - [(\text{评价系数} - 0.95) \div (1.05 - 0.95)] \times (90 - 75)$$
$$= 90 - [(\text{评价系数} - 0.95) \div 0.1] \times 15 \qquad (7\text{-}5)$$

(2)该评价系数小于 0.95,定义该监测因子控制比较好,水质保护工作水平达到超出目标要求,采用插值法,对应考核得分为

$$\text{某监测因子考核得分} = 90 + [(0.95 - \text{评价系数}) \div (0.95 - 0)] \times (100 - 90)$$
$$= 90 + [(0.95 - \text{评价系数}) \div 0.95] \times 10 \qquad (7\text{-}6)$$

(3)该评价系数大于 1.05,小于等于 1.10 时,定义该省界缓冲区水质保护水平为接近目标,采用插值法,对应考核得分为

$$\text{某监测因子考核得分} = 75 - [(\text{评价系数} - 1.05) \div (1.10 - 1.05)] \times (75 - 60)$$
$$= 75 - [(\text{评价系数} - 1.05) \div 0.05] \times 15 \qquad (7\text{-}7)$$

(4)该评价系数大于 1.10 时,定义该省界缓冲区水质保护水平为远低于目标,又可细分为两种情况:

第一种情况,评价系数大于 1.10,但小于等于 2.0,采用插值法,对应考核得分为

$$\text{某监测因子考核得分} = 60 - [(\text{评价系数} - 1.10) \div (2.0 - 1.1)] \times (60 - 0)$$
$$= 60 - [(\text{评价系数} - 1.10) \div 0.9] \times 60 \qquad (7\text{-}8)$$

第二种情况:评价系数大于 2.0,设定为一票否决指标,该项考核分数

为 0。

5. 关于按评价系数计算考核值的说明

1) 计算考核指标考核分数的方法概述

省界缓冲区监管考核内容复杂,考核指标类型和数量多,各考核指标的物理单位即量纲不一样,不能直接采用加减等方法计算考核结果。以考核指标的定量指标为例,水温的物理单位是℃、pH 值无量纲、化学需氧量浓度的物理单位是 mg/L、化学需氧量总量的物理单位是 t、粪大肠菌群的物理单位是个/L等。在考核时不能直接进行指标的比较和加减计算,需要换成统一的、无量纲的评价系数(如水质评价系数 = 实测浓度 ÷ 目标浓度),再由考核系数计算可直接加减的考核分数,最终得出考核结果。

2) 考核分数的计算

对定性指标,采取设定基准行为锚定标准,分为超出目标、达到目标、接近目标和远低于目标四等,具体评分见表 7-10。为简化考核时的思维选择,可以在评分时以 5 分为单位进行打分。当然,为了精确,也可直接按实际评分值计算各指标考核分数,不按 5 分为单位进行打分。

对定量指标,需要构建业绩水平与业绩得分之间的函数关系,这样,给定业绩水平(如化学需氧量总量的实测值)即可用公式计算出该指标的考核分数。

此外,为了保证定性指标和定量指标的评分标准协调,定性指标的超出目标、达到目标、接近目标和远低于目标四等标准,与定量指标的函数关系设计也应有一定的对应关系。

3) 定量指标考核分数计算公式

以省界断面水质考核指标为例,某监测因子评价系数(实测浓度 ÷ 目标浓度)为横坐标,该监测因子的最终考核分数为纵坐标,二者之间的函数关系见图 7-10。按照从上到下的顺序,5 个五角星代表 5 个关键的坐标点,其含义分别是:

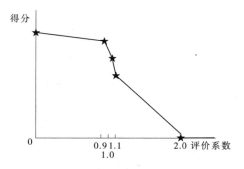

图 7-10 评价系数和考核分数的关系
(单减型分段函数)

第一颗五角星坐标值为(0,100),即污染物浓度评价系数为 0,也就是说没有污染,对应的考核分数为满分 100 分。

第二颗五角星坐标值为(0.95,90),即污染物浓度评价系数为 0.95,对应的考核分数为 90 分。也就是说,污染物浓度比标准少排 5% 时,对应的考核得分为"优秀即工作超出目标的评分标准——大于或等于 90 分"的最低分 90 分。

第三颗五角星坐标值为(1.05,75),即污染物浓度评价系数为 1.05,对应的考核分数为 75 分。也就是说,污染物浓度比标准多排 5% 时,对应的考核得分为"及格即工作达到目标的评分标准——大于或等于 75 分,但小于 90 分"的最低分 75 分。

第四颗五角星坐标值为(1.1,60),即污染物浓度评价系数为 1.1,对应的考核分数为 60 分。也就是说,污染物浓度比标准多排 10% 时,对应的考核得分为"基本及格即工作接近目标的评分标准——大于或等于 60 分,但小于 75 分"的最低分 60 分。

第五颗五角星坐标值为(2,0),即污染物浓度评价系数为 2,对应的考核分数为 0 分。也就是说,污染物浓度比标准多排 100% 时,对应的考核得分为"不及格即工作远低于目标的评分标准——小于 60 分"的最低分 0 分。

根据上述函数关系,建立前述相应的计算公式。

在考核分数计算时,为更准确,要考虑一个程度段内分数的细化计算,即采用插值法计算考核分数。插值法的好处是精确度高,能更精确地计算出考核指标的考核分数,从而更客观地体现考核对象的绩效。

考核计算公式中各项的具体说明,以下式为例:

$$
\text{某监测因子考核分数} = 90 - [(\text{评价系数} - 0.95) \div (1.05 - 0.95)] \times (90 - 75)
$$
$$
= 90 - [(\text{评价系数} - 0.95) \div 0.1] \times 15
$$

该式为省界缓冲区水质保护水平在接近目标状态时的考核分数计算公式,其评价系数大于 1.05,小于等于 1.10 时。式中

第一项:90,为该评价段的基准分数,考核结果在此分数基础上微调。

第二项:评价系数 - 0.95,为评价系数与基准评价系数之差,反映该水质浓度对评价系数的绝对影响程度。

第三项:1.05 ~ 0.95,为该评价段评价系数的宽度。第二项与第三项之比,反映该水质浓度所应得分在该评价段需要微调的相对幅度。

第四项:90 ~ 75,为该评价段的分数宽度。第二项与第三项之比和第四项之积,反映该水质浓度所应得分在该评价段需要微调的绝对幅度(数量)。

6. 关于水利部现行水质评价规定的执行

按水利部《水功能区水资源质量评价暂行规定(试行)》规定,年度考核,

按实际测次达标情况统计,年达标测次达 65% 以上视为全年达标。如果进行不同水期考核,即进行丰水期(7 ~ 10 月)、平水期(3 ~ 6 月)、枯水期(11 月至次年 2 月)考核,同样方法计算不同水期的达标率。

《水功能区水资源质量评价暂行规定(试行)》是对水功能区水质的评价方法,自有其合理性和科学性。本考核方案提出的计算方法与其不同主要基于以下理由:

(1)省界缓冲区监管考核是对省界缓冲区包括水质在内的所有需考核项目的评价,不同于水质的单项评价,其评价考核的作用不同。

(2)由于功能区考核要考虑尽可能对各考核事项的评价结果进行同一表述方式的评定,以易于对总体结果进行判断,确定其程度,故采用定量化评定的方法自然要更好一些。《水功能区水资源质量评价暂行规定(试行)》中对水质及其超标和程度也采用了定量方式,但其定量不能与其他考核指标的定量(分数)进行比较,其方法在综合考核中就不太好操作。

(3)同时,由于考核结果应能够在各不同省界缓冲区间易于区别和比较,例如,在水质浓度为 10 和 20 均达标的情况下,其结果还是应当以不同的数量值进行区别,并且将这种区别纳入缓冲区总体评价结果之中,所以就需要更细化的定量计算。

为充分反映水利部《水功能区水资源质量评价暂行规定(试行)》欲反映的水质评价结果,在省界缓冲区水质考核结果计算过程中,已将是否超标和超标程度以评价系数作为重要指标予以体现。由此可见,在省界缓冲区考核方案设计中,不仅没有排斥《水功能区水资源质量评价暂行规定(试行)》的内容,并且已经以考核所需要的方法予以充分考虑,水质内容也赋予了足够高的权重,其结果不会与《水功能区水资源质量评价暂行规定(试行)》判定的结果出现冲突。

所以说,《水功能区水资源质量评价暂行规定(试行)》和本书提出的考核方案以不同方法将水质监测结果进行了反映,将从不同方面反映水功能区的情况,为了解水资源质量状况,制定和修改政策制度,加强水资源保护监管提供依据。

在实际工作中,对水利部要求的统一实施的水质评价,可仍依其规定办法评价并报告,黄河流域省界缓冲区监督管理中进行省界缓冲区水质考核时则按本方案进行。

(二)过程管理指标

1. 入河污染物总量控制考核

1) 入河污染物总量计算方法

$$某监测因子总量 = 监测浓度 \times 监测断面流量$$

各省(区)排放某项污染物总量计算方法为

$$某省排放总量 = \sum 支流入区量 + \sum 入河排污口排放量$$

对于具有上下游关系的省界缓冲区,在考核上游省(区)时,可采用简化方法,其计算方法为

$$某省排放总量 = 实测省界通过总量 - 入区总量$$

其中,入区总量为进入省界缓冲区的某污染物实际监测总量。

2) 考核结果分数计算方法

入河污染物总量考核根据其入河总量控制指标完成情况计算,完成情况以其排放控制比例表示,其计算公式为

$$排放控制比例 = (实际排放量 / 控制总量 - 1) \times 100\%$$

当总量控制比较好,少排5%以上时,实现超出目标,考核得分的计算公式为:

$$总量控制考核得分 = 90 + [(1.0 - 总量少排指标) \div (1.0 - 0.05)] \times (100 - 90)$$
$$= 90 + [(1.0 - 总量少排指标) \div 0.95] \times 10$$

当总量控制实现达到规定标准,即达到目标时,总量排放的范围在(1 ± 5%)内,考核得分的计算公式为

$$总量控制考核得分 = 90 - [(总量排放指标 - 0.95) \div (1.05 - 0.95)] \times (90 - 75)$$
$$= 90 - [(总量排放指标 - 0.95) \div 0.1] \times 15$$

当总量控制实现达到接近目标时,总量排放的范围为超过5%,但在10%以内,考核得分的计算公式为

$$总量控制考核得分 = 75 - [(总量排放指标 - 1.05) \div (1.10 - 1.05)] \times (75 - 60)$$
$$= 75 - [(总量排放指标 - 1.05) \div 0.05] \times 15$$

当总量控制达到远低于目标时,总量排放的范围为超过10%,又可细分为两种情况:

第一种情况,超过10%,但小于等于100%,对应考核得分为

$$总量控制考核得分 = 60 - [(总量排放指标 - 1.10) \div (2.0 - 1.1)] \times (60 - 0)$$
$$= 60 - [(总量排放指标 - 1.10) \div 0.9] \times 60$$

第二种情况:超过100%时,设定为一票否决指标,该项考核分数为0。

2. 企业守法程度指标

企业守法程度指标包括三部分：污水排放浓度指标、排污口工程管理指标和排污管理指标。

除污水浓度控制指标外，其余指标分为排污口管理和排污管理两部分，具体细分为7项：

(1) 排污口位置；

(2) 入河排污口工程设施规模；

(3) 排放方式；

(4) 排放污水性质；

(5) 排放污水量；

(6) 排放污染物种类；

(7) 排放污染物数量；

其中，排污口工程管理指标为前3项，排污管理指标为后4项。

1) 污水排放浓度控制考核

污水排放浓度控制考核方法类似省界断面水质考核。例如，浓度控制比较好，实现超出目标考核得分的计算公式为

$$浓度控制考核得分 = 90 + [(1.0 - 综合浓度少排指标) \div (1.0 - 0.05)] \times (100 - 90)$$

$$= 90 + [(1.0 - 综合浓度少排指标) \div 0.95] \times 10$$

浓度控制的另外3种情况，达到目标、接近目标和远低于目标的评分方法，可采用类似方法处理。

2) 排污口工程管理考核

及格定义为：按规定设置排污口，指排污口位置、入河排污口工程设施规模、排放方式三项都合格，任意一项不合格，则判断为不合格。每次检查时，均同时检查一个排污口的排污口位置、入河排污口工程设施规模、排放方式三项内容。

$$排污口管理评价系数 = (排污口位置不合格数量 + 入河排污口工程设施规模不合格数量 + 排放方式不合格数量) \div (总排污口数 \times 3)$$

其中，总排污口数是指该省界缓冲区内的实际排污口总数。对不同行政区政府考核时，主要考核其辖区内的排污口。

以该评价系数小于5%的范围为例，定义为达到目标，采用插值法，对应考核得分为

$$考核得分 = 90 - [(评价系数 - 0) \div (0.05 - 0)] \times (90 - 75)$$
$$= 90 - [(评价系数 - 0) \div 0.05] \times 15$$

3）排污管理指标考核

及格包括排放污水性质、排放污水量、排放污染物种类、排放污染物数量四项合格，任意一项不合格均为排污管理不合格。每次检查时，均同时检查一个排污口的排放污水性质、排放污水量、排放污染物种类、排放污染物数量四项内容。

$$排污管理评价系数 = (排放污水性质不合格次数 + 排放污水量不合格次数 +$$
$$排放污染物种类不合格次数 + 排放污染物数量不合$$
$$格次数) \div (检查次数 \times 4)$$

以该评价系数大于5%、小于等于10%为例，定义为接近目标，即非人为故意发生排污违规现象，采用插值法，对应考核得分为

$$考核得分 = 75 - [(评价系数 - 0.05) \div (0.1 - 0.05)] \times (75 - 60)$$
$$= 75 - [(评价系数 - 0.05) \div 0.05] \times 15$$

4）基础管理指标

流域管理机构设立设施的协助保护指标、自设立设施的完善和保护指标，流域管理机构规定制度的执行指标、地方补充制度的完善和实施指标，档案管理指标等。以下均为定性考核指标，具体评分见表7-7。

八、模拟考核计算实例

以某省界缓冲区月度考核为模拟实例，具体过程如下。

（一）明确考核内容

月度考核主要考核水质指标和过程管理指标，其中过程管理指标包括总量控制、企业守法程度和基础管理三项。月度考核不包括加减分指标。

（二）收集考核数据，进行单项指标考核结果计算

水质指标，假设该省界缓冲区要求考核界面水质监测结果符合Ⅲ类水质标准，实际监测结果为Ⅳ类，查表7-3可得，水质考核结果为D，由表7-2看出，D级评分为60分以下，根据指标超标倍数计算，譬如取50分。

过程管理指标的总量控制包括支流排入缓冲区总量和入河排污口排放总量控制，假设总量控制的COD为少排规定量5%以上，则得分范围在90~100分，譬如取95分；氨氮（NH_3—N）为达到规定标准，则得分范围为小于90，大于70，譬如取80分。

表 7-7　基础管理考核表

一级指标及分值	二级指标及分值	三级指标	指标标准及说明				
			等级	A	B	C	D
			定义	超出目标	达到目标	接近目标	远低于目标
			考核得分	100、95、90	85、80、75	70、65、60	55、50、45、…
基础管理	设施管理	流域管理机构设立设施的协助保护		设施完好,并在原设施的基础上完善或升级	保护流域管理机构设立设施的完好	各种主要设施保持完好,部分非关键设施有损,但程度不严重	有关键设施受损严重
		自设立设施的完善和保护		在流域管理机构要求的基础上,创造性地完善基础设施,且运营良好	按要求设立了各种齐全的水环境保护、监测设施,监测站点都在正常使用和运行	有个别设施没有设置到位,或有个别监测设施没有良好使用	有多种设施没有设置到位,或有多种监测设施没有正常使用和运行
	制度管理	流域管理机构规定制度的执行		执行制度有所创新	严格执行省界缓冲区相关的基本管理制度	基本执行省界缓冲区相关的基本管理制度	有严重违背流域管理机构的省界缓冲区监督管理制度的行为发生
		地方补充制度的完善和实施		在制定和执行监督管理制度方面有所创新	严格制定和执行省界缓冲区相关的基本管理制度	基本制定和执行省界缓冲区相关的基本管理制度	不制定和执行省界缓冲区相关的基本管理制度
	档案管理	基础监督管理数据、档案管理情况		数据、档案管理方面有所创新	各种监测数据、档案齐全	有个别数据、档案有缺失	发生严重的数据、档案缺损事件

过程管理指标的企业守法程度的排污口管理为在排污口管理上有创新行为并得到流域管理机构认可,则得分范围在 90~100 分,譬如取 95 分;排污管理为排污种类、排污浓度和总量均合规,则得分范围为小于 90,大于 70,譬如取 80 分。

过程管理指标的基础管理的设施管理,分流域管理机构设立设施的协助保护和自设立设施的完善和保护,其中流域管理机构设立设施的协助保护为设施完好,并在原设施的基础上完善或升级,则得分范围在 90~100 分,譬如取 95 分;自设立设施的完善和保护为按要求设立了各种齐全的水环境保护、监测设施,监测站点都在正常使用和运行,则得分范围为小于 90,大于 70,譬如取 80 分。

过程管理指标的基础管理的制度管理,分流域管理机构规定制度的执行和地方补充制度的完善和实施,其中流域管理机构规定制度的执行为执行制度有所创新, 则得分范围在 90 ~ 100 分,譬如取 95 分;地方补充制度的完善和实施为严格制定和执行省界缓冲区相关的基本管理制度,则得分范围为小于 90,大于 70,譬如取 80 分。

过程管理指标的基础管理的档案管理包括基础监督管理数据、档案管理情况,为数据、档案管理方面有所创新, 则得分范围在 90 ~ 100 分,譬如取 95 分。

(三)计算总考核得分

按表 7-2 的权重,可以计算该省界缓冲区月度考核的得分,计算过程为

总分 = 水质指标×60% + 过程管理指标×40%

$\quad$ = 水质指标×60% + 总量控制指标×20% + 企业守法程度指标×10% + 基础管理指标×10%

$\quad$ = 水质指标×60% + (浓度控制指标×10% + COD 指标×5% + 氨氮指标×5%) + (排污口管理指标×5% + 排污指标×5%) + [(流域管理机构设立设施的协助保护指标×2% + 自设立设施的完善和保护指标×2%) + (流域管理机构规定制度的执行指标×2% + 地方补充制度的完善和实施指标×2%) + 档案管理指标×2%]

$\quad$ = 50×60% + (85×10% + 95×5% + 80×5%) + (95×5% + 80× 5%) + [(95×2% + 80×2%) + (95×2% + 80×2%) + 95×2%]

$\quad$ = 30 + 8.5 + 4.75 + 4 + 4.75 + 4 + 1.9 + 1.6 + 1.9 + 1.6 + 1.9

$\quad$ = 64.9

由总分可以看出,尽管该省界缓冲区考核断面水质超标,水质考核为 50 分,处于远低于目标即不及格;但由于其过程管理比较好,发展趋势还可以,综合考核结果为 64.9 分,为接近目标,即及格。

(四)考核结果公布

考核结果公布,不仅公布考核总得分,即 64.9 分,而且可以公布其单项考核结果,包括水质指标、浓度控制指标、COD 指标、氨氮指标、排污口管理指标、排污指标、流域管理机构设立设施的协助保护指标、自设立设施的完善和

保护指标、流域管理机构规定制度的执行指标、地方补充制度的完善和实施指标、档案管理指标。

公布单项考核指标的考核得分,可以帮助被考核者找出工作中存在的问题,促进被考核者改善工作。

综上所述,近期考核方案主要考核省界断面水质指标,以及过程管理的浓度控制指标、总量控制指标、排污口管理指标、排污指标、流域管理机构设立设施的协助保护指标、自设立设施的完善和保护指标、流域管理机构规定制度的执行指标、地方补充制度的完善和实施指标、档案管理等指标,这些指标既有可以定量计算的 KPI 指标,也有按照细化的、统一的评分标准进行定性评价的 GS 指标。

第八章　黄河流域省界缓冲区监管考核组织方式研究

尽管考核指标体系是考核体系最重要的组成部分,但仍然不是考核体系的全部。要使考核指标体系能用于省界缓冲区水资源保护和管理实践,还需要设计相应的监管考核组织方式、考核流程,并提供相应的考核条件。

黄河流域省界缓冲区监管考核工作可以分为两类:一是水利部组织的考核评估,对监督考核指标实行年度考核评估,纳入国家考核体系;监测评价指标实行水利部评价通报制度,定期系统评价,全面了解纳污红线落实情况及其效果。二是黄委根据水利部授权,在水利部工作部署大框架下为了更好地完成省界缓冲区监管工作任务而进行的考核。两类考核相辅相成,有总有分,总分结合,后者是对前者的补充、细化和丰富。

对于第一类考核,黄委主要是配合水利部的工作,具体包括:

(1)按规定向水利部报告黄河流域水功能区监测评价成果,由水利部向全国汇总。

(2)按照《国家重要水功能区水质达标状况通报》的相关技术要求和本流域特点编制《黄河流域水功能区水质达标状况通报》(月报),并向相关人民政府办公厅、环境保护部门和建设部门等通报监测评价信息。

(3)按照《国家重要水功能区水质达标状况年报》的相关技术要求和本流域特点编制《黄河流域水功能区水质达标状况年报》,并向相关人民政府办公厅、环境保护部门和建设部门等通报监测评价信息。

(4)水利部部署对重要江河湖泊生态水量及健康状况进行定期评价,实行国家重要江河湖泊水量生态适宜性评价制度和健康状况评估制度。黄委将负责监测评价的黄河控制节点径流量或水位按日监测评价成果报水利部,水利部组织编制《国家重要江河湖泊水量生态适宜性评价年报》,并向国务院及有关部门通报;水利部每2年一次组织流域机构和各省(自治区、直辖市)水利厅局开展全国重要江河湖库健康状况评价,编制7+1(7个流域委+全国)的《重要江河湖库健康状况评价报告》。

对于第二类考核,流域机构将起主导作用。本章讨论的考核组织方式主要是针对此类考核而言的。

第一节　考核组织机构及职责划分

一、考核组织

(一)考核领导机关

黄委负责组织领导黄河流域省界缓冲区的监管考核工作,承担以下职责:

组建考核领导机构作为考核的最高决策机构,由黄委负责组建,主要由黄委领导、黄河流域水资源保护局领导和专家组成,必要时可邀请水利部、沿黄省(区)政府、国家环保部和社会知名专家参与;

建立考核管理办法及相关考核制度;

确定或制定考核标准;

审查、调整并发布考核结果;

根据考核结果采取奖惩措施;

最终处理各有关省级政府及其主管部门的考核申诉;

决定上报水利部的非常规、重大考核事项。

具体组织单位是负责执行考核领导机构的决策,并组建考核工作机构,开展考核工作,提出对考核结果的处理意见。

(二)考核具体组织机构

黄河流域水资源保护局为监管考核工作具体组织和执行机构,主要职责为:

对监管考核的各项工作进行组织、协调、培训和指导;

对考核过程进行监督与检查;

汇总统计考核评分结果,形成考核工作总结报告;

协调、处理考核申诉工作;

对考核工作情况进行通报,对考核过程中不规范行为进行纠正、指导与处罚;

建立考核档案,作为考核结果应用的依据;

对考核制度提出修改建议;

处理上报水利部的常规考核事项。

(三)考核工作机构

黄河流域水资源保护局组织成立省界缓冲区考核工作机构,各省级水行政主管部门参加,可在条件成熟时邀请地方环境保护、发展改革等部门参加,同时邀请相关行业专家参加,也可根据情况邀请排污单位等社会公众参加。其职责为:

负责考核工作的整体组织实施;

负责帮助各省界缓冲区省级政府制订工作计划和考核指标;

负责考核评分;

负责考核结果反馈,并帮助各缓冲区省级政府制订改进计划;

负责协调处理考核申诉。

二、监管考核流程

制定监管考核的流程在于将 PDCA 循环的每一个环节落实到黄委的不同部门。

(1)制订年度监管目标和工作计划。每年年底,黄委按照水利部和环境保护部总体规划,依据各省界缓冲区纳污能力,结合省界缓冲区水资源保护和管理的具体情况,组织制订各省界缓冲区水资源保护和管理的目标和计划,在一季度报水利部批准后下发至各省级政府水行政主管部门,同时通报各省级政府和环境保护部。考核期间若出现工作任务重大调整,由黄委负责组织调整。

(2)组织考核工作机构,实施考核,确定考核结果。

(3)对考核结果进行反馈和公布,改进工作,并不断完善考核体系。

从完整的考核流程看,流域管理机构对被考核者应有一定的奖罚权,特别是在流域权限范围内的奖罚权,这样的考核才更有效。从中国的国情看,近期流域管理机构难以直接对被考核的省(区)级政府或其主管部门实施奖罚。但是,流域管理机构可以采取以下间接措施实施奖罚:

(1)通过信息发布的方式,发挥舆论的力量。

(2)将考核结果与流域管理机构的其他行政许可权相联系,对有关省(区)采取相应行政措施。

(3)提请国家水利部、环境保护部等,由中央政府实施奖罚。

三、监管考核的实施条件

要顺利实施省界缓冲区监督管理考核工作,除要发挥考核机关的积极性外,还要考虑考核主体对考核负面效应的承受能力,对考核问题的解决能力,实施考核条件是否成熟、基础是否完善。否则,考核工作可能走弯路,在考核实施中会遇到难以克服的阻力,最后不了了之,甚至浪费人力和财力,起不到应有的效果。因此,系统性的监督管理考核需要诸多方面的条件。从黄河流域省界缓冲区监管考核的具体情况看,要特别注意以下五个方面的条件。

(一)提高对考核工作的认识,加强领导

国家有关机关要加强有关政策法规的制定和对流域管理机构的指导,逐步提升流域管理机构在国家水资源管理中的作用。流域管理机构应高度重视省界缓冲区监督管理的考核工作,加强对考核工作的领导,这是顺利开展考核工作的思想基础。只有认识提高了,才能以饱满的工作热情,良好的精神状态,求真务实的作风,把考核工作真正做好。

(二)完善有关制度

从长期看,省界缓冲区监管考核需要与省级政府的政绩考核接轨。要把缓冲区监督管理考核的结果作为各省级政府政绩考核内容的一部分,就必须要让缓冲区监督管理考核的过程,至少是结果与各省级政府的政绩考核相接轨,这样缓冲区监管考核才能真正融于各省级政府的政绩考核之中,才能推动考核落实和考核结果的应用,才能让缓冲区监管考核真正的发挥作用。因此,建立和完善省级政府及其首长和省级政府有关部门的责任制,对完善省界缓冲区考核制度,提高考核成效关系极大。

中央一号文件《中共中央、国务院关于加快水利改革发展的决定》提出建立水资源管理责任和考核制度。县级以上地方政府主要负责人对本行政区域水资源管理和保护工作负总责。严格实施水资源管理考核制度,水行政主管部门会同有关部门,对各地区水资源开发利用、节约保护主要指标的落实情况进行考核,考核结果交由干部主管部门,作为地方政府相关领导干部综合考核评价的重要依据。显然,中央一号文件在完善省级政府及其首长和省级政府有关部门的责任制方面前进了一大步。

(三)建立严密的管理架构作为实施考核的组织基础

严密的管理架构是实施考核的组织基础。管理分为基础管理与高端管理,考核是属于高端管理的,在基础管理不完善的组织,进行考核是行不通的,如果非要搞考核,将会遇到大大小小的绊脚石,结果还得从头再来。在不具备考核条件的组织,应该创造有利条件,促进考核的实施。

实施考核需要考核组织具有层级管理的阶梯式组织结构,这也是考核得以实现的基本前提。

管理架构严密包括两个方面:一个是职能、职责和职权的分工要明确。考核是基于工作内容的考核,是具体的,而不是空洞的,如果一个组织没有明确的职责职能分工,一项工作由谁来完成是不确定的,这样的组织是管理基础不

完善的组织。这样的组织需要首先明确任务目标和职责,实施考核为时尚早。另一个是管理层级要明确。因为考核关系与管理关系是一致的,管理关系不明确,考核就无法进行。明确管理层级是解决考核的方向性问题,谁考谁的问题都没解决,考核是难以发挥作用的。

(四)提高考核主体和被考核主体的基本素质

考核主体要有较强的识别能力与考核指标设定能力。考核内容的确定,在客观上要求考核主体具备准确的识别判断能力,能够分清哪些工作需要考核,哪些工作不需要考核,以确定合理的考核方案。合理的考核评价体系要求考核主体有系统的指标设定能力,能够对工作内容设定出数量、质量、效果、时间等各项考核指标。

实施省界缓冲区监督管理考核,对被考核者提出了较高的要求。首先,被考核者要有良好的工作计划能力,能对考核区间(时间段)的工作任务作出合理的计划安排,因为计划是考核的起点,没有计划就没有考核。其次,被考核者还要有较强的过程控制能力,要严格按照工作流程要求完成设定的任务,因为考核不仅仅是对结果的评价,更是对过程的控制,即使工作达到了预期效果,但在实施的过程中违背了相关法律法规、管理制度,考核也不可能是合格的。

(五)加强水质监测能力和基础设施建设

数据是省界缓冲区监督管理考核的基础。要获得准确、及时、充分的高质量数据信息,需要建立和完善与考核需要相适应的监测网络和基础设施。

省界水质监测能力是省界缓冲区考核的最重要基础条件。根据考核需要,水质监测需要在常规、移动和自动等三个方面同时加强。

常规水质监测能力经过30多年的建设,已可基本适应当前大部分水资源管理和保护的需要,但在省界缓冲区水质监测方面能力还很弱。第一要加强人员选配,并进行高质量的培训,建立符合要求的人员队伍。第二要配备必要的交通工具和通信工具,以适应省界缓冲区偏远的特殊条件。第三要配置必要的监测仪器设备,保证监测质量。

移动监测实验室的配备还不能完全满足需要,特别是应对省界缓冲区突发水污染事件的需要,应根据需要科学论证后适当强化。

自动监测站的建设是水质监测的发展方向。黄委已利用国家"948"项目,分别于2002年4月、11月在黄河花园口、潼关建成2座水质自动监测站,实现了水利系统在大江大河实施水质自动监测的"零"的突破,且自运行以来,经历了多次调水调沙的考验,在黄河水量调度、引黄济津、突发性污染事件处理等方面发挥了重要作用。省界水质自动站是流域水资源保护机构履行政府管理职能的重要技术支撑,是黄河水资源保护切实加强流域层面的宏观管理,特别是省界水质管理和省(区)责任厘定的必要技术手段。2002 年 7 月,时任总理朱镕基同志和现任总理温家宝同志视察花园口水质自动监测站,强调指出,要加快黄河干流省界水质自动站建设。目前,黄委已在有关项目建议书或规划中增加了黄河省界水质自动监测站建设内容,在涵盖黄河八省(区)的省界河段,规划建设自动站。

第二节　黄河流域省界缓冲区监管考核指标体系试点研究

监管考核指标体系试点研究主要在于对所提出的考核体系进行测试。即选择少量省界缓冲区,选取若干重点考核项目,按所拟定的考核方案进行考核,测试方案制订的适用性和可操作性,以利于在实际考核中采用。

一、试点省界缓冲区和试点考核项目选择

根据各省界缓冲区考核工作基础和其代表性,选取黄河干流宁蒙缓冲区为试点省界缓冲区。

鉴于 2006 年省界缓冲区基础资料调查项目所收集的资料较全面,本次试点考核资料即选用该次调查成果。

考虑到进行考核需要的资料应当具有一定的数量,根据调查资料情况选用省界断面水质、入河排污口和入河污染物总量等三项数据参与省界缓冲区试点考核。

根据黄河流域水资源保护管理需要和宁蒙缓冲区污染特点,经综合考察,考核项目选取水质、入河排污口和入河污染物入河总量,考核污染指标为COD、氨氮两项。其中入河排污口排污总量纳入污染物入河总量考核,对排污口管理考核本试点只考核其污水浓度。

二、考核计算技术要求

(1)考核按满分 100 分计算,水质、入河排污口和入河污染物入河总量三项考核分值满分分别按 60 分、20 分和 20 分计算。

(2)考核结果分四级,即优秀——大于或等于 90 分;良好——大于或等于 75 分,但小于 90 分;及格——大于或等于 60 分,但小于 75 分;不及格——小于 60 分。

(3)河道水质评价标准按现行《地表水环境质量标准》(GB 3838—

2002），入河排污口水质标准按《污水综合排放标准》（GB 8978—1996），入河污染物总量标准按水功能区纳污能力。

（4）试点计算时，各项目和各污染指标按等权重计算。

三、考核结果计算

（一）水质

1. 各监测因子评价系数

评价系数计算按公式实际监测值/水质标准计算。

黄河干流宁蒙缓冲区水质区划类别为三类，其标准限值：COD 为 20 mg/L，氨氮为1.0 mg/L。

各监测因子评价系数计算结果见表8-1。

表 8-1　各监测因子评价系数计算结果

因子	1	2	3	4	5	6	7	8	9	10	11	12
COD	2.70	2.03	2.90	2.06	1.06	1.35	0.63	0.54	0.39	0.40	1.57	1.00
氨氮	0.98	1.05	1.25	1.11	1.21	1.02	0.90	3.14	1.12	1.08	1.61	1.09

2. 各监测因子月度考核分数

1 月：$(0+85.5)/2=42.7$，性质评价：不及格。

其中 COD：评价系数大于 2.0，其得分为 0。

氨氮：评价系数在 $1\pm5\%$ 以内，其计算依式(7-5)计算，即

　　氨氮考核分数 $=90-[(0.98-0.95)\div0.1]\times15=85.5$

2 月：$(0+75)/2=37.5$，性质评价：不及格。

其中 COD：评价系数大于 2.0，其得分为 0。

氨氮：评价系数在 $1\pm5\%$ 以内，其计算依式(7-5)计算，即

　　氨氮考核分数 $=90-[(1.05-0.95)\div0.1]\times15=75$

3 月：$(0+50.0)/2=25.0$，性质评价：不及格。

其中 COD：评价系数大于 2.0，其得分为 0。

氨氮：评价系数大于 1.10，但小于等于 2.0，其计算依式(7-8)计算，即

　　氨氮考核分数 $=60-[(1.25-1.10)\div0.9]\times60=50.0$

4 月：$(0+59.3)/2=29.7$，性质评价：不及格。

其中 COD：评价系数大于 2.0，其得分为 0。

氨氮:评价系数大于 1.10,但小于等于 2.0,其计算依式(7-8)计算,即

氨氮考核分数 = 60 - [(1.11 - 1.10) ÷ 0.9] × 60 = 59.3

5 月:(72.0 + 52.7)/2 = 62.4,性质评价:及格。

其中 COD:评价系数大于 1.05,小于 1.10,其计算依式(7-7)计算,即

COD 考核分数 = 75 - [(1.06 - 1.05) ÷ 0.05] × 15 = 72.0

氨氮:评价系数大于 1.10,但小于等于 2.0,其计算依式(7-8)计算,即

氨氮考核分数 = 60 - [(1.21 - 1.10) ÷ 0.9] × 60 = 52.7

6 月:(43.3 + 79.5)/2 = 61.4,性质评价:及格。

其中 COD:评价系数大于 1.10,小于 2.0,其计算依式(7-8)计算,即

COD 考核分数 = 60 - [(1.35 - 1.10) ÷ 0.9] × 60 = 43.3

氨氮:评价系数在 1 ± 5% 以内,其计算依式(7-5)计算,即

氨氮考核分数 = 90 - [(1.02 - 0.95) ÷ 0.1] × 15 = 79.5

7 月:(93.4 + 90.5)/2 = 92.0,性质评价:优秀。

其中 COD:评价系数小于 0.95,其计算依式(7-6)计算,即

COD 考核分数 = 90 + [(0.95 - 0.63) ÷ 0.95] × 10 = 93.4

氨氮:评价系数小于 0.95,其计算依式(7-6)计算,即

氨氮考核分数 = 90 + [(0.95 - 0.90) ÷ 0.95] × 10 = 90.5

8 月:(94.3 + 0)/2 = 47.2,性质评价:不及格。

其中 COD:评价系数小于 0.95,其计算依式(7-6)计算,即

COD 考核分数 = 90 + [(0.95 - 0.54) ÷ 0.95] × 10 = 94.3

氨氮:评价系数大于 2.0,其得分为 0。

9 月:(95.9 + 58.7)/2 = 77.3,性质评价:良好。

其中 COD:评价系数小于 0.95,其计算依式(7-6)计算,即

COD 考核分数 = 90 + [(0.95 - 0.39) ÷ 0.95] × 10 = 95.9

氨氮:评价系数大于 1.10,但小于等于 2.0,其计算依式(7-8)计算,即

氨氮考核分数 = 60 - [(1.12 - 1.10) ÷ 0.9] × 60 = 58.7

10 月:(95.8 + 66.0)/2 = 80.9,性质评价:良好。

其中 COD:评价系数小于 0.95,其计算依式(7-6)计算,即

COD 考核分数 = 90 + [(0.95 - 0.40) ÷ 0.95] × 10 = 95.8

氨氮:评价系数大于 1.05,小于 1.10,其计算依式(7-7)计算,即

氨氮考核分数 = 75 - [(1.08 - 1.05) ÷ 0.05] × 15 = 66.0

11 月:(28.7 + 26.0)/2 = 27.4,性质评价:不及格。

其中 COD:评价系数大于 1.10,小于 2.0,其计算依式(7-8)计算,即

COD 考核分数 $= 60 - [(1.57 - 1.10) \div 0.9] \times 60 = 28.7$

氨氮:评价系数大于 1.10,小于 2.0,其计算依式(7-8)计算,即

氨氮考核分数 $= 60 - [(1.61 - 1.10) \div 0.9] \times 60 = 26.0$

12 月:$(82.5 + 63.0)/2 = 72.8$,性质评价:及格。

其中 COD:评价系数在 $1 \pm 5\%$ 以内,其计算依式(7-5)计算,即

COD 考核分数 $= 90 - [(1.00 - 0.95) \div 0.1] \times 15 = 82.5$

氨氮:评价系数大于 1.05,小于 1.10,其计算依式(7-7)计算,即

氨氮考核分数 $= 75 - [(1.09 - 1.05) \div 0.05] \times 15 = 63.0$

3.年考核结果

年考核分数为各月考核分数的均值,即

$(42.7 + 37.5 + 25.0 + 29.7 + 62.4 + 61.4 + 92.0 + 47.2 + 77.3 + 80.9 + 27.4 + 72.8)/12 = 54.7$

性质判定:分数小于 60,为不及格。

(二)入河污染物总量

1.年度入河污染物总量

入河污染物总量为各支流和入河排污口排污量之和,其计算公式为(结果单位:t):

支流　　　　水质浓度×流量×86 400×(天数)/106

排污口　　　水质浓度×日污水量(t)×(天数)/106

年入河污染物总量为月入河总量之和,其结果见表 8-2。

表 8-2　入河污染物总量统计

因子	年总量	分项	月份											
			1	2	3	4	5	6	7	8	9	10	11	12
COD	6 125.9	支流						263.9						
		排污口							5 862.0					
氨氮	921.0	支流						282.0						
		排污口							639.0					

2.排放控制比例

黄河干流宁蒙缓冲区污染物控制总量按核定的纳污能力确定,其值分别如下:

COD 为 1 926 t/月或 23 112 t/年;氨氮为 78.5 t/月或 942.0 t/年。
其控制比例分别如下:

COD 为

$$排放控制比例 = (实际排放量 / 控制总量) × 100\%$$
$$= (6\ 125.9/23\ 112) × 100\% = 26.5\%$$

氨氮为

$$排放控制比例 = (实际排放量 / 控制总量) × 100\%$$
$$= (921.0/942.0) × 100\% = 97.8\%$$

3.总量控制考核分数分因子计算

COD:总量控制比较好,少排 5% 以上,实现超出目标,考核得分为

$$考核得分 = 90 + [(1.0 - 总量少排指标) ÷ 0.95] × 10$$
$$= 90 + [(1.0 - 0.265) ÷ 0.95] × 10 = 97.7$$

氨氮:总量控制达到规定标准,即达标,考核得分为

$$考核得分 = 90 - [(总量排放指标 - 0.95) ÷ 0.1] × 15$$
$$= 90 - [(0.978 - 0.95) ÷ 0.1] × 15 = 85.8$$

4.总量控制考核结果

总得分为

$$(COD 得分 + 氨氮得分)/2 = (97.7 + 85.8)/2 = 91.8$$

水质总体评价:水质达标程度高,为优秀。

(三)入河排污口

1.各监测因子评价系数

评价系数计算按下列公式:实际监测值/水质标准。

黄河干流宁蒙缓冲区水质区划类别为Ⅲ类,其标准限值分别为:COD:100 mg/L;氨氮:15 mg/L。

各监测因子评价系数计算结果见表8-3。其中各排污口名称由序号代表。

表8-3　入河排污口监测因子评价系数计算结果

因子	序号							
	第一	第二	第三	第四	第五	第六	第七	第八
COD	1.71	2.34	0.39	0.90	0.55	0.19	0.18	0.18
氨氮	0.71	7.71	0.09	0.64	0.10	0.03	0.03	0.03

2.各入河排污口考核分数

第一排口:(19.3 + 92.5)/2 = 55.9,性质评价:不及格。

其中 COD:评价系数大于 1.10,小于 2.0,其计算依式(7-8)计算,即

考核分数 $= 60 - [(1.71 - 1.10) \div 0.9] \times 60 = 19.3$

氨氮:评价系数小于 0.95,其计算依式(7-6)计算,即

考核分数 $= 90 + [(0.95 - 0.71) \div 0.95] \times 10 = 92.5$

第二排口:$(0 + 0)/2 = 0$,性质评价:不及格。

其中 COD:评价系数大于 2.0,考核分数为 0。

氨氮:评价系数大于 2.0,考核分数为 0。

第三排口:$(95.9 + 99.1)/2 = 97.5$,性质评价:优秀。

其中 COD:评价系数小于 0.95,其计算依式(7-6)计算,即

考核分数 $= 90 + [(0.95 - 0.39) \div 0.95] \times 10 = 95.9$

氨氮:评价系数小于 0.95,其计算依式(7-6)计算,即

考核分数 $= 90 + [(0.95 - 0.09) \div 0.95] \times 10 = 99.1$

第四排口:$(90.5 + 93.3)/2 = 91.9$,性质评价:优秀。

其中 COD:评价系数小于 0.95,其计算依式(7-6)计算,即

考核分数 $= 90 + [(0.95 - 0.90) \div 0.95] \times 10 = 90.5$

氨氮:评价系数小于 0.95,其计算依式(7-6)计算,即

考核分数 $= 90 + [(0.95 - 0.64) \div 0.95] \times 10 = 93.3$

第五排口:$(94.2 + 98.9)/2 = 96.6$,性质评价:优秀。

其中 COD:评价系数小于 0.95,其计算依式(7-6)计算,即

考核分数 $= 90 + [(0.95 - 0.55) \div 0.95] \times 10 = 94.2$

氨氮:评价系数小于 0.95,其计算依式(7-6)计算,即

考核分数 $= 90 + [(0.95 - 0.10) \div 0.95] \times 10 = 98.9$

第六排口:$(98.0 + 99.7)/2 = 98.8$,性质评价:优秀。

其中 COD:评价系数小于 0.95,其计算依式(7-6)计算,即

考核分数 $= 90 + [(0.95 - 0.19) \div 0.95] \times 10 = 98.0$

氨氮:评价系数小于 0.95,其计算依式(7-6)计算,即

考核分数 $= 90 + [(0.95 - 0.03) \div 0.95] \times 10 = 99.7$

第七排口:$(98.1 + 99.7)/2 = 98.9$,性质评价:优秀。

其中 COD:评价系数小于 0.95,其计算依式(7-6)计算,即

考核分数 $= 90 + [(0.95 - 0.18) \div 0.95] \times 10 = 98.1$

氨氮:评价系数小于 0.95,其计算依式(7-6)计算,即

考核分数 $= 90 + [(0.95 - 0.03) \div 0.95] \times 10 = 99.7$

第八排口:$(98.1 + 99.7)/2 = 98.9$,性质评价:优秀。

其中 COD:评价系数小于0.95,其计算依式(7-6)计算,即

考核分数 $= 90 + [(0.95 - 0.18) \div 0.95] \times 10 = 98.1$

氨氮:评价系数小于0.95,其计算依式(7-6)计算,即

考核分数 $= 90 + [(0.95 - 0.03) \div 0.95] \times 10 = 99.7$

3. 入河排污口总考核分数

入河排污口总考核分数为

$(55.9 + 0 + 97.5 + 91.9 + 96.6 + 98.8 + 98.9 + 98.9)/8 = 79.8$

入河排污口总体评价:排污浓度控制较好,为良好。

(四)总体考核结果

总体分数按各项目年度考核得分和总体分数在各项目的权重分配计算,其计算过程为

$54.7 \times 60\% + 91.8 \times 20\% + 79.8 \times 20\% = 32.82 + 18.36 + 15.96 = 67.0$

总体考核分数大于60分,小于75分,结果性质判定:及格。

(五)考核结果分析

在分项考核中,入河污染物总量控制较好,入河排污口控制也大部分符合要求,省界水质超标情况比较严重。总体上,该省界缓冲区情况基本满足要求,但满足要求的水平较低。其监督管理重点要放在省界水质的控制方面,另外,入河排污口的管理亦应相应加强。

从实际情况来看,该省界缓冲区内的省界断面水质主要受该区上游来水影响较大,应对上游来水水质进行重点监控。至于该断面水质是由于断面上游责任省(区)排污所致,还是受更上游省(区)排污影响所致,不能完全由本考核确定,需根据其他更全面的考核资料确定。

四、试点考核结论

经测试,所制订省界缓冲区考核方案适用性好,计算方法简便、可操作性强,结果意思表达明了,并与实际情况判断基本相符。总体上看,所提出的黄河流域省界缓冲区监管考核体系基本可满足黄河流域省界缓冲区考核需要。

第三节 结论和建议

一、结论

(1)为了进一步加强黄河流域省界缓冲区监督管理,完善省界缓冲区限

制纳污红线监管制度建设,遏制流域水污染状况,有必要尽快建立省界缓冲区监管考核指标体系。从近年来黄委在省界缓冲区水资源保护和管理方面已经完成的工作成果,以及法律法规授权等方面看,建立省界缓冲区限制纳污红线监管考核指标体系具有一定基础。中央一号文件和水利部工作部署,使近期工作方案方向更加明确。

(2)目前,黄河流域省界缓冲区水资源保护工作除开展基础资料调查和确界立碑外,监管工作主要在水质监测、入河污染物总量控制、入河排污口管理等方面,另外在水污染事件应急管理等其他方面进行了一些探索。在管理过程中采取了一些评定手段,并依此对有关地方政府或排污企业提出了整改的要求。现已开展的工作尚不能称为严格意义上的考核,其评定标准也难称其为考核指标与标准,但在实际上起到了考核的效果,已经呈现出考核的雏形。

(3)省界缓冲区限制纳污红线监管考核指标体系的研究和实践尚处于起步阶段。省界缓冲区管理制度是根据中国国情采取的一项特殊的流域水资源管理制度,西方发达国家没有相应的理论和实践经验可供我们借鉴,国内也没有系统的实践经验可以总结,总体上看该体系尚为空白。

(4)国内外跨界水资源管理监管考核实践提供了一些可借鉴的例子。目前,这些监管考核实践尽管还很零散、不成体系、针对性不强,但仍然可以管中窥豹,可以提供某些方面具有借鉴意义的经验。

(5)建立黄河流域省界缓冲区限制纳污红线监管考核指标体系是一项创新工作。由于没有先例可循,需要依据国家法律体系决定的管理体制和既定的管理机制,根据黄河流域省界缓冲区水资源保护和管理的具体特点,考虑流域经济社会的发展变化和强化省界缓冲区监督管理的需求,在尊重现实、适当前瞻、依照法律的原则下,建立系统、科学和具有可操作性的考核体系。

(6)省界缓冲区水资源保护监督管理是流域管理机构依法行使政府行政管理职能的公共管理工作。因此,省界缓冲区监督管理考核工作和考核指标体系建设除需要应用一般的组织绩效考核理论进行指导外,还要运用现代公共管理理论进行指导。

(7)考核指标体系设计包含有考核指标的确定和定义、指标权重的确定、指标考核标准的选择和确定、指标考核赋分方式与方法设计、考核结果公布方式等环节。各环节指标的确定或设计,应执行现行有效的法律法规规章或国家、行业标准。各环节指标确定或设计后,应保持在一定时期的稳定性,并在实施前以规范性文件向社会或向考核关系人公布。

（8）省界缓冲区监督管理在总体上应实现如下目标：建立有效的监管制度和模式，控制省界缓冲区水污染和其他对水资源的损害，维护良好水质或逐步实现已污染水体水质达标，防止流域水生态系统状况的恶化并改善其状况，促进流域水资源的可持续利用。总体目标的核心点是使省界缓冲区水域的水资源达到良好状态，其最基本含义是水质达标。

（9）考核指标总体设计的基本逻辑如下：依据层次分析法原理，采用平衡计分卡的思路确定考核的关键绩效领域，从关键绩效领域中选择定量的关键绩效指标（KPI）和定性工作目标（GS），并确定 KPI 的计算方法和 GS 的评分标准。总体考核时划分为多次分项考核，各层次分项考核成果为下一层分项考核成果按考核权重计算后的总和。

（10）考核结果采取百分制，满分为 100 分。年度考核时，另设加减分项，加减分的限额为正负 20 分。也可将考核结果按实际得分分为四级：优秀——大于或等于 90 分；良好——大于或等于 75 分，但小于 90 分；及格——大于或等于 60 分，但小于 75 分；不及格——小于 60 分。

（11）黄河流域省界缓冲区监管考核工作可以分为两类：一是水利部组织的考核评估，黄委主要是配合水利部的工作；二是黄委根据水利部授权，在水利部工作部署大框架下为了更好地完成省界缓冲区监管工作任务而进行的考核。两类考核相辅相成，有总有分，总分结合，后者是对前者的补充、细化和丰富。

（12）对黄委组织的考核，每一考核期的考核结果按两种方式公布：一是以省界缓冲区为单位公布，相应公布各该省界缓冲区相关省份管辖范围内该省界缓冲区的考核结果。过程考核结果包括总量控制、企业守法程度和基础管理三项。二是分省公布各该省辖区内省界缓冲区考核结果。

（13）黄河流域省界缓冲区监管考核指标体系的完善是一项复杂的、长期性的工作，难以一步到位，应分期建设实施。近期考核方案以 2011～2013 年为方案实施期，主要考核省界断面水质指标，以及过程管理的总量控制指标、入河排污口管理指标和流域管理机构设立设施的协助保护指标、自设设施的完善和保护指标、流域管理机构规定制度的执行指标、地方补充制度的完善和实施指标、档案管理等指标。

（14）应加强监管考核基础能力建设，重点采取下列五项措施：①提高对考核工作的认识，加强领导；②加强水质监测能力和基础设施建设；③完善有关制度；④建立严密的管理架构作为实施考核的组织基础；⑤提高考核主体和被考核主体的基本素质。

二、建议

(1)省界缓冲区监督管理考核是一项系统工程,本书虽提出了考核指标体系方案,但现有省界缓冲区考核的基础工作薄弱,支撑条件还很不足,有待进一步加强。为满足考核工作的需要,必须建立和完善省界缓冲区监督管理和考核制度,补充水质监测断面,加密水质监测频次,加强入河排污口监控设施建设,尽快核定省界缓冲区纳污能力并扩展核定的水质因子范围,开展相应的专项调查和研究。

(2)省界缓冲区是流域大系统的一个组成部分,需要从流域大系统角度思考省界缓冲区的水资源保护考核工作。诚然,由于省界缓冲区有其特殊性,其水资源保护考核工作的适度超前是可能的。但是,如果流域水资源保护整体考核工作不配套,省界缓冲区水资源保护考核工作的超前探索的步伐势必受到制约。因此,需要协调好省界缓冲区水资源保护考核和流域大系统水资源保护考核工作的关系。

(3)通过抓住考核指标体系建设这个关键点,发挥以点带线(即考核体系建设)、以线带面(即监督管理)的作用,全面提升省界缓冲区监督管理工作。

(4)目前,省界缓冲区水资源保护考核工作可操作性的法律依据还不丰富,需要对此加以高度重视,并通过不断加强立法和规章制度建设的研究促进法律的进步。

(5)省界缓冲区涉及跨省级行政区,关系复杂,为此应充分估计省界缓冲区考核工作的难度,克服急于求成的急躁心理,循序渐进,逐步实现对省界缓冲区的全面考核。

参 考 文 献

[1]罗伯特·考特,托马斯·尤伦.法和经济学[M].上海:上海人民出版社,1994.

[2]柯武刚,史漫飞.制度经济学[M].北京:商务印书馆,2000.

[3]理查德·A.波斯纳.法律的经济分析[M].北京:中国大百科全书出版社,1997.

[4]托马斯·思德纳.环境与自然资源管理的政策工具[M].上海:上海人民出版社,2005.

[5]J.E.安德森.公共决策[M].唐亮,译.北京:华夏出版社,1990.

[6]D.伊斯顿.政治生活的系统分析[M].王浦劬,译.北京:华夏出版社,1999.

[7]D.C.缪勒.公共选择理论[M].杨春学,译.北京:中国社会科学出版社,1999.

[8]柯武刚,史漫飞.社会秩序与公共政策[M].韩朝华,译.北京:商务印书馆,2001.

[9]O.E.休斯.公共管理导论[M].彭和平,译.北京:中国人民大学出版社,2001.

[10]姜文来.水资源价值论[M].北京:科学出版社,1998.

[11]郑通汉,许长新,徐乘,等.黄河流域初始水权分配及水权交易制度研究[M].南京:河海大学出版社,2005.

[12]吴敬琏.比较(21)[M].北京:中信出版社,2005.

[13]冯尚友.水资源持续利用与管理导论[M].北京:科学出版社,2000.

[14]熊文钊.现代行政法原理[M].北京:法律出版社,2000.

[15]顾昂然.中华人民共和国立法讲话[M].北京:法律出版社,2000.

[16]姜明安.行政法与行政诉讼法[M].北京:北京大学出版社,1999.

[17]金瑞林.环境与资源保护法学[M].北京:高等教育出版社,1999.

[18]张学峰,等.建立水资源污染补偿制度的意义[J].水资源保护,2001(2).

[19]美国盖安德咨询公司.黄河流域河流纳污能力使用权制度研究国外资料调查[R].2005.

[20]OECD.环境管理中的经济手段[M].北京:中国环境科学出版社,1996.

[21]保罗·米尔格罗姆.经济学、组织与管理[M].北京:经济科学出版社,2004.

[22]李克国.试论排污许可证的有偿转让[J].重庆环境科学,1992(1).

[23]盖瑞·J·米勒.管理困境——科层的政治经济学[M].上海:上海人民出版社,2001.

[24]海尔·G·瑞尼.理解和管理公共组织[M].北京:清华大学出版社,2002.

[25]罗勇,曾晓非.环境保护的经济手段[M].北京:北京大学出版社,2002.

[26]马中.环境与资源经济学概论[M].北京:高等教育出版社,1999.

[27]盛洪.现代制度经济学[M].北京:北京大学出版社,2003.

[28]王金南,杨金田,陆新元,等.市场机制下的环境经济政策体系初探[J].中国环境科学,1995(3).

[29]夏光.环境保护的经济手段及其相关政策[J].环境科学研究,1995(4).

[30]阎鸿邦.水环境保护新战略研究[J].中国环境科学,1994(5).

[31]杨俊辉.浅议环境经济手段在我国的应用[J].西安邮电学院学报,2004(1).

[32]马俊广,等.环境问题对民法的冲击与21世纪民法的回应[M]//清华大学发展研究文集,2006.

[33]Coase R. H. The Problem of Social Cost, J. Law Economy[J]. 1960, Ⅲ, 1-44.

[34]Office of Water, U. S. Environmental Protection Agency, Point Source Nonpoint Source Trading Identifying Opportunities[M]. USEPA , 1994.